1

지리 교사 이우평의

한국 지형 산책

1

지리 교사 이우평의

한국 지형 산책

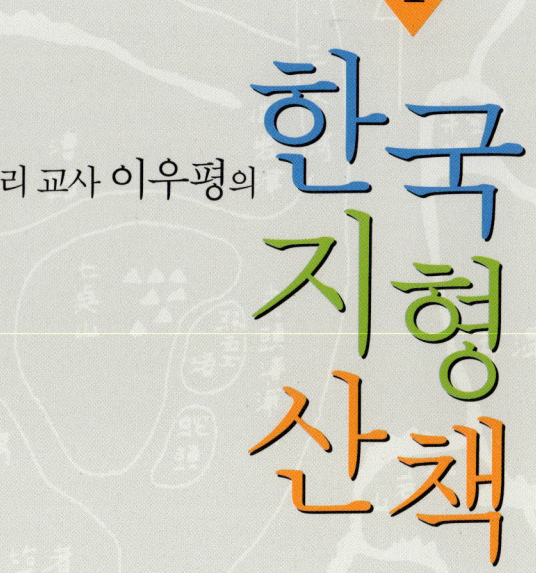

▸ 백두산에서 독도까지 ◂

地形

푸른숲

세상에는 참으로 많은 사람들이 살고 있다. 하지만 나는 이들을 간단히 두 부류로 나눈다. 사랑의 열정으로 사는 사람과 미워하는 일에 시간을 허비하는 사람. 대학 졸업 후 중·고등학교에서 학생들을 가르쳐보기도 하고, 교사를 양성하는 사범대학에 수년간 몸담고 있으면서 공부에 발전이 없는 사람에게는 미워하고 싫어하는 것이 많다는 사실을 발견(?)했다. 같은 교실에서 한 선생님의 수업을 듣는데도 '배울 만한 것이 하나 있다'고 좋아하는 학생이 있는가 하면, '하나가 무슨 대수냐? 싫은 것이 얼마나 많은데!'라고 반응하는 학생도 있다. 성공하는 사람은 좋아하는 것을 하나라도 찾으면 매우 기뻐하지만, 실패하는 사람은 싫어하는 것을 찾아 미워하는 일에 온 정신을 쏟는다.

이 책을 쓴 이우평 선생은 참으로 사랑이 많은 사람이다. 나는 이우평 선생을 대학원 석사 과정에서 처음 만났는데, 그처럼 호기심 많고 배우는 일에 열성인 사람이 또 있을까 싶다. 이 선생이 석사 과정을 졸업할 무렵, 그가 개발한 웹페이지에 들어가 본 적이 있다. 다양한 그래픽 자료와 글들이 나를 압도했다. 이후 몇 번의 만남에서도 그의 열정에 감동을 받은 적이 한두 번이 아니다.

그런데 이번에 출판사에서 보내온 자료를 보고 다시 한 번 깜짝 놀랐다. 아니 언제 이런 대작을 썼나? 우선 두 권을 빼곡히 채우고 있는 목차가 대단하다. 백두산에서 이어도까지 우리나라의 유명한 장소 60곳의 지형을 아우르고 있다. 지금까지 다양한 여행기가 소개되었고 문화유산 답사기만 해도 헤아릴 수 없을 만큼 많지만, 이 책과 같은 자연에 대한 과학적 답사기는 찾아보기 힘들다. 이런 책을 쓰기 위해 전국 방방곡곡을 얼마나 많이 다녔을까? 저자가 직접 찍은 사진들도 너무나 아름답다. 언제 또 사진 공부를 해서 이 많은 사진들을 손수 찍었을까? 우리 국토와 자연에 대한 사랑이 없었다면, 그렇게 수많은 곳을 방문하고 그처럼 아름다운 사진을 찍을 수 없었을 것이다. 누군가 말하지 않았던가?

"사랑하면 알게 되고, 알면 보이나니."

사람들이 여행하는 모습을 관찰해보면 좋아하는 것을 찾아 기뻐하는 사람도 있고, 굳이 꼬투리를 잡아 험담을 늘어놓는 사람도 있다. 단점을 늘어놓는 사람의 눈에 무엇이 보이겠는가? 그런 사람에게 무슨 배움이 있겠는가? 빨리 그 지역을 벗어나 다른 곳으로 도망가고 싶은 생각밖에 더 들겠는가? 좋아하게 되면 다시 보게 되고, 사랑하게 되면 더 깊이 알게 된다. 미워하는 친구를 깊이 있게 이해하기란 어려운 일이다. 친구를 사랑해야 그에 대한 이해가 깊어질 수 있는 것처럼, 우리가 살고 있는 땅도 사랑하는 마음이 있어야 더 잘 이해할 수 있다.

이 책을 보면서도 미운 점을 찾으려 하는 사람이 있을 것이다. 이렇게 많은 지역을 직접 답사하며 공부하고 전해 듣고 재구성한 자료들이 완전무결하기란 쉽지 않은 일이다. 사실 우리가 알고 있는 것의 대부분은 '전설'이다. 여기서 말하는 전설이란 다른 사람에게 '전해들은 이야기'라는 뜻이다. 학교 선생님에게 먼 나라 지리학자의 이야기를 듣고, 책이나 신문, 방송을 통해 다른 동네의 지리 이야기를 전해 듣고는 '조금 안다'고 생각하는 것이다.

이우평 선생도 이 책을 집필하는 과정에서 전설을 많이 활용했을 것이다. 배우면 배울수록 모르는 게 자꾸 늘어나고, 자신이 알고 있는 전설이 틀릴지도 모른다는 불안감에 사로잡히기도 했을 것이다. 실제로 그런 덫에 걸려 자신이 쌓아온 지식에 대한 '사랑'을 영영 잃어버리는 사람들이 많다. 그러나 이우평 선생은 사랑을 잃지 않았다. 사랑은 오류의 가능성을 겁내지 않는다. 오류가 발견되면 수정할 수 있는 열린 마음이 있기 때문일 것이다. 혹시 이 책을 읽다가 오류를 발견하는 독자가 있다면 미워하는 마음을 키우기보다는 사랑하는 마음으로 저자를 찾기 바란다. 학문이란 오류를 찾아 이를 수정해가는 과정을 통해 발전하는 것 아니겠는가?

여행을 즐기는 사람들이 점점 늘어나고 있다. 제주도, 울릉도, 독도 등 섬에도 가보고 금강산, 설악산, 지리산과 같은 산에도 오르고, 영월 동강에서 래프팅을 즐기기도 한다. 아름다운 자연 경관도 즐기고, 소문난 음식점에 들러 맛있는 음식도 먹는다면 여행이 즐거울 것이다. 그러나 여행이 '놀이'에 그치면 천박해지기 십상이다. 달리기나 수영, 테니스 등의 운동이 배워서 실력을 늘리면 그 즐거움이 배가 되는 것처럼, '자연 보는 법'도 배우고 익히면 여행의 즐거움이 배가 될 것이다.

이 책은 여러분이 여행지에서 보고 놀라워했던 신기한 자연의 모습을 이해하는 데 훌륭한 지침서가 되어줄 것이다. 우리나라의 자연에 대해 잘 알게 되면, 자연은 물론 그 안에서 함께 살아가는 이웃에 대한 사랑도 커갈 것이다. 아름다운 세상을 꿈꾸는 사람, 행복한 여행을 꿈꾸는 사람에게 이 책을 기꺼이 추천하고 싶다.

2007년 2월 26일

류재명(서울대학교 지리교육과 교수)

10여 년 전, 막 발령을 받아 초임 교사로 근무하던 시절 내게 큰 감명을 준 책이 한 권 있다. 한겨레신문의 최영선 기자가 쓴《자연사 기행》이 바로 그 책이다. 책을 저술한 최 기자는 사실 지리학이나 지질학과는 아무 관련이 없는 비전공자였다. 그런데도 이 책은 우리 땅 곳곳의 특이한 지질과 자연 현상이 어떻게 생겨났고, 어떤 과정을 거쳐 오늘에 이르렀는지를 과학적으로 설명하여 잠자고 있던 우리 땅의 자연사적 가치를 새롭게 일깨웠다.

이 책은 내게 많은 깨달음을 주었다. 먼저, 학생들을 가르치는 지리 교사인 내가 이 땅에 대해 얼마나 무지했던가에 대한 뼈저린 뉘우침이 있었다. 그리고 그동안 막연하게만 생각하던 우리 땅 곳곳을 보다 과학적인 눈으로 바라보게 되었다. 이런 깨달음은 전공자인 나의 지식과 경험을 바탕으로 나만의 우리 땅 이야기를 책으로 엮어보리라는 숨은 다짐으로 이어졌다. 이 책《지리 교사 이우평의 한국 지형 산책》은 그 다짐의 결과라고 할 수 있다.

우리가 살고 있는 이 땅 한반도에는 아름답고 진기한 경관이 곳곳에 숨어 있다. 한민족의 발상지인 백두산과 천지, 일만이천봉의 수석 전시장인 금강산, 심산유곡을 흐르는 수려한 물줄기 동강, 국내에서 유일하게 지평선을 볼 수 있는 호남평야, 첩첩산중에 드넓게 펼쳐진 대관령고원, 지하 세계의 조각 궁전 석회 동굴, 화산 지형의 보고 제주도 등 일일이 다 열거할 수 없을 만큼 다양한 지형이 한반도를 가득 채우고 있다.

우리 땅이 이렇게 화려하고 변화무쌍한 외양을 지니게 되기까지는 수많은 지형, 지질학적 사건들이 있었다. 그러므로 하나하나의 독특한 경관에는 미적, 역사적인 가치뿐만 아니라 지형, 지질학적 가치가 존재한다고 할 수 있다. 이 책은 이러한 지형들이 어떤 과정을 거쳐 형성되었고, 그러한 과정이 담고 있는 자연사적 가치는 무엇인가 하는 의문에서 출발했다.

'아는 만큼 보인다'는 말이 있다. 예술과 문학에서와 마찬가지로 일상생활에서도 알고 보면 기쁨이 두 배가 되는 경우가 많다. 우리 삶의 토대인 지형 또한 그 형성 과정을 알고 나면, 한층 신비롭고 가치 있게 보인다. 무심코 지나치던 돌멩이 하나, 가느다란 물줄기에서도 이 땅의 장구한 역사를 보게 되기 때문이다.

이 책은 이 땅에 뿌리내리고 살아가는 우리가 지형을 비롯한 자연 환경을 막연히 즐기기만 할 것이 아니라, 과학적인 시각과 안목으로 새롭게 바라볼 수 있기를, 나아가 그 속에 담긴 자연사적 가치와 환경 생태적 가치 또한 올바르게 인식할 수 있기를 바라는 마음에서 씌어졌다. 이러한 마음이 전해진다면 우리 땅을 소중히 여기고 아름답게 가꾸는 이들이 조금씩 늘어가지 않을까 하는 기분 좋은 기대를 품어본다.

늘 그런 모습이었으리라 여기며 관심을 두지 않던 지형과 지질을 과학적으로 보는 데에는 아무래도 어려움이 따르기 마련이다. 특히나 고등학교 지리 시간 이후로 지리학을 접해보지 않은 독자들에게는 수시로 등장하는 용어와 개념이 낯설게 다가올 수도 있다. 그래서 많은 연구 자료와 관련 도서를 검토하고, 학생들의 의견을 모아 독자에게 가장 쉽게 다가갈 수 있는 방법을 찾으려 노력했다. 지리학에서 통용되는 용어와 개념을 사용하되 전문적인 내용은 최대한 쉽게 풀어쓰려 했으며, 전국을 누비며 직접 찍은 사진과 특별 제작한 3차원 입체 영상을 활용해 독자들이 각각의 지형을 머릿속에 그려볼 수 있도록 했다. 그러므로 이 책은 일선 학교의 지리나 지구과학 수업에도 유용한 자료가 되어줄 것이다.

주 5일 근무가 일반화되면서 예전보다 많은 사람들이 삶터를 벗어나 자연을 찾고 있다. 그래서 풍광이 뛰어나기로 이름난 산이나 계곡, 바닷가는 사시사철 관광객들로 북적거린다. 여러모로 부족함이 많지만 이 한 권의 책이 자연을 찾아, 우리 땅의 숨은 명소를 찾아 길을 나서는 모든 사람들에게 길잡이 역할을 할 수 있기를 기대한다. 특히나 문화유산이나 지역 축제, 먹을거리 위주의 여행에서 벗어난 새로운 테마 여행을 찾는 이들에게 신선한 제안이 되었으면 하는 바람이다. 앞으로 지속적인 수정·보완을 통해 더 나은 책을 만들 것이며, 다음 책에서는 전국 곳곳에 숨어 있는 비경을 더 많이 찾아 소개할 것을 약속드리며 두서없는 글을 마친다.

2007년 3월 1일

歸巢 이우평

차례

부록

2권 차례

일러두기

1. 이 책에서 지형 및 지질 현상을 설명하는 데 사용한 용어는 《자연 지리학 사전》(한국지리정보연구회 엮음, 한울아카데미, 2004)을 주로 참고했다.
2. 이 책에 나오는 외래어 표기는 국립국어원의 외래어 표기법 및 표기 용례를 따랐다. 단, 중국어 표기 중 인명과 작품명은 한자식 발음으로 굳어진 경우가 많아 이를 그대로 적용했다.
3. 전국에 걸쳐 나타나는 화강암 지형은 중복 설명을 피하기 위해 1권에서는 제3장 금강산, 2권에서는 제7장 북한산에서 상세히 다루고, 다른 장에서는 간략히 설명했다. 마찬가지로 제주도의 화산 지형은 2권 제19장 제주도에서, 애추 지형은 1권 제22장 천황산 얼음골 돌서렁에서 집중적으로 설명했다.
4. 이 책에 참고 및 인용한 단행본과 잡지는 《 》로 표기했고, 논문과 문학 작품, 영화, 드라마는 〈 〉로 표기했다.

민족 혼의 으뜸 산
백두산

배달민족의 성지이자 영산인 백두산의 웅대한 모습에서 한민족의 힘찬 기개와 기상을 느낄 수 있다.

백두산(白頭山)은 개국신화가 깃든 곳으로 반만년 역사 속에서 우리 민족을 이끌어온 정신적 지주이다. 또한 민족의 영산(靈山)이라는 선언적, 상징적 의미가 있어 우리나라 사람이면 누구나 가보고 싶어 하는 동경의 대상이기도 하다.

우리나라 최고봉인 백두산(2,744m)은 북위 41° 31′～42° 28′, 동경 127° 55′～128° 55′에 자리하고 있으며 백두고원을 포함한 총면적은 약 8,000km²

백두산 초입(왼쪽). 백두산 원시림을 뚫고 놓은 도로(가운데). 천지 주차장과 중국 기상관측소 전경(오른쪽). 백두산은 중국에서도 10대 명산의 하나로 손꼽을 만큼 중국 사람들도 많이 찾는 산이다.

로 전라북도의 면적과 비슷하다. 그리고 대연지봉, 간백산, 소백산, 북포태산, 남포태산, 백사봉 등 2,000m가 넘는 화산 봉우리들과 산맥이 포진하여 한반도 등줄산맥인 백두대간의 출발점이 되고 있다.

백두산은 남으로는 저 멀리 푸른 동해와 한반도를, 북으로는 고구려인과 발해인이 말 달리며 활 쏘던 광활한 만주벌판을 굽어보며 만주와 한반도의 중앙에 우뚝 솟아 있다. 동아시아의 웅대한 기상을 한 몸에 지닌 백두산은 어떻게 형성되어 오늘에 이르렀을까?

하루가 1년 같은 곳

백두산 정상에 올라서면, 영겁의 세월이 빚어낸 대자연의 위력에 숨이 막힐 정도로 환상적인 경치가 펼쳐진다. 뾰쪽뾰쪽한 16개의 산봉우리가 빙 둘러서 마치 전투를 지휘하는 장군의 위엄과 기세를 뽐내는 듯하다. 산자락 아래로 드넓게 펼쳐진 고원은 침묵과 고요로 대지의 위용을 유감없이 드러낸다. 한편 안개 속에서 서서히 드러나는 천지의 모습에서는 신비와 영험함을 넘어 공포감마저 느껴진다.

백두산은 하루가 1년 같은 곳이다. 예측하기 어려운 일기 변화는 일상의 시간 관념을 송두리째 빼앗아간다. 백두산은 눈, 구름, 안개, 폭우, 강풍이 상존하는 세계로 1년 중 쾌청한 날은 손에 꼽을 정도로 드물다. 일기가 하루에도 수십 차례 급변하고 구름과 안개가 가득한 날이 많아 백두산과 천지의 전경을 온전히 구경하기란 하늘의 별 따기만큼 어렵다.

백두산의 동토(凍土)는 인간의 접근을 쉽사리 허용하지 않는다. 산꼭대기와 천지 일대는 9월부터 다음 해 6월까지 겨울이 계속된다. 봄이 되면 곧 여름, 가을로 이어지고, 한여름에도 기온이 20℃를 넘지 않는다. 연 평균 기온은 6~8℃, 1월 평균 기온은 -23℃(최저 -47℃)로 혹한을 동반한 강풍이 몰아치는 날이 많다. 천지가 4m 두께의 얼음으로 뒤덮힐 만큼 매섭고 혹독한 백두산의 겨울은 말도 생각도 시간도 얼어붙게 한다.

백두산이란 이름이 붙기까지

백두산은 우리나라에서 부르는 이름이며, 중국에서는 창바이 산(長白山)이라고 부른다. 백두산이란 이름은 사계절 내내 산꼭대기가 흰 눈과 회백색의 부석(浮石)으로 덮여 있어 하얗게 보이기 때문에 붙여진 것이라고 한다. 하지만 이는 설득력이 별로 없는 말이다.

백두산은 시대마다 다양한 이름으로 불렸다. 문헌에 보이는 최초의 이름은 중국 고대의 지리를 담은 《산해경(山海經)》에 등장하는 불함산(不咸山)이다. 한대(漢代)에는 단단대령(單單大嶺), 위진남북조 시대에는 도태산(徒太山)이나 개마대산(蓋馬大山), 수·당대에는 태백산(太白山)으로 불리다가 금·청대에 이르러 현재의 창바이 산으로 굳어졌다.

백두산이 이렇게 여러 가지 이름으로 불렸다면 우리나라에 한자가 들어오기 전에는 어떤 이름으로 불렸으며, 그 이름들이 공통적으로 의미하는 바는 무엇인가 하는 의문이 남는다.

《산해경》에 나오는 불함산은 당시 그 부근에 살던 사람들이 부르던 이름을 비슷한 음의 한자로 표기한 것으로 보인다. 최남선을 비롯한 국어학자들 대부분이 '불함(不咸)'을 'ᄇᆞᆰ은'의 역음(譯音)으로 '밝달'이나 '밝음'과 통한다고 보았다. 그래서 '밝'과 '불함'을 같은 의미로 받아들여 불함산은 곧 백산(白山)이라고 했다. 태백산, 백산의 의미는 대개 광명(光明) 사상과 연관되므로 백두산이라는 이름 또한 '밝달→백산(白山)'의 과정을 거쳐 정착된 것으로 보인다.

《삼국유사(三國遺史)》〈고조선〉조에 "환웅이 삼천의 무리를 거느리고 태백산 꼭대기에 있는 신단수 아래로 내려와"라는 기록이 있다. 이를 통해 우리나라에서는 백두산이 처음에는 태백산(太白山)으로 불렸다는 것을 알 수 있다. 우리 문헌에 백두산이라는 이름이 처음 등장한 것은 《고려사(高麗史)》〈성종 10년(991년)〉조의 "압록강 밖의 여진족을 쫓아내 백두산 바깥에서 살게 했다"는 기록에서이다.

수차례에 걸친 화산 폭발로 형성

신생대 제3기 말에서 제4기 초에 걸쳐 한반도 전역에는 불의 시대였던 중생대 쥐라기, 백악기 때를 방불케 하는 대대적인 화산 활동이 일어났다. 이때 백두산을 비롯해 제주도, 울릉도, 독도, 그리고 철원~평강, 신계~곡산 등에 이르는 용암대지가 형성되었다. 그 가운데 백두산은 화산 활동이 가장 먼저 일어난 곳으로 신생대 화산암이 18,350km^2에 이를 정도로 넓게 분포해 있다.

멀리 천지에서 흘러나온 물이 떨어지는 창바이 폭포(①)와 그 물줄기의 끝부분에 위치한 백두산 온천(②)이 보인다.

천지에 고인 물이 빠져나가는 달문 위로 힘껏 솟아오른 천문봉. 그곳에 박힌 사람보다 큰 화산암은 백두산의 마지막 화산 폭발이 얼마나 강력했는지를 잘 보여준다.

용암대지가 기반인 백두산 화산체의 하부는 방패를 엎어놓은 듯한 순상(楯狀)화산이고, 상부는 칼데라가 발달한 종상(鐘狀)화산이다. 즉 상하가 각기 다른 생성 메커니즘으로 형성된 복합 화산체라고 할 수 있다.

백두산이 언제 만들어졌는지에 대해서는 아직까지 의견이 분분하지만 아래의 4단계로 나누어 설명하는 게 일반적이다.

*1단계_ 백두산의 형성은 신생대 제3기 말인 2,000만~300만 년 전에 일어난 6회에 걸친 용암 분출로 시작된다. 이때 분출한 용암은 백두산을 중심으로 200~300km가량 방사상으로 퍼져나가 면적이 약 30,000km²에 달하는 현무암 용암대지를 형성했다. 이 용암대지는 평균 두께 200~400m, 해발고도 약 1,000m의 완만한 평탄지를 이루고 있다. 이 가운데 20% 정도가 북한 쪽에 분포하는데, 개마고원도 이 용암대지의 일부이다.

*2단계_ 제3기 말인 290만~260만 년 전 현무암 용암대지 위에서 지각의 약한 부분에 생긴 틈을 따라 유동성이 큰 현무암질 용암이 오랜 시간적 차이를 두고 수차례 분출하여 경사진 현무암 고원지대를 만들었다. 해발고도 약 1,000m인 중국의 얼다오바이허 강(二道白河)에서 백두산의 해발고도 1,800m 지점까지 8~12° 경사의 비교적 완만한 오르막길이 55km 정도 이어진다. 녹회색 현무암이 약 470m 두께의 고원 형태로 분포하고

백두산 형성 과정

신생대 제3기 말 2,000만~300만 년 전 지각의 균열선을 따라 약 6회에 걸쳐 용암이 분출하여 평균 두께 200~400m의 현무암 용암대지가 형성되었다.

신생대 제4기 초 3회에 걸친 용암 분출로 용암대지 위에 원추형의 종상인 백두산이 만들어졌다.

약 1,000년 전 3회에 걸쳐 일어난 대규모 화산 분출 후 분화구가 함몰하여 칼데라가 생겨나고 여기에 물이 고여 천지가 만들어졌다.

있는 이곳이 바로 당시에 형성된 경사 현무암 고원이다.

*3단계_ 제4기에 들어서 60만~20만 년 전, 13만 년 전, 9만 7,000~8만 7,000년 전에 점성이 큰 알칼리 조면암, 벤모라이트, 알칼리 현무암이 3회에 걸쳐 번갈아 중심 화도로 분출했다. 이때 분출한 용암이 화구 가까이에 층층이 쌓여 하늘을 찌를 듯이 높이 솟아올랐다. 그 결과 원추형의 화산체가 만들어져 오늘날과 같은 모양의 백두산이 형성되었다. 제4기에 분출한 용암은 제3기와 달리 폭발력과 점성이 강한 산성 용암으로 두께가 650m에 달했다. 이때의 분출로 백두산은 현무암 대지와 경사 현무암 고원에 우뚝 솟아올라 창바이 산맥의 주봉이 되었다. 해발고도 1,800m에서 가장 높은 장군봉(2,744m)에 이르기까지 약 10km에 이르는 급경사의 산체(山體)가 여기에 해당된다. 소백산, 북포태산 등과 같은 해발고도 2,000m 이상의 봉우리들이 생겨난 것도 바로 이 시기이다.

*4단계_ 해발고도 2,500m에서 백두산 기상대를 등지고 천지로 향하는 가파른 산등성이에는 미황색과 백색, 회백색의 둥글둥글한 부석이 널려 있다. 백색의 부석은 물과 휘발성 가스를 다량 함유한 산성 용암이 폭발적으로 터진 뒤 공중에서 식은 것으로, 물보다 비중이 작아 물 위에 뜨기 때문

대규모의 화산 폭발 후 깊게 함몰한 분화구에 빗물과 지하수가 고여 형성된 천지(왼쪽). 1,800m까지 완만한 경사를 이루며 드넓게 펼쳐진 백두고원의 용암대지가 눈에 들어온다(오른쪽).

에 부석(浮石)이라 한다. 부석은 천지를 중심으로 반경 40km의 거의 모든 지역에 나타나는데, 천지 화산구 주변에는 부석의 두께가 40~60m 정도 되는 곳도 있다. 부석은 약 1,400년 전, 약 1,000년 전, 약 300년 전 등 3회에 걸친 백두산의 마지막 화산 분출 시기에 쌓인 것이다. 이 시기에 백색 부석과 함께 분출한 화산재는 편서풍을 타고 멀리 일본 홋카이도(北海道)까지 날아가 15cm 정도 쌓이기도 했다. 백두산 천지는 이 대규모의 화산 분출이 일어난 뒤에 분화구가 함몰하여 생긴 칼데라에 물이 고여 만들어진 것이다.

백두산 높이를 둘러싼 논란과 우리나라의 수준원점

백두산의 높이를 남한은 2,744m, 북한은 2,750m, 중국은 2,749.2m로 각기 다르게 표기하고 있다. 이와 같이 하나의 산을 두고 세 나라의 공식 기록이 모두 다른 이유는 무엇일까?

백두산뿐만 아니라 대부분의 산 정상에는 해발(海拔) 몇 미터라는 표시가 있다. 해발은 바닷물의 표면을 0m로 보고 그보다 얼마나 높이 있는가를 잰 수치이다. 따라서 산의 높이는 산 아래의 평지로부터의 높이가 아니라 해수면으로부터의 높이를 말한다.

각 나라에서 고도를 측정하는 기준, 즉 수준원점(水準原點)은 그 나라의 특정한 바

인하공업전문대학에 있는 수준원점은 우리나라 지형 측량의 기준점이 되는 곳이다.

다를 기준으로 한다. 그러므로 백두산의 높이가 각기 다른 이유는 남한, 북한, 중국의 수준원점이 서로 다르기 때문이다.

그렇다면 우리나라 해발고도의 기준이 되는 수준원점은 어디에 있을까? 인천광역시 남구에 위치한 인하공업전문대학 후문에 가면 붉은 벽돌로 만든 원통형의 시설물을 볼 수 있다. 이곳이 바로 우리나라 국토 높이의 기준이 되는 곳이다. 즉 우리나라는 인천 앞바다를 기준으로 고도를 측정한다. 이 수준원점은 일제 강점기인 1914~1916년에 측정하여 세운 것으로, 원래 중구 항동에 있던 것을 바다가 매립되면서 1963년에 이곳으로 옮겨왔다. 따라서 정확하게 말하자면 수준원점은 해발 0m가 아니라 해발 26.6871m 지점에 설치되어 있다. 현재 수준원점은 건설부 산하 국토지리정보원에서 관리, 운용하고 있다.

북한에서는 수준원점을 원산 앞바다로 정하고 있는데, 그 일대 해수면의 높이가 인천 앞바다의 해수면보다 6m 정도 낮기 때문에 북한에서는 백두산의 높이를 2,750m로 표기하고 있다. 마찬가지로 중국에서는 수준원점을 북한보다 0.8m가량 높은 톈진 앞바다로 정하고 있어 중국에서 측정한 백두산의 높이는 2,749.2m가 된다.

그러므로 현재 남한과 북한, 그리고 중국 간에 백두산의 정확한 높이를 둘러싸고 논란이 있으나, 어느 나라의 높이가 정확한가 하는 문제는 큰 의미가 없다고 볼 수 있다. 그보다는 통일 시대와 중국의 창바이 공정에 대비하여 백두산과 천지에 대한 체계적이고 종합적인 측지 데이터를 구축하는 일이 중요할 것이다.

백두산은 죽은 화산이 아니다

백두산은 신생대 제3기 말인 약 2,000만 년 전을 기점으로 화산 활동을 시작하여 제4기를 거쳐 근세에 이르기까지 여러 차례의 폭발과 분화로 현재의 모습이 되었다. 최근에는 화산 활동을 거의 멈춘 상태라 사화산(死火山)으로 알려져 있지만, 학자들은 백두산이 일시적으로 화산 활동을 멈춘 휴화산(休火山)일 가능성이 매우 높다고 말한다.

약 1,000년 전 백색 부석을 포함한 마지막 대규모 화산 분출이 일어난 뒤에도 최근까지 백두산 부근에서 크고 작은 화산 활동이 계속되었다는 보고가 있었다. 또한 문헌을 살펴보면 1668년, 1702년, 1903년에 백두산 분화구에서 분화가 발생한 것을 알 수 있다. 《조선왕조실록(朝鮮王朝實錄)》〈현종실록〉 권14와 〈숙종실록〉 권36은 1702년 6월 함경도에서 발생한 분화에 대해 다음과 같이 묘사하고 있다. "천지가 갑자기 어둠에 갇히고", "재가 섞인 비가 들판에 고루 내리고", "횟가루가 날리며 마치 눈처럼 떨어진다." 또한 청나라 유건봉(劉建封)이 작성한 〈장백산강강지략(長白山江崗志略)〉에도 1903년 5월에 천지에서 일어난 소규모의 분화가 기록되어 있다. 최근의 분화 활동으로는 1991년 8월 중국 쪽 백운봉 부근에서 일어난 지진을 동반한 가스 분출을 들 수 있다.

천지의 물이 달문을 통해 빠져나가다 낭떠러지로 곤두박질치는 창바이 폭포. 백두산 온천수의 온도는 최고 82°C나 되어, 한 시간 정도면 계란이 익는다. 폭포로 가는 길에 계란을 넣어두면 돌아오는 길에 먹을 수 있다.

천지에서 달문(達文)을 통해 흘러나온 물이 68m의 낭떠러지로 곤두박질치는 창바이 폭포를 뒤로 한 채 600m가량을 내려오면 코를 찌르는 유황 냄새가 사방에 가득하다. 그곳은 해발고도 2,000m에 있는 온천으로 마치 펄펄 끓는 가마솥처럼 수증기가 뭉게뭉게 뽀얗게 피어오른다. 유황과 철분 때문에 온통 노랗고 붉게 착색된 온천 주위에는 최고 82°C까지 끓어오르는 온천수에 계란을 삶아 먹는 사람들도 있다.

백두산의 화산 활동과 관련 있는 온천은 천지 북쪽으로 약 1,000km²에 이르는 지역에 100여 개가 분포해 있다. 그리고 겨울철에 천지의 표면에는 4m 두께의 얼음이 얼지만 천지 가장자리에 있는 백두온천(북한)과 바이옌(白巖) 온천(중국)은 얼지 않는 것으로 보아 아직도 충분한 열을 공급하는 열원(熱源)이 천지 아래에 있다는 것을 알 수 있다. 이 열원은 마그마 챔버(chamber, 화산이 폭발하기 전에 마그마가 모여 있는 곳)로, 지금도 천지 아래 3~5km 지점에 있을 것이라 추정된다. 백두산의 온천은 이 열원에서 방출되는 고온의 가스와 지하 순환수가 만나 뜨거워져 생성된 것이다.

중국 지린(吉林) 성 지진관측소에 의하면, 1973년 4월에 백두산 천지 북쪽으로 약 20km 떨어진 지점에서 진도 2.1의 지진이, 1978년에는 천지 동쪽으로 약 20km 떨어진 지점에서 진도 2.5의 지진이 발생했다고 한다. 그리고 북한 화산연구소에 의하면, 2002년 중국 동북 지방에서 진도 7.3, 2004년 백두산 지구에서 진도 3.3, 4.3의 지진이 잇달아 발생하는 등 최근 백두산에서 화산성 지진이 다섯 배 정도 증가했다고 한다. 천지를 중심으로 50km 내외에서 이런 약한 지진이 계속 일어나는 것은 백두산의 지각이 끊임없이 요동치고 있다는 뜻이다. 또한 온천과 분기공(噴氣孔)에서 간헐적으로 나오는 가스와 온천수의 수온 상승, 분화구 내의 암석 붕괴와 균열 현상, 유독가스 분출에 의한 나무의 고사, 지하의 마그마 상승 등은 백두산이 다음 분출을 위해 쉬고 있는 휴화산임을 암시하는 것이라 할 수 있다. 최근 한·중·일 지질전문가들 사이에서 백두산이 앞으로 4~5년 안에 폭발할 수 있다는 주장이 제기되고 있다. 그러나 이에 대한 반론도 적지 않지만, 일단 폭발하면, 2010년 아이슬란드의 화산 폭발 피해의 천 배 규모에 달하는 큰 재앙을 불러올 만큼 강력할 것이라는 데는 학자들 간에 이견이 없다.

현재까지도 지각 운동이 활발하게 일어나는 이웃나라 일본에 비해 한반도는 지각 운동이 거의 없다고 알려졌지만 백두산만은 예외라 할 수 있다. 한국지질자원연구원 홍영국 박사(암석지구화학)에 따르면, 백두산은 제4기 신기(新期) 단층의 활동이 매우 활발한 곳으로, 두만강과 압록강을 잇는 북동~남서 방향의 단층과 북서~남동 방향의 단층이 직각으로 교차하는 지점에서 분출한 화구라고 한다. 또한 대륙 연변부 열곡 구조 환경에서 생성된 화산으로, 백두산 화산대는 동남쪽으로 뻗어가면서 동해의 해저를 거쳐 멀리 울릉도와 독도까지 이어져 있다고 한다.

백두산을 더 아름답게 만든 제4기 마지막 빙하

백두산이 더욱 아름다워진 것은 200만~1만 년 전 제4기 지질 시대에 크고 작은 5~6회의 빙하기를 겪었기 때문이다. 고산지대였던 백두산은 1

빙하 작용으로 깎여나간 정상부의 권곡(왼쪽)과 빙식곡(오른쪽). 백두산 정상부에서 발견되는 여러 빙하 지형은 한반도가 빙하에 직접적인 영향을 받았다는 사실을 말해준다.

만 년 전까지만 해도 한랭한 기후에 속해 빙하로 덮여 있었다. 당시 빙하의 침식 작용으로 산 정상부에 권곡(圈谷, cirque 또는 kar), 빙식곡(U자곡) 등이 발달했는데, 그 형태가 아직도 뚜렷이 남아 있어 마치 연중 빙하로 덮여 있는 알프스와 히말라야의 험준한 고산 지형을 보는 듯하다.

권곡은 설선(雪線) 바로 위 산사면에 발달하는 지형으로 세 면은 절벽으로 둘러싸이고 나머지 한 면은 아래쪽으로 트인 반원형 극장 모양의 와지(窪地)이다. 이것은 빙하가 자체 하중 때문에 아래로 흐르면서 산사면의 바닥을 깎아내 형성된 것이다. 백두산 천지 안쪽의 화구벽(火口壁)에는 깊이 300m, 너비 1,000m의 백운봉 권곡을 비롯해 10개 정도의 권곡이 발달해 있으며, 남포태산(2,435m)과 관모봉(2,541m) 부근에서도 여러 개를 볼 수 있다. 이는 한반도가 빙하에 직접적인 영향을 받았다는 사실을 증명하는 지형으로 학술적 가치가 매우 높다.

백두산 천지의 물이 흘러나가는 달문의 끝자락에 서서 그 아래를 내려다보면, 시원스럽게 확 트인 U자 형태의 계곡이 눈에 들어온다. 이 곡(谷)은 빙하가 발달하지 않았던 초기에는 천지에서 흘러나온 물의 침식을 받아 V자 모양을 하고 있었을 것이다. 이후 빙하기가 도래하여 골짜기를 가득 메운 빙하가 녹아 흐르면서 자체 하중으로 계곡의 양벽을 깎아내 U자 형태의 빙식곡이 되었다. 빙식곡은 백두산 정상부에서 북쪽 비탈사면으로 내려오며 여러 갈래로 분포해 있는데, 깊이는 수십m, 너비는 약 200m, 길이는 1~2km나 된다. 가장 전형적인 빙식곡은 백두산에서 창바이 폭포를 거쳐 얼다오바이허 강에 이르는 계곡에서 볼 수 있다. 이곳에는 연변에서 백두산으로 오르는 주요 등산로가 놓여 있다.

백두산까지 넘보는 중국의 창바이 공정

최근 중국은 둥베이(東北) 공정을 통해 고조선, 고구려, 발해의 역사를 자국의 역사로 편입하려는 시도에 이어, 한민족의 상징인 백두산을 국제사회에서 자국의 영토로 공인받으려는 창바이 공정(백두산 개발 프로젝트)을 추진하고 있다. 이는 말 그대로 백두산을 중국의 땅으로 만들려는 계획이다. 이를 위해 중국은 제6회 동계 아시안 게임의 성화를 백두산 천지에서 채화하는 모습을 대대적으로 보도했고, 2018년 동계 올림픽을 백두산에 유치하겠다고 선언했으며, 막대한 예산을 투입해 경기장 건설에 나서고 있다. 또한 백두산을 세계자연유산으로 등재하려는 시도가 한국과 북한 등 관련국의 강력한 반발에 부딪히자, 먼저 세계지질공원(world geopark)에 등재하여 향후 세계자연유산 등재에 유리한 명분으로 삼으려 하고 있다.

백두산은 우리 민족의 기원지로서 우리 민족이 걸어온 반만년의 역사와 혼이 고스란히 담겨 있는 성지이다. 그러므로 백두산을 자국의 땅으로 편입하려는 중국의 시도는 우리나라의 민족정기를 말살하는 침략 행위와 다를 바 없다. 따라서 중국의 창바이 공정은 민족의 자존과 영토 수호라는 측면에서 강력하고도 치밀한 대응이 요구되는 사안이라고 할 수 있다. 앞으로 국가 차원에서 북한과의 협력을 통해 국제 사회에 우리의 입장을 꾸준히 알리고, 백두산에 대한 실효적 지배를 늘려나갈 방안을 찾는 노력이 계속되어야 할 것이다.

■ ■ ■ 플러스 이야기 상자 ■ ■ ■

백두산의 화산 폭발이 발해를 멸망시켰다?

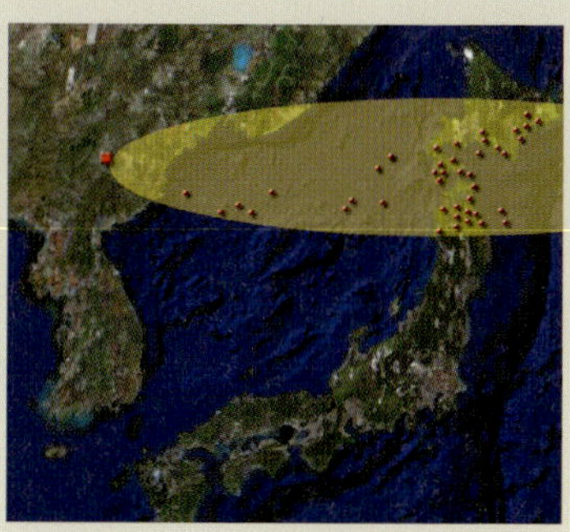

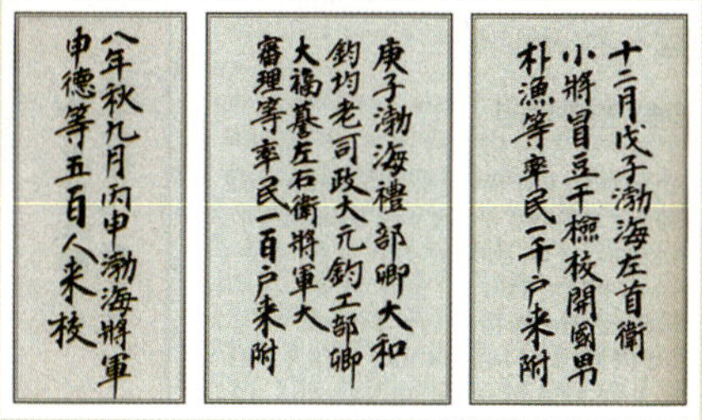

十二月戊子渤海左首衛
小將冒豆干檢校開國男
朴漁等率民一千戶來附

庚子渤海禮部卿大和
鈞均老司政大元鈞工部卿
大福謩左右衛將軍大
審理等率民一百戶來附

八年秋九月丙申渤海將軍
申德等五百人來投

백두산 화산재 발견 장소. 백두산에서 분출한 화산재가 편서풍을 타고 멀리 일본까지 날아가 쌓일 만큼 백두산의 화산 폭발은 강렬했다(왼쪽). 《고려사》 〈태조세가(太祖世家)〉에는 발해가 멸망하기 전 발해 사람들이 여러 차례 대거 고려로 망명했다는 기록이 전한다(오른쪽).

우리는 서기 79년 이탈리아의 폼페이 시를 완전히 덮어버린 베수비오 화산의 예에서 화산 폭발이 인류 문명을 위협하는 대표적인 자연 재해라는 사실을 잘 알 수 있다. 1990년 일본의 도쿄 메트로폴리탄 대학교 마치다 히로시 교수는 〈백두산 화산 폭발과 그 환경적 영향〉이라는 논문에서 발해의 멸망이 백두산의 화산 폭발과 관련이 있다는 흥미로운 주장을 제기했다.

현재 발해의 멸망을 살필 수 있는 기록은 《요사(遼史)》 〈야율우지전(耶律羽之傳)〉의 "거란 태조는 그 갈린 마음(민심이반과 국론분열을 말함)을 틈타 군사를 움직이니, 싸우지 않고 이겼다"는 언급이다. 이 기록에 따르면, 발해의 멸망은 내부 분열에 의한 것이 분명해 보인다. 그동안 학계에서도 해동성국(海東盛國)이라 불리며 안정된 국력을 과시하던 발해가 갑작스레 멸망한 것은 지배계급의 내분에 의한 국력 약화 때문이라 여겨왔다.

그러나 층서학(層序學) 자료에 의하면, 일본의 홋카이도 토양층에서 발견된 화산재층(일본에서는 이 층을 B-Tm, 즉 Baegdu-Tomakomai ash로 명명함)이 915~1334년에 백두산에서 날아와 쌓인 것이라고 한다. 게다가 발해는 백두산의 화산이 폭발했으리라 추정되는 시기와 비슷한 926년에 멸망했다.

그렇다면 베수비오 화산 폭발로 폼페이 시가 최후를 맞았듯이 발해 또한 백두산의 강력한 화산 폭발로 막대한 인명 손실과 재산 피해를 입었고, 이것이 내부 사정과 합쳐지면서 결국 멸망하고 말았다는 해석이 가능해진다.

그러나 2001년 환경정책평가연구원의 이영준 박사(구조지질학)가 서울대학교 공동 기기원에 백두산에서 채취한 탄화목 시료의 연대 측정을 의뢰한 결과, 채취된 샘플은 1,030(±40)년 전과 1,050(±40)년 전에 탄화되었다는 결과가 나왔다. 그리고 2002년 일본의 나고야 대학교의 연대 측정종합연구센터 연구팀이 백두산의 용암과 탄화목의 시료를 채취해 연대를 측정한 결과, 백두산의 화산 폭발이 929~945년에 일어났다는 사실을 알아냈다(한국일보 2002년 10월 6일자 기사).

이에 비추어본다면 백두산의 화산 폭발은 발해가 요나라에 의해 멸망한 시기인 926년 이후에 일어났다는 결론이 나온다. 이렇게 해서 발해의 멸망이 백두산의 화산 폭발 때문이라는 주장은 설득력을 잃었다. 그러나 그 진위 여부를 떠나 두 사건을 관련지어 생각해보는 것은 재미있는 추리가 아닐 수 없다.

백두산이 담아낸 겨레의 못
천지

세계에서 가장 높은 산정호수인 백두산 천지는 화산 폭발 후 분화구가 함몰한 자리에 물이 고여 형성되었다.

백두산 정상에는 천지창조의 신비함을 간직한 천지(天池)가 장엄한 자태를 드러내고 있다. 백두산과 더불어 우리 민족의 마음의 고향이며 얼의 원천이라 할 수 있는 천지는 해발고도 2,190m에 자리한 세계에서 가장 높은 산정호수이다. 그 둘레에는 장군봉을 비롯한 16개의 봉우리가 병풍처럼 둘러서 있어 마치 민족의 정기를 수호하는 늠름한 장수들을 보는 것 같다.

천지라는 이름의 유래

백두산 천지가 지금의 '천지' 라는 이름을 갖게 된 것은 겨우 100여 년 전의 일이다. 그 전까지는 용왕담(龍王潭), 용담(龍潭), 대지(大池), 대담(大潭) 등의 이름으로 불렸다. 실제로 조선 시대 문헌인 《동국여지승람(東國與地勝覽)》, 《택리지(擇里志)》, 《대동지지(大東地志)》 등의 책자와 《동국지도(東國地圖)》, 《팔도총도(八道總圖)》, 《대동여지도(大東輿地圖)》 등의 지도에서는 천지라는 이름을 찾아볼 수 없다.

천지의 화구벽이 층상 구조를 띠고 있는 것으로 보아 수차례에 걸친 분화 활동으로 화산 퇴적물이 쌓였음을 알 수 있다.

이를 두고 일각에서는 과거 우리나라는 대국인 중국의 영향력 때문에 임금의 칭호로도 '황(皇)', '제(帝)', '천(天)' 등과 같은 글자를 사용할 수 없었기 때문에, 자연 지형지물에도 '천' 자를 사용할 수 없어 용왕담이나 대지 등으로 부른 것이라 말한다. 그러다가 근세에 들어 아편전쟁과 청일전쟁에서의 패배로 중국의 국운이 급격히 기울자, 비로소 천지라는 이름이 사용되기 시작했다는 것이다.

그러나 최서면 국제한국연구원장에 의하면, 천지란 명칭이 처음 사용된 것은 조선과의 국경 담판에 참여한 청나라의 문인 유건봉이 1908년 백두산의

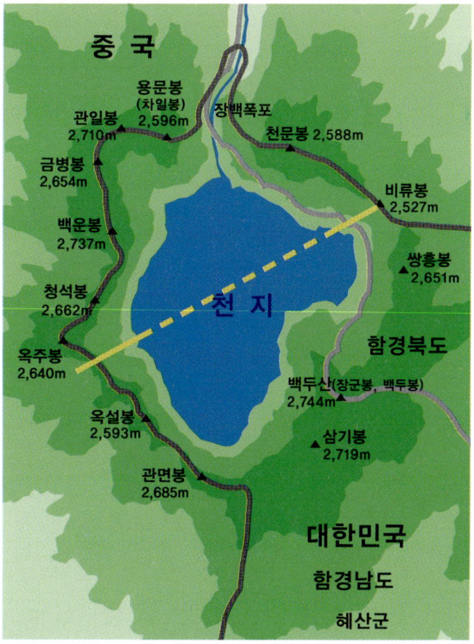

일설에 의하면, 중국은 북한 측에 한국전쟁에 참전한 대가로 천지에서 삼지연에 이르는 백두산 남쪽 산기슭을 떼어달라 요구했다고 한다. 그러나 북한이 국가의 상징인 천지의 양도는 있을 수 없는 일이라며 타협을 요청해 현재의 국경선에 대한 합의(5분의 3은 북한, 5분의 2는 중국)가 이루어졌다고 한다. 북한과 중국이 1962년 조중변계조약(朝中邊界條約)을 체결해 중국이 49.5%, 북한이 50.5%를 관할하기로 합의했다고 알려져 있다. 현재 북한은 천지를 천연기념물 제351호로 지정하여 보호하고 있다.

천지창조의 신비가 드리워진 천지는 호수가 하늘에 걸려 있는 듯하여 붙여진 이름이라고 한다. ⓒ이정수

여러 봉우리에 중국식 이름을 붙일 때 용왕담을 천지라고 명명하면서부터라고 한다. 실제로 유건봉은 〈장백산강강지략〉이라는 보고서에서 자신을 '천지 유사(天池庾史)'라고 적었다고 한다.

함몰된 하구에 물이 고여 형성된 호수

백두산의 대규모 화산 폭발은 정상부 중심에 둘레 20.6km, 면적 19.8km², 최대 깊이 944m에 이르는 커다란 요(凹)자형 분화구를 만들어놓았다. 보통 직경 2km 이상의 분화구 지형을 칼데라(caldera)라고 하는데, 이는 솥을 뜻하는 포르투갈 어 '칼데이라(caldeira)'에서 유래한 것이다.

맹렬하게 폭발하는 화구의 직경은 보통 2km를 넘지 않는다. 그러므로

칼데라의 형성에는 폭발 이외에 다른 원인이 있음을 알 수 있는데, 그것이 바로 함몰이다. 백두산의 칼데라는 중심 화도를 통해 대량의 마그마가 폭발하여 지표로 분출한 직후 분화구 또는 화산체의 정상부가 함몰하여 형성된 것이다. 여기에 물이 고여 남북 길이 4.85km, 동서 길이 3.35km, 최대 깊이 384m의 타원형 호수인 천지가 만들어졌다. 화산 지형인 울릉도의 나리분지도 분화구의 함몰로 형성된 칼데라 지형이다. 그러나 한라산의 백록담은 화산 폭발 때 생긴 분출구 자체에 물이 고인 호수로 규모가 작기 때문에 칼데라라 하지 않고 화구호라 한다.

천지가 언제 형성되었는지는 정확히 알 수 없으나 대략 백두산 형성의 최후기를 장식한 1,000년 전 이후로 생각된다. 백두산의 대규모 분화로 다량의

천지에는 한라산의 백록담과 더불어 민족의 정기가 흠뻑 담겨 있다. 호수 너머로 백두산의 16개 봉우리 가운데 가장 높은 장군봉이 보인다. 장군봉은 일제 강점기에는 병사봉(兵士峰)이라 불렸다. 다른 한편으로 백두봉이라 부르기도 한다.

화산 쇄설물이 방출되어 화구 내부에 거대한 지하공간이 생겨나자, 자체 하중에 의해 화산체의 정상부가 함몰되어 산꼭대기에 현재와 같은 모습의 칼데라가 만들어진 것이다.

백두산을 연구, 조사한 바 있는 동국대학교 지리교육과 김주환 교수(지형학)는 백두산 칼데라가 1,000년 전의 단 한 차례 분화 활동만으로 형성되었다고 보기는 어렵다고 말한다. 불규칙적인 윤곽, 용암류의 방향, 화산 퇴적물의 특성, 화산 폭발의 시기나 횟수 등을 고려한다면 천지는 하나의 분화구가 아니라 최소한 2~3개 이상의 화구가 연결된 호수일 거라고 한다.

간단히 말해서 백두산의 칼데라는 여러 차례의 폭발과 분화, 함몰에 의

천지 칼데라 형성 과정

마그마가 중심 화도를 따라 지하 맨틀에서 서서히 상승하여 분출을 시도한다.

화산 폭발이 중심 화도에서 산사면 전체로 확장되면서 마그마가 대규모로 분출한다.

화산 쇄설물이 방출되고 생긴 지하공간에 화산체의 정상부가 함몰되어 칼데라가 형성된다.

함몰된 칼데라 내부에 눈, 비, 지하수 등이 고여 호수가 생겨난다.

일명 '장백호'라 불리는 소천지(해발고도 1,850m)는 천지에서 북쪽으로 약 3.8km 거리에 있으며 천지 수면보다 300m 정도 낮다. 소천지는 백두산 주 화산 활동과 관련 있는 기생(寄生) 화산구로 정상부에 물이 고여 형성된 것이다. 둘레는 약 260m, 면적은 약 5,380m²이며 울창한 원시림에 둘러싸여 있다.

해 형성되었으며, 가장 최근인 1,000년 전의 대규모 분화로 함몰된 화구에 물이 고이기 시작하면서 천지가 만들어진 것으로 보인다.

풍부한 강수량과 지하수로 1년 내내 일정 수위 유지

천지의 둘레는 14.4km, 수면 면적은 9.15km²로 여의도의 면적과 비슷하며 평균 수심은 213m이고 담수량은 약 19억 5,000만m³이다. 일단 이 19억 5,000만m³의 물이 과연 얼마나 되는지 한번 어림잡아보자.

천지에 담긴 물을 면적 약 605.41km²인 서울시에 옮겨 붓는다면(단, 서울시 면적을 평면으로 보았을 때) 서울시 전역이 약 3m 높이의 물에 잠긴다는 계산이 나온다. 또 1초에 1t씩 물을 퍼낼 경우 대략 60년 동안 퍼내야 할 만큼 어마어마한 양이다. 이렇게 많은 양의 물은 어디에서 온 걸까? 그 해답은 백두산 천지의 수원(水源)에서 찾을 수 있다. 천지의 물은 약 70%가 눈, 비, 얼음이 녹은 물이고 나머지 30%는 서쪽 호반 세 곳의 샘에서 솟는 용천수, 즉 지하수이다.

특히 백두산 일대는 연 평균 강수량이 약 1,500mm인 다우(多雨) 지역이라 천지에 풍부한 수량을 공급할 수 있다. 한 해 강수량의 대부분은 여름철인 7, 8월에 내리며, 특히 장마철에는 집중호우가 잦다. 또한 안개가 끼는 날이 연중 180일 정도라 일조량 부족으로 증발량이 매우 적다. 덕분에 호수의 물은 거의 변하지 않고 일정한 수위를 유지할 수 있다. 천지에 고인 물은 일정 수위를 넘으면 북쪽의 달문으로 빠져나가 창바이 폭포를 거쳐 쑹화 강(松花江) 상류로 흘러간다.

천지 아래서 지하수맥으로 솟아오르는 풍부한 지하수는 온천수라 한겨울의 혹한에도 얼지 않고 끊임없이 솟아오른다. 반면 한라산 정상의 백록담은 저위도에 있어 기온이 높고 증발량이 많기 때문에 강수량이 적은 해에는 바닥을 드러내기도 한다.

압록강과 두만강의 발원지는 천지가 아니다

우리는 흔히 압록강과 두만강의 발원지를 백두산 천지로 알고 있지만 이는 잘못된 상식이다. 사실 이 두 강은 천지의 물과 아무런 관계가 없다.

1860년대 고산자(古山子) 김정호(?~1864)가 제작한 것으로 추정되는 《대동여지전도(大東輿地全圖)》〈발문(跋文)〉에 다음과 같은 기록이 있다. "백두산은 조선산맥의 조산(祖山)이다. 이 산은 세 층으로 되어 있으며 높이가 200리요, 가로로 1,000리에 뻗쳐 있다. 산꼭대기에 연못이 있으니 이름하여 달문이라 하는데 둘레가 800리이다. 그 연못의 물이 남으로 흘러 압록강이 되고 동으로 흘러 두만강이 된다." 또한 1486년에 발간된 《동국

백운봉 쪽에서 바라본 달문(왼쪽)과 달문을 통해 빠져나가는 물줄기(오른쪽).

여지승람》에도 "백두산 천지의 물이 압록강, 두만강, 쑹화 강으로 나뉘어 흐른다"는 기록이 있다.

그러나 이는 백두산 지역의 하천 유역을 수차례 직접 조사, 연구한 백두문화연구소장 이형석 박사(교육학)에 의해 잘못된 사실로 밝혀졌다. 이 박사는 천지에서 직접 흘러나가는 물은 북쪽의 달문으로 나가는 쑹화 강뿐이라고 말한다. 남쪽으로 흐르는 압록강은 천지의 물이 지하수로 이동하여 처음 밖으로 나오는 사기문폭포(해발고도 1,950m)에서 발원하며, 백두산 동쪽 계곡의 물은 두만강으로 흐르지 않고 쑹화 강으로 흐른다고 한다.

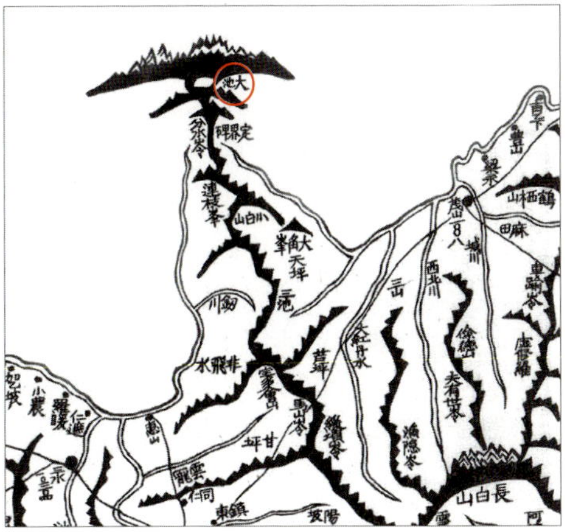

1860년대 김정호가 그린 것으로 추정되는 《대동여지전도》의 백두산 일대 부분. 천지가 대지(大池)로 표기되어 있다.

압록강은 초기 백두산 일대의 현무암이 분출되기 전까지는 북쪽의 쑹화 강으로 흘러들었다. 그런데 현무암이 분출하여 용암대지가 생겨난 이후 그 한가운데로 백두산이 솟아오르자 이 일대의 하천은 쑹화 강과 분리되어 제각기 다른 물길로 흐르게 되었다. 이때 백두산을 경계로 압록강과 두만강의 물길이 동과 서로 갈라진 것이다.

만주 상실의 슬픈 역사를 간직한 백두산 정계비

고구려연구재단이 2005년 백두산 정계비터에 세운 표석. 조선과 청나라의 국경을 정하기 위해 세운 백두산 정계비로 인해 우리 역사에서 만주가 영원히 사라지고 말았다. ⓒ고구려연구재단

백두산 정계비(定界碑)는 조선과 청(淸)의 국경을 표시하기 위해 1712년(숙종 38년) 5월 청의 제의로 백두산에 세운 비를 말한다.

우리나라가 백두산을 시조(始祖)인 단군이 탄생한 성스러운 산으로 숭배하고 있듯이 만주 지방에서 성장한 청 또한 백두산을 태조 누르하치(奴爾哈齊)가 탄생한 성지로 여겨 숭배했다. 당시 조선과 청은 압록강과 두만강을 국경으로 삼았으나 백두산 부근의 경계는 명확하지 않았고, 특히 두 강 상류의 북안(北岸) 지역은 일종의 완충지대였다.

백두산 지역에 큰 관심을 가졌던 청의 강희제(康熙帝)는 자국민과 조선 사람들 사이에 월경(越境) 문제로 분쟁이 잦아지자, 백두산을 자국의 영토로 귀속시키고 그 일대의 지배를 분명히 하고자 했다. 그래서 오랄총관(烏喇摠管) 목극등(穆克登)을 조선에 보내 백두산을 중심으로 국경선을 확정하자고 요구했다.

목극등은 조선이 파견한 군관 이의복(李義複), 조태상(趙台相) 등과 함께 백두산에 올라 제대로 된 합의도 없이 일방적으로 자기들에게 유리한 곳에 비를 세웠다. 그곳은 백두산 정상이 아니라 천지에서 남동쪽 4km 지점에 있는 높이 2,150m의 분수령이었다.

비문에는 "글이 새겨진 비석을 분수령으로 서쪽으로 압록강, 동쪽으로 토문강"이라는 내용이 기록되어 있다. 이 내용 때문에 백두산 천지가 우리의 국경 밖에 놓이게 된 것이다. 이렇게 해서 한민족의 주요 활동 무대였던 만주가 우리 역사에서 사라지게 되었다.

조선은 비문에 적힌 토문강이 천지에서 두만강 북쪽 지방으로 흘러드는 쑹화 강의 지류이므로 간도는 조선의 영토라고 주장했다. 그러나 청은 토문강은 두만강의 다른 이름이라며 간도가 청의 영토라고 주장했다. 백두산 정계비를 세운 후 청은 더욱 집요하게 간도 지방을 지배하기 위한 조치들을 취해나갔다. 조선 또한 영유권 확보를 위해 고종 40년에 군대를 편성하고 행정조직을 정비하는 등 강경한 자세를 취했다.

그러나 당시 조선은 1905년의 을사늑약 때문에 외교권을 일본에 박탈당한 상태였다. 이에 따라 간도 문제는 조선과 청 사이의 현안에서 청과 일본 사이의 현안이 되었다. 만주 지역을 호시탐탐 엿보고 있던 일본은 남만주 철도 부설권과 만주에 대한 이권을 보장받는 대신 간도 영유권을 청에 팔아넘겼다. 훗날 말썽이 생길 것을 우려해서인지 일제는 그 후 간도가 우리의 영토임을 확인해줄 수 있는 결정적인 증거인 백두산 정계비를 만주사변이 발발하기 두 달 전에 없애버렸다고 한다.

일만이천봉의 화강암 명승
금강산

백두산에서 출발한 백두대간의 산줄기가 남으로 뻗어가다가 북방한계선을 앞두고 한반도의 허리춤에서 용솟음쳐 천하의 명산을 낳았다. 일만이천봉의 기암이 거대한 산군을 이루며 수려한 장관을 드러내는 금강산(金剛山)이 바로 그것이다. 철따라 그 아름다움이 독특하여 부르는 이름 또한 여럿인 금강산(또는 봉래산[蓬萊山])은 일찍이 지리산(또는 방장산[方丈山]), 한라산(또는 영주산[瀛州山])과 함께 삼신산(三神山)의 하나로 숭배되었다.

일만이천봉의 기암이 천하 명승을 이룬 금강산 경관의 진수 만물상.

금강산은 산 전체가 천태만상의 기암으로 덮여 있으며, 구슬 같은 옥류가 심산유곡을 흐르며 수많은 폭포와 소(沼)를 연이어 앉혀 놓았다. 마치 신선이 사는 무릉도원인 듯 암산(巖山)이 보여줄 수 있는 아름다움의 극치를 유감없이 드러내고 있다. 산의 성자로서 성스러운 산의 으뜸이 백두산이라고 한다면 산의 재자(才子)로서 기이한 산의 으뜸은 금강산이라 할 수 있다.

금강산은 강원도 금강, 회양, 통천, 고성 등 4개 군에 걸쳐 있으며, 주봉인 비로봉(1,639m)을 기점으로 동서 길이 약 40km, 남북 길이 약 60km이며 면적은 약 250km²이다. 비로봉을 비롯하여 해발 1,500m 이상의 거봉이 10개에 달하고 1,000m 이상의 준봉이 무려 60여 개이며 크고 작은 봉우리들을 모두 합치면 일만이천봉이나 되는 거대한 바위 산군을 이룬다. 금강산은 옥녀봉~비로봉~일출봉~연일봉으로 뻗어내린 주 능선을 기준으로 왼편의 내금강과 오른편의 외금강, 그 남쪽으로 해안에 위치한 해금강, 이렇게 세 부분으로 나뉜다.

50년간 휴전선에 가로막혀 있던 금강산은 1998년 일부 구역이나마 남쪽에 개방되어 탐승이 가능해졌다. 현재 둘러볼 수 있는 구역은 외금강의 관문이라고 할 수 있는 온정리에서 목란관을 지나 금강문~구룡폭포~상팔담으로 이어지는 구룡연 코스, 온정리에서 금강산 호텔을 지나 삼선암~귀면암~만물상에 이르는 만물상 코스, 온정리에서 남쪽으로 삼일포~해금강으로 이어지는 해금강 코스, 이렇게 세 곳이다. 그러나 지난 2008년 남한 여성 관광객이 북한군의 총격으로 사망하는 사건의 발생으로 인해 현재까지 금강산 관광은 중단된 상태이다.

그 많은 이름 가운데 왜 하필 금강일까?

계절마다 고운 옷을 갈아입는 금강산은 철마다 다른 이름으로 불린다. 봄이면 온 산이 새싹과 갖가지 꽃으로 뒤덮여 금강산(金剛山), 여름이면 봉우리와 계곡에 녹음이 짙게 깔려 봉래산(蓬萊山), 가을이면 일만이천봉

세존봉 능선 뒤로 웅장하게 솟아 있는 집선봉 능선. 금강산은 우리나라의 암산을 대표한다. 2006년까지는 외금강 코스만 개방되었으나 2007년 6월부터 표훈사~만폭동~진주담~보덕암~묘길상~삼불암에 이르는 내금강 코스가 새롭게 개방되어 내금강의 수려한 협곡과 유서 깊은 사찰들을 둘러볼 수 있게 되었다.

이 각양각색의 단풍으로 물들어 풍악산(楓嶽山), 겨울이면 암석만 남아 앙상한 뼈대를 드러내기에 개골산(皆骨山)으로 불린다. 이는 계절의 변화에 따라 금강산의 정취가 판이하게 다르기 때문이다.

《신증동국여지승람(新增東國輿地勝覽)》〈회양도호부 산천〉조에는 금강산, 개골산, 열반산, 풍악산, 기달산(枳怛山) 등 다섯 가지 이름이 보이며, 이외에도 구황산(救荒山), 중향성(衆香城), 상악산(霜嶽山), 선산(仙山) 등 여러 이름이 있다. 이렇게 많은 이름 가운데 가장 널리 불리는 금강이란 이름은 어떻게 얻게 된 것일까?

통일신라 시대까지 금강산은 풍악산, 상악산, 개골산으로 불렸다. 금강, 열반, 기달, 중향, 구황 등은 모두 불교 용어로 통일신라 시대에는 불교가 번성했기 때문에 이런 이름들이 새로 붙은 것이다. 금강산에는 표훈사, 장안사, 유점사를 비롯하여 100개가 넘는 크고 작은 사찰과 암자가 있었다. 또 비로봉, 미륵봉, 세존봉, 석가봉, 금강문, 관음봉, 대장봉, 자장봉, 칠보대, 천불산, 문수담, 연화담 등 산지 곳곳에 불교 용어를 활용한 암봉과 못 이름이 무수히 많다.

금강은 '금속처럼 빛나고 굳은 것', 즉 변하지 않는 굳센 마음이라는 뜻으로 불교에서는 부처의 지혜를 상징한다. 그러므로 옛사람들은 금강산을 빛나는 금속이나 굳센 돌과 같이 영원불멸한 현세의 극락정토로 믿었으리라 짐작해볼 수 있다. 금강이란 이름은 또한《화엄경》의 "해동보살이 사는 금강산이 있다"는 글귀에서 나온 것이라고도 전해진다. 일만이천봉과 비로봉도《화엄경》에 나오는 일만이천봉과 비로자나불에서 따온 이름이라고 한다.

이렇게 통일신라 시대에 널리 사용된 금강이란 이름은 고려 시대에 이르러 확실히 자리를 잡았다.《고려사》를 보면 금강산과 관련하여 개골산이라는 명칭은 1회 사용된 데 반해 금강산은 14회나 사용되어 압도적인 우위를 보이고 있다.

일만이천봉의 정체는 관입한 대보화강암

이중환(李重煥, 1690~1752)은《택리지》〈복거총론〉편 〈산수〉조에서 다음과 같이 말했다.

만물상에 들어서기에 앞서 만나는 삼선암과 암반 덩어리로 이루어진 산체 전경. 금강산에 넘쳐나는 바위는 중생대 쥐라기에 관입한 화강암이다.

나는 전라도와 평안도는 가보지 못했지만 강원도, 황해도, 경기도, 충청도, 경상도는 많이 가보았다. 내가 보고 들은 바를 참고하면 금강산 일만이천봉은 순전히 돌봉우리, 돌구렁, 돌내(川), 돌폭포이다. 봉우리, 묏부리, 구렁, 샘, 못, 폭포가 모두 돌이 맺혀서 된 것이다. 이 산의 다른 이름이 개골인 것은 한 치의 흙도 없는 까닭이다. 만 길 산꼭대기와 백 길 못까지 온통 하나의 돌이니, 이는 천하에 둘도 없는 것이다.

금강산에 발을 들여놓으면 사람이 옴짝달싹 못하도록 혼을 쏙 빼놓는 대자연의 위용이 느껴진다. 온 산을 가득 채우고 있는 이 많은 바위 덩어리들은 모두 어디서 온 것일까? 또 이 다채로운 형상의 기암들은 모두 어떻게 만들어진 것일까?

고생대 이후 오랜 기간 침식을 받아 저평화된 한반도는 중생대로 접어들면서 지각이 크게 요동치며 휘어지거나 단절되고, 또 지각의 일부가 내려앉거나 솟아오르는 등 전국적으로 거대한 규모의 지각 변동을 겪었다. 그 결과 지각 깊은 곳에 있던 마그마가 화산 폭발로 지표에 분출되기도 하고, 또 일부는 지각의 약한 틈을 뚫고 솟아오르다가 지하 깊은 곳에서 냉각, 고화되기도 했다.

지표로 분출된 마그마인 용암이 굳으면 현무암이 되고, 지하 깊은 곳에 관입하여 굳으면 심성암이 된다. 금강산을 이루는 암석은 바로 중생대에 여러 차례 관입한 심성암 가운데 하나인 화강암이다. 화강암은 우리나라 산지의 30%를 구성하는 암석으로 오랜 기간 침식과 풍화를 받아 지금의 수석 전시장 같은 풍경을 만들어냈다.

화강암은 중생대 트라이아스기(2억 3,000만~1억 8,000만 년 전)에 서울과 원산을 잇는 추가령구조곡 이북에서 일어난 송림(松林)변동과 쥐라기(1억 8,000만~1억 3,000만 년 전)에 추가령구조곡 이남에서 일어난 대보(大寶)조산운동, 백악기(1억 3,000만~6,500만 년 전)의 불국사운동 등 모두 세 차례에 걸친 대규모의 지각 변동과 화성(火成) 활동으로 형성되었다. 고생

죽어 넋이 되어서라도 가고 싶은 산이라 했던가! 천하의 절승인 금강산은 일만이천봉의 기암이 거대한 산군을 이루며 수려한 장관을 연출한다. ⓒ이정수

대 이래로 잠잠하던 한반도가 중생대에 이르러 대규모의 지각 변동을 겪으면서 습곡과 단층 작용의 영향으로 복잡하고도 격동적인 지세로 탈바꿈한 것이다.

금강산은 분단이라는 상황 때문에 국내 학계의 체계적인 지질 조사가 어려운 실정이라, 일제 강점기의 일본학자들과 오늘날의 북한학자들이 조사한 자료에 의존해 연구할 수밖에 없다. 그래서 형성 과정과 연대를 밝히는 데는 한계가 있지만, 한국지질자원연구원 임순복 박사(암석학)는 금강산이 여러 차례에 걸쳐 관입한 각기 다른 성질의 화강암으로 이루어졌으리라 추정하고 있다.

금강산 일만이천봉은 약 1억 5,000만 년 전 중생대 쥐라기에 우리나라 전역에서 일어났던 대보조산운동 때 형성된 것으로 보인다. 대보화강암은 보통 지하 수km의 깊은 곳에 관입하는데(쥐라기에 관입한 대보화강암은 보통 지하 10~12km, 백악기에 관입한 불국사화강암은 지하 3~5km 깊이에 관입하였다), 이렇게 깊은 곳에 있던 화강암 덩어리들이 어떻게 지표 위에 특이한 암석 경관을 만들어낸 것일까?

화강암 재단의 마술사 절리가 빚어낸 예술

화강암은 실제로 무척 단단하고 견고한 암석이지만 물을 만나면 쉽게 풍화된다. 화강암을 이루고 있는 석영, 운모, 장석 등의 광물이 물과 반응하는 화학적 수치가 모두 달라 침식을 받으면 쉽게 부서지기 때문이다.

서울의 북한산, 도봉산, 관악산, 강원도 속초의 설악산, 충청북도 제천의 월악산, 충청남도 공주의 계룡산, 전라남도 영암의 월출산 등 화강암으로 이루어진 산에 가보면 화강암 덩어리 주변으로 침식과 풍화를 받아 떨어져 나온 푸석푸석한 돌부스러기들을 쉽게 볼 수 있다. 이러한 풍화 물질을 우리말로는 푸석바위, 석비레 또는 마사토(磨砂土)라고 하며, 지형학 용어로는 새프롤라이트(saprolite)라고 한다.

오랜 지질 시대를 거치며 두꺼운 지표 물질들이 끊임없는 침식과 삭박에 의해 모두 깎여나가면 지하 깊은 곳에 관입했던 화강암이 점차 지표 가까이로 올라온다. 위를 덮고 있던 지표 물질들이 제거되어 $1.5 \sim 1.8 \times 10^5$kPa의 막대한 무게에서 벗어난 화강암은 그 부피가 급격히 팽창하는데, 이때 암석의 표면에 수평 또는 수직의 균열과 틈인 절리(節理, joint)가 생긴다. 이는 한여름에 냉동실의 얼음을 밖에 놓으면 외부의 열로 부피가 팽창하면서 얼음에 금이 가는 원리와 비슷하다.

이후 땅속에서 암반의 갈라진 틈새를 따라 지하로 유입된 수분이 동결과 융해를 반복하면서 기계적인 풍화가 이루어진다. 또한 나무뿌리가 침투하여 쐐기 작용으로 그 틈을 벌리기도 하며, 지표로 노출된 후에는 암석에 이끼와 초본식물 등이 달라붙어 자라면서 이들이 뿜어내는 물질에 의해 화학적 풍화가 이루어지기도 한다.

이렇게 지하뿐만 아니라 지상에서도 절리를 따라 다양한 형태의 침식과 풍화가 오랜 세월 지속되면서 암석은 점차 다양한 모양으로 깎여나간다. 땅속 깊은 곳에 관입한 화강암 덩어리를 금이 가고 잘려나가게 하여 다양한 암석 경관을 낳은 장본인은 바로 화강암 재단의 마술사로 불리는 절리인 것이다.

절리에 따른 화강암 지형 형성 과정

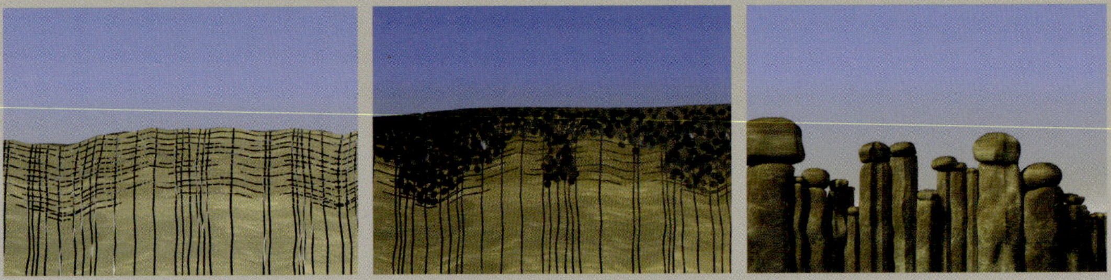

관입한 화강암이 위를 덮고 있던 지표 물질의 제거로 압력이 감소하여 부피가 팽창한다. 이때 생긴 절리면을 따라 풍화가 진행되어 하나의 암체가 여러 조각으로 분리된다.

절리의 간격이 조밀한 곳에 풍화가 집중되어 생긴 다량의 새프롤라이트가 기반암을 덮는다.

이후 새프롤라이트가 빗물과 지하수에 의해 모두 씻겨나가면 풍화되지 않은 기반암이 지표에 노출되어 암체를 드러낸다.

만물상은 수직절리면을 따라 침식이 집중적으로 진행되어 첨봉 형태를 띤다(왼쪽). 수정봉은 판상절리면을 따라 침식이 진행되어 암석 표면에서 양파가 벗겨지듯 암반이 떨어져 나가 둥근 형태의 암괴가 되었다(오른쪽).

그러므로 금강산의 암석 경관은 화강암에 발달한 절리의 모양에 의해 결정되는데, 절리는 대체로 수평 방향의 판상(板狀)이나 수직, 수평 방향이 함께 발달한 격자상(格子狀)이다. 만 가지 형상의 기암괴석으로 금강산의 산악미를 대표하는 만물상, 톱니 모양의 첨탑인 관음연봉 등 외금강의 바위 덩어리는 모두 수직절리가 탁월하게 발달하여 암석이 수직으로 떨어져 나가 뾰족한 모양이 되었다.

반면에 만물상 초입의 오른쪽 능선에 성벽처럼 커다랗게 누워 있는 수정봉(水晶峯)은 수평절리의 발달로 암석 표면에서 양파가 벗겨지는 것 같은 박리(剝離) 작용이 활발히 진행되어 둥근 모양이 되었다. 그 결과 바위 표면이 인공적으로 다듬고 연마한 것처럼 매끈한 모습을 하고 있는데 그 안에는 수정이 많이 함유되어 있어 햇빛을 받으면 보석같이 반짝거린다. 수정봉이란 이름은 이 때문에 얻은 것이다.

땅속에서 격자상의 절리를 따라 침투한 수분이 일으키는 침식과 풍화는 특히 모서리 부분에 집중된다. 이 때문에 마치 쌀가마니를 첩첩이 쌓아놓은 듯한 성벽 모양의 암석 지형인 성곽 코피(castle koppie)를 곳곳에서 찾아볼 수 있다.

금강산에서 생을 마감한 신라의 마지막 왕자, 마의태자

마의태자가 용문사에 들렀을 때 심었다는 은행나무(위). 하늘재를 넘어온 마의태자가 머물렀다고 전하는 월악산 미륵사지(아래).

비로봉으로 오르는 내금강의 비로폭포 부근에는 신라의 마지막 왕 경순왕의 아들인 마의(麻衣)태자가 묻혔다는 태자묘가 있다. 《삼국사기(三國史記)》 권12 〈경순왕 9년〉조에 따르면, 아버지 경순왕이 고려 왕건에게 항복하자 태자는 통곡하며 개골산에 들어가 일생을 마쳤다고 한다. 마의태자라는 이름은 입산 후 그가 평생 베옷을 입고 풀만 먹으며 지냈다는 데서 유래했다.

경상북도 문경에서 충청도로 넘어오는 하늘재(일명 계립령), 월악산 자락에 위치한 미륵사지와 덕주사에는 마의태자와 그의 누이동생 덕주공주의 이야기가 전한다. 하늘재를 넘어 온 두 남매 중 마의태자는 하늘재 초입에 있는 미륵사에, 덕주공주는 덕주골에 있는 덕주사에 머물렀다고 한다.

이후 덕주공주는 그곳에 터를 잡고 살았고 마의태자는 다시 북으로 발걸음을 옮겼는데, 그다음에 닿은 곳이 경기도 양평의 용문산에 있는 용문사이다. 용문사에 가면 대웅전 앞으로 1,100년이나 된 은행나무가 도량을 지키고 있다. 이 나무는 마의태자가 들렀을 때 심었다고 하는데, 그 나이가 신라가 멸망한 시기(935년)와 엇비슷하여 제법 그럴듯하게 들린다.

그다음으로 마의태자 이야기가 전하는 곳은 강원도 인제군 상남면 김부(金富)리 마을이다. 인제군사(史)에는 김부리는 신라 56대 경순왕의 아들 마의태자가 머무르면서 신라를 재건하고자 김부대왕이라 칭하고 양병을 꾀했다고 하여 붙은 이름이며, 지금도 이곳의 김부대왕각에서는 봄, 가을에 동제를 지낸다고 기록되어 있다.

또한 김부리와 인근 갑둔리 사이에 있는 갑둔리 오층석탑에 김부라는 사람의 이름이 나오는데, 이 사람이 마의태자라고 전해진다. 그 밖에도 항병(降兵)골, 군량(軍糧)리 등 마의태자의 광복 운동을 암시하는 지명이 여럿 나타나고, 마의태자가 성을 수축하고 군사를 훈련시켰던 곳이라는 설악산의 한계산성과 오대산의 아미산성(또는 금강산성) 등 강원도 곳곳에 마의태자와 관련된 전설이 남아 있다.

마의태자가 금강산으로 들어가 수도 생활을 했다는 기록을 뒷받침해줄 만한 역사적 근거는 찾을 수 없다. 하지만 마의태자와 관련된 전설들이 유독 경주에서 금강산에 이르는 동해 쪽에 치우쳐 있는 것을 보면 모두 전설이라고 할 수만은 없지 않을까?

내금강과 외금강의 다른 모습은 경동성 요곡 운동 때문

신생대 제3기 2,300만~1,500만 년 전, 동해의 해저 지각이 확장하면서 수평으로 가해진 횡압력으로 우리나라의 지반이 높이 융기했다. 이때 융기축이 동쪽으로 많이 치우쳐 동쪽은 높이 솟아올라 급경사를 이루었고, 서쪽은 완경사를 이루어 동고서저의 경동 지형이 만들어졌다.

태백산맥은 이때 생겨났는데, 그 허리에 자리 잡은 금강산 또한 지반의 융기로 높이 솟아올랐다. 이 과정에서 지하 깊숙이 있던 화강암이 지표 가까이로 끌어올려졌고, 그 결과 지표 물질들이 빠르게 깎여나갔다.

이와 같은 지반 융기를 증명해주는 지형은 옥녀봉~비로봉~일출봉~연일봉으로 이어지는 금강산의 주 능선에서 찾아볼 수 있다. 이는 고생대 이후로 오랜 기간 침식을 받아 저평화된 지형의 일부가 별다른 습곡 작용을 받지 않고 그대로 솟아올라 정상부의 완만한 구릉성 고원지대를 형성한 것이다.

금강산 주 능선의 고원성 구릉지대는 습곡 작용을 크게 받지 않고 그대로 솟아오른 결과이다(위). 구룡연계곡의 구룡폭포(왼쪽 아래)와 비봉폭포(오른쪽 아래)가 한겨울 추위로 꽁꽁 얼어붙었다.

주 능선을 경계로 급경사를 이루는 동쪽은 상대적으로 험하고 굴곡이 많은 산세를 형성했으며, 완경사를 이루는 서쪽은 완만한 구릉성 고원의 산세를 형성했다. 그래서 서쪽의 내금강은 그윽하고도 부드러운 산세가 펼쳐져 여성미가 느껴지고, 그 위로는 만폭동, 백천동, 수렴

동, 장안동 등의 계곡이 유유히 굽이쳐 흐른다.

반면 동쪽의 외금강은 경사가 매우 급하고 구룡폭포와 만물상에서 볼 수 있듯 웅장하면서도 날렵한 산세를 이루어 씩씩한 남성미가 느껴진다. 만물상과 관음연봉을 비롯해 월출봉에서 동쪽으로 뻗어내린 채하봉과 집선봉의 암릉은 나무 한 그루 없는 낭떠러지의 모습이라 산악미의 진수를 느끼게 한다.

내금강과 외금강은 지형뿐만 아니라 기후에서도 확연히 차이가 난다. 외금강에 속하는 고성읍의 연 평균 기온은 11.0°C, 8월 평균 기온은 23.6°C, 1월 평균 기온은 -2.1°C이다. 그러나 내금강에 속하는 금강읍은 각각 7.2°C, 21°C, -8.5°C로 특히 겨울철 기온이 크게 차이가 난다. 그 이유는 태백산맥 산줄기가 차가운 북서 계절풍을 막아주고 동해의 난류가 영향을 미쳐 고성읍은 온화한 해양성기후를 보이지만, 금강읍은 대륙성기후의 영향을 받아 춥기 때문이다.

연 평균 강수량은 고성군이 1,580mm, 금강군이 1,201mm로 동해 쪽에 있는 외금강에 눈과 비가 더 많이 내린다. 이는 동해를 지나 불어오는 북동기류가 수증기를 잔뜩 머금고 이동하다가 백두대간의 산줄기에 부딪혀 단열팽창한 결과 수증기가 응결되어 비와 눈으로 내리기 때문이다.

금강산의 축소판 해금강

금강산 기행의 베이스캠프 격인 온정리에서 동남쪽으로 12km 정도 내려가면 거울 같은 호수 하나가 나타난다. 이곳은 신라의 화랑들이 3일 동안 머물렀다고 하여 삼일포라 부르는 호수로, 관동팔경 중에서도 손꼽히는 명승지이다. 삼일포의 잔잔한 수면 한가운데에는 와우도를 비롯한 3개의 바위섬이 오롯이 떠 있다. 그 주변에 빽빽하게 들어선 해송과 참대나무 숲이 장군대, 봉래대, 연화대 등의 수많은 암봉들과 어울려 마치 한 폭의 그림을 보는 듯하다. 둘레 약 4.5km의 삼일포는 다른 말로 삼지(三池)라고도 하는데, 북한에서는 천연기념물 제218호로 지정하여 보호하고 있다.

삼일포는 과거에 바닷물이 들어왔다가 갇혀서 형성된 천연 호수, 즉 석호(潟湖)로 속초의 청초호와 영랑호, 강릉의 경포호, 고성의 화진포호 등과 같은 시기에 형성되었다. 그 구체적인 과정은 다음과 같다.

해수면이 현재의 높이에 이른 약 6,000년 전 바닷물이 삼일포를 지나 북강 상류 안쪽으로 온정리 부근의 금강 제1, 제2교가 있는 곳까지 밀려 들어왔다. 이후 육지에서 바다로 공급된 토사가 연안류와 조류에 휩쓸리며 사주를 형성하여 호수의 입구를 막자 안에 갇힌 바닷물이 호수가 되었다. 그 시기는 약 3,000년 전으로 추정된다.

삼일포에서 남쪽으로 약 3km 떨어진 바닷가에는 수백만 년 동안 해풍과 바닷물에 깎여온 변화무쌍한 모양의 바위들이 해송과 함께 솟아 있다. 마치 배가 엎어져 있는 듯한 배바위, 사공이 우뚝 서 있는 모양과 비슷한 사공바위, 공부하던 아이가 책을 쌓아놓고 깊은 생각에 잠긴 모습 같은 동자바위와 서적바위 등이 바닷가에 대규모 수석공원을 만들어놓았다. 여기가 바로 해금강이다.

이 다양한 모양의 기암들은 화강암에 발달한 절리면을 따라 바닷물이 침투하여 얼고 녹기를 반복하고, 바닷물에 포함된 염분이 암석의 틈새에 쌓인 후 점차 결정을 이루며 성장함에 따라 암석이 쪼개지고 갈라져 만들어

관동팔경의 하나인 삼일포는 바닷물이 들어왔다가 갇혀서 형성된 석호이다(왼쪽). 금강산의 바위 덩어리를 바다에 그대로 옮겨 놓은 듯한 해금강의 모습(오른쪽).

진 것이다.

해금강에서 남쪽으로 10km 정도만 더 내려가면 통일전망대가 있는 남한의 고성에 도착한다. 만물상, 구룡연 코스에서와 달리 삼일포에서 해금강으로 이어지는 길 주변에서 북한 군인들의 모습이 자주 눈에 띄는 것은 이렇게 남한과 가깝기 때문이다. 금강산에서 해금강으로 뻗어내린 화강암은 휴전선 남쪽의 고성~간성~속초로 이어지는 설악산 화강암체와 어깨를 나란히 하고 있다.

세계 그 어느 산에도 뒤지지 않는 명산

천하의 절승인 금강산은 예부터 동서고금의 수많은 시인 묵객의 마음을 사로잡아 여러 편의 글과 그림으로 남았다. 고려 시대 이곡(李穀)의 〈동유기(東遊記)〉와 안축(安軸)의 〈관동별곡(關東別曲)〉을 비롯하여 조선 시대 남효온(南孝溫)의 〈금강산기(金剛山記)〉와 정철(鄭澈)의 〈관동별곡(關東別曲)〉, 구한말 이상수(李象秀)의 〈동행산수기(東行山水記)〉, 개화 이후 이광수(李光洙)의 〈금강산유기(金剛山遊記)〉와 최남선(崔南善)의 〈금강예찬(金剛禮讚)〉이 그러하다.

"금강에 살으리랏다 금강에 살으리랏다 / 운무 데리고 금강에 살으리랏다 / 홍진에 썩은 명리야 아는 체나 하리요"로 이어지는 이은상(李殷相)의 시조 〈금강행(金剛行)〉은 가곡으로 만들어졌고, 정비석(鄭飛石)이 금강산을 기행하고 적은 〈산정무한(山情無限)〉은 고등학교 국어 교과서에도 실렸다. 그 밖에 정선(鄭敾)의 〈금강전도(金剛全圖)〉를 비롯해 여러 화가들이 그린 그림이 남아 있는데, 고대와 현대를 통틀어 자연물이 주는 감동이 이처럼 많은 글과 그림으로 표현된 예로는 단연코 금강산이 으뜸일 것이다.

금강초롱은 초롱꽃과에 속하는 다년생초로 세계에 1속, 1종, 1변종이 있는 진귀한 꽃이다. 1902년 금강산에서 처음 발견되었으나, 지금은 태백산, 오대산, 설악산 등지에서도 자란다.

금강산의 아름다움은 일찍이 세계에 널리 알려졌다. 이웃나라 중국에서는 "고려국에 태어나서 직접 금강산을 보길 원한다"는 글이 전할 만큼 금강산을 동경했다. 《조선왕조실록》에 의하면, 1404년(태종 4년) 태종이 "중국에서 사신이 올 때마다 반드시 금강산을 보고자 하니 그 까닭이 무엇인가?"라고 신하들에게 묻기까지 했다고 하니 금강산의 명성이 어느 정도였는지 짐작해볼 수 있다.

구한말인 1894년 이사벨라 버드 비숍(I. B. Bishop, 1831~1904)은 《한국과 그 이웃나라들》에서 금강산을 "세계의 어느 명산도 금강산을 초월하는 산이 없으며 모든 미로 가득한 금강산의 협곡은 너무나도 황홀하여 사람을 마비시킬 정도"라고 표현했다. 또한 1926년 스웨덴의 황태자인 구스타프 아돌프 6세(G. Adolf, 1882~1973)는 조선에 들러 금강산을 보고는 "조물주가 천지를 창조하신 엿새 중 마지막 하루는 오직 금강산을 만드는 데 보냈던 것 같다"며 극찬을 아끼지 않았다.

세계유산으로 등록하여 보전해야 할 보배

금강산이 우리나라 사람들의 가슴 속에 영원한 동경의 대상일 수밖에 없는 이유는 최남선의 〈조선정신의 표치〉라는 글에 잘 나타나 있다. "금강산은 조선인에게 풍경가려(風景佳麗)한 지문적(地文的)인 현상일 뿐이 아닙니다. 실상 조선심(朝鮮心)의 물적 표상(表象), 조선정신의 구체적 표상으로 조선인의 생활·문화 또는 역사와 장구(長久)하게 긴밀한 관계를 가지는 성적(聖的)인 존재입니다."

북한이 금강산을 전면 개방하지 않는 탓에 안타깝게도 금강산은 세계에 널리 알려지지 않았다. 다행히 최근 북한은 개성시 유적을 비롯하여 금강산, 묘향산, 칠보산 등을 세계유산으로 등재하기 위해 노력하고 있다. 이는 남한의 문제이기도 하니 금강산이 인류 공동의 자연 유산이 될 수 있도록 남북한이 함께 손잡고 노력해야 할 것이다. 현재 정부에서는 휴전선과 같은 한국전쟁의 유산을 국제 평화를 위한 자원으로 활용하는 방안을 검토하고 있다. 또한 금강산~비무장지대(DMZ)~설악산으로 이어지는 지역을 세계유산으로 등재하기 위한 사업을 추진하고 있다고 하니, 금강산의 위상이 한층 높아질 날을 기대해도 좋을 듯하다.

플러스 이야기 상자

화강암 풍화의 원형, 설악산 울산바위

금강산에 가려다 설악산에 눌러앉았다는 전설이 서려 있는 울산바위. 정상에서 미시령 쪽을 바라본 모습(왼쪽)과 속초시 콘도타운에서 바라본 울산바위 전경(오른쪽).

설악산 신흥사의 북서쪽에서 흘러 내려오는 내원천을 따라 두 시간가량 오르면 흔들바위가 있는 계조암이 나타난다. 계조암을 뒤로 하고 산마루에 올라서면 엄청난 규모의 바위산이 앞을 가로막는다. 그것은 일만이천봉을 이루고 있는 금강산에 가려다 결국 설악산에 눌러앉았다는 전설이 서려 있는 울산바위이다.

해발고도 873m에 있는 울산바위는 둘레가 약 4km이고 절벽으로 이루어져 발붙일 곳이 거의 없는 바위산이다. 울산바위는 비가 내리고 천둥이 칠 때면 산 전체가 뇌성에 울리는 소리가 마치 하늘이 으르렁거리는 것 같아 천후산(天吼山)이라고도 한다.

울산바위를 이루는 암체는 설악산 바위를 만든 여러 화강암 가운데 가장 늦은 시기인 약 7,000만 년 전에 관입한 울산화강암이다. 울산화강암은 풍화에 매우 약하며 표면이 거칠다. 지하 수천m의 깊이에서 형성된 마그마가 식어서 만들어진 이 화강암체에 절리, 침식, 서릿발 작용, 쐐기 작용 등 물리적 · 화학적 풍화 작용이 일어나 다양한 형태의 암석이 만들어졌다.

울산바위는 하나의 커다란 암체로 보이기도 하지만 그 일부에서는 박리 현상이 나타나기도 하고, 또 절리면을 따라 수직으로 탑처럼 세워진 바위들이 보이기도 한다. 절리틈을 따라 모서리 부분이 깎이면서 둥근 핵석(核石, core stone)이 만들어지기도 하는데, 계조암에 있는 흔들바위가 이에 해당된다.

그 밖에도 울산바위에는 돌무더기가 성곽처럼 쌓인 토르(tor), 이러한 토르가 무너져내려 사면에 쌓인 암괴원(block field), 화강암반 위에 둥글게 패여나간 풍화혈 나마(gnamma, 우리말로는 가마솥바위) 등과 같은 다양한 지형이 나타난다.

그러므로 울산바위는 다양한 화강암 풍화 지형을 한자리에서 볼 수 있는 자연 학습장으로 지형학적, 지질학적 가치가 매우 높은 곳이라고 할 수 있다.

백두대간을 이루는 한반도의 등줄
태백산맥

우리나라는 국토의 70% 정도가 산지이며 평균 해발고도가 500m에 가까운 산악 국가에 속한다. 우리나라의 인공위성 사진을 자세히 들여다보면 황해안 쪽보다 동해안 쪽에 산지가 더 많고, 그 산세 또한 높고 험준하다.

실제로 황해에 접한 인천에서 출발하여 영동고속도로를 따라 이천~원주~평창~강릉에 이르는 구간을 달려보면 동쪽으로 갈수록 해발고도가 점차 높아진다는 것을 알 수 있다. 특히 강원도 원주를 지나면서부터는 앞

한반도의 등줄산맥으로 백두대간의 허리에 해당하는 설악산 전경. 저 멀리 북녘 땅의 금강산이 아련히 모습을 드러내고 있다.

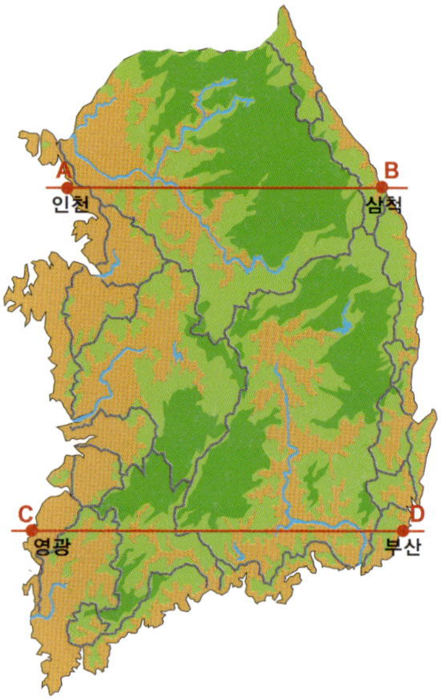

동서 지형 단면도

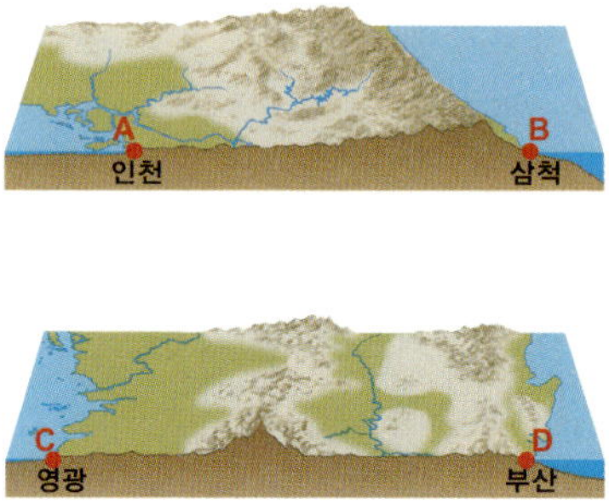

동서 지형 단면도(왼쪽)와 한반도 인공위성 사진(오른쪽, ⓒ환경부). 함경산맥, 태백산맥 등 한국 방향의 높은 산맥들이 동쪽에 치우쳐 있다.

서 달려온 이전 지역보다 훨씬 높고 험준한 산지들이 연속적으로 나타난다. 이것이 이른바 동고서저(東高西低) 지형이다.

구체적으로 살펴보면 국토의 동쪽 지역에 금강산(1,638m), 향로봉(1,296m), 설악산(1,708m), 오대산(1,563m), 태백산(1,567m) 등 해발고도 1,500m 내외의 높은 산지들이 동해안을 따라 집중적으로 분포한 반면 서쪽 지역에는 이보다 현저하게 낮은 산지들이 분포한다.

이와 같이 우리나라의 높은 산들이 유달리 동쪽에 몰려 있는 이유는 무엇일까? 그 해답은 한반도의 등줄산맥인 태백산맥(太白山脈)에서 찾을 수 있다. 그렇다면 태백산맥이 어떻게 형성되었으며, 우리의 삶과는 어떤 관계를 맺어왔는지 알아보도록 하자.

동고서저 지형이 만들어진 과정

한반도는 중생대에 여러 차례의 화산 활동으로 대규모 지각 변동을 겪은 후, 오랜 세월 침식과 풍화로 평탄화되어 준평원 지형을 유지하다가 신생대 제3기 중기 이후 다시 한 번 큰 격변을 겪는다. 당시 한반도의 산지 지형은 지구를 덮고 있는 여러 개의 지각판 가운데 유라시아 대륙 지각판과 태평양 지각판이 수렴, 충돌하는 지대에서 직 · 간접적으로 전달되는 횡압력에 큰 영향을 받았다.

지금으로부터 2,300만~1,500만 년 전 태평양 지각판과 유라시아 대륙 지각판의 충돌로 대륙에 붙어 있던 일본 열도가 남쪽으로 떨어져 나가면서 그 사이에 저지대 분지인 새로운 해양 지각이 형성되었다. 그리고 이 분지에 해수가 밀려들어오면서 동해가 생겨났다.

이후 동해 지각 중심부의 연약대를 따라 해저가 점차 확장되었는데, 이때 수평으로 가해진 횡압력이 한반도가 있는 대륙의 서쪽 연변부를 들어올렸다. 이 과정에서 융기축이 동쪽으로 치우쳐 동해안 쪽은 급경사를 이루고, 황해안 쪽은 완경사를 이루는 동고서저의 경동(傾動) 지형이 만들어졌다. 낭림산맥, 함경산맥, 태백산맥 등 동쪽의 높은 산맥은 모두 이렇게 생겨난 것들이다.

태백산맥의 융기를 말해주는 고위평탄면

태백산맥은 서울에서 대관령 정상까지는 직선거리가 약 200km인 데 반해 대관령에서 동해까지는 약 20km로 그 비율이 10:1에 이른다. 이렇게 동

대관령이 위치한 횡계고원 일대는 우리나라에서 가장 전형적인 고위평탄면으로, 해발고도 800~1,300m 지역에 50~100m 정도로 기복이 적은 구릉성 지형이 나타난다(왼쪽). 삼양대관령목장의 푸른 초지대는 영화 촬영지로 유명해지면서 최근 관광객이 늘고 있다(오른쪽).

해안 쪽이 가파르고 높게 솟아 있지만, 그 정상에 올라서면 기복이 적고 경사가 완만한 구릉성 지형과 평탄한 고원성 지형이 곳곳에 분포하고 있다.

이러한 지형을 지형학 용어로 고위평탄면(高位平坦面) 또는 고위침식면이라 하는데 설악산, 오대산, 황병산, 태백산 등 태백산맥으로 이어지는 산지 곳곳의 정상부 능선에서 흔히 볼 수 있다. 특히 삼정평(三政坪)이라 불리는 강원도 평창군 도암면 횡계고원 일대는 고위평탄면의 가장 전형적인 형태를 보여주는 곳으로, 이곳에는 삼양대관령목장이 있다.

이곳은 중생대 백악기 말 이래 약 4,500만 년 동안 계속된 침식으로 해수면과 큰 차이가 없는 준평원의 저지대였다. 그러다 신생대 제3기 중기 이후 태백산맥이 융기하는 과정에서 다른 지역과 달리 습곡 작용을 적게 받았고, 이후 침식과 풍화를 거치며 지금과 같은 저기복의 구릉성 산지가 되었다. 해발고도 500~900m의 고위면에 발달한 고위평탄면은 과거 한반도가 융기하기 이전의 지형이 어떠했는지 추측해볼 수 있는 근거를 제공한다.

태백산맥을 기준으로 동서 간의 뚜렷한 지역 차

태백산맥은 함경남도와 강원도의 경계에 있는 철령(685m)이 위치한 황룡산(1,268m)에서 부산시 사하구 다대포에 이르는 가장 긴 산맥으로 길이는 약 500km, 평균 높이는 약 800m이다.

태백산맥에는 금강산을 비롯하여 향로봉, 설악산, 오대산, 계방산(1,577m), 청옥산(1,404m), 두타산(1,353m), 함백산(1,573m), 태백산 등 1,500m에 가까운 높은 산들이 솟아 있다. 이렇게 험준한 산맥이 남북으로 길게 이어져 있는 탓에 산맥을 중심으로 영동(嶺東) 지역과 영서(嶺西) 지역은 큰 차이를 갖게 되었다.

영동과 영서라는 명칭은 대관령을 기준으로 한 것이라는 견해가 일반적인데, 영(嶺)을 단순히 고갯길로 보기보다는 산 전체의 생김새, 즉 태백산맥 자체로 봐야 한다는 주장이 더 설득력을 얻고 있다. 왜냐하면 19세기의 《대동여지도》에 한양과 영동 지방을 연결하는 주요 육로로 대관령(횡계~강

백두대간의 끝인 지리산 자락을 휘감은 새벽녘의 구름대가 한반도 땅덩어리가 지닌 의연함과 숭고함을 감싸 안는다.

릉)을 비롯하여, 철령(회양~안변), 미시령(간성~인제), 선유령(간성~인제), 백봉령(정선~동해), 구룡령(기린~양양) 등의 고개 이름이 여럿 기재되어 있기 때문이다. 즉 특정한 고갯길 1~2개가 영동 지방으로 가는 유일한 교통로였다고 보기는 어렵다는 뜻이다.

태백산맥이라는 자연적인 장벽은 영동과 영서 두 지방의 기후, 풍토, 언어, 생활 습관 등에 많은 차이를 가져왔을 뿐만 아니라 교통에도 큰 장애가 되었다. 두 지방 사람들의 말투는 누가 들어도 확연히 다르고, 음식맛이나 가옥 구조, 영농 방식 등에서도 뚜렷한 지방색을 띤다. 또한 기후에서도 차이가 난다. 영서 지방은 내륙에 위치하여 1월 평균 기온이 -8~-6℃로 낮다. 반면 영동 지방은 겨울철 태백산맥이 차가운 북서 계절풍을 막아주고, 동한난류의 영향을 받아 1월 평균 기온이 같은 위도의 황해안보다 2~3℃가량 높은 0℃로 비교적 온화하다.

그러나 두 지역이 단절되기만 했던 것은 아니다. 진부령, 미시령, 한계령, 대관령, 백봉령 등의 고갯길을 통해 두 지역은 왕래를 계속해왔다. 특히 1975년 영동고속도로가 개통되고 영동선, 태백선 등의 철도가 부설되면서 동서 교류는 더욱 원활해졌다.

설악산의 미시령을 넘어 백두대간으로 이어지는 산줄기인 신성봉(1,204m)에 구름이 걸려 있다.

태백산맥은 없다?

10여 년 전 세계화에 대한 반향으로 '우리 것'에 대한 관심이 높아지면서 산악계에 백두대간을 되살리려는 움직임이 크게 일었다. 그 중심에는 1997년, 의사 출신 산악인 조석필 씨가 세상에 내놓은 《태백산맥은 없다》라는 책이 있었다. 이 책에서 저자는 지질 구조에 근거하여 산맥 체계를 표현한 현재의 태백산맥을 전통적인 지리 개념에 근거한 백두대간으로 바꿔야 한다고 주장했다.

백두대간이라는 말은 조선 후기 실학자 신경준(申景濬, 1712~1781)이 저술한 《산경표(山徑表)》에 처음 나온다. 백두대간은 백두산에서 출발하여 지리산까지 이어지는 1,400km의 대장정으로 이 땅을 대륙과 이어주는 뿌리이자 줄기의 역할을 한다. 이 가운데 남한의 구간은 향로봉에서 지리산까지의 약 690km이다.

백두대간은 '산은 물을 건너지 못하고, 물은 산을 넘지 못한다(山自分水嶺)'는 개념을 중심으로 산의 흐름을 정한 것이기 때문에 산줄기가 계곡이나 강에 의해 끊기지 않고 계속 이어지는데, 이렇게 하면 이 땅의 모든 산줄기는 백두산과 통하게 된다.

《산경표》에 의하면 백두대간은 산줄기, 즉 분수계(分水界)를 따라 1개씩의 대간과 정간, 그리고 13개의 정맥으로 분류되는데, 이를 따라 언어, 풍속, 생활 습관, 기후 등 인문 현상과 자연 현상에 큰 차이가 나타난다. 즉 분수계는 지역을 구분하는 자연적인 경계선의 역할을 해왔다. 이런 점에서 백두대간에는 이 땅에 터를 잡고 살아온 우리 조상들의 땅과 물에 대한 시각, 자연과 우주에 대한 관점이 오롯이 담겨 있다고 할 수 있다.

▶전통적인 산지 인식 체계를 담고 있는 산경도(위)와 지질 구조에 근거한 산맥도(아래). 산경도에 의하면, 이 땅의 모든 산줄기가 백두산과 통하며 산줄기, 즉 분수계를 따라 지역 구분이 쉽게 이루어진다.

태백산맥을 포함한 현 산맥 체계는 일본의 지질학자인 고토 분지로(小藤

文次郎, 1856~1935)가 지질 구조에 근거하여 제시한 것이다. 이 구조는 실제 지형과 일치하지 않는 인위적인 구분으로 우리 민족의 삶과 완전히 동떨어져 있다. 그런 까닭에 그 안에 민족정기를 말살하기 위한 일본의 의도가 숨어 있다는 비판의 목소리가 높아졌다. 그리고 그 비판의 화살은 지질 구조에 근거하여 산맥을 가르치는 지리교육계로 곧장 날아들었다.

그러나 오늘날 지리 교과서에 실려 있는 산맥지도는 일제 강점기에 교육용으로 단순하게 만든 것으로, 고토 분지로가 제시한 것과는 사뭇 다르다. 그리고 우리나라의 산맥 체계를 백두대간의 개념으로 표기한다면 그 형성 과정을 이해하는 데 한계가 있다. 지형학과 지질학에서 밝혀낸 과학적인 사실들을 무시하고는 산맥을 온전히 이해할 수 없기 때문이다.

지질 구조를 알려주는 현 산맥 체계와 우리의 삶을 반영한 백두대간 체계는 각각 장단점을 지니고 있다. 그러므로 어느 하나를 살리거나 없애야 한다는 주장보다는 각각의 장점을 어떻게 취해 활용할 것인지를 고민하는 게 현명한 일일 것이다.

죽어가는 백두대간을 살려야 한다

1990년대 초부터 일기 시작한 백두대간에 대한 관심과 열기는 강원도 향로봉에서 지리산(1,915m)까지의 국토 종주로 이어졌다. 그러나 10여 년 넘게 너무나 많은 사람들이 남에서 북으로, 북에서 남으로 오가는 바람에 백두대간의 등산로가 넓어지고 토사의 유출이 심해지는 등 자연이 크게 훼손되었다. 그래서 최근에

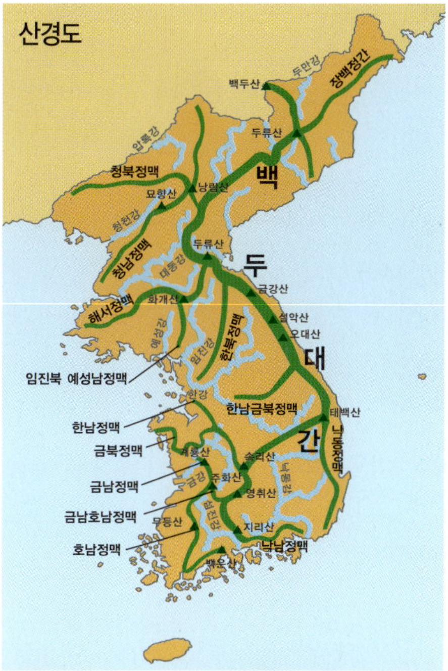

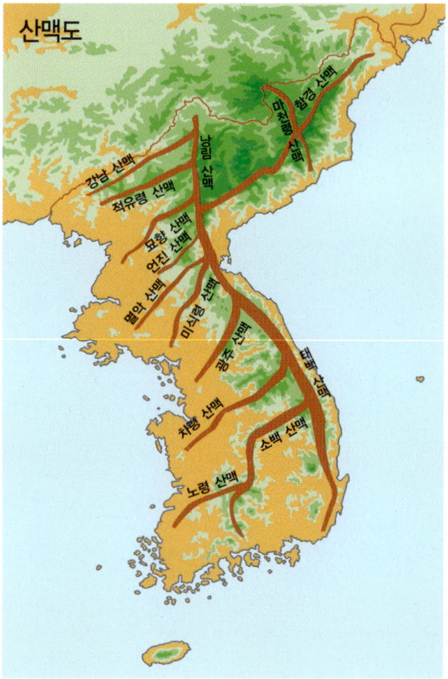

백두대간의 산줄기가 충청도(영동군), 전라도(무주군), 경상도(김천시)의 접점에 이르는 삼도봉(1,176m)이다. 정상에 서면 삼도의 말씨를 모두 만날 수 있다.

는 백두대간 종주를 규제해야 한다는 목소리가 높아지고 있다.

그러나 현재 백두대간이 앓고 있는 환경 문제 가운데 등산객들에 의한 것은 새 발의 피일 뿐이다. 1999년 백두대간의 환경 실태를 사례별로 조사, 연구하여 발표한 녹색연합 서재철 생태보전국장은 백두대간의 환경 문제가 이보다 훨씬 심각한 수준에 이르렀다고 말한다.

서 국장에 의하면 지리산은 성삼재도로 개설로 자연 환경과 생태계가 크게 파괴되었고, 덕유산은 무주리조트 건설로 주목과 구상나무 군락, 구천동계곡이 훼손되었으며, 속리산은 용화온천 개발로 남한강 상류 지역의 수질이 급격히 떨어지고 있다고 한다. 또한 태백산에서 구룡산으로 이어지는 서북쪽 계곡은 군사 폭격 훈련장으로 이용되어 야생 동식물의 서식처가 크게 훼손되었고, 자병산은 한라시멘트 석회 광산 개발로 보존 가치가 큰 임계 카르스트 지형이 점차 파괴되고 있으며, 점봉산은 양수댐 건설로 천연림보호구역이 파괴되고 남대천의 수질 오염이 심화되고 있다고 한다.

다행히 환경단체들의 적극적인 노력으로 이제는 정부(환경부, 산림청)에서도 백두대간 생태계의 보존과 보호에 적극적으로 나서고 있다. 정부는 2003년 12월 31일 백두대간 보호에 관한 법률(법률 제7038호)을 제정, 공포하고 2005년 1월 1일자로 시행에 들어갔다. 그러나 이를 앞두고 백두대간이 통과하는 6개 도의 30여 개 시 · 군 자치단체의 강력한 반대가 있었다. 백두대간을 보전해야 할 필요성은 충분히 공감하지만 백두대간보호법이 개인의 재산권 행사를 침해할 뿐만 아니라 지역 현실을 무시하고 보호구역을 설정했다는 것이다. 또한 지역 주민에 대한 보상과 지원책을 마련하지 않고 법을 추진하는 것은 받아들일 수 없다고 주장했다.

백두대간의 보호는 이곳에 터를 잡고 살아온 주민들의 협력 없이는 결코

강원도 강릉시 옥계면에 위치한 자병산 석회석 광산. 백두대간에는 석회석과 무연탄 광산이 여럿 있어 산림과 동식물 자원을 훼손하고 수질 오염과 산사태를 일으키고 있다(왼쪽). 도로에 생태 이동통로(에코브리지)를 만들어 동물의 서식처를 보호하는 것 또한 인간과 자연이 함께 하는 방법 가운데 하나이다(오른쪽).

성공할 수 없다. 그리고 우리는 그 일을 더 이상 늦출 수 없는 시점에 와 있다. 주민들의 요구를 합리적으로 수용하여 백두대간보호법의 문제점을 보완하고, 이를 효율적으로 운용하는 데 우리 모두가 지혜를 모아야 할 것이다.

■ ■ ■ 플러스 이야기 상자 ■ ■ ■

백두대간을 좀먹는 현대판 화전, 고랭지 채소밭

강원도 태백시 매봉산의 고랭지 채소밭 전경(왼쪽). 산림이 잘려나간 산자락에 빽빽하게 심어놓은 고랭지 채소가 출하를 기다리고 있다(오른쪽).

현대판 화전으로 불리는 고랭지 채소밭 때문에 울창한 숲이었던 백두대간이 하얀 속살을 드러내고 있다. 이러한 파괴는 백두대간 전 구간, 특히 대관령이 통과하는 강원도 평창군 횡계고원, 강릉시 고루포기산(1,238m), 태백시 매봉산(1,303m), 삼척시 덕항산(1.071m) 일대, 그리고 덕유산과 마이산이 위치한 무주, 진안, 장수고원 등지에서 심각하다.

1980년대부터 고랭지 채소는 무더위와 수해에 강할 뿐만 아니라 한여름에도 수확할 수 있다는 이점 때문에 가격 경쟁력이 높아 산지 농민들의 고소득원이 되었다. 그러자 농민들은 경쟁적으로 산지를 개간해 채소밭을 늘려나갔다. 고랭지 채소 재배가 가장 많은 강원도의 경우, 재배 면적이 1991년 에는 4,742ha였으나 1998년에는 8,752ha, 2004년에는 9,170ha로 10여 년 사이에 두 배 가까이 증가했다.

이렇게 이 산 저 산에서 고랭지 채소밭을 만들기 위한 대규모 산림 벌채가 계속되면서 백두대간의 생태계가 급격히 파괴되고 있다. 고랭지 채소밭은 정상부에 위치하여 토심이 얕고 경사가 급하기 때문에 태풍을 동반한 집중호우가 내리면 토양이 급격히 유실되어 산사태가 일어나기 쉽다. 그리고 여기서 나온 토사는 하천으로 흘러들어 상류 지역의 하천 생태계까지 파괴한다. 게다가 고랭지 채소밭에서 사용된 농약이 빗물을 타고 인근 계곡으로 흘러들어 수질을 떨어뜨리는 일도 비일비재하다.

용평스키장과 삼양대관령목장이 있는 평창군 도암면 횡계리를 거쳐 남으로 흘러드는 송천은 남한강 최상류 하천으로, 10여 년 전만 해도 매우 깨끗한 물이 흘렀다. 그러나 목장에서 나오는 가축 퇴비와 고랭지 채소밭의 토사, 농약이 흘러들면서 수질이 급격히 악화되어 지금은 하천으로서의 기능을 거의 상실한 상태이다.

산림 전문가들은 산림이 인간에게 제공하는 혜택을 경제적 가치로 환산하면 연간 62조 원(2006년 산림청 발표)에 달한다고 말한다. 이는 우리나라 국내총생산(GDP)의 7~8%에 달하는 액수이다. 그러므로 산림을 파괴하여 채소밭을 만드는 것은 장기적으로 볼 때 엄청난 국가적 손실이라고 할 수 있다.

최근 산림청에서 고랭지 채소밭이 백두대간의 산림을 훼손하고 농약과 비료 과다 살포로 토양 및 수질을 오염시킬 뿐만 아니라 동식물의 서식지가 파괴되는 등 산림 생태계 전반에 악영향을 끼치고 있어, 고랭지 채소밭에 금강솔과 과실수 등을 심어 건전한 산림 생태계를 복원하는 사업을 강원도를 시작으로 추진하고 있다.

침식분지의 원형

현리 해안분지

사방이 높은 산으로 둘러싸인 양구군 해안분지에서는 마치 가마솥과도 같은 침식분지의 원형을 볼 수 있다.

우리나라 주요 하천의 중 · 상류 지역에 자리한 중소 도시들의 공통된 특징은 주변이 산지로 둘러싸인 분지라는 점이다. 북한강을 끼고 발달한 춘천분지와 해안분지, 남한강의 충주분지와 이천분지, 금강의 공주분지와 옥천분지, 섬진강의 남원분지와 구례분지, 영산강의 광주분지와 장흥분지, 낙동강의 안동분지와 대구분지 등이 그 대표적인 예이다. 그 가운데 북한강 상류인 소양강을 끼고 발달한 강원도 양구군 해안면의 해안분지는 그 생김새가 마치 가마솥과 비슷하여 침식분지(浸蝕盆地)의 전형을 보여주는 곳이다.

양구군 양구읍에서 31번 국도를 따라 동면으로 가다가 다시 453번 지방도를 타고 해안면으로 방향을 바꿔 돌산령(1,050m) 정상에 올라서면 기막힌 광경이 눈에 들어온다. 이곳이 바로 거대한 분화구와 같은 타원형 분지, 소위 펀치볼(punch bowl)로 더 잘 알려진 해안분지(亥安盆地)이다. 이 분지는 대암산(1,304m), 도솔산(1,147m), 대우산(1,178m), 가칠봉(1,242m) 등 1,000m 이상의 높은 산들이 사방을 둘러싸고 있다.

펀치볼로 더 잘 알려진 곳

강원도 양구군 해안면은 남한 최북단에 위치한 면 소재지로 분지 안에 해안면 전체가 들어가 있다. 해안면에는 그 이름에서도 알 수 있듯이 돼지에 얽힌 이야기가 전해온다. 옛날 이 일대에는 늪이 많아 주민들이 밖에 나가지 못할 정도로 뱀이 많았는데 조선 말 어느 스님의 권고로 돼지를 키우면서 마을에서 뱀이 완전히 사라졌다고 한다. 이때부터 '돼지〔亥〕가 마을에 안녕〔安〕을 가져왔다'는 뜻에서 해안마을로 불리게 되었다고 한다.

해발고도 약 500m에 위치한 해안분지는 남북 길이 7.5km, 동서 길이

해안분지는 칵테일의 일종인 펀치를 담는 그릇과 닮았다 하여 펀치볼이라고도 불린다.

5.5km, 면적 57.7km²로 그 규모가 여의도의 여덟 배가 넘는다. 마치 거대한 분화구같이 생겨 원래 지명인 해안보다 펀치볼이라는 이름으로 더 잘 알려진 곳이기도 하다. 이 펀치볼이라는 이름은 한국전쟁 당시 유엔군 종군기자들이 분지의 특이한 생김새가 마치 주스와 포도주, 설탕 등을 섞은 칵테일 '펀치'를 담는 그릇과 같다 하여 붙인 것이라고 한다.

해안분지 일대에 남아 있는 피의 능선, 단장의 능선, 모택동 고지와 같은 지명은 한국전쟁 당시 치열했던 전투 상황을 짐작케 한다. 그 외에도 면 소재지 내에는 양구북한관, 을지전망대, 제4땅굴, 도솔산전적비 등이 있어 이 지역은 안보 관광지로도 유명세를 타고 있다. 하지만 이 일대의 지형이 지닌 자연사적 가치는 그리 많이 알려지지 않은 것 같다.

차별침식으로 생겨난 침식분지

해안분지는 암석의 차별침식에 의한 침식분지 형성의 가장 전형적인 예를 보여주는 곳이다. 이는 이 일대의 지질도를 살펴보면 쉽게 이해할 수 있다.

해안분지 일대의 지질은 크게 분지 내부의 기반암인 쥐라기 말의 대보화강암과 분지 주변 산지를 이루는 선캄브리아대의 변성암 복합체로 되어 있다. 선캄브리아대에 형성된 편마암과 편암으로 이루어진 변성 퇴적암과 중생대 쥐라기 말에 암주(巖柱)상으로 관입한 흑운모화강암이 접촉하고 있는 형태인 것이다.

암석은 그것을 구성하고 있는 광물질의 성질과 결정 구조, 그리고 기후

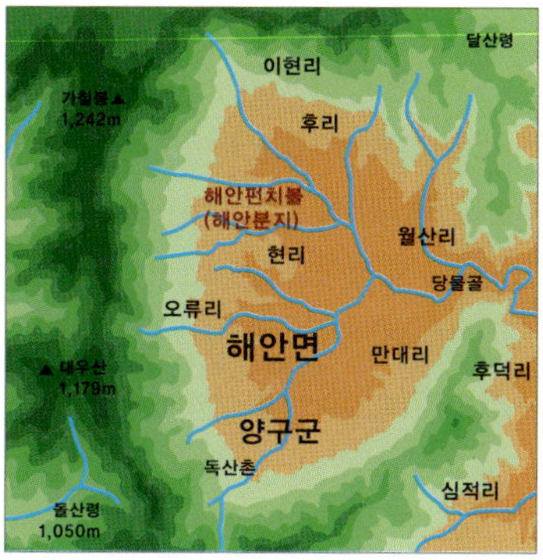

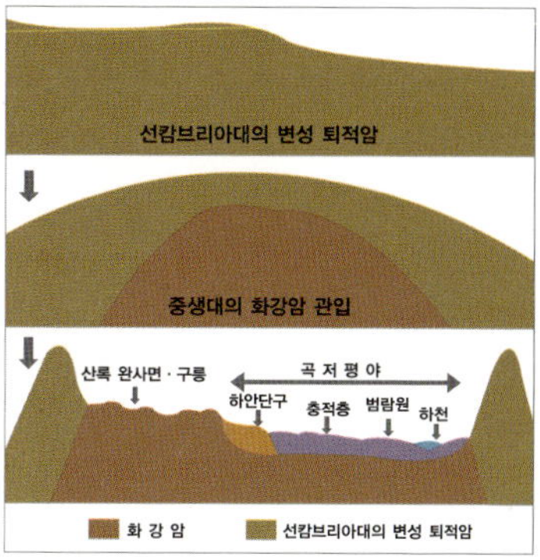

인공위성에서 본 해안분지 전경(왼쪽, ⓒ환경부). 높은 산지로 둘러싸인 해안면 일대의 지형도(가운데). 암석의 차별침식으로 분지가 형성되는 과정(오른쪽).

에 따른 다양한 외부 조건의 영향으로 풍화와 침식을 받는 속도가 각각 다르다. 화강암은 중생대의 지각 변동으로 지하 수km 깊이에 형성된 암석으로, 지하에서 수분과 접촉하여 풍화되면 손의 압력에도 부서질 만큼 약해진다. 반면 변성암은 퇴적암이 지하 깊은 곳에서 고열과 고압에 의해 변성된 것으로 화강암에 비해 풍화에 대한 저항력이 강하다.

한반도의 배꼽, 국토 정중앙은 어디?

강원도 양구군에 국토 정중앙을 알리는 표지석을 세우는 모습(왼쪽, ©강원도민일보). 국토 정중앙에 대한 엇갈린 주장을 정리한 지도(오른쪽, 자료 : 최선웅).

우리 국토의 배꼽, 다시 말해서 정중앙은 어디일까? 최근 이 문제를 놓고 여러 지방자치단체의 의견이 맞섰다. 현재 자기 지역이 국토의 정중앙이라 주장하는 곳은 강원도 양구군을 비롯하여 경기도 포천시, 충청북도 충주시, 경기도 가평군 등인데, 이 가운데 가장 설득력 있는 근거를 내세우며 의욕적으로 관련 사업을 추진하고 있는 곳은 양구군이다.

2002년 2월 양구군은 국토지리정보원(당시 국립지리원)에 의뢰하여 우리나라 영토의 동·서·남·북 4극점을 기준으로 한 중앙 위선(38° 03′ 37.5″N)과 중앙 경선(128° 02′ 02.5″E)이 교차하는 지점이 강원도 양구군 남면 도촌리 산48번지라고 밝히고 이곳에 국토 정중앙 표지석을 세웠다.

한편 포천시는 지리적으로 한반도 육지부의 중심이라는 주장을 펴고 있지만, 실제로 섬을 제외한 한반도 육지부의 4극점을 기준으로 정중앙을 계측하면 북위 38° 39′ 00″선과 동경 127° 28′ 55″선이 교차하는 북한의 강원도 회양군 현리 부근이 나온다. 그러나 헌법 제3조에 따르면 우리나라 영토는 한반도와 그 부속 도서이므로 섬을 포함한 국토의 정중앙은 양구군이라는 주장이 더 설득력이 있다.

옛 지명이 국토의 중앙을 의미하는 중원(中原)이었고, 통일신라 시대 국토의 중앙임을 알리는 중앙탑(탑평리 중원칠층석탑)이 세워졌던 점을 들어 충청북도 충주 또한 이 논쟁에 뛰어들었다. 하지만 이는 어디까지나 역사성에 무게를 둔 주장일 뿐이다. 풍수지리 학자 최창조는 《땅의 눈물 땅의 희망》이라는 책에서 우리나라의 배꼽에 해당되는 곳은 태극적 위치로 보아 경기도와 강원도를 가르는 분기점에 솟은 화악산(1,468m)이라고 주장했다. 화악산이 백두산과 한라산, 중강진과 여수, 삭주와 울산을 잇는 3개의 선이 교차하는 지점에 위치하고 있으며, 가평군에 단군이 묻혔다는 설화가 전해지고 있기 때문이다.

일본(효고 현 니시와키 시)이나 미국(켄터키 시)에서도 4극을 이용하여 국토 정중앙을 표시한다. 우리나라에서는 아직까지 강원도 양구군이 가장 설득력 있는 주장을 펴고 있으나 이 또한 국제적으로 공인된 것은 아니다. 한 나라의 국토 정중앙을 찾는 일은 국토의 지리적 위치와 범위를 명확히 한다는 점에서 중요한 일이기 때문에 국가 차원에서 관심을 가지고 지켜봐야 할 것이다.

땅속 깊은 곳에서 심층풍화된 화강암은 지표면에 드러나면 구조적으로 불안정해진다. 해안분지는 이렇게 빗물과 하천수 등에 의해 화학적 풍화에 약한 중심부의 화강암이 풍화에 강한 주변 산지의 변성암보다 상대적으로 침식을 많이 받아 저지대를 이룬 것이다.

화강암 풍화의 근거는 분지 바닥에 화강암의 풍화물인 새프롤라이트, 즉 마사토가 20~45m의 두께로 깔려 있고 분지 중앙에 부분적으로 핵석이 있

침식분지 형성 과정

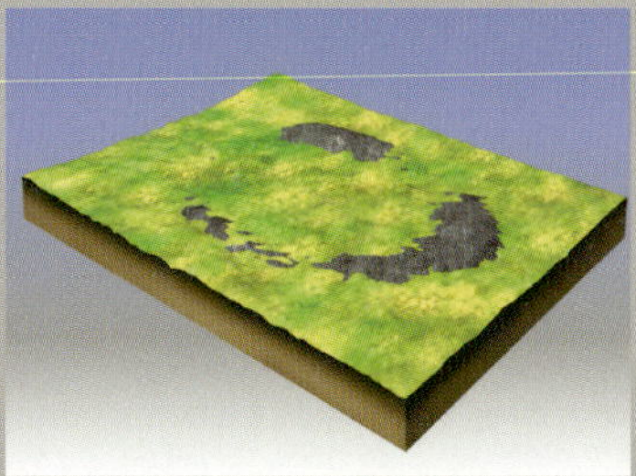

선캄브리아대 변성 퇴적암 지역의 지표면이 유수에 침식되면서 구릉성 평탄면이 발달한다.

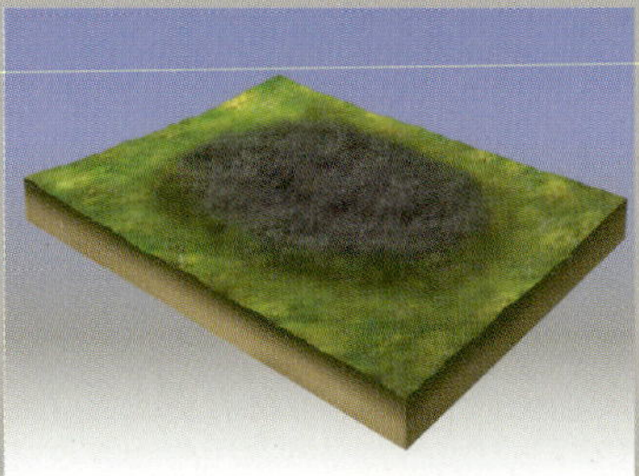

1억 8,000만~1억 3,000만 년 전 중생대 쥐라기 말에 흑운모화강암이 지하에서 변성 퇴적암의 중앙부를 암주상으로 관입한다.

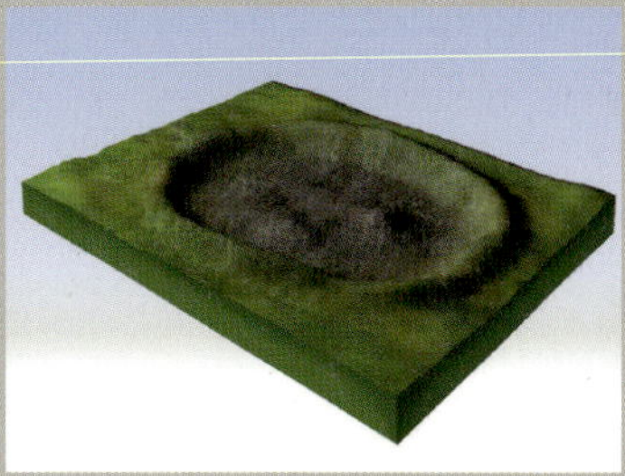

지하 깊은 곳에서 관입한 화강암은 주변의 변성암에 비해 침식과 풍화 속도가 빨라 중앙부가 깊게 파인 분지 지형이 형성된다.

다는 점을 들 수 있다. 또 도솔천과 성황천을 비롯해 사방에서 모여드는 작은 하천들이 분지 동쪽의 당물골로 빠져나가 인북천을 통해 소양강으로 유입되는데, 이 하천들이 분지 내부의 화강암을 침식하는 데 큰 영향을 주었다는 점도 중요한 근거가 된다.

해안분지는 높은 곳에 발달한 산간분지

분지 지형은 보통 하천을 끼고 있고, 특히 두 하천이 교차하는 지점에 잘 발달한다. 그런데 단면이 U자형인 해안분지는 외곽 산지의 동쪽 너머에 있는 인북천(麟北川)과 서쪽 너머에 있는 서천(西川)의 곡지(谷地)보다 300m 정도 높은 고도에 발달한 산간분지라는 것이 특이하다. 어떻게 이렇게 높은 곳에 분지가 발달할 수 있었을까?

강화 석모도 보문사의 주차장 뒤쪽에 발달한 화강암 풍화 단면. 화강암은 암질이 단단하지만 일단 물과 접촉하면 쉽게 풍화되는 성질이 있다. 특히 지하수의 영향을 장기간 받은 상부의 화강암은 쉽게 풍화, 변질되어 손으로 만져도 금방 부서진다.

장재훈 박사(전 성신여대 지리학과 교수〔지형학〕)에 따르면, 이 지역은 침식분지가 형성되기 이전에 이미 저기복의 평탄 지형이었으며 주변 산지의 하곡(下谷)과 거의 동일한 고도에 있었다. 그러던 것이 신생대 제3기인 약 2,500만 년 전에 한반도가 융기하면서 하천의 하방침식이 활발해지자 오늘날 깊은 곡을 이루며 흐르는 인북천과 서천이 생겨났다. 이와 함께 두꺼운 풍화대가 형성된 분지 내부의 화강암 지역에 차별침식이 일어나 풍화물이 제거되면서 중앙부가 깊게 파인 분지가 형성되었다.

또한 지반이 융기하면서 산간 계곡을 흐르던 하천의 하방침식력이 되살아났고, 주변 산간 계곡의 풍화층을 침식하는 속도가 분지의 지형면을 깎아내는 속도보다 훨씬 빨랐기 때문에 해안분지가 현재와 같이 높은 위치에 형성되었다. 장 박사는 그 근거로 해안분지 동쪽의 당물골 인근에 있는 산지에서 둥근 자갈 퇴적물이 발견된다는 점을 든다. 이는 북한강과 그 지류인 인북천과 사천이 현재와 같은 깊은 하곡지를 파기 이전에 해안분지를 둘러싼 산지와 비슷한 고도에 있었다는 사실을 말해주는 것이라 하겠다.

충주분지와 탄금대

충주분지를 형성하는 데 결정적인 역할을 한 달천강(왼쪽). 두 물줄기가 만나는 합수머리에 형성된 구릉지인 탄금대(오른쪽).

또 다른 대표적 침식분지인 충주분지는 주변부가 선캄브리아대에 형성된 변성 퇴적암(계명산층)인 편암으로 이루어진 반면, 중앙부는 중생대 쥐라기에 관입한 대보화강암으로 이루어져 있다. 충추분지는 중앙부의 화강암이 오대산과 태백산에서 발원한 남한강과 속리산에서 발원한 달천의 유수 작용에 의해 오랫동안 차별침식을 받아 형성된 것이다.

남한강과 달천강의 두 물줄기가 만나는 지점을 물길이 합쳐진다고 하여 합수머리라 부른다. 이곳에는 가야국에서 가야금을 가지고 신라에 망명한 우륵이 가야금을 타던 곳이라 하여 탄금대라 불리는 낮은 구릉지대(대문산, 108m)가 있다. 탄금대는 임진왜란 당시 신립 장군이 천하의 요새인 조령을 뒤로 하고 부하 8,000명과 배수진을 치며 싸우다가 장렬하게 전사한 곳으로도 잘 알려져 있다.

남한강에 접한 탄금대 구릉지의 뒤편에는 입경(粒徑)이 큰 둥근 자갈이 곳곳에 쌓여 있다. 둥근 자갈은 돌이 물을 따라 구르면서 만들어진 것으로, 과거 이 일대가 물과 가까운 곳에 있었다는 것을 의미한다. 이를 통해 당시에는 남한강의 물길이 탄금대만큼 높은 곳에서 흘렀다는 사실을 알 수 있다.

을지전망대에 올라 해안면을 내려다보면 분지의 윤곽이 한눈에 들어온다. 한때 운석이 충돌하여 형성된 운석공이라는 설이 제기되어 관심을 모았지만 화강암의 차별 침식에 의한 분지 지형으로 밝혀졌다.

운석 충돌설이 제기되었던 곳

한때 해안분지는 그 모양 때문에 운석 충돌로 생긴 운석공(隕石孔, meteorite crater)이라 여겨지기도 했다. 한국과학기술원(KAIST)의 고(故) 이형호 박사(원자력공학)가 분지의 형태로 보았을 때 운석의 충돌에 의해 형성되었으리라는 주장을 폈기 때문이다.

이 박사의 주장은 분지의 형태에 근거한 것으로, 분지 중앙에 있는 상대고도 100m 이내의 낮은 산지들이 운석 충돌의 흔적이라는 내용이었다. 운석이 지표면에 충돌하면 원래의 기반암이 깨지면서 그 조각들이 사방으로 흩어지는데, 조각들은 바로 위로 솟아올랐다가 다시 그 자리에 떨어져 구릉을 형성한다. 이 박사의 주장은 해안분지 내에 위치한 작은 구릉들이 바로 그 결과라는 것이다. 그러나 이는 어디까지나 분지의 형태에 착안한 가설일 뿐, 실제로 분지 내부에서 그것을 뒷받침할 만한 운석의 파편이 발견되지

않아 설득력을 얻지 못했다.

남한 유일의 고층 습지 대암산 용늪

한국전쟁 당시 치열한 교전이 벌어졌던 이 일대에는 지금도 곳곳에 '지뢰밭'을 알리는 푯말이 세워져 있다. 그 덕분에 그동안 민간인의 출입이 통제되어 열목어(천연기념물 제173호), 금강초롱, 날개하늘나리, 해오라비난초, 끈끈이주걱, 산양 등 다양한 동식물이 서식하고 있다.

특히 인접한 대암산 정상부의 해발고도 1,280m 부근에는 남한 유일의 고층 습지인 용늪이 자리하고 있는데, 수천 년 전의 식물 생태계를 고스란히 간직하고 있어 생물학계의 큰 관심을 모으고 있다.

큰 용늪과 작은 용늪 2개로 이루어진 습지는 평균 깊이 약 1m, 동서 길이 약 150m, 남북 길이 약 100m에 달한다. 이곳에는 미역취, 고려엉겅퀴, 제비

동자꽃, 숫잔대, 조름나물, 비로용담, 칼잎용담, 물이끼, 북통발, 바위구절초, 기생꽃 등과 같은 특이 식물을 포함하여 총 163종의 식물이 자생하고 있다. 또한 복숭아순나방이붙이, 벼메뚜기, 참밀드리메뚜기, 애소금쟁이, 홍도리침노린재 등 224종의 희귀한 곤충들이 서식하고 있다.

이렇게 생태적 가치가 높은 대암산 용늪은 일찍이 1973년 천연기념물 제246호(대암산 · 대우산 천연보호구역)로, 1989년에는 생태계보전지역으로, 1999년에는 습지보호지역으로 지정되었다. 그리고 1997년에는 국내 최초로 습지보호에 관한 국제협약인 람사 협약(Ramsar Convention)에 등록되어 보호받고 있다.

1998년 대암산 용늪의 복원 타당성 조사를 실시했던 충북대학교 과학교육학부 강상준 교수(식물생태학)는 용늪 하부의 퇴적층을 연대 측정한 결과, 용늪은 약 4,500년 전에 형성되었고 고층 습지의 모양을 갖추기 시작한 시기는 약 2,000년 전이라고 말한다.

일반적으로 고층 습지를 단순히 고지대에 위치한 습지로 알고 있는데 이는 잘못된 것이다. 고층 습지는 고도에 따른 기후대의 변화에 직접적인 영향을 받아 형성된 것은 아니다. 이보다는 고산지대의 함몰된 저지대에 물이 고이면서 습생 식물이 죽어도 완전히 분해되지 않고 적갈색이나 흑색의

해안분지 안을 가로질러 흐르는 도솔천. 도솔천과 성황천은 분지 내부의 화강암을 깎아내는 데 큰 역할을 했다(왼쪽). 분지 내에 발달한 산록 완사면은 주빙하 기후에 속했던 과거 빙기에 형성된 것으로 보인다. 후빙기에 들어와 침식력이 살아나면서 산록 완사면과 분지 내의 평탄 지형이 파괴되어 군데군데 저산성 산지들이 형성되었다(오른쪽).

이탄층(泥炭層)을 이루어 지하수면 위로 볼록하게 솟아오른 것이다.

대암산 용늪 일대는 휴전 후 줄곧 인위적인 힘이 가해지지 않아 희귀 생물과 원시림에 가까운 삼림이 잘 보존되어 있다.

강 교수는 이런 고층 습지에는 지하수가 아닌 빗물에 의존하여 자라는 물이끼나 끈끈이주걱 같은 빈(貧) 영양성 식물들이 주로 자라기 때문에 종의 다양성 보호 차원에서 적극 보존해야 한다고 강조한다.

대암산 용늪은 1970년대 초까지는 고층 습지 본래의 모습과 특성을 유지했지만 방문객이 급증하고 인위적인 힘이 가해지면서 생태계 파괴와 육지화(陸地化)가 진행되고 있다. 이는 인근에 설치된 군부대의 헬기장과 군작전 도로에서 발생하는 토사가 비가 올 때 늪으로 유입되어 늪의 수량이 줄어들기 때문이다. 또한 유입된 토사 때문에 영양염이 풍부해지면서 빈(貧) 영양성 식물은 소멸하고 부(富) 영양성 식물이 침입하면서 주변 지역이 급속히 건조해지고 있기 때문이기도 하다. 게다가 주목, 분비나무, 사스레나무, 철쭉, 신갈나무 등과 같은 산지성 식생의 침입이 증가해 늪의 면적도 감소하고 있다.

형성 초기에 4만 3,000여 평에 달하던 용늪은 현재 2만 3,000여 평만이 늪지 형태를 유지하고 있다. 다행히 최근 환경부에서 용늪을 원래의 모습으로 되돌리기 위해 노력한 결과 훼손되었던 스케이트장 지역에 진퍼리새, 물이끼 등이 자라나며 서서히 회복의 기미가 보이기 시작했다고 한다.

대표적 고립 지역인 해안면의 언어 양상

휴전선에 인접한 마을들은 군사적인 이유로 고립적인 특성을 띤다. 특히 1,000m 이상의 높은 산지로 둘러싸인 강원도 양구군 해안면 일대는 다른 지역에 비해 고립 정도가 더욱 심하다.

고립이 심한 지역은 고유의 방언을 그대로 지켜가는 경우가 많다. 그러나 흥미롭게도 육군사관학교 영어영문학부 이장송 교수가 1995년 해안면 일대를 대상으로 방언이 표준어에 동화되는 정도를 조사한 결과, 강(强) 문화권인 표준어가 약(弱) 문화권인 방언에 강력한 영향력을 행사하고 있다는 사실을 밝혀냈다.

조사 결과에 의하면, 노인층과 달리 청년층과 장년층에서는 고유 방언을 사용하는 인구가 점차 감소하고 있는 것으로 나타났다. 예를 들어, 방언 '젠누리'가 표준어 '새참'으로, '고명'이 '꾀미'로 대체되고 있으며, 연장을 의미하는 '극쟁기', 새알을 의미하는 '옹심' 등의 어휘는 이미 사라졌다. 지리적 고립에도 불구하고 지역 방언이 표준어에 강하게 동화되고 있는데, 이는 지역 방언의 저항도가 매우 약하다는 뜻이다.

주민의 정체성이 강할수록 외부 언어의 동화 압력에 강하게 저항하기 마련이므로 해안면의 조사 결과는 주민들간의 결속력이 약하다는 사실을 보여준다. 그 이유는 해안면의 주민 구성을 살펴보면 쉽게 이해할 수 있다.

해안면은 한국전쟁 전까지는 본래 북한의 영토였으나, 휴전 후 남한의 영토가 되었다. 전후 이곳에 처음 들어온 사람들은 1956년 인제, 양구 지역 주민을 중심으로 홍천 지역과 함경도 등에서 피난 온 사람들이었으며, 2차로는 1972년에 과거 해안면 원주민의 일부가 재정착했다.

이렇게 뿌리가 다른 사람들이 모여 살다 보니 지역 주민간에는 전통 부락이 지니고 있던 혈연적 유대 관계뿐만 아니라 해안 사람이라는 정체성도 결여되어 있다. 지역 문화라 할 만한 것이 없으니 고유 방언이 점진적으로 소멸되는 것은 당연한 일이다. 아마도 이런 현상은 세대가 교체되면 보다 가속화될 것이다.

해안분지에서 북쪽으로 산 하나만 넘으면 바로 북한 땅이다. 이곳은 강원도 철원의 삼각지대와 함께 대표적인 안보 관광지에 속한다.

천의 얼굴을 가진 남녘의 금강산
설악산

설악산은 역시 겨울 산이다. 이 장엄한 설국은 알피니스트들을 침묵과 암시로 조용히 불러들인다.

국토의 70% 이상이 산지인 우리나라에는 전국 곳곳에 산세가 수려하기로 이름난 명산들이 저마다 매력을 뽐내고 있다. 그 가운데 남한에서 가장 아름다운 산을 고르라면 어느 산을 골라야 할까?

봄이면 진달래와 철쭉이 만발하고, 여름이면 신록의 푸르름 사이로 거대한 암봉들이 고개를 내민다. 가을이면 노랗고 빨갛게 물든 단풍으로 온 산이 이글이글 불타오르며, 겨울이면 흰 눈에 산 전체가 설국으로 변한다. 이렇게 계절마다 옷을 바꿔가며 색다른 경치를 보여줘 천의 얼굴을 가진 산이라 불리는 이곳은 바로 설악산(雪嶽山)이다.

남한에서 한라산(1,950m)과 지리산(1,915m) 다음으로 높은 설악산(1,708m)은 산세가 험준하고 웅장하기로 금강산에 버금가는 남한 제일의 명산이다. 실제로 금강산에 다녀온 사람들은 설악산의 비경이 결코 금강산에 뒤지지 않는다고 입을 모은다.

설악산은 강원도 인제, 고성, 양양, 속초 등 4개의 시와 군에 걸쳐 있으며, 동서 길이 약 18km, 남북 길이 약 15km의 다변형을 이루고 있다. 그리고 정상인 대청봉을 중심으로 계곡과 능선이 방사상으로 뻗어 수려한 경관을 자랑한다. 설악산은 미시령~황철봉~저항령~마등령~공룡능선~대청봉~한계령~점봉산에 이르는 설악산맥을 경계로 백담사와 12선녀탕이 있는 서쪽의 내설악과 신흥사, 울산바위, 비선대가 있는 동쪽의 외설악, 그리고 오색약수와 주전골이 있는 남설악으로 구분된다.

계절마다 완전히 다른 경관을 펼치는 설악산에는 동식물 등 자연자원이 풍부해 1965년에 면적 163.6km²의 지역이 설악산 천연보호구역(천연기념물 제171호)으로 지정되었으며, 1982년에는 한국에서 처음으로 유네스코 세계생물권보전지역으로 선정되었다.

눈과 바위가 많아 설악

설악산은 이름에서 알 수 있듯이 눈과 바위의 산이다. 설악산의 주봉인

설악산은 바다와 인접해 있어 사시사철 많은 사람들로 붐빈다. 케이블카를 타고 올라가는 권금성(왼쪽). 내설악에 있는 계곡의 백미 백담계곡(중앙). 양양해수욕장의 겨울바다 풍경(오른쪽).

대청봉에는 1년 가운데 다섯 달은 눈이 쌓여 있고, 산 전체에 기기묘묘하게 조각된 바위들이 하늘과 해를 가릴 만큼 넘쳐난다.

설악산은 불교계에서는 설산(雪山), 설봉산(雪峰山)으로 불렸다고 하며, 《삼국사기》에 설화산(雪華山)이라는 명칭과 함께 "신라에서는 설악산을 영산이라 하여 제사를 지냈다"는 기록이 있는 것으로 보아 설악이라는 명칭은 신라 시대부터 사용되었던 듯하다.

《동국여지승람》에는 "한가위부터 내리기 시작해 쌓인 눈이 하지에 이르러 비로소 녹아 설악이라 한다"는 기록이 있는데, 여기서 말하는 설악산은 지금의 외설악이고, 내설악은 따로 한계산(寒溪山)이라 불렀다. 또한 《증보문헌비고(增補文獻備考)》에서는 "산마루에 오래도록 눈이 덮이고 바위가 눈같이 희다고 하여 설악이라 이름 지었다"는 내용을 볼 수 있는데, 이를 통해 예부터 설악산은 눈(雪)과 관련이 있었다는 것을 알 수 있다.

설악산 이외에도 전국에는 설성산(雪成山), 설봉산(雪峰山), 설운령(雪雲嶺), 설암산(雪巖山), 설주봉(雪柱峯) 등 설자가 들어간 산이 많다. 지명학자들은 '설'을 단순히 눈으로만 해석하는 것에는 무리가 있다고 말한다. 설은 대부분 '술〔살다〉사람〉삶(生)〕'을 음역한 것으로, 눈(雪)보다는 생명이라는 뜻에 더 가깝다는 것이다. 우리나라에서 산은 일찍이 삶의 바탕이자 생명의 원천으로 숭배되었으니 이러한 해석에도 일리가 있다 하겠다.

설악산의 백미는 기묘한 바위들

설악산에 들어서면 수천 가지 형상의 바위가 만들어낸 변화무쌍하고도 웅장한 광경에 놀라게 된다. 골짜기를 가르며 하늘을 찌를 듯 높이 솟은 첨봉과 기묘한 암석이 능선을 따라 이어지고, 깎아지른 듯한 수천 길 낭떠러지 절벽이 병풍처럼 드리워져 있다. 그 위로 거대한 암석군과 돌탑이 끝없이 이어지며, 골짜기마다 암반 위를 타고 흐르는 크고 작은 폭포가 줄지어 나타난다. 그리고 계곡 바닥이 오랜 세월 자갈에 갈려 만들어진 소(沼)와 담(潭)이 옹기종기 계곡을 조각하고 있다.

이렇게 사람들의 시선을 빼앗는 설악산의 명소들에는 바위라는 공통분모가 있는데, 이 수많은 바위 덩어리들은 어디에서 온 것일까? 설악산의 지질은 선캄브리아대의 화강암질 편마암으로 이루어진 대청봉 부근과 백담사 남쪽의 육성층인 설악산층을 제외하고는 대부분 중생대 백악기에 관입한 화강암으로 이루어져 있다. 〈표-1〉은 설악산의 지질 층서로 중생대 백악기에 시기를 달리하여 관입한 여러 종류의 화강암을 보여주고 있다.

최초의 관입은 백담사 계곡을 따라 소규모로 관입한 각섬석화강암이었다. 이후 관입한 설악산화강암은 가장 넓게 분포하며 설악산의 대부분을 완성했고, 흑운모화강암은 소청능선과 대청능선을 타고 내설악의 서쪽을 이루었다. 뒤이어 홍색화강암이 관입하여 오색약수터가 있는 한계리계곡이 형성되었고, 화강반암이 관입하여 마등령에서 미시령으로 이어지는 구간인 설악산 북쪽이 만들어졌다.

이어 풍화에 약한 속초화강암이 동해안 부근에 관입했으며, 울산화강암이 관입하여 울산바위를 만든 것을 끝으로 설악산 구석구석의 암체(岩體)들이 오늘날과 같은 모양을 갖추게 되었다. 인제 쪽의 내설악은 대체로 백악기 초

수많은 기암들이 웅장하게 솟아오른 공룡능선 절경. 설악산의 기암절벽과 암봉들은 대부분 중생대 백악기에 관입한 화강암으로 이루어져 있다.

기에 형성된 화강암류로 이루어진 데 반해 속초 쪽의 외설악은 말기에 관입한 화강암류로 구성되어 있다. 이로 보아 내설악의 바위들이 먼저 형성되고, 그다음에 외설악의 바위들이 형성되었다는 것을 알 수 있다.

백악기에 관입한 화강암은 습곡을 동반한 지반의 융기와 단층 등의 영향으로 설악산의 기본 골격을 만들었다. 그런데 특이하게도 이렇게 화강암 덩어리로 이루어진 설악산에도 퇴적층이 있다. 백담사 남쪽의 일부 지역에서 나타나는 역암, 사암, 셰일 등 소규모 자색의 육성(陸性) 퇴적층은 과거 이 일대가 호수였음을 보여준다. 그리고 이곳에서 식물 화석이 발견되어 이 퇴적층이 중생대 백악기 경상누층군의 일부라는 사실이 밝혀졌다. 무엇보다도 설악산화강암이 이 퇴적층에 관입한 모습은 설악산화강암이 백악기에 등장했다는 것을 더욱 분명하게 보여주고 있다.

〈표-1〉 설악산의 지질 층서

지질 시대			지층 암석명	상호 관계
신생대	제4기		충적층	부정합
			홍적층	부정합
중생대 말엽	백악기	말엽	섬록암, 반암, 맥암	관입
			속초, 울산화강암	관입
			마산암	관입
			홍색화강암	관입
			점봉산화강암	관입
		중엽	흑운모화강암	관입
			설악산화강암	부정합, 단층
			각섬석화강암	관계 불명
		초엽	설악산층	점이적?
선캄브리아대			반상변정 편마암	
			화강암질 편마암	
			우백질 편마암	

설악산의 화강암을 끌어올린 수훈갑은 태백산맥

설악산의 독특한 암석 경관은 크게 태백산맥 형성 시의 지반 융기와 화강암의 암질에 따른 차별침식의 결과로 요약할 수 있다. 백악기에 관입한 화강암은 지하 3~5km의 깊은 곳에서 용융 상태의 마그마가 식으면서 굳은 암석이다. 그런데 지하 깊은 곳에 있던 이 화강암은 어떻게 지표에 노출될 수 있었을까?

기암괴석과 암릉이 장관을 이루는 설악산의 공룡능선과 용아장성릉은 산악인들 사이에서도 가장 아름다운 곳으로 손꼽힌다. 이곳의 암봉들이 해

바위 덩어리로만 이루어진 비선대 앞의 장군봉(왼쪽). 바위 중간에 금강굴이 있으며 이곳에 불상이 모셔져 있다(원 안). 금강굴로 오르는 길에서 본 천불동계곡. 외설악은 계곡이 깊고 산릉이 날카로운 험준한 산세를 이룬다. 맨 아래 비선대 산장이 보인다(오른쪽).

발고도 1,000m가 넘는 곳까지 줄지어 나타나는 것은 설악산의 지각이 과거에 높이 솟은 적이 있거나 현재도 솟아오르고 있음을 뜻한다.

설악산은 백악기 말 화강암이 관입한 이래로 단층 작용과 습곡 작용에 의해 서서히 융기하다가 신생대 제3기 약 2,300만 년 전 경동성(傾動性) 요곡 운동으로 태백산맥이 형성되면서 함께 높이 솟아올랐다. 그러므로 지하 깊은 곳에 묻혀 있던 화강암을 현재의 고도까지 끌어올린 수훈갑은 바로 태백산맥이라고 할 수 있다.

이를 확인해볼 수 있는 지형이 설악산 곳곳에 남아 있다. 소청에서 중청, 대청으로 이어지는 대청봉 부근(1,200~1,700m)과 말의 등처럼 굽어 생겼다는 마등령에서 저항령~황철봉~미시령으로 이어지는 백두대간(1,200~1,400m) 능선에 발달한 고위평탄면이 이에 해당된다. 이들 지형은 태백산맥이 형성되기 이전, 동해의 수면과 비슷한 고도에서 준평원을 이루고 있던 설악산이 융기한 이후, 하천에 의한 개석(開析)이 진행되는 과정에서 침식에 대한 저항력이 큰 부분이 산릉과 그 주변에 남아 평탄해진 것이다.

황태덕장과 명태 이야기

겨울철 경관으로 유명한 백담사가 자리한 인제군의 내설악, 미시령과 진부령이 갈라지는 용대삼거리 인근에 가면 아주 이색적인 볼거리를 만날 수 있다. 바로 동해에서 잡은 명태를 걸어 말리는 황태덕장이다.

전국 황태 생산량의 70%를 차지하는 용대리 황태덕장은 지구온난화의 영향으로 명태의 어획량이 줄어들면서 생산량이 점차 감소하고 있다.

인제군 용대리 일대는 대관령이 위치한 평창군 횡계리 송천 주변, 고성군 거진항 주변과 함께 대표적인 황태덕장으로 알려져 있다. 겨울철이면 용대리 일대 8만여 평의 농지가 모두 덕장으로 탈바꿈하는데, 이곳에서 전국 생산량의 70%를 차지할 정도로 많은 양의 황태가 생산된다.

황태는 갓 잡은 명태를 손질하여 겨울철 추운 날씨에 얼렸다 녹였다를 반복하며 3개월 이상 자연 바람에 말린 것을 가리킨다. 이 과정에서 가장 중요한 조건은 추위와 바람, 일조량이다. 용대리는 겨울철에 눈이 많고 바람이 강할 뿐만 아니라 안개가 거의 없어 황태를 말리기에 최적의 조건을 갖추고 있다. 매년 약 1,600만 마리의 황태가 용대리 덕장을 가득 채우는 것은 이런 이유 때문이다.

황태의 원료가 되는 명태는 상태에 따라 다양한 이름으로 불린다. 바다에서 갓 잡아 올린 것은 명태, 얼린 것은 동태, 말린 것은 북어, 반쯤 말린 북어는 코다리, 그리고 새끼를 말린 것은 노가리라 한다. 황태 또한 건조 정도와 상태에 따라 이름이 다양하다. 날이 추워 하얗게 된 것은 백태, 반대로 날이 너무 따뜻해서 검게 된 것은 먹태, 몸통이 잘린 것은 파태, 머리가 없는 것은 무두태라고 한다.

최근 지구온난화의 영향으로 동해의 수온이 상승하여 대표적인 한류성 어종인 명태의 어획량이 급격히 감소했다. 때문에 이곳 덕장의 규모 또한 점차 줄어들고 있다. 게다가 명태는 언 상태로 15~20일은 있어야 하는데, 요즘에는 겨울철 추위가 기껏해야 사나흘밖에 지속되지 않아 황태의 모양이 예전만 못하다고 한다. 황태덕장 또한 지구온난화의 영향을 피해 가지 못하는 것 같다.

기암괴석을 만들어낸 차별침식

지하 깊은 곳의 화강암은 지표를 덮고 있던 물질들이 오랜 세월에 걸쳐 비

설악산은 수려한 금강산과 웅장한 지리산을 더해놓은 듯해 사계절 많은 사람들이 찾는 남한 최고의 명산이다.

바람에 깎여나가면 막대한 무게에서 벗어나 부피가 급격히 팽창한다. 이때 암석의 표면에 수평 또는 수직의 균열과 절리가 발생한다. 이 절리를 따라 다양한 형태의 침식 작용과 풍화 작용이 오랜 세월 지상과 지하에서 동시에 진행되는데, 그 과정에서 암석은 각양각색의 형태로 깎여나간다. 설악산의 암석들이 저마다 개성을 뽐내는 데는 이런 비밀이 숨어 있다.

절리는 대체로 판상과 수직 및 수평으로 직교하는 격자 형태이다. 설악산 전 지역에 나타나는 기암절벽과 뾰족한 암봉들은 수직절리가 탁월하게 발달한 것으로 내설악과 외설악의 기준이 되는 공룡능선, 외설악 천불동 계곡의 천화대, 내설악 용아장성릉 등이 그 대표 격이다. 반면 수평절리가 발달한 화강암 지역에서는 암석 표면에서 양파가 벗겨지는 듯한 박리 작용이 진행되는데, 내설악의 봉정암과 울산바위 주변의 둥근 암괴들이 이에 해당된다.

한편 설악산에 온 사람들은 누구나 흔들어본다는 흔들바위는 땅속에서 격자 절리를 따라 침투한 수분이 모서리 부분을 집중적으로 풍화시켜 둥글어진 토르(tor)가 지표에 나타난 것이다. 절리의 규모가 커서 이러한 토르가 큰 격자를 이루는 경우에는 돌탑이나 성곽처럼 생긴 거대한 암군을 형성하는데, 이는 공룡능선과 권금성 등지에서 흔히 볼 수 있다. 이러한 암군

설악산을 방문하는 사람들이 가장 많이 찾는 곳 가운데 하나인 흔들바위는 구상(球狀) 풍화에 의해 형성된 둥근 형태의 토르이다(좌). 봉정암 뒤편에 탑 모양으로 솟은 다양한 암군들은 암석에 발달한 절리를 따라 침식과 풍화가 진행되어 형성된 것이다.

들은 지금보다 더 춥던 시기에 토양이 얼고 녹기를 반복하는 과정에서 점차 사면 아래로 이동하다가 붕괴되기도 했는데, 서북 주 능선에는 이렇게 쌓인 암괴류(block stream)가 곳곳에 남아있다.

한편 지반의 급격한 융기로 하각(河刻) 작용이 활발히 진행되어 외설악 쪽에는 천불동 계곡, 죽음의 계곡, 토왕성계곡과 같은 깊은 골짜기가 생겨났고, 계곡을 따라서 내설악의 대승령폭포, 외설악의 양폭폭포와 토왕성폭포, 내설악의 12선녀탕과 같은 크고 작은 소와 담이 여러 개 생겨났다.

권금성에서 바라본 울산바위의 위용. 산 아랫자락에 위치한 신흥사 뒤로 우뚝 솟아오른 거대한 암체가 울산바위이다. 울산바위는 설악산의 암봉들 가운데 가장 늦게 만들어졌다.

강원대학교 과학교육학부 이문원 교수(화성암석학)는 설악산을 이루는 백악기 화강암은 비교적 지각의 얕은 곳으로 관입한 화강암이라고 말한다. 그리고 화강암이 침식되기 시작한 것은 울산화강암이 마지막으로 관입한 직후인 약 7,000만 년 전부터이며, 설악산 곳곳의 다양한 암석들이 만들어진 데에는 절리 작용과 화강암질에 따른 차별침식이 가장 큰 영향을 미쳤다고 한다. 즉 관입한 화강암이 지표로 드러나는 과정에서 암질의 성분과 구조에 따라 절리 작용이 큰 차이를 보였기 때문이라는 것이다. 정리하자면 설악산은 1차적으로는 주 암체인 화강암에 여러 형태의 절리가 만들어지고, 이후 절리면을 따라 다양한 원인에 의한 풍화와 침식이 일어나 천태만상의 바위가 그득한 암산으로 태어난 것이다.

뚜렷이 구분되는 내설악과 외설악

설악산은 마등령에서 공룡능선을 거쳐 대청봉에 이르는 설악산맥을 기준으로 서쪽은 내설악, 동쪽은 외설악으로 구분된다. 내설악은 백담계곡, 수렴동계곡, 백운동계곡, 가야동계곡 등이 부드러운 능선으로 이어져 여성적인 우아함을 간직하고 있다. 이에 반해 외설악은 깊은 협곡인 천불동계곡을 끼고 양쪽으로 솟아오른 첨봉들이 남성적인 장쾌함을 과시하고 있다.

내설악과 외설악은 지형뿐만 아니라 기후에서도 현저한 차이를 드러낸다. 외설악 지역인 속초의 연 평균 기온은 12.2℃, 내설악 지역인 인제는 9.9℃이다. 해안에 위치한 속초가 온난한 해수의 영향으로 겨울철 기온이 거의 영상에 머무는 해양성기후를 보이는 데 반해, 내륙에 위치한 인제는 겨울철에는 기온이 영하로 내려가는 대륙성기후를 보이는 것이다.

또한 이 두 지역은 강수량에서도 차이가 난다. 설악산의 연 평균 강수량은 약 1,100mm인데, 동해안 쪽인 외설악에는 눈과 비가 300mm 이상 더 많이 내린다. 이는 동해에서 수증기를 머금은 습한 대기가 북동기류를 따라 내륙 쪽으로 이동하다가 백두대간에 부딪혀 상승하면서 푄(föhn) 현상을 일으켜 광대한 운무를 펼쳐내기 때문이다.

이렇게 뚜렷이 대조되는 자연 조건은 그곳에 사는 사람들의 생활과 문화에도 큰 차이를 불러왔다. 크게 보자면 외설악은 해양 문화, 내설악은 산악 문화의 성격이 강하다. 바다를 접하고 있는 외설악 지역은 본래의 해양 문

내설악 깊은 곳에 자리 잡은 봉정암 진신사리 석탑에 불공을 드리는 등산객들(왼쪽). 일출을 보기 위해 정상 대청봉에 모여든 사람들(오른쪽).

단풍에 물든 설악산 정상부 암릉. 소청에서 바라본 용아장성릉 뒤편으로 이어지는 암릉지대가 가을 단풍과 어울려 절경을 자아낸다.

화에 한국전쟁 때 월남한 실향민들이 들여온 북한 문화가 더해졌고, 내설악 지역은 산악 지역답게 아직도 불교와 토속신앙의 전통이 부분적으로 남아 있다. 그러나 최근에는 통신과 교통 시설이 발달하고, 무엇보다도 이 지역이 관광지로 개발되면서 점차 지역색이 사라져가고 있다.

현재 내설악과 외설악은 속초와 인제를 연결하는 미시령(46번 국도)과 양양과 인제를 연결하는 한계령(44번 국도)으로 이어져 있다.

생명력을 잃어가는 설악산

설악산은 우리나라에서 지리산, 북한산 다음으로 사람들이 많이 찾는 산이다. 설악산국립공원 관리사무소에 따르면 연간 약 300만 명이 설악산을 방문하는데, 그 가운데 15%인 45만 명 정도가 정상에 오른다고 한다. 설악

솜다리(사진 속 사진)는 공룡능선과 용아장성릉 곳곳의 암벽 틈새에서 볼 수 있다. 설악산은 생태적 가치가 높아 1982년 유네스코 생물권 보전지역으로 선정되었다.

산은 험준한 지형과 깊은 계곡이 많아 과거에는 인간의 발길이 적었으나 20여 년 전부터 관광 인구가 급증하면서 점차 생명력을 잃어가고 있다. 특히 미시령~마등령~공룡능선~대청봉~한계령에 이르는 백두대간 코스는 훼손 정도가 다른 곳에 비해 훨씬 심각하다.

등산로 곳곳에는 토사가 유실되어 앙상한 뿌리를 드러낸 나무들과 등산객들이 버린 각종 쓰레기가 눈에 띈다. 문제는 여기에서 그치지 않는다. 30년 전만 해도 설악산에서 뛰놀던 반달곰, 산양 등이 밀렵꾼들의 손에 의해 사라지고 있다. 또한 설악산에 자생하는 귀한 식물인 금강초롱이 등산객과 도벌꾼에 의해 마구 뽑히고 있으며, 에델바이스라 불리는 솜다리는 불법으로 채취되어 관광 상품으로 팔리고 있다. 게다가 '살아서 천 년 죽어서 천 년'이라는 수령 300~400년의 주목 군락들도 소리 없이 잘려나가고 있다.

고산 지역의 생태계는 특히 민감하기 때문에 일단 훼손되면 복원이 어렵다. 관리공단에서도 이러한 문제점을 해결하기 위해 휴식년제를 도입하여 복원을 꾀하는 등 다각도로 노력을 기울이고 있다. 또한 산악생태 전문가들은 고산 지역에 한해 등산객 입산 예약제를 도입하여 등산객 수를 제한하고, 자연 탐방로를 설치하여 정상 등반 위주의 이용 실태를 바꾸는 방법 등을 해결책으로 내놓았다. 그렇지만 가장 중요한 것은 역시 자연을 아끼고 산을 사랑하는 마음일 것이다. 산은 인간의 애정으로 생명력을 얻는다.

■ ■ ■ 플러스 이야기 상자 ■ ■ ■

화강암 구상풍화의 진수, 설악산 계조암 흔들바위

흔들바위가 사람의 힘에 흔들리는 것도 신기하지만 이렇게 둥근 바위 덩어리가 어떻게 생겨났을지가 더욱 궁금하다.

설악산에는 힘을 모아 밀면 흔들리기는 하지만 절대 굴러 떨어지지 않는다는 흔들바위가 있다. 흔들바위는 외설악의 계조암(繼祖庵) 앞에 있는 커다란 공 모양의 바위를 부르는 말이다.

설악산 흔들바위와 같은 암괴 지형을 지형학 용어로는 토르 또는 핵석이라고 하며, 우리말로는 돌알바위 또는 암탑(岩塔)이라고 한다. 꼭 공 모양은 아니지만 흔들바위와 비슷한 형태의 암괴 지형은 설악산을 비롯해 북한산, 도봉산, 월출산, 속리산, 월악산, 계룡산 등 화강암이 주를 이루는 산지에 가면 흔하게 볼 수 있다.

암석이나 돌의 모양이 둥근 것은 보통 강가나 바닷가 등에서 물에 의한 침식, 즉 마식(磨蝕)을 받은 결과이다. 설악산의 흔들바위는 하천과는 거리가 먼 산비탈에 있는데 도대체 어떻게 만들어진 것일까?

흔들바위를 공 모양으로 깎아낸 것은 화강암의 구상풍화(球狀風化) 작용이다. 화강암은 관입 이후 화강암을 짓누르던 지표가 계속 깎여나가 무게가 제거되면 점차 팽창하는데, 이 과정에서 암석에 절리가 발생한다.

이 절리에 의해 암석이 일련의 블록으로 갈라진 후 그 틈으로 물이 침투하여 얼고 녹기를 반복하거나 암석을 구성하는 광물과 화학 반응을 일으키면서 침식과 풍화가 진행된다. 침식과 풍화는 특히 절리가 만나는 모서리 부분에 집중되기 때문에 격자 모양이던 암석 덩어리가 점차 둥그렇게 변하는 것이다.

그다음으로 화강암 덩어리를 덮고 있는 새프롤라이트가 오랜 시간에 걸쳐 모두 씻겨 내려가고 나면 화강암 기반암과 둥그런 모양의 암석들만 남아 지표에 모습을 드러낸다. 이때 기반암 위로 핵석이 불안정한 석탑처럼 쌓인 암괴 지형이 바로 토르이다.

흔들바위는 형성 초기에는 주변에 비슷한 형태의 토르가 여러 개 있었으나, 침식과 풍화가 이루어지면서 모두 아래로 굴러 내려가고 단 하나만 기반암 상부의 움푹 파인 홈에 남아 지금의 모양이 되었다. 화강암 산지에서 가장 흔하게 볼 수 있는 토르는 그 생김새가 다양하지만 설악산의 흔들바위처럼 완전한 구상(球狀)인 것은 찾아보기가 쉽지 않다.

흔들바위 형성 과정

| 처음에는 하나의 암체를 이루던 화강암이 냉각, 팽창하면서 그 표면에 절리가 발생한다.

| 절리면을 따라 풍화가 진행되어 암체가 바위 덩어리들로 분해된다. 이때 절리면은 풍화 부산물인 새프롤라이트로 채워진다.

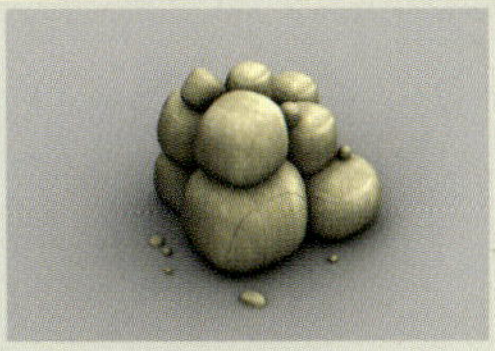

| 이후 새프롤라이트가 빗물과 지하수에 의해 모두 씻겨나가면 풍화되지 않은 기반암 덩어리들이 지표에 모습을 드러낸다.

| 돌탑군을 이룬 암석 덩어리들이 침식과 풍화로 붕괴되어 1개의 둥근 암석 덩어리만 남는다.

내륙에 갇힌 바다호수
동해안 석호

강원도 고성군 거진읍에 위치한 화진포호. 강릉 이북의 동해안에는 해수면 상승으로 바닷물이 들어왔다가 갇혀 형성된 석호가 매우 많다.

강원도 강릉시 경포호에서 고성군 화진포호까지 7번 국도를 따라 112km 길을 달리다 보면 도로 양쪽으로 호수가 유난히도 많이 눈에 들어온다. 강릉의 경포호, 향호, 풍호, 양양의 매호, 쌍호, 속초의 영랑호, 청초호, 고성의 화진포호, 송지호 등이 그 호수들이다.

이들 호수는 오랜 옛날 바닷물이 육지로 밀려 들어왔다가 갇혀서 만들어진 석호(潟湖)로 강릉 안인 지역을 기점으로 북쪽 연안에만 집중적으로 분포하고 있다. 청명한 호수 주변으로 울창한 소나무 숲과 갈대밭이 펼쳐지고, 다양한 종류의 철새가 쉬어가는 수려한 경관으로 수많은 시인 묵객들의 마음을 사로잡았던 이 호수들은 과연 어떻게 형성된 것일까?

밀려 들어온 바닷물이 갇혀 형성된 자연호수

석호는 신생대 제4기를 대표하는 지형 가운데 하나이다. 약 1만 8,000년 전부터 마지막 빙하가 물러가면서 해수면이 급격히 상승하기 시작해 약 6,000년 전 현재의 해안선이 만들어졌다. 이때 동해안이 침수되는 과정에서 산지 말단부의 골짜기 깊은 곳까지 바닷물이 밀려 들어와 좁은 만을 형성하고 톱니와 같은 해안선이 생겨났었다.

이후 배후 산지에서 하천을 타고 운반, 퇴적된 모래가 연안 조류와 파랑(波浪) 작용으로 사주(砂洲)를 형성하고, 이어 사주가 성장하여 만의 입구를 막아 바다와 격리된 호수들이 생겨났다. 해안 지형을 연구하는 학자들은 그 시기가 대략 3,000년 전이라 말한다. 금강산 끝에 자리한 삼일포를 비롯하여 화진포호, 청초호, 영랑호, 경포호 등 동해안에 발달한 석호는 모두 이런 과정을 거쳐 형성된 자연호수들이다.

석호는 하천이 공급하는 토사가 퇴적되어 서서히 내부가 채워지면서 늪지

대청봉에서 내려다 본 속초의 청초호와 영랑호. 바닷물이 들어와 갇힌 호수임을 한눈에 알 수 있다(왼쪽). 겨울철 얼어붙은 영랑호 너머로 힘 있게 뻗어가는 백두대간 설악능선. 왼쪽 끝의 높은 봉우리가 대청봉이다(오른쪽).

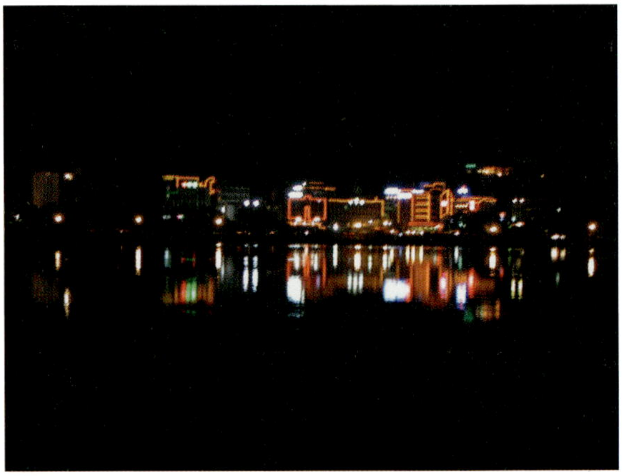

물 빛깔이 거울같이 맑다 하여 이름 붙여진 경포호의 낮과 밤 전경. 경포호를 가로막은 사주 앞으로 경포대해수욕장이 시원스레 펼쳐져 있다.

나 충적지로 변한다. 다시 말해서 언젠가는 사라질 운명을 타고났다고 할 수 있다. 그런 까닭에 석호는 동해안의 해안선을 단조롭게 만드는 요인이 되기도 했다. 현재 대부분의 석호는 토사가 유입되거나 농경지로 매립되어 규모가 계속 축소되고 있는 추세이다.

석호는 한반도의 형성과 고(古)지구 환경을 이해하는 데 중요한 단서를 제공하는 신생대 제4기의 화석 지형(relict form)이다. 과거 200만 년 동안 빙기와 간빙기가 반복되면서 해수면이 100m가량 오르락내리락하는 일이

석호 형성 과정

빙기가 극에 달했던 약 1만 8,000년 전에는 해수면이 현재보다 130m 정도 낮았다.

약 6,000년 전 빙하가 물러가면서 해수면이 상승하여 해안의 골짜기로 바닷물이 밀려 들어왔다.

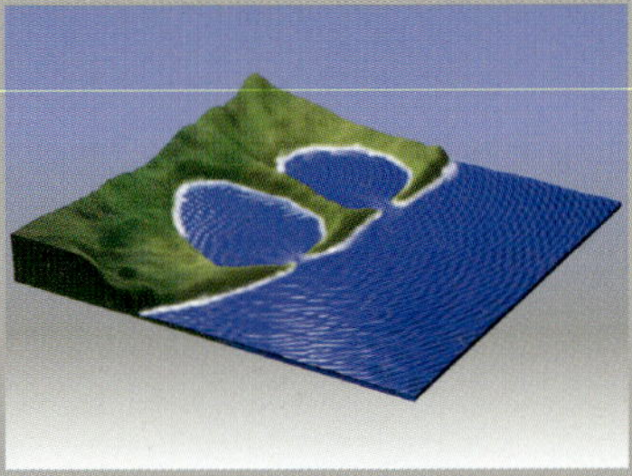

약 3,000년 전 연안류와 파랑 작용에 의하여 사주가 형성되고, 이후 사주가 만의 입구를 가로 막아 석호가 형성되었다.

5~6회 반복되었다. 이 과정에서 바닷물과 민물이 번갈아 유입되면서 석호의 바닥에 퇴적물이 쌓였다. 서울대학교 기초과학교육 공동기기연구원 염중권 박사(해양퇴적학)가 화진포호와 송지호의 퇴적층을 조사, 연구한 바에 의하면 최근 1만 년 동안 쌓인 퇴적층의 두께만도 10m에 이른다고 한다. 석호의 퇴적물과 진화에 대한 정확한 연구는 석호가 형성될 당시의 해수면 변화와 같은 해양 환경과 기후 변화 등 고(古)환경을 복원하는 기초가 된다.

선사 시대의 주된 생활무대

동해안의 역사와 문화의 뿌리를 이야기할 때 석호는 빼놓을 수 없는 요소이다. 지금으로부터 8,000~3,000년 전 한반도에 살던 사람들은 주로 해안이나 하천 주변에 주거지를 마련했을 것이다. 그리고 당시 하천이나 바다 쪽으로 열린 작은 만이었던 석호는 인간 생활에 적합한 천혜의 조건을 갖추고 있었을 것이다. 쌍호와 청초호를 살펴보면 이러한 추측이 사실임을 확인할 수 있다.

양양 오산리에 위치한 쌍호는 원래 영랑호와 비슷한 크기였다. 그러나 1977년 농경지로 사용하기 위해 매립하는 바람에 현재는 그 흔적을 거의 찾아볼 수 없다. 호수를 매립할 때 주변 언덕에서 선사 시대 유적인 집터가

속초시 조양동 선사 유적지에서 바라본 속초호. 조양동 동사무소 뒤편의 청동기 집단 취락지에서 발굴된 유적은 현재 강릉대학교 박물관에 소장되어 있다(왼쪽). 드라마 〈가을 동화〉의 촬영지로 알려지면서 명소가 된 청호동 아바이마을의 갯배. 실향민의 애환이 서려 있는 갯배는 속초의 명물 중 하나이다(오른쪽).

발굴되었는데, 이 유적은 우리나라에서 가장 오래된 신석기 유적으로 평가받고 있다. 유적지가 바다와 인접한 호수를 낀 낮은 구릉지대에 있는 것으로 보아, 신석기 시대 사람들은 호수 주변의 낮은 구릉지대를 농경지로 이용하고 쉽게 고기를 잡을 수 있는 환경을 최대한 활용했을 것이다.

청초호에 인접한 속초 조양동에서는 쌍호의 오산리 유적보다 늦은 청동기 시대의 집단 취락지가 발견되었다. 여기서 발견된 유물 가운데 농업용 도구인 반달돌칼과 큰 어망추는 당시 사람들이 호수 주변에서 농사와 고기잡이를 하며 생활했음을 보여준다. 이외에 화진포호 근처에서는 청동기 시대의 유적인 고인돌이 무려 23기나 발견되었다.

조각공원 같은 주문진 소돌공원

코끼리 얼굴 모양을 한 코끼리바위(왼쪽)와 용이 머리를 쳐든 듯한 용머리바위(오른쪽). 주문진 소돌공원에는 바닷물의 염분이 깎아 만든 다양한 형태의 암석들이 즐비하다.

강원도 강릉 주문진항에서 해안도로를 따라 1.5km가량 올라가면 소돌이라는 작은 마을이 보이고, 오른편으로 방파제가 나타난다. 왼편의 바닷가에 다가서면, SF영화에 나오는 괴물같이 우악스럽게 생긴 용머리 모양의 갯바위들이 눈에 띈다. 마치 조각가의 작품을 모아놓은 듯한 이곳은 주문진 소돌공원으로 아들을 낳게 해준다는 아들바위를 비롯하여 코끼리바위, 용머리바위 등 다양한 모양의 바위들을 볼 수 있어 최근 찾는 사람이 부쩍 늘었다고 한다.

해안에 노출된 소돌공원의 암석들은 중생대 쥐라기 말에 관입한 화강암으로, 오대산 소금강계곡과 두타산, 청옥산의 무릉계곡에 널려 있는 화강암반과 거의 같은 시기에 형성되었다. 지하 깊은 곳에 있던 이 화강암의 상층부가 지반이 융기한 이후 점차 깎여 나가면서 지표에 드러난 것이다.

일부러 구멍을 파낸 듯한 바위, 꼬불꼬불 헝겊처럼 매달린 바위 등을 조각한 석공은 바로 바다이다. 특히 바닷물에 녹아 있는 염분이 결정적인 역할을 했다. 염분은 바위 틈새나 작은 홈에서 결정(結晶)을 이루며 성장하는데, 이 결정 성장(結晶成長, crystal growth)의 압력으로 암석은 절리면이 점차 벌어지면서 붕괴된다. 또한 틈새와 홈으로 오랜 세월 파도가 드나들면 침식과 염풍화(salt weathering)가 진행되어 타포니(tafoni)라 불리는 특이한 형상의 풍화혈이 형성된다. 주문진 소돌공원의 바위들은 모두 이런 과정을 거쳐 만들어졌다.

갯터짐으로 담수와 해수가 섞여 유지되는 독특한 생태계

석호는 바다와 완전히 격리된 경우도 있지만, 보통 하나 이상의 바다와 연결되어 있다. 이렇게 담수와 해수가 수시로 섞이는 까닭에 석호에는 담수 생물과 해수 생물이 공존하는 독특한 생태계가 나타난다. 돌발적인 해일과 강한 파도로 바닷물이 호수로 들어오는 현상을 갯터짐이라고 하는데, 이 갯터짐 현상 덕분에 석호는 항상 깨끗함을 유지할 수 있다. 그 결과 플랑크톤이 풍부해져 호수 전체의 생명력이 왕성해지고, 안정된 먹이사슬이 형성된다.

석호는 숭어, 전어, 멸치, 황어, 농어 등의 바닷고기와 붕어, 가물치, 망둥어 등의 다양한 민물어종이 어우러지는 어족 자원의 보고이기도 하다. 또한 산란철에 자신이 태어난 민물로 거슬러 찾아드는 연어나 송어와 같은 회귀어들에게 훌륭한 산란장이자 생육장이 되어주기도 한다.

그러나 바다와의 교류가 차단되면 석호는 이내 죽음의 호수로 변해버린다. 갯터짐이 일어나 담수와 해수 사이의 유기물 에너지를 주기적으로 교환해주지 않으면, 호수 안에 유기물 에너지가 농축되어 미생물의 활동만 활발해지기 때문에 부영양화로 모든 생태계가 파괴되는 것이다.

실제로 영랑호는 지나친 개발로 조류의 흐름이 바뀌자 하구에 모래가 쌓여 바다와의 교류가 차단되었고, 그 결과 정화 능력을 잃어 죽음의 호수로 변해버렸다. 다행히도 최근 막혔던 하구를 다시 열고 순환 펌프 시스템을 설치하는 등 속초시가 지속적인 복원사업을 펼쳐 호수가 차츰 되살아나고 있다.

개발에 몸살 앓는 석호

동해안에 발달한 대부분의 석호가 몸살을 앓고 있다. 호수로 유입되는 하천을 통해 생활 오폐수가 흘러들고, 하천의 직강화 공사로 물의 유입이 차단된 경우 정체 수역으로 변하면서 물고기가 폐사하고 악취가 진동하고 있다. 또한 자연적인 변화보다는 인위적인 변화로 원래의 모습을 잃어가고 있다. 경포호는 1966년 경포천과 안현천의 유로(流路) 변경을 위해 실시한 호안(湖岸) 공사, 1981년의 수초 제거와 1996년의 저층토양 준설로 호수의 원형과 생태계가 거의 파괴된 상태이다.

청초호는 1993년 이후 유원지 개발과 1999년 관광엑스포 유치로 25만여 평을 매립하는 바람에 호수의 3분의 1가량이 사라졌으며, 속초항과 연결된 항구로 이용되면서 수질 오염이 심각해졌다. 영랑호는 콘도, 아파트, 골프

각종 개발로 파괴되었던 영랑호는 지속적인 복원 사업으로 생명력을 회복하고 있다(왼쪽). 1977년 농경지로 활용하기 위해 매립한 쌍호 위에 오산리 선사유적 박물관이 세워지고 있다(오른쪽).

장 등 각종 위락시설에 포위되어 수질은 이미 악화되었고, 인공적인 보(洑)의 설치로 바다와의 교류가 거의 차단된 상태이다.

이 밖에도 쌍호는 1977년에 농경지로 활용하기 위해 매립되고 풍호는 1985년부터 1993년까지 영동화력발전소의 무연탄재 매립지로 이용되면서 호수의 흔적을 거의 찾아볼 수 없게 되었다. 향호는 호수 바닥의 질 좋은 규사를 20년 이상 채취하면서 파괴되었고, 지금까지 비교적 잘 보존되었던 화진포호와 송지호마저 대규모 관광단지 개발로 자연성을 잃어가고 있다.

이 가운데 정부 차원에서 습지보호지역이나 생태계보전지역으로 지정한 곳은 단 한 곳도 없고, 지방자치단체들은 오히려 수익을 내기 위한 수단으로 삼고 있어 상황은 악화일로로 치닫고 있다. 개발과 보존 어느 한쪽도 소홀히 할 수 없는 상황이라면 앞으로는 생태공원이나 정화 습지, 관찰 테크 등 생태계 보존 효과를 거둘 수 있는 방향으로 개발의 방식이 바뀌어야 할 것이다.

다행히도 2011년 강릉시가 처음으로 경포호의 생태계를 복원하기 위해 매립된 농지를 매입하여 경포천 주변에 배후 습지를 조성하고 바다의 연결부에 생태습지원을 만들었다. 그 결과, 최근 이곳에서 멸종 위기 식물인 가시연을 비롯하여 가래와 이삭물수세미, 멸종 위기 동물인 삵과 수달, 큰고니 등이 관찰되어 석호의 생태계가 빠르게 복원되고 있는 것으로 확인되어 석호 복원 사업의 청신호가 되고 있다.

■ ■ ■ 플러스 이야기 상자 ■ ■ ■

송지호 바닥에 남은 고성 산불의 흔적

호수 주변의 갈대밭은 철새의 서식처로 호수 생태계에서 중요한 역할을 한다. 산불로 파괴되었던 송지호 주변의 갈대밭이 살아나면서 철새들이 다시 찾아들고 있다(위). 1996년 산불로 퇴적된 탄층과 이후에 새롭게 퇴적된 모래층이 뚜렷한 차이를 보인다(왼쪽 아래). 두 차례에 걸친 동해안의 산불은 산림과 해안 생태계에 커다란 변화를 가져왔다(오른쪽 아래).

주변에 소나무 숲이 울창하다는 뜻의 송지호(松池湖)는 화진포호와 함께 동해안 석호 가운데 수질 상태와 호수의 원형이 비교적 잘 보존된 곳이다. 그러나 1996년 4월과 2000년 4월 동해안 고성 지역에 발생한 대규모의 산불로 이 지역의 산림과 함께 송지호의 생태계가 큰 위협을 받게 되었는데, 그 증거를 호수 바닥의 검은 탄층에서 찾을 수 있다.

2000년 8월 여름 송지호를 찾았을 때 호수 가장자리의 바닥에서 검은 띠를 이루는 탄층을 여럿 발견했다. 이 탄층은 1996년 4월에 발생한 산불로 생긴 재가 배후 산지에서 대량 유입되어 쌓인 것이다. 호수 가장자리에 10~15cm의 탄층이 쌓인 것으로 보아 중심부의 깊은 곳에는 이보다 더 두꺼운 층이 생겼을 것이다.

앞으로도 산불로 민둥산이 되어버린 배후 산지에서 퇴적물이 계속 유입되어 송지호의 늪지화가 급속히 진행될 것으로 보인다. 실제로 2003년 10월 호수를 다시 찾았을 때 2000년 당시의 탄층 위로 15cm 이상의 새로운 모래 퇴적층이 쌓여 있었다. 이는 배후 산지에서 호수로 유입되는 퇴적물의 양이 증가하고 있음을 보여주는 것이다.

산불로 식생이 초토화된 산간 지대에 집중호우가 내리면 토양 침탈이 빠르고 심하게 진행되기 때문에 석호로 유입되는 토사의 양은 증가할 수밖에 없다. 인간의 부주의로 일어난 산불이 수천 년을 이어온 석호의 생명을 단축시키는 결과를 가져온 셈이다.

동양 최대의 목초지
횡계고원

우리나라의 높은 산들은 대부분 태백산맥과 소백산맥을 따라 동쪽에 치우쳐 있다. 인천에서 강릉으로 이어지는 영동고속도로를 달려보면 경기도 이천을 지나 강원도 문막까지는 그다지 높지 않은 산지들이 이어지다가 원주를 지나면서부터 산세가 급격히 높아지는 것을 느낄 수 있다. 이어 새말 나들목을 지나면서 산세는 첩첩산중을 이루며 더욱 험준해진다. 그다음에 차례로 만나게 되는 둔내~봉평~진부 제1, 제2, 제3터널은 이 지역에 높

영화 〈사운드 오브 뮤직〉의 한 장면이 연상되는 동양 최대의 목초지 삼양대관령목장. 초지대 위로 대관령의 강한 바람을 이용하는 풍력 발전기를 세우는 공사가 진행되고 있다.

은 산지가 얼마나 많이 모여 있는지를 실감하게 한다.

그런데 마지막 터널인 진부 제3터널을 통과한 뒤 진부나들목을 지나 횡계리 도암면에 이르는 관문인 싸리재(800m)를 넘으면 상황이 급변한다. 산 넘어 산으로 급준(急峻)하게 이어지던 산세는 모두 어디론가 사라지고 고즈넉해 보이는 낮고 평평한 고원성 대지가 평온한 느낌으로 눈에 들어온다. 이곳이 바로 대관령(832m) 앞에 있는 평창군 도암면의 횡계고원(橫溪高原)이다. 높고 험한 산지가 많아 한국의 알프스로 불리는 강원도와 어울리지 않게 이곳에는 평평한 구릉들이 능선을 따라 유연하게 이어지고 있어 고개를 갸우뚱하게 한다.

이런 지형은 높은 산지에 발달한 평탄 지형이라 하여 고위평탄면이라고 한다. 고위평탄면은 특히 오대산에서 태백산에 이르는 지역에 집중되어 있고, 소백산과 전라북도 진안고원 부근에도 잘 발달해 있다. 이 가운데 고위평탄면의 원형을 볼 수 있는 곳은 바로 여기 평창군 횡계고원이다.

대관령 길로 사람들이 오간 것은 조선 시대부터

횡계고원 한가운데를 통과하는 대관령 길은 서울에서 가장 가까울 뿐만 아니라 옛날부터 사람들이 오간 까닭에 지금도 태백산맥에 있는 고갯길 가운데 교통량이 가장 많다. 그러나 대관령 남쪽에는 그보다 훨씬 더 오래전부터 교통로로 이용되던 고갯길이 있다. 그것은 강릉시 왕산면과 정선군 임계면을 연결하는 삽당령으로 지금은 35번 국도가 나 있다.

삽당령(680m)은 대관령보다 150m가량 낮은 고갯길로, 사람들이 언제부터 오갔는지는 정확히 알 수 없다. 그러나 영월군, 정선군을 포함한 남한강 상류 지역의 일부가 이미 신라 경덕왕(?~765) 때부터 명주(지금의 강릉)에 속했다는 사실로 보아 적어도 통일신라 시대부터 이용되었던 것 같다. 아마도 당시에는 삽당령을 통해 동쪽 사면의 강릉에서 서쪽 사면의 임계~정선~영월~원주로 건너간 뒤, 남한강 수계(水界)를 이용하여 서울과 개경을 오갔을 것이다.

용평스키장에서 바라본 횡계고원의 고위평탄면 전경. 횡계고원 일대의 완만한 구릉지는 스키장으로 활용하기에 제격이다. 남쪽 발왕산 자락으로 국내 최대 규모의 용평스키장이 자리 잡고 있다.

이후 고려 시대를 거쳐 조선 초에 들어서면서 토목 기술의 발달로 마차가 지날 수 있게 되자 원주~안흥~방림~대화~진부~대관령~강릉으로 이어지는 새로운 역로(驛路)가 놓였다. 남한강 수계를 이용하던 노선이 대관령 일대의 완만한 구릉지대를 지나는 육로 중심의 노선으로 바뀐 것이다. 지금은 가장 짧은 노선인 원주~둔내~진부~대관령~강릉으로 이어지는 길을 통하여 서울과 강릉을 오가고 있다.

화강암의 차별침식으로 형성된 분지성 고원

해발고도 800~1,300m에 위치한 횡계고원은 북쪽으로 동대산(1,433m)과 황병산(1,407m), 소황병산(1,329m), 동쪽으로 매봉(1,173m)과 곤신봉(1,128m), 대관령, 서쪽으로 장군바위(1,140m)와 싸리재, 남쪽으로 발왕산(1,458m)과 옥녀봉(1,146m)으로 둘러싸인 산간분지이다. 그리고 분지 내부는 17~22° 정도의 완만하고 평활한 사면 경사로 50~100m의 기복이 있는 구릉 지형이다.

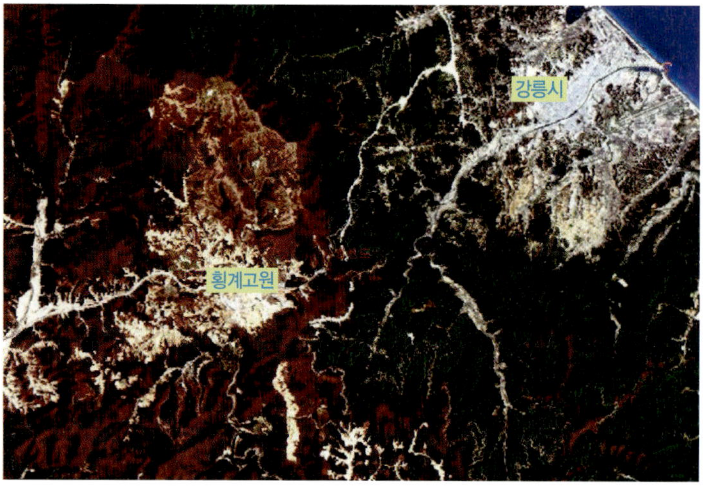

횡계고원 일대의 인공위성 사진. 사진 중앙 왼쪽에 있는 횡계고원 일대의 낮고 평평한 분지가 주변 산지와 확연히 대비됨을 알 수 있다. 오른쪽으로 강릉시 한복판을 가르며 동해로 흘러 들어가는 남대천의 물길이 보인다. ⓒ환경부

어떻게 이렇게 높은 곳에 분지성 고원지대가 형성될 수 있었을까? 횡계고원 일대의 기반암은 중생대 쥐라기 말 1억 5,000만~1억 3,000만 년 전에 대보조산운동에 의해 관입한 흑운모 계열의 화강암이다. 그러나 북쪽으로 인접한 오대산 부근의 기반암은 선캄브리아대 편마암 계열의 변성암이고, 남쪽의 고루포기산과 발왕산 부근은 고생대 평안계의 사암과 셰일로 이루어진 퇴적암이다.

기반암인 화강암은 비교적 온난다습했던 신생대 제3기에 땅속에서 심한 풍화를 겪다가 이후 제4기 여러 차례의 빙하기를 거치면서 풍화가 더욱 심해진 데다가 침식과 삭박을 받아 평탄한 지형이 되었다. 반면 북쪽 오대산 부근의 편마암과 남쪽의 평안계 퇴적암은 화강암에 비해 풍화와 침식에 강하기 때문에 상대적으로 덜 깎여나가 험준한 산지를 이루었다. 정리하자면 횡계고원 일대의 화강암이 주변 지역의 암석에 비해 풍화와 침식에 약했기 때문에 침식이 활발히 진행되어 상대적으로 낮고 평평한 분지가 된 것이다.

풍력 발전의 최적지, 대관령

대관령은 바람이 강하기로 유명한 곳으로 연 평균 초속 7m의 세찬 바람이 불어 풍력 발전에 최적의 조건을 갖추고 있다.

환경단체의 반대도 있었으나 1차로 14기의 풍력 발전기가 세워져 2005년 12월 상업 운전에 들어갔다. 강원도는 2006년 10월 35기를 추가로 건립하여 현재 총 49기의 풍력 발전기를 가동하고 있다. 연간 발전량은 24만 4,400MWh, 돈으로 환산하면 240억 원으로 연간 5만 가구가 사용할 수 있는 양이다.

옛 영동고속도로 하행선 대관령휴게소가 미래 에너지를 소개하는 신 · 재생 에너지 전시관으로 새 단장했다.

대관령 고갯길 밑으로 터널을 뚫어 새롭게 놓은 영동고속도로가 개통되면서 그동안 방치되었던 횡계리의 옛 영동고속도로 하행선 대관령휴게소가 새롭게 탈바꿈했다. 2005년 11월 강원도에서 30억 원을 들여 지하 1층, 지상 1층 연면적 1,360㎡ 규모로 미래 에너지를 소개하는 신 · 재생 에너지 전시관을 개관한 것이다.

전시관에는 우리나라 에너지의 현 주소, 신 · 재생 에너지의 종류와 이용 가능성, 풍력 발전의 원리와 개발 현황 등이 알기 쉽게 소개되어 있으며, 물 자동차, 바람 악기, 태양전지 벌레, 내가 만든 전기 등 미래 에너지를 활용한 다양한 체험 공간까지 갖춰져 있어 학생들의 체험 학습관으로 손색이 없다.

고지대에 평탄한 지형이 만들어지기까지

횡계고원은 태백산맥이 만들어지면서 들어 올려진 이후, 덜 깎여나간 지형면이 현재의 높은 고도에 남은 것이다. 태백산맥을 비롯하여 전국 곳곳의 900m 이상의 산지에 300m 내외의 소기복을 이루며 발달해 있는 고위평탄면은 모두 이렇게 형성되었다. 우리나라의 높은 산지들이 그렇듯 고위평탄면 역시 국토의 동쪽에 밀집되어 나타나는데, 이는 태백산맥이 형성될 때 지반 융기의 축이 동쪽으로 치우쳐 있었기 때문이다. 그래서 융기량이 컸던 태백산맥과 소백산맥의 내륙 산정부에는 고위평탄면이 원형 그대로 잘 보존되어 있다.

남한산성이 있는 경기도 광주의 남한산(495m) 정상부의 평탄한 지형면 또한 과거 지형면의 일부가 태백산맥이 형성될 때 함께 융기한 것으로, 이를 통해 융기축인 태백산맥과 소백산맥에서 멀어질수록 융기량이 적었다는 사실을 확인해볼 수 있다.

현재 대관령 일대에서 볼 수 있는 지형면은 과거 융기했을 때의 모습 그대로는 아니라고 한다. 당시에 생긴 준평원은 융기한 이후에도 오랜 세월 계속 침식을 받았기 때문이다. 그래도 개석되고 남아 있는 지형면을 침식되기 이전의 지형으로 연장해보면 약 2,000만 년 전 원 지형의 규모를 어느 정도 짐작할 수 있다.

횡계고원 일대의 고위평탄면에는 남한강 최상류천인 차항천과 송천이 흐르고 있다. 이 두 하천의 곡(谷)은 평탄면에서 두 하천으로 흘러드는 지류를 따라 오랜 세월 침탈, 삭박되어 정상부에서 볼 때 200m 이상 패여나갔을 정도로 깊다. 이렇게 현재 우리가 고원상에서 살펴볼 수 있는 지형면은 개석되고 남은 잔류 지형으로 화석 지형이라 할 수 있다.

한국판 〈사운드 오브 뮤직〉

대관령 지역은 해발고도가 높아 여름철에도 비교적 서늘하고, 태백산맥 한가운데 자리하여 연 강수량이 약 1,500mm에 이를 정도로 풍부할 뿐만

횡계고원은 신생대 제3기 경동성 요곡 운동에 의해 한반도가 융기할 때 과거 평탄했던 지형면의 일부가 다른 지역에 비해 습곡을 덜 받은 가운데 그대로 융기하여 높은 고도에 남은 것이다. 고원 한가운데로 영동고속도로가 지나고 있다.

화강암이 풍화되어 형성된 새프롤라이트가 횡계고원 상부의 표토층을 어린아이 키를 넘어설 만큼 두껍게 덮고 있다(왼쪽). 횡계고원 곳곳의 구릉에는 침식과 풍화를 받은 후 남은 화강암 잔류석들이 나타난다(오른쪽).

아니라, 겨울철에 눈이 많기로도 유명하다. 또한 강수량이 적은 봄철에도 겨울철에 쌓인 눈이 토양으로 녹아 들어가 목초 재배에 유리한 데다가 완만한 경사의 구릉지대이기 때문에 방목하기에 좋고 고산지대라 모기나 진드기도 없다. 가축의 먹이가 될 옥수수, 마초(馬草) 등도 잘 자라 이 지역에는 삼양대관령목장과 한일목장 등 여러 개의 목장이 들어서 있다.

1975년 영동고속도로가 개통되면서 수도권에 신선한 우유를 공급할 수 있게 되자 우유 소비가 크게 늘었고, 그 바람을 타고 많은 목장들이 들어왔

고위평탄면 형성 과정

고생대 이후 오랜 기간 침식을 받아 평탄해진 지형이 중생대에 대규모 지각 변동을 겪었다.

중생대 이후 지표면은 또다시 오랜 기간 침식과 풍화를 받으며 구릉성 평탄 지형을 형성했다.

신생대 제3기에 경동성 요곡 운동으로 낮고 평평한 지형의 일부가 그대로 솟아올라 고위평탄면이 되었다.

다. 그러나 최근에는 식생활의 변화로 우유 소비가 감소하고 버터, 치즈, 분유 등과 같은 낙농 제품의 수입이 늘어 젖소 사육 두수가 현저히 줄었다. 실제로 삼양대관령목장에 있는 삼양축산의 경우 전에는 3,000마리까지 늘어났던 젖소가 2013년 현재 500여 마리밖에 되지 않는다고 한다.

도암면 소재지에서 이곳을 관통하여 흐르는 송천을 따라 3km가량 상류로 올라가면 동양 최대의 목초지인 삼양대관령목장이 나온다. 목장 초지대로 들어서면 영화 〈사운드 오브 뮤직〉의 한 장면이 떠오를 만큼 광활한 초원 위로 젖소들이 한가로이 풀을 뜯는 광경을 볼 수 있다. 이렇게 온화한 기후와 아름다운 풍경 때문에 최근 이곳은 피서지와 영화 촬영지로 각광을 받고 있다.

화전, 목장, 고랭지 채소밭에 의해 사라진 원시림

횡계고원 일대의 지형을 가만히 들여다보면 털을 깎아놓은 양처럼 자연식생은 거의 찾아볼 수 없는 민둥산이다. 1970년대 중반부터 목장이 들어서고 고랭지 농업이 널리 행해지면서 울창했던 원시림이 모두 사라진 것이다.

사실 이 일대의 원시림이 사라지기 시작한 것은 이보다 훨씬 이전인 17세기부터이다. 17세기 후반~18세기 초 사회 변화의 영향으로 화전민들이 대거 들어오면서 울창한 거목들이 불태워지고 잘려나가기 시작했다. 화전민들은 귀리, 기장, 조, 옥수수, 콩과 같은 냉량성(冷涼性) 작물을 재배하며 이곳에 삶의 터전을 마련했다. 19세기에 들어 함경도와 평안도 사람들이 이주해오면서 이들이 가져온 감자가 고랭지 농업의 대표적인 작물이 되었다. 그러나 화전은 1966년 화전정리법이 시행되면서 급격히 감소하다가 1970년대에 완전히 사라졌다.

횡계고원의 황태덕장. 횡계고원 일대는 과거 울창한 원시림이었지만 화전민과 고랭지 채소밭, 목장, 황태덕장 등이 들어서면서 나무가 모두 잘려나가 지금은 삼림을 거의 찾아볼 수 없다.

횡계고원에 자리한 삼양대관령목장. 서울 여의도 7.5배에 달하는 6백여 만 평으로 동양 최대의 목초지를 이루는 삼양대관령목장은 최근 우유 소비 감소로 활기를 잃어버렸다(왼쪽).
대관령 정상에 위치한 양떼목장. 우리나라 최초의 양떼목장으로 은 사계절 풍광이 뛰어날 뿐만 아니라 언덕을 따라 산책로가 놓여 있어 힐링투어에 제격이라 많은 이들이 찾는 곳이기도 하다(오른쪽).

횡계고원 일대는 황태덕장으로도 잘 알려진 곳이다. 한겨울 기온이 -15°C 안팎으로 매우 낮고 바람이 강하게 불어 명태를 말리기에 적합한 조건을 갖추고 있기 때문이다. 이곳에 덕장이 생기기 시작한 것은 한국전쟁 당시 함흥, 원산, 명천 등지에서 덕장 일을 하던 피난민들이 들어오면서부터라고 한다. 기후가 그들이 살던 지역과 비슷했기 때문에 피난민들은 별 어려움 없이 덕장을 만들 수 있었다. 게다가 화전이 사라지면서 화전을 일구던 사람들까지 대거 덕장으로 몰려들어 규모가 점차 커졌고, 그 결과 이 지역은 인제의 용대리와 함께 황태의 고장이라는 명성을 얻게 되었다.

심각한 환경 문제를 야기하는 고랭지 채소 재배

영동고속도로의 개통으로 서울에서 나귀를 타고 오면 7일가량 걸리던 길을 단 3시간 만에 갈 수 있게 되자, 산간 오지나 다름없었던 이곳에도 많은 변화가 일어났다. 무엇보다도 소규모의 자급자족적인 영농이 행해지던 전형적인 산촌에서 고소득원 작물을 재배하는 고랭지 농업을 하게 되었다는 점이다.

횡계고원 일대는 해발고도 800~1,300m에 위치한 지역으로 8월 최고 기온의 평균이 23.3°C 밖에 되지 않아 더위를 거의 느끼지 못할 만큼 시원하다. 그래서 이 지역에서는 여름철 기온이 높은 평지에서는 재배하기 어려운 여름 배추를 재배할 수 있다.

여름 배추는 보통 20°C에서 재배가 잘 되고, 23°C를 넘으면 무름병이 발생하여 잎이 썩어 들어가는 작물이다. 즉 다른 지역에서는 가을에나 생산할 수 있는 채소를 횡계고원에서는 여름에 재배하여 출하할 수 있으니 틈새 시장을 노릴 수 있다. 게다가 영동고속도로의 개통으로 신속하게 수도권 시장으로 내다팔 수도 있으니 그야말로 최적의 조건이라 할 수 있다.

대관령터널로 이르는 고속도로 변과 도암면 소재지에서 삼양대관령목장에 이르는 횡계고원 산비탈 곳곳에는 무, 배추를 비롯하여 감자, 양배추, 당근 등이 재배되고 있다. 과거에는 무, 배추가 주종이었으나 최근에는 과잉 생산으로 생길 수 있는 가격 폭락을 막기 위해 양배추, 당근, 토마토, 양파 등 다양한 채소를 재배하고 있다.

그러나 현대판 화전으로 불리는 고랭지 채소밭이 지나치게 늘어나면서 심각한 환경 문제를 야기했다. 고랭지 채소밭의 토사는 교결성(또는 점성)이 약한 사질성 토양이기 때문에 비가 조금만 와도 쉽게 흘러내리는데, 여

횡계고원의 고랭지 채소밭 전경. 이 일대는 고랭지 채소밭으로 개간되면서 집중호우에 토양이 심하게 침탈, 유실되어 심각한 환경 문제를 겪고 있다.

비가 오면 황토색으로 변하는 송천. 생활 오폐수가 초래한 부영양화로 녹조류가 생겨 물이 녹색을 띠는 경우가 많다.

름철 집중호우가 내릴 때면 여기서 유출된 토사가 하천으로 흘러들어 엄청난 수질 오염을 일으키는 것이다.

비가 많이 올 때면 횡계고원을 관통하여 도암면 수하리에 이르는 송천이 황토색으로 변한다. 여기에 도암면과 용평레저타운에서 방출하는 생활 오폐수가 함께 흘러들어 부영양화로 물이 녹색을 띠는 경우도 다반사이다.

문제는 여기서 끝나지 않았다. 송천의 물길을 능경봉(1,123m) 너머 강릉 남대천으로 돌려 발전하던 강릉수력발전소가 2001년 급기야 발전을 멈추었다. 횡계고원의 고랭지 채소밭에서 유출된 토사가 강릉으로 넘어오면서 깨끗하기로 소문난 남대천이 썩어가자 강릉 주민들이 발전 중지를 요구하는 시위를 벌이고, 피해 보상을 위한 소송을 제기했기 때문이다.

■ ■ ■ 플러스 이야기 상자 ■ ■ ■

메기가 산을 넘어간 사연

도암댐에 고인 물을 산 너머로 보내는 취수탑.

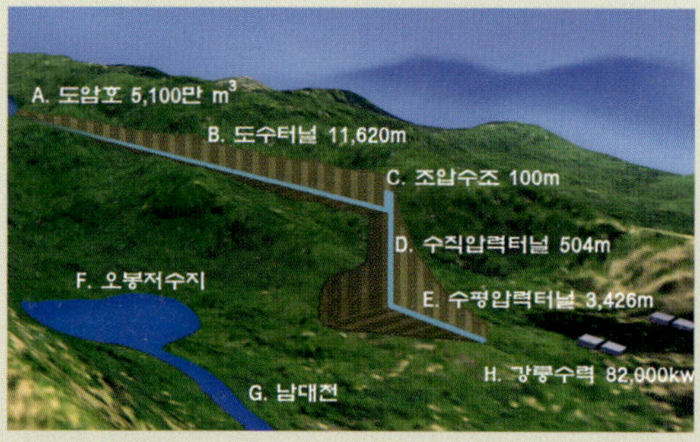

도암댐에서 넘어온 물이 빠져나오는 2개의 지하 출수구.

동쪽으로 급경사를 이루는 우리나라 산세의 특징을 이용한 유역 변경 발전 양식의 강릉수력발전소. 도암댐(왼쪽)에 고인 물을 그림과 같은 방법으로 산 너머 강릉수력발전소(오른쪽)로 보내 전기를 생산한다. 현재는 1,000억 원이 넘는 예산을 들여 만든 발전소가 수질 오염으로 발전이 중단된 상태이다.

메기가 산을 넘어갈 수 있을까? 믿기 어렵지만 그렇다. 강원도 평창군 도암면을 관통하는 송천을 따라 남쪽 정선 방향으로 30분가량 내려가면 송천의 물길을 막아 만든 도암댐이 나오는데, 여기가 바로 메기가 산을 넘어간 곳이다.

도암댐은 남한강 최상류의 송천을 막아 그 물길을 댐 동쪽의 고루포기산과 능경봉의 지하 터널을 통해 강릉으로 넘겨 발전하기 위한 저수용 댐으로 1991년에 완공되었다. 따라서 도암댐은 그 자체로는 발전을 할 수 없고, 댐에 모인 물을 저장하는 기능만 할 뿐이다. 그래서 발전 시설은 도암댐이 아니라 산 너머 강릉 쪽에 있는 강릉수력발전소에 가야 찾아볼 수 있다.

도암댐 가까이에는 수탑이 하나 있는데, 바로 이것이 물을 빨아들이는 취수탑이다. 이곳에서 물을 빨아들여 지하 11.6km의 지하 도수관을 통해 산 너머로 보낸 다음, 다시 504m의 수직 터널에서 물을 떨어뜨려 전력을 생산하는 것이다. 이는 송천의 흐름을 경사가 급한 동쪽으로 강제로 바꿔 발전하는 방법으로, 우리나라 산세의 특징을 이용한 독특한 발전 양식이라고 할 수 있다.

이렇게 유로를 변경하여 발전하는 곳이 여기 말고도 한 곳 더 있다. 남해로 흘러가는 섬진강의 물길을 임실군 운암댐에 가둔 다음 산 너머 정읍시 칠보면으로 돌려 발전하는 칠보댐이 그것이다. 발전에 사용된 물은 이후 계화도 간척지까지 흘러가 관개 용수로 사용된다. 결국 남해로 흘러갈 섬진강 물의 운명이 바뀌어 황해로 흘러가게 된 것이다.

도암댐은 2013년 현재 12년째 발전이 중단된 상태이다. 도암댐의 발전이 시작되면서 상류 지역인 횡계고원의 고랭지 채소밭에서 유실된 막대한 토사와 목장의 축산오·폐수, 도암 주민들의 생활하수 등이 정화되지 않은 채 남대천으로 흘러들었기 때문이다.

이렇게 남대천이 죽음의 강으로 변해가자 강릉 주민들은 환경권과 생존권 보장을 외치며 발전 중단과 피해 보상을 요구했다. 결국 2001년에 발전소는 발전을 중단했고 강릉시와 시의회, 그리고 시민단체와 환경단체의 강력한 요구로 폐쇄될 위기에 처해 있다. 발전이 중단된 지 12년이 지난 지금 남대천에는 다시 연어들이 올라오고 있어 수질이 개선되고 있음을 눈으로 확인할 수 있다.

한반도 해안단구의 전형
정동진 해안단구

강릉의 정동진(正東津)은 드라마 〈모래시계〉의 촬영 장소로 알려지면서 이름 없는 어촌에서 한 해 200여 만 명이 찾는 해돋이 명소로 순식간에 위상이 달라진 곳이다. 정동진이라는 이름은 조선 시대에 한양의 광화문 정(正)동쪽에 있는 바닷가 마을이라 하여 지어진 것인데, 실제로 정동진이 위치한 북위 37° 41′ 에서 선을 그으면 서울의 북한산을 지난다. 수치에 큰 차이가 없는 걸 보면 조선 시대 사람들의 방위 감각이 뛰어났음을 알 수 있다.

동해고속도로에서 바라본 정동진 해안단구. 멀리 바닷가 절벽 뒤로 보이는 편평한 곳이 가장 최근까지 바다였던 단구 지형이다.

정동진은 한반도 제4기의 기후 변화를 비롯해 해양과 지질 및 지형의 변화를 추정할 수 있는 지형이 발달해 있어 학계의 주목을 받아왔다. 옥계해수욕장의 모래사장에서 북쪽 해안을 바라보면 해안선 절벽 뒤로 거의 수평에 가까울 정도로 평탄한 지형이 나타나는데, 이런 지형을 바닷가의 계단과 같이 생겼다 하여 지형학 용어로 해안단구(海岸段丘)라고 한다. 정동진에 발달한 해안단구는 우리나라 해안단구의 전형으로 배를 타고 나가 바다 쪽에서 바라보면 그 특징이 더욱 확연히 드러난다.

과거에는 바다였던 곳

우리나라는 태백산맥을 중심으로 동서 간에 하천, 사면 경사, 해안 지형 등에서 매우 대조적인 양상을 띤다. 특히 해안 지형의 경우, 갯벌이 발달하고 해안선의 굴곡이 심한 황해안과 달리 단조로운 해안선으로 이루어진 동해안에는 해안을 따라 해발고도가 다른 여러 단의 단구가 곳곳에 발달해 있다.

그 가운데 금진에서 안인에 이르는 정동진 일대에는 해발고도 70~90m 지점에 폭 800m가 넘는 전형적인 해안단구가 발달해 있다. 정동진 해안단구의 형성 원인은 단구면(段丘面) 위로 퇴적된 둥근 자갈층에서 찾을 수

세계에서 해변과 가장 가까운 기차역인 정동진역은 사시사철 해돋이 광경을 즐기려는 사람들로 북적인다(왼쪽). 밀레니엄을 맞이한 기념으로 세워진 대형 모래시계탑(오른쪽).

있다. 울창한 해송(海松)과 소나무가 숲을 이루는 단구면에 발달한 심곡천과 그 밖의 작은 계곡들에는 원마도(圓磨度)가 양호한 자갈 퇴적층이 분포하고 있다. 해발고도 70m 이상에 4~10m 정도 쌓여 있는 이런 자갈층을 정동층(正東層)이라고 한다. 이 지역에는 대규모 하천이 없는데, 해안이나 강가에 있을 법한 자갈들이 어떻게 이렇게 높은 고도에서 발견될 수 있을까?

정동진 해안단구 지형도. 지형도 가운데 해안가 등고선의 간격이 넓은 봉화 지역이 단구면에 해당된다. 해발고도 50~90미터를 이루는 이곳이 해수면 아래에서 현재의 고도로 융기하게 된 것은 약 80만~60만 년 전일 것으로 추측된다(왼쪽).
해발고도 70m 안팎인 기반암 위에 쌓인 자갈층. 이 자갈들은 과거 배후 산지에 있다가 홍수에 쓸려 내려와 바다와 강이 만나는 계곡 입구에 퇴적된 것으로 보인다(오른쪽).

자갈층을 자세히 들여다보면 연체동물이 판 구멍들과 하천이 아닌 해안에서 볼 수 있는 납작한 모양의 자갈들이 보인다. 이것은 해식(海蝕)의 흔적으로 과거 이 일대가 바다였음을 보여주는 증거라고 할 수 있다. 즉 해안 근처의 파식대(波蝕臺)였던 이곳에 파도의 침식으로 마모된 둥근 자갈들이 쌓인 후 지반이 현재의 높이까지 융기하여 오늘날의 단구 지형이 만들어진 것이다. 그런데 또 하나의 의문이 남는다. 이런 과정을 거쳐 만들어진 해안단구가 여러 다른 고도에서 연속적으로 나타나는 이유는 무엇일까?

해안단구는 지반 융기와 해수면 변동의 산물

정동진 해안단구에는 해발고도가 가장 낮은 저위면(20m)부터 중위면(40m), 고위면(90m), 고고위 II면(110m), 고고위 I면(140m)에 이르기까지 크게 5개의 단구면이 나타나는데 최근의 연구에 의하면 해발고도 160m에서도 단구면이 나타난다고 한다. 이 가운데 옥계해수욕장에서 보았을 때 가장 넓은 범위의 단구면은 해발고도 50~90m에 분포하는 것으로 현재 범선 모양의 호텔과 조각공원이 들어서 있다.

평탄한 단구면과 그 배후에서 급경사를 이루는 단구애(段丘崖)가 만나는 경사 변환점을 연결한 선을 구정선(舊汀線)이라고 하는데, 이는 해안단구가 형성될 당시의 해면고도를 나타낸다. 일반적으로 높은 곳에 위치한 단구가 시기적으로 앞서 형성된 것이다.

정동진의 해안단구면은 5단이므로 각기 다른 시기에 다섯 차례 이상의 해수면 변동이 일어나면서 지반이 융기되었음을 알 수 있다. 그렇다면 해수면 변동과 지반 융기는 해안단구 형성에 어떤 영향을 미쳤을까? 이 문제들에 대한 답을 얻기 위해서는 먼저 제4기 빙하성 해수면 변동을 이해해야 한다. 약 200만 년 전부터 시작된 제4기에는 여러 차례 빙하 시대가 반복되었다. 날씨가 추워지면 빙하의 발달로 바다가 얼어 해수면이 하강하는데, 이 시기를 빙기(氷期)라고 한다. 이와 반대로 날씨가 따뜻해지면 빙하가 녹아 해수면이 상승하는데, 이 시기는 간빙기(間氷期)라고 한다.

빙기에는 해수면 하강으로 침식 기준면이 낮아져 하천의 침식 작용이 활발해지고, 간빙기에는 해수면 상승으로 침식 기준면이 높아져 퇴적 작용이 활발해진다. 제4기에는 빙기와 간빙기가 교대로 5~6회 반복되면서 퇴적 작용과 침식 작용이 함께 일어났다.

해안단구면은 간빙기 해수면의 상승으로 해안 저지대가 바다에 잠긴 후

해안단구 형성 과정

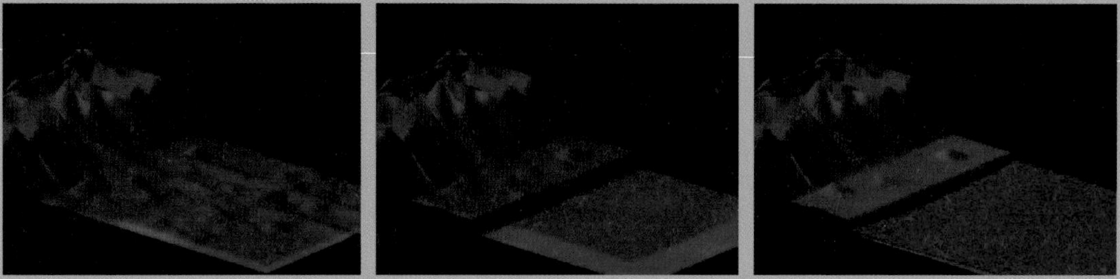

해안에 접한 배후 산지의 말단부가 해수면 상승으로 점차 물에 잠긴다.

해수면 상승으로 바다에 잠긴 해안 저지대(파식대)가 오랫동안 파랑에 침식되어 평탄한 지형이 된다.

이후 지반의 융기로 바다가 물러나면서 평탄해진 구(舊)파식대 지형이 육지로 솟아올라 해안단구가 된다.

옥구해수욕장에서 바라본 정동진 해안단구.

파랑 작용에 의해 해저의 바닥이 깎이고, 하천에서 공급된 모래와 자갈이 퇴적되어 평탄해진 것이다. 정동진 해안단구는 5개의 단구면을 포함하고 있으니 적어도 다섯 차례 이상 간빙기를 겪었다고 볼 수 있다.

그러나 해수면 변동만으로 해안단구의 형성을 설명하는 데에는 무리가 있다. 오래된 해안단구일수록 높은 곳에 있으므로 해수면 변동이 일어나는 동안에 지반도 계속 융기했다고 보아야 하기 때문이다. 그래서 여기서는 지반 운동이라는 개념을 도입해야 한다.

언제쯤 생겨난 것일까?

신생대 제3기에 태평양 지각판과 유라시아 대륙 지각판이 수렴, 충돌하는 지대에서 직·간접적으로 전달된 횡압력이 한반도에 영향을 미쳐 태백산맥과 함경산맥이 생겨났다. 이러한 영향은 지금까지도 지속적으로 작용하고 있는데, 동해안에 발달한 해안단구는 이러한 지반 융기로 형성된 것이다.

한반도에서 최종 간빙기 이후의 지반 융기율은 대략 0.1m/1,000년으로 10만 년에 10m 정도 융기가 진행되고 있다. 이에 근거하여 공주대학교 지리교육과 최성길 교수(지형학)는 정동진 해안단구는 대략 제4기 160만~140만 년 전부터 형성되기 시작했다고 말한다. 또 가장 넓게 분포하는 고위면(50~90m)은 80만~60만 년 전에, 저위면(25m)은 12만 년 전에 형성된 것으로 추정하고 있다.

그러나 우리나라는 단구 구성층에서 절대 연대를 측정할 수 있는 시료(試料)를 얻기가 어려워 같은 단구의 형성 시기를 놓고도 학자들 간에 이견이 많다. 정동진 해안단구에 대해서도 약 300만 년 전인 신생대 제3기 말까지 시기를 끌어올린 학자도 있고, 가깝게는 약 65만 년 전부터 형성되기 시작했다고 보는 학자도 있다.

황해안에서도 발견되는 해안단구

동해안과 달리 황해안은 굴곡이 심한 리아스(Rias) 해안이다. 리아스 해안이 지반의 침강에 의한 것으로 잘못 알려져 한때 황해안에는 해안단구가 발달하지 않았으리라고 생각된 적이 있다. 그러나 동해안에 비해서는 미약하지만 황해안에도 부분적으로 해안단구가 나타난다. 최 교수는 12만 5,000~7만 7,000년 전 최종 간빙기에 해수면이 가장 높았을 때 중부 황해안 지역인 충청남도 보령군 웅천천 하구에 단구가 발달했다는 것을 확인했다. 그리고 동해안의 구정선 고도 18(±)m와 10(±)m 지점의 단구층에서 발견되는 퇴적물의 풍화토와 고(古)토양이 황해안 웅천천의 그것과 동일하다는 점을 들어 두 지역 모두 시차적 변위(變位) 없이 동일한 비율로 지반

단구면에 위치한 봉화분교는 1995년 폐교되어 현재 하계 수련원으로 이용되고 있다(왼쪽). 단구면에 발달한 평탄 지형은 주로 밭으로 이용되고 있는데, 그 토양은 풍화로 인해 짙은 붉은색을 띤다(오른쪽).

이 융기했을 것으로 추정했다. 하지만 이에 대해 동해안이 황해안보다 25~60m 높게 융기했다는 주장도 제기되고 있다.

해안이 아니라 하천 양안에 형성된 단구 지형을 하안단구라고 하는데, 이 또한 지반의 융기에 의해 형성되는 지형이다. 지반이 상승하면 그에 따른 위치 에너지가 증가하여 유속이 빨라지기 때문에 강바닥을 깎아내는 침식력이 더 커진다. 이에 따라 기존 하도를 더 깊이 파면서 흐르는 새로운 물길이 나타나고 과거 하천의 양쪽 기슭에는 계단 모양의 단구가 생겨난다. 한강과 금강 일대의 하류에서 이러한 하안단구가 여러 개 발견되고 있어 황해안에서도 동해안과 마찬가지로 지반이 융기했다는 사실을 다시 한 번 확인할 수 있다.

선박호텔이 있는 평탄한 지형이 과거 바다였던 곳으로 단구면에 해당된다.

옛 모습을 잃어버린 해돋이 명소

정동진역 일대는 수년째 계속되는 난개발로 옛 모습을 잃은 지 오래이다. 몇 년 전만 해도 자그마한 역사(驛舍)를 둘러싼 허름한 민가들이 대부분이었던 이곳에 기념품 판매점, 모텔, 민박집, 횟집과 식당 등이 줄지어 들어서고, 건물의 불법 개축과 증축, 용도 변경이 판을 쳐 본래의 모습은 찾아볼 수 없다.

해안단구면에도 역시 기차나 범선 모양의 카페와 호텔이 무분별하게 들어서 한반도 제4기의 고(古)환경과 해양, 지형 및 지질 환경의 변화 과정을 밝힐 수 있는 지표 지형으로서 해안단구가 지닌 자연사적 가치가 무색해지고 있다. 다행히 2004년 4월 9일 문화재청이 해안단구의 자연사적 가치를 인정하여 단구의 일부인 정동진리 산 50~60번지 면적 45,426m²를 천연기념물 제437호(정동진 해안단구)로 지정했으니 조금이나마 보호를 기대할 수 있게 되었다.

해발고도가 높고 경관이 뛰어난 해안단구에 각종 위락시설과 숙박시설이 무분별하게 들어서 주변 경관을 해치고 있다.

우리나라에서 바다와 가장 가까운 도로 헌화로

정동진 남쪽 심곡항에서 금진항까지 이르는 약 1.5킬로미터의 바닷가 길, 헌화로는 우리나라에서 바다와 가장 가까운 도로이다. 병풍처럼 이어진 구불구불한 해안의 암벽과 푸른 바다 그리고 하얀 거품을 이는 파도가 어우러진 절경이 사시사철 아름다움을 뽐낸다. 최근 한국도로교통협회에서 추천한 '아름다운 도로 100선'에 들만큼 유명세를 타고 있어 많은 사람들이 찾고 있는 곳이기도 하다.

헌화로는 원래 군사지역으로 민간인의 출입이 금지된 곳이었으나, 1998년 해안도로 공사를 통해 만들어졌다. 헌화로라는 이름은 삼국유사에 전하는 〈헌화가(獻花歌)〉에서 따왔다. 신라 성덕왕 시절 강릉태수 순정공이 그의 아내 수로부인과 부임지 강릉으로 가던 중 이곳을 지날 때 수로부인이 바닷가 절벽에 핀 철쭉이 너무 아름다워 갖고 싶어 했다. 그러나 너무 위험해 아무도 선뜻 나서는 이가 없었으나 이때 소를 몰고 가던 노인이 꽃을 꺾어 헌사하면서 헌화가라는 노래가 생겨났다고 한다.

수로부인의 전설이 서린 헌화로. 해안을 따라 놓인 헌화로는 사시사철 풍광이 뛰어나 가족이나 연인들이 찾는 산책로이자 드라이브 코스로 유명하다.

■ ■ ■ 플러스 이야기 상자 ■ ■ ■

울릉도가 솟아오르고 있다?

울릉도 어업 전진기지인 저동항 전경. 바다와 인접한 울릉도 해안은 과거에는 바다 속에 잠겨 있었다. 최종 간빙기에 형성된 단구면의 해발고도가 최대 196m에 이르는 일본 열도는 지반 융기율이 약 1.52m/1,000년으로 우리나라에 비해 15배 이상 높다. 한반도는 환태평양 조산대에서 벗어나 있기 때문에 조산대에 속한 일본에 비해 지각 변동이 적은 비교적 안정된 지역이라고 할 수 있다.

2004년 6월 경희대학교 지리학과 윤순옥 교수(지형학)와 경북대학교 지리학과 황상일 교수(지형학)가 경상북도 울릉군 북면 석포리와 현포리 일대 해발고도 350m 지점에서 해안가에서나 볼 수 있는 둥근 몽돌을 무더기로 발견하여 이곳이 과거에는 해수면과 같은 높이의 해안이었음을 밝혔다(동아일보 2004년 6월 28일자 기사). 지금까지 알려진 해안단구면 중 가장 높은 것은 경상북도 경주시 감포 해안의 연태산에 발달한 것으로 해발고도 250m에 있다. 이번 발견으로 그 높이는 350m까지 올라가게 되었다.

그러나 여기에도 이견이 있다. 울릉도에서 발견된 퇴적층을 단구로 본다면 형성 시기는 언제이며 비교할 만한 장소는 어디인가에 대한 답이 나와야 할 것이다. 또한 육지를 이루는 대륙부와 울릉도, 독도를 이루는 해양부의 지각이 서로 다르기 때문에 울릉도의 퇴적층을 대륙부의 해안단구와 동일한 지반 상승으로 설명해 일반화하는 데에는 한계가 있다는 반론도 제기되고 있다.

그러나 황 교수는 이 연구 결과를 토대로 현재 동해안 지역이 계속 융기하고 있을 가능성이 매우 높다고 말했다. 또한 현재 동해와 포항, 울산 등 경상도 일대 해안 지역에서 자주 발생하는 지진은 이러한 융기로 동해의 지각이 매우 불안정함을 나타내는 증거이며, 이는 동해안을 따라 들어선 원자력 발전소의 안정성에도 영향을 미칠 수 있기 때문에 정밀한 조사가 요구된다고 덧붙였다.

황 교수의 견해에 동의하지 않는 학자들도 해안단구가 원자력 발전소의 안정성과 관련하여 중요하게 다루어져야 한다는 점에서는 모두 같은 목소리를 내고 있다. 원자력은 인간의 생명은 물론 생태계 전체에 막대한 영향을 미치는 문제이므로 학계는 물론이고 일반의 지속적인 관심도 필요하다 하겠다.

지하수가 빚어낸 땅속의 환상 세계

삼척 환선굴

수백 명이 들어설 만큼 웅장한 환선굴 내부의 통일광장. 삼척의 환선굴은 동양 최대 규모를 자랑한다.

비나 눈으로 내린 물은 지표면뿐만 아니라 땅속에도 여러 가지 특이한 지형을 만들어낸다. 지하수가 석회암지대의 지하를 흐르며 만들어낸 석회동굴이 그 전형적인 예이다.

우리나라에는 석회동굴이 유난히 많은데, 지금까지 남한에서 발견된 것만 해도 600여 개에 달한다. 이 가운데 강원도 삼척 대이리 동굴지대와 초당굴, 영월의 고씨동굴, 평창의 백룡동굴, 충청북도 단양의 고수동굴, 온달

환선굴이 있는 대이리 동굴지대에는 하천이 흐르는 깊은 계곡이 있어 암석의 틈을 따라 지하수가 쉽게 지표면으로 유출된다. 또한 연 강수량이 약 1,200mm로 풍부한 편이어서 동굴 발달에 최적의 조건을 갖추고 있다.

동굴, 노동동굴, 경상북도 울진의 성류굴, 전라북도 익산의 천호동굴 등은 천연기념물로 지정되었고, 그 밖에 몇몇 동굴은 지방문화재로 지정되었다.

이 가운데 우리나라에서뿐만 아니라 세계동굴학회에서도 인정받고 있는 관음굴과 동양 최대 규모의 환선굴(幻仙屈)을 포함해 6개의 동굴이 모여 있는 대이리 동굴지대는 한국의 계림(桂林)이라 불릴 만큼 절경을 자랑한다.

삼척 덕항산 자락에 위치한 대이리 동굴지대의 동굴 중에는 환선굴만이 1997년에 개방되어 관람객을 맞고 있으며, 관음굴은 보존 가치가 높아 발견 즉시 영구 보존을 목적으로 폐쇄했다. 나머지 덕발세굴, 양터목세굴, 큰재세굴, 사다리바위바람굴은 아직 개발되지 않은 상태이다. 이 일대는 빼어난 경치 덕분에 주위의 산림 약 200만 평과 함께 천연기념물 제178호(삼척 대이리 동굴지대)로 지정되어 보호받고 있다.

삼척에서 38번 국도를 타고 도계, 태백 방향으로 10km 정도 올라가면 환선굴 푯말이 보인다. 이 푯말이 가리키는 방향으로 계곡을 따라 9km 정도 들어가면 덕항산을 중심으로 대이리 동굴지대가 나타난다. 매표소에서 비탈길과 계단을 번갈아 오르면 덕항산 중턱 해발고도 500m에 자리 잡은 환선굴 입구가 눈에 들어오는데, 그 앞에 서면 한여름에도 동굴에서 나오는 냉기에 시원함을 느낄 수 있다. 지금부터 지하에 숨어 있는 커다란 조각 궁전과 같은 환선굴이 어떻게 만들어졌는지 동굴 속으로 여행을 떠나보자.

고생대에는 적도 부근의 바다였던 곳

남한에 있는 600여 개의 석회동굴 가운데 400여 개가 강원도 남부의 영월, 평창, 정선, 태백, 삼척, 강릉 지역에 있고, 나머지는 충청북도 북동부의

대이리 동굴 지대에는 환선굴과 관음굴을 포함하여 모두 6개의 동굴이 모여 있다. 이곳은 덕항산, 촛대봉, 지극산 등으로 둘러싸여 산악 경관이 수려할 뿐 아니라 굴피집, 너와집, 통방아 등 민속 자료가 풍부하여 체험 학습장으로도 각광받고 있다.

단양과 제천, 경상북도 문경 등지에 옹기종기 모여 있다. 이는 이들 지역의 주 암석이 석회암이기 때문이다. 석회암은 5억~4억 년 전 고생대 캄브리아기에서 오르도비스기 사이에 바다에 살던 산호와 조류, 패류의 껍질이나 골격 등이 퇴적되어 만들어진 암석이다. 그러므로 우리나라에서 석회암이 나오는 강원도 남부와 충청북도 북동부 일대는 고생대 당시 모두 바다였음을 알 수 있다.

좀더 확실한 증거는 고생대 당시 바다를 주름잡았던 삼엽충 화석의 발견 지점과 석회암 분포 지역이 일치한다는 사실이다. 삼엽충 화석은 석회암과 석회암 사이에 끼어 있는 셰일층에서 발견되는데, 석회암이 노두(露頭)에 드러난 지역에서 흔히 볼 수 있다. 석회암을 만드는 생물들은 남 · 북 위도 25~30° 사이의 따뜻한 바다에만 산다. 따라서 석회암이 나타난다는 것은 그 지역이 고생대 무렵 적도 부근의 따뜻한 바다 속이었다는 뜻이다.

고생대에 적도 부근에 있었던 한반도는 초대륙이었던 판게아(Pangaea)가 분열하면서 점차 북상하여 약 2억 년 전인 중생대 쥐라기 때 현재의 북반구 중위도에 자리하게 되었다. 그리고 바다에서 수천만 년 동안 퇴적된 석회암층은 중생대 2억~1억 5,000만 년에 대륙이 융기하면서 육지로 올라왔다. 이어 약 2,500만 년 전 신생대에 경동성 요곡 운동으로 강원도 남부와 충청북도 북동부 지역이 높이 솟아올라 석회암 산지가 형성된 후 빗물과 지하수에 의한 침식이 계속되면서 석회동굴이 생겨나게 된 것이다.

지하 세계에 조각 궁전을 꾸민 주인공은 물

환선굴은 총길이 6.2km의 거대한 동굴로 지금은 입구에서 1.6km 구간만이 개방되어 있다. 아직 생성 초기 단계에 있는 동굴이라 단양의 고수동굴이나 영월의 고씨동굴에 비하여 종유석이나 석순 등의 동굴 생성물은 많지 않다. 하지만 통일광장, 도깨비방망이, 꿈의 궁전, 사랑의 맹세, 지옥소, 옥좌대, 만리장성 등 다양하고 독특한 형상의 바위가 곳곳에 숨어 있어 구경하는 재미가 결코 덜하지 않다. 특히 10여 개의 크고 작은 소와 6개의 폭포가 발달해 있고, 동굴 내부가 폭 10m가 넘는 거대한 터널로 연결되어 있어 웅장함이 느껴진다.

지하 세계에 이 거대한 동굴과 천태만상의 아름다운 조각품을 만들어낸 주인공은 바로 물이다. 말없이 흐르기만 하는 지하수가 어떻게 석회암을 녹여 커다란 동굴을 만들어낸 것일까?

석회암은 이산화탄소(CO_2)가 뭉쳐 바위가 된 결정체이기 때문에 이산화탄소가 녹아 있는 물에 닿으면 다시 녹아버린다. 그러나 물의 힘만으로는 석회암의 주성분인 탄산칼슘($CaCO_3$)을 충분히 녹일 수 없다. 석회암의 용해에 결정적인 작용을 하는 것은 바로 탄산(H_2CO_3)이다. 탄산은 식물이 부식되거나 동물이 호흡할 때 생기는 이산화탄소가 물과 결합하여 생기는 성분으로 미량일지라도 지속적으로 장기간 공급되면 석회암의 침식과 풍화에 큰 위력을 발휘한다.

그러나 대기 속에 있는 0.03%의 이산화탄소에 의해 만들어지는 탄산은 동굴 형성에 아주 미미한 역할만 할 뿐이다. 석회암 용식(溶蝕)에 필요한 이산화탄소는 대부분 대기보다는 토양에서 얻어진다.

낙엽이나 죽은 동물이 부패할 때 나오는 이산화탄소는 그 곁을 흐르는 지하수에 탄산과 유기산을 다량 공급한다. 이 지하수가 석회암층에 발달한 층리와 절리를 타고 스며들면 암석의 화학적 풍화, 즉 용식 작용이 활발해져 1차적으로 큰 홈이 파인다. 이 홈이 시간이 지날수록 커져 지하수의 길이 되고, 마침내는 거대한 동굴이 되는 것이다.

일단 동굴이 만들어지고 나면, 석회암을 녹였던 물속의 이산화탄소는 대부분 다시 가스가 되어 공기 중으로 날아간다. 그렇게 되면 물속의 석회암

지리산 피아골의 다랭이 논을 연상케 하는 휴석(畦石, 왼쪽 위). 동굴 출구에 결정 침전물이 쌓여 형성된 만리장성(왼쪽 가운데). 30m 높이의 천장에서 떨어지는 물방울로 만들어진 거대한 기형 휴석 옥좌대(왼쪽 아래). 종유석은 1년에 약 0.2mm 밖에 자라지 않는다. 그러므로 지름 10cm, 길이 1m 정도의 종유석이 되려면 무려 5만 5,000년 정도가 걸린다(오른쪽 위). 환선굴 내부의 경사를 따라 흐르는 지하수가 석회암을 침식하여 터널을 뚫고 폭포를 형성하기도 한다(오른쪽 아래).

성분이 과포화 상태가 되는데, 그 가운데 순수한 화학적 성분인 탄산칼슘만 광물의 결정으로 침전된다.

이후 침전된 광물의 결정이 동굴 천장에서 물방울로 떨어지다가 굳어져 고드름처럼 자라면 종유석이 되고, 바닥에 떨어진 물방울이 촛농이 쌓이듯 자라면 석순이 된다. 또 종유석과 석순이 연결되어 기둥인 석주를 만들기도 한다. 그리고 이 물이 벽을 타고 흘러 폭포와 같은 종유벽이나 베이컨의 결 모양, 커튼처럼 생긴 무늬, 눈꽃처럼 하얗게 피어나는 석화(石花) 등을

석회동굴 형성 과정

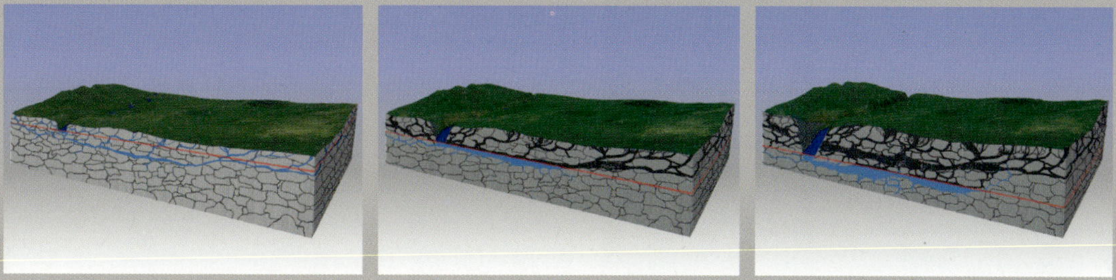

산성인 지표수가 작은 물줄기를 이루며 암석의 갈라진 틈을 따라 지하로 흘러 들어간다. 지표수는 그 틈을 점점 넓혀가며 지하수면 근처에 동굴을 만들기 시작한다. 이후 지하수는 출구인 강 쪽으로 수평으로 흘러나간다.

강이 골짜기 바닥을 침식해 지하수면이 점차 낮아진다. 지표수가 전보다 더 빨리 그리고 더 깊숙이 석회암 내부를 녹이면서 흘러가 동굴이 확장된다. 이어 2차적으로 동굴 생성물이 만들어진다.

동굴 주변을 흐르는 강에 대한 지표의 침식력이 증대하여 지하수면이 급격히 낮아지면 지하의 주 동굴의 물은 새로운 유로를 찾아 더 낮은 곳으로 내려간다. 지하수면이 다시 수평으로 안정될 때까지 여러 층의 복잡한 동굴이 형성된다.

만들기도 한다. 이 밖에도 동굴 팝콘이라 불리는 동굴 산호, 보석을 꼭 닮은 동굴 진주 등 다양한 동굴 생성물이 만들어져 우리의 감탄을 자아내는 화려한 지하 세계가 탄생한다.

강원도 전통가옥, 너와집과 굴피집

환선굴 매표소 앞 주차장 오른편에는 나무판자와 나무껍질로 지붕을 엮은 집 두 채가 있다. 이는 민속촌에서 초가집 정도만 봐왔던 도시 사람들에게는 매우 낯선 강원도의 전통가옥 너와집과 굴피집이다.

이 집들은 과거 산간 오지에서 불을 놓아 감자, 옥수수 등의 농사를 짓던 화전민들이 살던 집으로, 산지에서 구할 수 없는 기와나 볏짚, 이엉 대신 주변 울창한 삼림에서 쉽게 구할 수 있는 소나무나 참나무의 널빤지와 나무껍질로 지붕을 엮었다. 나무널빤지로 만든 집을 너와집, 나무껍질로 만든 집을 굴피집이라 한다.

자연에 의존해 살아야 했던 산간 오지 사람들의 원시적인 삶의 형태를 그대로 간직한 너와집과 굴피집은 1970년대만 해도 강원도 산속과 울릉도 등에서 흔히 볼 수 있었다. 그러나 산업화와 더불어 사람들이 하나 둘 산을 떠나면서 지금은 거의 찾아볼 수없게 되었다.

강원도 도계읍 신리와 풍곡리 일대에서는 산간 오지 사람들의 원시적인 삶의 형태를 그대로 간직한 너와집을 만날 수 있다.

오지 중의 오지였던 삼척시 대이리 일대 또한 군립공원으로 지정되고 환선굴이 개방되면서 지금은 너와집과 굴피집이 거의 사라져 전시용으로 지어놓은 두 채와 환선굴로 올라가는 길에 있는 두 채 정도를 볼 수 있을 따름이다. 그러나 이런 집들은 겉만 멀쩡할 뿐 사람 냄새가 나지 않아 좀처럼 마음이 끌리지 않는다.

최근 도시인들의 산골 체험이 붐을 이루면서 새롭게 인기를 얻고 있는 너와마을이 있다. 오십천을 사이에 두고 대이리 동굴지대와 맞은편에 위치한 육백산 자락 아래 움튼 신리 너와마을이 그곳이다. 과거 불[火]과의 인연 때문에 '화철동', '부쇳골' 등으로 불렸던 신리는 산불이 자주 나서 동네 이름을 신리(新里)로 바꿨다. 화전이 완전히 사라진 지금은 너와가 이 마을의 상징이 되었다. 전통을 그대로 살려 너와지붕으로 엮은 7동의 아담한 황토집이 세상에 알려지면서 찾는 사람이 부쩍 늘었다고 한다. 눈 내리는 겨울날, 깊은 산골에서 온 가족이 화롯불 옆에 옹기종기 모여 앉아 고구마와 밤을 구워 먹으며 도란도란 정담을 나누는 너와마을 체험은 잊지 못할 추억이 될 것이다.

우리나라 석회동굴은 젊은 동굴

동굴을 소개하는 책자나 TV 프로그램을 보면 하나같이 '수억 년 전의 비밀', '억겁의 세월이 빚은 지하궁전', '태고의 신비를 간직한 동굴' 등과 같은 부제가 붙어 있다. 그러나 이는 모두 과학적인 지식이 부족한 데서 나온 말들이다. 우리나라에서 석회동굴을 배태(胚胎)하고 있는 암석은 대부분 5억~4억 년 전에 형성된 고생대 석회암인데, 동굴학자들은 석회동굴의 나이는 그것을 배태하고 있는 암석의 연대와는 거의 관계가 없다고 입을 모은다. 강원대학교 지질학과 원종관 명예교수(동굴지질학)는 수억 년 전에 퇴적된 석회암에 발달한 동굴이라도 나이는 10만 년보다도 훨씬 젊다고 주장한다.

1989년 삼척 대이리 일대를 직접 조사한 강원대학교 지질학과 우경식 교수(동굴지질학) 또한 같은 의견을 내놓고 있다. 그에 따르면 대이리 동굴지대는 고생대 바다 속에서 형성된 석회암이 중생대 2억 5,000만 년~1억

5,000만 년 전 육지 위로 솟아오른 이후, 지하수에 의해 용식을 받아 대략 제3기 말인 수백만~수십만 년 전에 형성되었다고 한다. 그러므로 '환선굴이 형성된 때는 약 5억 3,000만 년 전'이라는 팸플릿과 안내판의 기록은 수정되어야 한다. 환선굴을 배태하고 있는 석회암층이 5억 3,000만 년 전에 만들어진 것이지, 환선굴 자체가 그때 만들어진 것은 아니기 때문이다.

칠흑 같은 어둠 속에서도 생명은 살고 지고

한 줌 빛도 없는 칠흑 같은 어둠과 죽음 같은 고요만이 존재하는 세계, 유기 영양원이 없어 생명체가 살 수 없을 것 같은 동굴 속에서도 생명이 이어지고 있다. 이곳에 사는 생물들은 짙은 어둠 때문에 눈이 퇴화되어 더듬이, 다리, 털 등의 촉각 기관이 고도로 발달했다. 또한 빛이나 적으로부터 몸을 보호해야 할 필요가 없어 몸 색깔은 기분 나쁠 정도로 병적인 흰색으로 변했다.

환경에 잘 적응한 종(種)만이 살아남는다는 진화론을 동굴 생물만큼 생생하게 증명하는 존재도 없을 것이다. 연중 12~14°C의 기온을 유지하는 환선굴에는 다양한 생명체들이 건강한 먹이사슬을 유지하며 살고 있다. 지표면에서는 이미 사라지고 화석으로만 가끔 나타나 화석 곤충이라 부르는 갈로와 곤충, 유일하게 하늘을 나는 포유동물인 동굴의 왕자 박쥐, 지하수 생물의 대표 주자인 장님옆새우, 이 밖에도 장님좀딱정벌레, 굴잔나비거미, 노래기, 도룡뇽 등 수십 종의 생물이 동굴 안 곳곳에 살고 있다.

갈로와 곤충은 5억~4억 년 전의 동물로 우리나라 석회동굴 곳곳에서 발견되고 있다. 또한 북아메리카 고산지대, 시베리아, 일본 등에만 분포하기 때문에 먼 옛날에는 이 지대가 하나의 육지로 연결되어 있었다는 지사학(地史學)적 사실을 알 수 있다. ©동굴연구소

인간의 발길이 닿는 순간부터 자연성 상실

오랜 세월 자연이 만들어낸 예술 작품인 동굴들이 인간에게 개방되면서 본래의 모습을 잃어가고 있다. 관광객들이 호기심에 동굴 생성물에 손을 대면 염분을 포함해 손에 묻어 있던 유기물이 그

1974년 개방되어 40년 가까이 인간을 맞아온 영월의 고씨동굴. 현재 동굴 곳곳에 이끼가 피어나고 있어 동굴이 오염되어 가고 있음을 확연히 알 수 있다. 아랫부분에 누군가에 의해 동굴 생성물이 잘려나간 흔적이 역력하다.

표면에 달라붙어 흑색 오염이 일어난다. 관광객 수가 늘면서 동굴 내 이산화탄소의 농도가 증가해 동굴 생성물의 성장이 둔화되기도 한다. 또한 동굴 안의 조명에서 발생하는 열이 동굴 전체 에너지의 평형 상태를 깨뜨려 조류와 이끼류가 번식하는 녹색 오염이 일어나기도 한다.

다행히 환선굴은 개방된 지 오래되지 않아 비교적 양호한 상태를 유지하고 있다. 또한 개발 당시 세심한 배려와 관리 덕분에 동굴 생성물과 생물의 보존 상태도 좋은 편이다.

그러나 관람객이 계속 늘어난다면 동굴의 자연성은 점점 위협받게 될 것이다. 석순, 종유석, 동굴 산호 등을 몰래 잘라가는 관람객은 많이 사라졌지만 만취 상태로 동굴에 들어와 괴성을 지르고, 여기저기 마구 침을 내뱉고, 금지된 음식물을 반입하거나 구석구석에 쓰레기를 버리는 몰지각한 관람객들이 아직도 적지 않다. 게다가 대부분의 지방자치단체들이 관람객 수를 늘려 수익을 올리는 데에만 신경을 쓰고 시설물과 조명 관리 등 동굴 환경의 개선과 유지에는 도무지 관심이 없다.

동굴은 인간의 발길이 닿는 순간부터 본 모습을 잃는다. 자연이 오랜 세월 동안 빚어낸 천혜의 동굴을 소중한 자연유산으로 보존하고 관리하여 후손들에게 물려주어야 할 것이다.

■ ■ ■ 플러스 이야기 상자 ■ ■ ■

석회암의 용식이 만들어낸 사발 모양의 와지, 돌리네

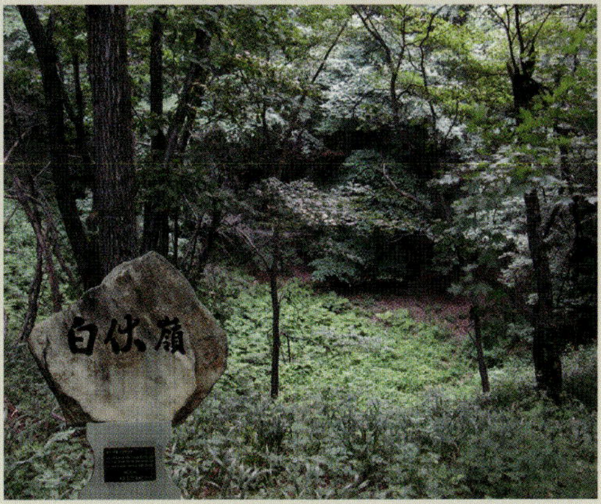

돌리네의 주요 형태

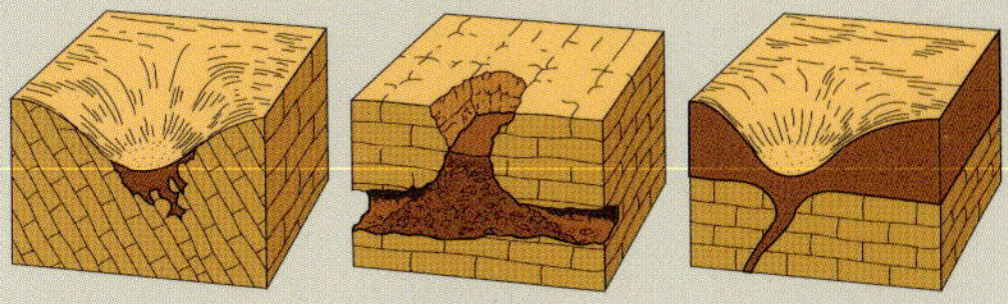

아리랑의 고장 강원도 정선군 임계면 백봉령 부근에는 다양한 형태의 카르스트 지형이 좁은 지역에 원시 상태 그대로 밀집해 있다.

석회암은 빗물이나 지하수에 쉽게 녹기 때문에 석회암이 넓게 분포하는 지역에서는 독특하고도 다양한 형태의 지형을 볼 수 있다. 이를 통칭하여 카르스트(karst) 지형이라고 하며, 대표적인 지형으로 돌리네(doline), 우발라(uvala), 폴리예(polje), 라피에(lapiés) 등이 있다. 카르스트는 험한 바위산이라는 뜻으로 아드리아 해 북동 연안에 있는 구 유고슬라비아 석회암지대의 지명에서 유래한 말이다.

실제로 우리나라의 석회암 분포 지역에는 움푹 파인 웅덩이 모양의 지형이 여기저기 모여 있는데 이것이 바로 돌리네이다. 카르스트 지형 중에서 가장 흔하게 볼 수 있는 돌리네는 지하에 동굴이 형성되어 지표를 흐르던 물이 지하로 빠져나가면서 깔때기 모양의 커다란 웅덩이가 생겨난 것이다. 돌리네 중앙에는 대개 물이 잘 빠지는 배수구가 있는데 평면의 모양은 원형 또는 타원형이며, 지름은 수~수백m, 깊이는 1m 미만에서 100여m까지 다양하다.

돌리네는 위와 같이 석회암이 녹으면서 형성되기도 하지만, 지하에 동굴이 있을 때 동굴 내의 암석이 붕괴되면서 성장할 수도 있다. 그리고 그 성장이 계속되면서 인접한 다른 돌리네와 결합하여 우발라를 만들기도 한다. 또한 석회암 밑에 다른 종류의 암석이 넓게 분포해 땅 밑을 흐르던 지하수가 다른 암석을 녹이지 못하고 옆으로 흘러나오면 넓고 편평한 지형인 폴리예가 형성된다.

돌리네는 주로 경작지로 이용되며, 관서 지방에서는 '덕', 강원도 평창군 대화 지방에서는 '구단', 삼척 지방에서는 '움밭', 충청북도 단양 지방에서는 '못밭'으로 곳에 따라 부르는 이름이 다르다.

강원도 정선군의 백봉령 부근에는 돌리네, 우발라 등 다양한 카르스트 지형이 좁은 지역에 원시 상태 그대로 밀집해 있다. 백두대간을 종주하는 혹자들 가운데 일부는 백봉령 부근의 돌리네를 두고 한국전쟁 당시 포탄 피격으로 만들어진 것으로 알고 있는 사람들도 있다고 한다. 이곳은 지형적, 지질학적 가치가 높을 뿐만 아니라 경관 또한 뛰어나 그 일대 6,040m^2가 2004년 4월 9일 천연기념물 제440호(정선 백봉령 카르스트 지대)로 지정되어 보호, 관리되고 있다.

한국의 그랜드캐니언
통리협곡

통리재에서 바라본 삼척의 통리협곡. 통리협곡은 규모만 작을 뿐 그 생김새나 형성 과정, 지질학적 특성이 미국의 그랜드캐니언과 비슷해 한국의 그랜드캐니언이라 불린다.

강원도 삼척시에서 38번 국도를 따라 태백시로 가다 보면 커다란 고개 하나를 넘게 된다. 이 고개는 서울에서 영주를 거쳐 강릉까지 이어지는 영동선 철도가 태백산맥을 넘어가는 통리재(720m, 통리는 '통동'으로 명칭이 변경되었다)이다.

통리재는 구불구불한 고갯길이 마치 뱀이 똬리를 틀고 있는 모습과 비슷해 이곳 사람들은 강원도 사투리로 때베이재라고 부르기도 한다. 가파른 때베이재를 힘겹게 오르다 보면 7부 능선쯤에서 왼편으로 휴게소 하나가 나타난다. 이곳에서 정동(正東) 쪽을 내려다보면 멀리 도계읍 전경이 보이고, 그 오른편으로 붉은 절벽의 깊은 계곡이 눈에 들어온다.

이곳은 한반도의 숨은 비경 가운데 하나인 통리협곡(桶理峽谷)으로 태백시 통리역에서 도보로 약 30분 거리에 있다. 통리역 앞 삼거리에서 너와마을로 잘 알려진 신리가 위치한 원덕 방향으로 500m 정도 가다 보면 왼편으로 '미인폭포 · 혜성사' 라고 적힌 작은 이정표가 보인다. 이곳에서 다시 비탈길을 300m 정도 내려가면 혜성사라는 작은 암자가 산허리에 아담하게 둥지를 틀고 있다. 이 암자를 왼쪽으로 끼고 돌아 50m가량 더 내려가면 시원스런 폭포 하나가 나타난다.

300m가량의 높이로 수직 절벽을 이루는 협곡은 인간의 접근을 거부하며 위풍당당하게 서 있다. 사진 아랫부분에 있는 전신주의 높이를 보면 협곡이 얼마나 깊은지 알 수 있다.

이 폭포는 옛날 절세의 미인이 완벽한 신랑감을 기다리다 어느새 늙어버린 자신의 모습이 폭포수에 비친 걸 보고는 뛰어내려 죽었다는 전설이 어려 있는 미인폭포이다. 힘찬 물줄기가 시원스레 떨어지는 폭포수를 보고 있으면 한여름의 무더위가 저만치 물러가는 듯하다.

폭포에서 좌우를 둘러보면 수직의 붉고 거대한 암벽이 가로막고 있어 하늘도 잘 보이지 않을 만큼 깊은 협곡에 들어서 있음을 느낄 수 있다. 깎아지른 듯한 붉은 암벽에는 마치 책을 층층이 쌓아놓은 듯한 줄무늬가 촘촘하게 그려져 있는데, 그 높이가 어림잡아도 200m를 훨씬 넘을 것 같다. 어

통리협곡은 행정 구역상 강원도 삼척시(도계읍 심포리)에 속하지만 태백시 통리에 더 가까워 태백시에 속하는 것으로 잘못 알고 있는 사람들이 많다.

떻게 이런 깊은 협곡이 생겨날 수 있었는지 궁금함에 발걸음이 쉬이 떨어지지 않는다.

한국의 그랜드캐니언이라 불리는 곳

강물의 침식 작용이 빚어낸 대표적인 협곡으로는 미국 서부의 총길이 450km 그랜드캐니언(Grand Canyon)이 있다. 비록 규모는 그랜드캐니언에 비할 수 없을 정도로 작지만 생성 과정이나 지질학적 특성이 비슷해 지질학자들은 통리협곡을 한국의 그랜드캐니언으로 부르기도 한다.

통리협곡은 삼척시와 태백시의 경계인 백병산(1,289m)에서 발원하여 50번을 굽이쳐 흐른다는 오십천(五十川)의 물줄기가 오랜 세월 1만여 평의 고원지대를 지나며 약 10km의 깊은 골을 파놓은 것이다. 10km의 협곡에서 눈에 보이는 부분은 2km 정도로, 그 중에서 가장 깊은 계곡은 깊이가 270m에 달해 장엄한 광경을 연출한다.

통리협곡은 아직 일반인들에게 잘 알려져 있지 않아 찾는 이가 적고, 협곡보다는 미인폭포가 더 유명해 그나마 찾는 사람들도 여름철 관광객이 대부분이다.

왜 오십천일까?

오십천은 강원도 삼척시 도계읍 백병산 북동쪽 계곡에서 발원하여 통리 미인폭포를 거쳐 38번 국도와 나란히 달리며 동해로 흘러 들어가는 59.5km의 물줄기이다. 강원도의 모든 하천들이 다 그러하듯이 오십천 또한 깊은 산속을 굽이쳐 흐르는 대표적인 감입곡류 하천 가운데 하나이다. 사람들은 흔히 물길이 50번 굽이돌아 흐르기 때문에, 또는 물가에 50개 마을이 있어 오십천이라 부른다고 알고 있다. 그러나 이는 한자식 지명만을 보고 잘못 유추한 것이다.

오십천의 어원은 '새내'이다. 새내는 '사이의 내', 즉 '간천(間川)'을 의미한다. 이는 충청북도 충주와 경상북도 문경을 연결하는 문경새재(조령)를 두 지역 사이의 고개라는 뜻에서

'새재'라 부르는 것과 같은 이치이다.

강원도 지방에서는 '새'와 '시'의 발음이 확실하게 구분되지 않는다. 한국땅이름학회 배우리 명예회장은 '골 사이의 내'란 뜻의 싯내가 신내, 쉰내로 되었다가 쉰내의 쉰을 오십(五十)으로 보고 오십천이라는 이름이 붙었다고 주장한다. 구체적으로 말해서, 통리를 기준으로 왼편의 매봉산~덕항산~지극산으로 이어지는 산자락과 오른편의 우포산~육백산~응봉산~사금산~백병산으로 이어지는 산자락 '사이'를 깊게 가르며 흘러가는 하천이라는 뜻에서 그 이름이 유래했다는 것이다.

오십천 상류에 발달한 미인폭포. 이곳의 맑은 물은 탄광지대인 도계읍을 지나면서 검은색으로 변한다.

시루떡 모양의 퇴적층에 새겨진 수억 년의 기록

한여름철 30여m 아래로 힘차게 떨어지는 미인폭포는 그야말로 장관이다. 폭포 바로 아래와 그 물줄기가 흘러가는 계곡 바닥을 보면 사람보다 훨씬 큰 바위 덩어리들이 절벽에서 떨어져 나와 뒤엉켜 있는 것을 볼 수 있다. 그 바위 덩어리들을 자세히 들여다보면 마치 자갈과 모래, 시멘트를 함께 버무린 콘크리트 덩어리와 같은데, 이것이 바로 역암(礫岩)이다. 역암은 해안이나 강가에 퇴적된 암석으로 이 지역이 과거에는 바다나 호수 또는 강가였음을 말해준다. 협곡의 양쪽 암벽을 보면 그러한 사실이 더욱 분명해진다. 풀 한 포기 자라지 않는 붉은색 수직 절벽이 시루떡을 층층겹겹 포개놓은 듯한 퇴적층을 이루고 있기 때문이다.

통리협곡 일대에서 발견되는 역암 표면. 이곳의 주 암질은 둥근 자갈과 모래, 진흙이 뒤엉켜 있는 역암이다.

중생대 쥐라기에 큰 지각 변동을 겪은 이후 잠

거대한 병풍 같은 수직 절벽은 중생대 백악기 말에 형성된 퇴적층으로 과거 이곳이 호수였음을 말해준다. 멀리 덕항산으로 이어지는 백두대간의 산줄기가 보인다.

잠하던 한반도는 백악기에 이르러 다시 한 번 커다란 격변을 겪었다. 이 시기에는 전국적으로 화산 활동이 일어나 지각의 충돌로 일부의 지각은 내려앉고 일부의 지각은 올라가는 등 많은 변화가 있었다. 통리가 자리한 태백과 삼척 일대는 고생대 하부층인 조선계(朝鮮系)와 상부층인 평안계(平安系)를 대표하는 지층으로, 그 약한 틈을 뚫고 거대한 화산 폭발이 일어난 후 지각이 함몰하여 커다란 분지가 생겨나고 이후 여기로 강물이 흘러들어 거대한 호수가 만들어졌다.

통리협곡 일대가 호수였던 백악기 당시, 호수 바닥에는 오랜 세월 다양한 퇴적물이 쌓였다. 때로는 입자가 굵은 자갈(역암)이나 그보다 작은 모래(사암)가, 때로는 좀더 고운 진흙(이암)이, 때로는 자갈, 모래, 진흙이 뒤섞여(역암) 수백 겹으로 차곡차곡 쌓여 퇴적층을 이루었다.

이후 퇴적층은 지반이 융기하면서 지표로 올라왔고 바람, 하천, 빗물 등에 오랜 세월 침식을 받아 그 단면을 세상에 드러냈다. 전라북도 부안의 채석강, 부산의 태종대, 전라북도 진안의 마이산 역암층, 공룡 발자국으로 유명한 전라남도 해남의 우항리와 경상남도 고성의 덕명리 등지의 퇴적층은 모두 이와 비슷한 시기에 형성되었다.

중생대 백악기 퇴적층이 고생대 석탄지대로 둘러싸여 있는 통리협곡은 백악기 말에 강물의 흐름이 수백~수천만 번 변화하는 과정에서 만들어졌다. 그러므로 이들 지층 하나하나에는 1억 년 전 이곳의 환경, 기후, 강의 흐름과 위치, 세기와 형태 등의 지형적 특성이 기록되어 있는 셈이다.

서울대학교 지구환경과학부 이용일 교수(퇴적학)는 통리협곡의 지층은 퇴적물 입자로 보아 대부분 경사가 급한 호수 가장자리의 선상지성 삼각주나 범람원에서 강의 유로가 변경되거나 대규모 홍수가 일어났을 때 침전 등에 의해 퇴적되었을 것이라고 말한다. 그리고 당시는 우기와 건기가 구별되는 반(半)건조 기후였을 것으로 추정되며, 퇴적층 위를 덮고 있는 화산쇄설층으로 보아 이 일대가 호수 인근의 선상지였을 때 주변에서 간헐적으로 화산 활동이 일어났을 것이라는 점을 덧붙이고 있다.

오랜 세월에 걸쳐 깊은 협곡을 이루어낸 오십천의 물길

협곡을 만들어내는 데 가장 결정적인 영향을 끼친 요소는 물이다. 즉 중생대 백악기에 퇴적된 지층들이 오랜 세월 하천에 침식되면서 고스란히 깎여나가 협곡 양쪽의 암벽에 그 단면을 드러낸 것이다. 암벽이 그랜드캐니언과 마찬가지로 붉은색을 띠는 것은 퇴적층이 공기에 노출된 채 산화되었기 때문이다.

통리협곡의 퇴적층이 국내 다른 퇴적층과 달리 300m에 가까운 높이로 깊게 파인 이유는 무엇일까? 우선 암석의 차별침식을 들 수 있다. 주변이 고생대 지층으로 둘러싸여 있고, 또한 고생대 지층을 기반암으로 하는 이 일대의 백악기 퇴적층은 주변의 단단한 지층에 비하여 상대적으로 연약해 침식과 풍화를 심하게 받았다. 또 다른 이유로는 단층 작용과 습곡 작용을 들 수 있다. 이러한 작용은 신생대 제3기 약 2,300만 년 전에 동해의 해저지각이 확장되면서 태백산맥이 형성된 이후 활발하게 전개되었는데, 통리

통리협곡에서 바라본 통리재. 중생대 백악기 퇴적층 하부의 고생대 평안계 지층에서 캐낸 석탄을 쌓아놓은 녹색의 저탄장이 보인다(왼쪽). 통리협곡을 가르며 흐르는 오십천의 물줄기는 멀리 보이는 도계읍을 거쳐 동해로 빠져나간다(오른쪽).

협곡의 깊이에도 큰 영향을 미쳤다.

현재 협곡을 가르며 흐르고 있는 오십천은 당시의 단층선 위에 발달한 하천으로 점차 지표에 침식을 가하기 시작했다. 그런 가운데 동해와 거의 비슷한 고도를 유지하고 있던 지표가 태백산맥의 형성으로 급격히 융기하면서 오십천의 물살이 급격히 빨라졌다. 그 결과 오십천은 하방침식력이 강해져 강바닥을 더욱 깊이 파면서 상류 쪽으로 전진할 수 있었다. 현재도 이 물길은 상류 쪽을 향해 두부(頭部) 침식을 가하고 있는데, 그 침식의 전단부가 바로 미인폭포이다.

이러한 침식이 얼마나 오랫동안 지속되었는지는 정확히 알 수 없지만, 전남대학교 지구환경과학부 전승수 교수(퇴적학)에 따르면, 적어도 이 지역이 융기를 시작했으리라 짐작되는 약 2,500만 년 전 이후부터일 것이라고 한다. 백악기 퇴적층을 덮고 있던 1~2km 두께의 화산 쇄설층들은 신생대 이후 대부분 침식을 받아 깎여나갔기 때문에 통리협곡 정상부의 퇴적층이 직접적인 침식을 받기 시작한 것은 200만~100만 년 전, 즉 신생대 제4기에 들어서일 것이라는 게 그의 설명이다.

오십천, 철암천과 싸움에서 이겨 지금의 미인폭포를 만들다

어느 일정 지역에서 인접한 두 하천 가운데 한 하천이 다른 하천의 흐름을 빼앗는 현상을 하천쟁탈이라고 한다. 이는 강바닥의 높이가 서로 다른 경우에 두 하천 간의 침식력의 차이로 발생한다. 그 예를 바로 미인폭포가 위치한 강원도 삼척의 오십천과 태백의 철암천에서 찾아볼 수 있다.

오십천 상류의 미인폭포 위를 흐르는 북쪽의 물길은 원래 지금의 남쪽으로 흐르는 철암천으로 흐르는 물길이었다. 그러나 지금의 오십천의 물길이 철암천보다 강한 침식력으로 상류로 두부침식을 하며 전진하여 철암천의 물줄기를 빼앗은 것이다. 그 전단이 바로 지금의 미인폭포이다. 그로 인하여 유로를 빼앗긴 철암천으로는 더 이상 물이 흘러들지 않게 되어 철암천은 하천으로서 생명력을 잃게 되었다.

푸대접 받는 통리협곡, 아쉬움만 가득

1억 년에 가까운 지질 시대를 거치며 오늘날의 모습을 이룬 통리협곡은 아직까지 자연 상태를 그대로 간직하고 있다. 그러나 그 자연사적 가치가 적지 않음에도 불구하고 조그만 주차장만 덩그러니 있을 뿐 안내판 하나 없어 안타까움을 자아낸다.

지난 2002년 여름 이곳을 찾았을 때 폭포로 내려가는 계단이 제대로 갖춰져 있지 않아 큰 불편을 느꼈다. 그래도 그때는 어렵게나마 발걸음을 내딛어 살펴볼 수 있었는데, 2003년에 다시 찾았을 때는 사면이 붕괴되어 곡은 더욱 깊어졌는데 여전히 아무런 시설이 없어 폭포 근처에도 가보지 못했다. 그러므로 안전과 편의를 위한 시설물이 시급히 설치되어야 할 것이다. 아울러 통리협곡 일대의 지사학적 가치를 널리 알려 많은 사람들이 찾을 수 있도록 관광화 방안을 마련하고, 인근 삼척시의 환선굴과 태백시의 구문소를 연계한 자연학습 프로그램을 개발, 운용하는 것도 적극 고려해볼 만하다.

사라질 운명을 맞은 국내 유일의 스위치 백 철도 시스템

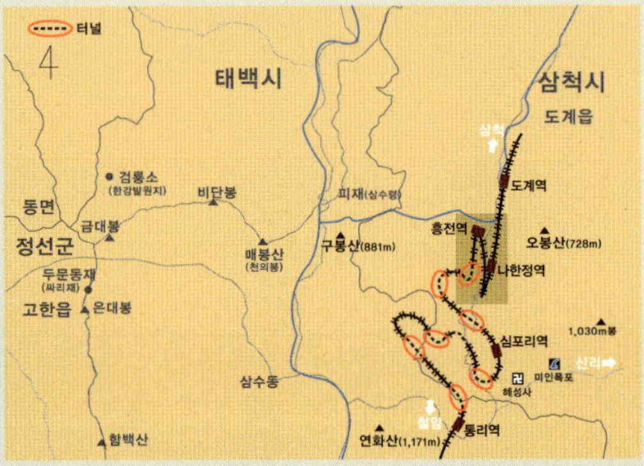

심포리역과 흥전역 사이의 철로와 38번 국도가 만나는 지점에 있는 건널목(왼쪽). 통리재를 통과하는 태백과 삼척 사이의 영동선 구간은 경사가 워낙 급해 지그재그 방식의 스위치 백 시스템으로 열차가 산을 넘어간다. 지도에서 사각형으로 표시한 곳이 스위치 백 구간이다.

예부터 험준한 산지는 교통에 장애가 되었다. 특히 지형의 제약이 많은 철도의 경우는 더욱 그러했기에 사람들은 다양한 방법으로 이를 극복해왔다. 급경사를 극복하기 위해 만든 특수 시설로, 차량에 있는 견인 고리에 강철 밧줄을 걸어 직접 끌어올리는 인클라인(incline) 방식, 선로를 갈지자 형으로 부설하여 열차가 전진과 후진을 반복하여 오르는 스위치 백(switch back) 방식, 뱀이 똬리를 틀 듯 선로를 나선형으로 우회해 뚫은 루프(loop) 식 터널 등을 예로 들 수 있다.

우리나라에도 전국 곳곳에 특수 철도시설들이 설치되어 있다. 그 가운데 유일하게 선로를 Z자형으로 설치하여 열차가 지그재그 방식으로 톱질하듯 전진과 후진을 반복하며 높은 산지를 올라가는 스위치 백 시스템을 설치한 곳이 있다. 서울에서 영주를 거쳐 강릉으로 이어지는 영동선 가운데 태백과 삼척 사이의 흥전역(349m)과 나한정역(315m) 사이의 1.5km 구간이 그곳이다.

낮 시간에 이곳을 통과할 때면 기차가 앞뒤로 오가기를 반복하는 게 생생하게 보여 처음 탄 승객들이 당황하기도 한다. 태백시 통리역(680m)과 삼척시 도계역(245m) 사이는 해발고도가 435m나 차이 나는 급경사여서 기차가 한 번에 고개를 넘지 못한다. 이 때문에 나한정역과 흥전역 사이의 구간은 기차가 진행 방향을 앞뒤로 바꿔가며 오르는 것이다.

지난 1936년 영동선 개통 이래 반세기 이상 지역 주민과 관광객 그리고 무연탄을 실어 날랐던 이 스위치 백 구간은 지금 역사의 무대에서 사라지고 말았다. 태백시의 동백산역에서 삼척시의 도계역까지 국내에서 가장 긴 16.2km의 루프 식 터널인 솔안터널이 2006년 12월 7일 관통되었기 때문이다.

철도청과 (주)강원랜드는 숱한 세월 이곳을 오가며 수많은 사람들의 한과 추억이 묻어 있는 스위치백 구간을 인클라인 산악철도, 레이바이크, 증기기관차, 미인폭포 및 심포협곡 트레킹 코스 등 철도테마형 관광지로 개발해 운영 중이다. 현재 심포리역 일대 국내 최초의 기차테마파크인 하이원추추파크가 조성되어 기차 관련 체험관광을 즐길 수 있다.

고생대 화석의 바다
태백 구문소

구문소는 태백시 황지에서 발원한 혈내천 물줄기가 산자락 암벽을 뚫고 흘러 뚜루내라고 도 불린다. 이곳에서는 고생대 한반도가 삼엽충의 낙원이었음을 말해주는 다양한 화석이 발견된다.

'산은 물을 건너지 못하고 물은 산을 넘지 못한다'는 대원칙은 우리나라의 전통적 산지 인식 체계를 정리한 《산경표》의 핵심이다. 그러나 이 대원칙이 통하지 않는 곳이 있다.

평균 해발고도 650m로 하늘 아래 첫 도시라는 별칭을 가진 강원도 태백시에서 35번 국도를 따라 남쪽 봉화 방향으로 15km가량 내려가면, 연화산(1,171m) 자락에서 뻗어내린 성벽처럼 커다란 암벽이 길을 가로막는다.

연화산 암벽에 30m 깊이의 구멍이 뚫리며 깊은 못이 만들어졌다. 이로 인해 곡류하던 혈내천 물줄기가 끊어져 구(舊)하도가 생겨났다.

그 한가운데 구멍(터널) 2개가 뚫려 있는데, 이곳을 통해 사람들은 남쪽에 있는 봉화와 안동을 오간다. 그런데 자세히 들여다보면 그 구멍이 2개가 아니라 3개임을 알 수 있다. 앞서 2개의 구멍이 차량 소통을 원활히 하기 위해 만든 인공 터널이라면 맨 왼쪽 가장자리의 구멍은 흐르는 강물이 뚫은 자연 터널이다.

이곳이 바로 강물이 산을 뚫고 지나간 자리에 못이 생긴 곳이라 하여 구문소(求門沼)라 부르는 곳이다. 구문소는 태백시 황지에서 발원한 혈내천이 태백시를 관통하여 남쪽으로 흐르다가 철암쪽에서 흘러 내려온 철암천과 만나기에 앞서 오랜 세월에 걸쳐 바위산을 뚫어 만들어낸 못이다. 도로를 가로막은 우람한 암벽과 그 암벽 위로 뿌리내린 낙락장송이 마당소, 삼형제폭포, 여울목, 닭벼슬바위 등의 구문팔경(求門八景)과 어우러져 사계절 멋진 경관을 연출한다. 그러나 이곳의 진정한 가치는 겉으로 드러난 경관에 있는 것이 아니라 혈내천 주변의 암반에 숨어 있다.

구문소에서 상류 쪽으로 200여m에 이르는 혈내천 주변의 암반 곳곳에는 다양한 고생대 화석과 퇴적암의 특징이 새겨져 있어 우리나라 고생대의 지질 환경과 생물들의 모습을 짐작해볼 수 있다. 또한 이곳은 하천의 유수(流水)에 의한 침식 지형이 뚜렷하게 나타나 자연사적, 학술적 가치가 매우 높아 2000년 4월 태백 장성의 하부 고생대 화석 산지(천연기념물 제416호)와 함께 태백 구문소의 고환경 및 침식 지형(천연기념물 제417호)으로 지정되었다.

20세기 초 우리나라에서 지질 조사가 시작된 이래 영월 지역과 함께 지질학계의 가장 많은 관심을 받아온 곳이 바로 이 구문소이다. 고생대 한반도의 신비함을 간직하고 있는 구문소의 하천 바닥에는 도대체 어떤 비밀이 숨어 있을까?

구문소 일대에서는 하천의 침식 작용으로 형성된 포트홀을 비롯해 다양한 지형을 찾아볼 수 있다.

강이 산을 뚫고 흐르는 내라고 하여 뚜루내

강물이 산을 뚫고 지나가며 큰 석문(石門)을 만들고 그 아래로 깊은 소를 이루었다는 뜻의 구문소는 '구무소'를 한자로 표기한 것으로 '구무'는 '구멍, 굴'의 고어이다. 또 다른 말로는 강이 산을 뚫고 흐르는 내라고 하여 뚜루내라고도 하며, 《세종실록지리지》와 《대동여지도》 등 고문헌에는 구멍 뚫린 하천이라는 뜻의 '천천(穿川)'으로 기록되어 있다. 어떻게 큰 암벽 한가운데로 높이 20~30m, 너비 30m에 달하는 커다란 구멍이 생겨날 수 있었을까?

원래 이곳을 흐르던 혈내천은 동점동 마을 쪽으로 180°로 크게 돌아 흐르던 곡류 하천이었다. 그런데 이 혈내천의 물길이 그것을 가로막은 연화산 자락 암벽에 오랜 세월 침식을 가해 목 부분에 해당하는 지금의 구문소 자리에 구멍이 뚫렸다. 이 구멍으로 혈내천이 직류(直流)하게 되자 이전에 흐르던 물길인 구(舊)하도에는 유수의 공급이 차단되었다. 구하도는 이후 맨땅으로 바뀌어 논과 밭으로 개간되었다. 이렇게 구문소 지역은 청령포가 있는 영월 방절리 일대의 구하도와 함께 감입곡류 하천의 곡류 절단과 유로 변경 과정을 살펴볼 수 있는 대표적인 곳이다.

구문소 일대가 석회암 지역이라는 사실도 그 형성 과정에서 중요한 요인으로 작용했다. 석회암은 이산화탄소가 뭉쳐 바위가 된 결정체이기 때문에 물에 잘 녹는다. 즉 석회암으로 이루어진 구문소 암벽이 규암이나 편마암에 비해 유수에 쉽게 침식, 풍화되었기 때문에 특이한 지형이 생겨날 수 있었던 것이다.

혈내천 주변 하상에서 발견된 오징어의 조상으로 여겨지는 두족(頭足)류의 화석.

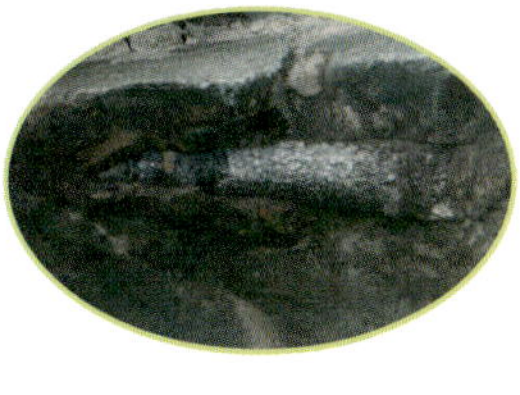

고생대의 기록이 담긴 구문소 석회암

흔히 화석은 과거를 푸는 열쇠라고 말한다. 화석에는 퇴적 당시에 살았던 생물과 지질 환경이 그대로 기록되어 있기 때문이다. 그래서 화석은 과거로 향하는 시간 여행의 안내자와 같은 역할을 한다. 구문소 일대를 흐르는 혈내천 바닥의 암상에는 치마주름, 손금, 지문과 같이 생긴 다양한 퇴적 구조가 형성되어 있는데, 여기서 갖가지 바다 생물의 화석이 무수히 산출되고 있어 당시의 바다 환경과 생물들의 실상을 짐작할 수 있다.

구문소 일대에 이와 같이 화석이 넘쳐나는 이유 역시 이곳이 석회암으로 이루어졌다는 사실에서 찾을 수 있다. 석회암은 5억~4억 년 전 고생대 캄브리아기에서 오르도비스기 사이에 바다에 살던 산호와 조류, 패류의 껍질이나 골격이 퇴적되어 만들어진 암석으로, 마치 책이나 종이를 층층이 쌓아놓은 듯 암석에 주름이 잡혀 있다.

구문소의 석회암은 고생대에 이 일대가 바다였음을 말해주는 것으로, 당시의 다양한 생명체와 바다 환경의 흔적이 퇴적되어 다량의 화석으로 남은

4억 5,000만 년 전 고생대의 신비를 간직하고 있는 구문소 일대는 다양한 지질 구조와 화석들을 자연 상태 그대로 볼 수 있는 훌륭한 야외 학습장이다.

것이다. 구문소가 있는 태백을 비롯하여 영월, 정선, 삼척, 강릉 지역과 충청북도 단양, 제천, 경상북도 문경 일대 등 강원도 남부와 충청북도 북동부 일대에는 석회암이 널리 분포하고 있으므로 고생대에 이 지역들 역시 모두 바다였다고 볼 수 있다. 그렇다면 구문소 일대에서 가장 많이 발견되는 화석은 무엇일까? 그것은 바로 화석 하면 가장 먼저 떠오르는 삼엽충이다.

구문소 일대 지층의 생성 시기를 말해주는 삼엽충 화석

삼엽충은 절지동물 가운데 지구상에 가장 먼저 출현한 생명체로, 고생대 캄브리아기에서 오르도비스기 사이인 약 5억 2,000만 년 전에 출현하여 약 2억 7,000만 년 동안 바다를 지배하다가 페름기 말, 고생대와 더불어 지구상에서 완전히 사라졌다. 삼엽충은 석회암과 석회암 사이에 끼인 셰일층에서 발견되는데, 우리나라에서는 지금까지 200여 종 이상이 발견되었으며, 크기는 0.3~72cm에 이르기까지 다양하다.

우리나라에서 발견되는 삼엽충은 고생대 캄브리아기에서 오르도비스기, 즉 5억 2,000만~4억 6,000만 년 전에 살았던 것으로 추정된다. 서울대학교 지구환경과학부 최덕근 교수(고생물학)에 따르면, 이곳 구문소 일대의 지층 가운데 삼엽충을 비롯한 생물 화석이 발견되는 지층(상부 태백층군)은 4억 8,000만~4억 6,000만 년 전에 쌓인 것으로 이 일대의 석회암 지층은 약 4억 7,000만 년 전에 형성되었다고 한다.

삼엽충 화석은 동점동 나팔고개 터널 입구 산기슭 주변이나 인근 장성동 직운산 기슭에 가면 발에 차일 만큼 널려 있다. 이 일대에서 부서진 바위 조각을 잘 들여다보거나 돌을 주워 결대로 잘라보면 예외없이 크고 작은 삼엽충의 일부가 나타난다. 삼엽충은 다른 절지동물처럼 허물을 벗고 성장하기 때문에 그 남겨진 껍질이 대부분 화석으로 보존된다. 일명

진화의 승리라고 할 만큼 다양한 크기와 모습으로 번성했던 삼엽충 화석이 강원도 남부와 충청북도 북동부에서 광범위하게 발견되고 있다.

'세쪽이'라고 불릴 정도로 허물을 벗을 때 머리, 몸통, 꼬리가 쉽게 분리되기 때문에 완전한 모양의 삼엽충 화석을 기대하기는 어렵다.

지질 시대의 명칭과 그 기원

대		기	세	년대 (백만 년 전)	한반도 지층
현생누대	신생대	제4기	현세	0.01	제4기층
			플라이스토세	1.8	
		제3기	플리오세	5.3	제3기층
			마이오세	23	
			올리고세	36.5	
			에오세	53	
			팔레오세	65	
	중생대	백악기		135	경상누층군
		쥐라기		200	대동누층군
		트라이아스기		240	평안누층군
	고생대	페름기		290	
		석탄기		350	대결층
		데본기		400	
		실루리아기		430	조선누층군
		오르도비스기		510	
		캄브리아기		570	
은생누대	원생대			2,500	선캄브리아대 지층군
	시생대			4,600	

지질학에 관한 궁금증 가운데 하나는 각 지질 시대의 명칭은 모두 어떻게 지어졌을까 하는 점이다.

46억 년이라는 장구한 지구의 역사는 일차적으로 누대(累代, Eon)를 기준으로 지층에서 화석이 거의 발견되지 않는 은생(隱生)누대와 화석이 많이 발견되는 현생(顯生)누대로 구분된다. 그 밑으로 다시 여러 지질 시대가 전개되는데, 각각의 이름은 눈에 잘 띄는 지층 또는 대표적 지층이 발달한 지역의 지명이나 그곳에 살던 부족명을 따서 붙이는 것이 일반적이다.

지구의 탄생부터 25억 년 전까지를 생물이 시작된 시대라는 뜻에서 시생대라고 하며, 25억 년 전부터 고생대가 시작되는 5억 7,000만 년 전까지를 원생대라고 한다. 그리고 이를 함께 묶어 고생대 이전의 선캄브리아대라고도 부른다.

고생대의 경우, 캄브리아기는 영국의 웨일스 지역에서 처음 발견되어 웨일스의 옛 로마식 이름인 캄브리아(Cambria)에서, 오르도비스기는 로마 제국 시대에 영국 웨일스에 살던 종족의 이름인 오르도비스(Ordovices)에서, 실루리아기는 영국 웨일스에 살았던 고대 영국 종족인 실루리아 인에서 딴 이름이다. 데본기는 영국 남부에 위치한 데번(Devon) 지방의 이름에서, 석탄기는 영국이나 벨기에 등지에 넓게 분포하는 석탄을 많이 함유하고 있는 지층에서 유래한 것이며, 페름기는 러시아의 우랄산맥 서쪽에 있는 페름(Perm) 지방에 이 시대의 지층이 잘 발달되어 있어 붙은 이름이다.

중생대의 경우, 트라이아스기는 독일 라인강 하류 지역에 분포하는 암석에 고생대 지층과는 다른 화석이 발견되는데, 암석층이 크게 셋(라틴어로 tri)으로 구분되기 때문에,쥐라기는 알프스 북쪽인 프랑스와 스위스 사이에 위치한 쥐라(Jura) 산맥에 이 시대의 특징적인 지층이 분포해 있다고 하여 붙은 이름이다. 끝으로 백악기는 유럽의 중생대 말엽의 지층이 백악(白堊, Chalk, 라틴어로 Creta)을 포함하는 경우가 많다는 사실에서 유래했다.

신생대는 제3기와 제4기로 나뉘는데, 이는 지질학 발달 초기인 18세기에 선캄브리아대를 제1기, 고생대를 과도기, 중생대를 제2기, 신생대를 제3기로 부르던 것에 제4기가 추가된 것이다. 제4기는 지질 시대의 마지막 시기로서 46억 년 지구의 역사 중 2,300분의 1에 해당되는 극히 짧은 기간이지만 인류가 출현한 획기적인 시기이기도 하다.

한반도는 고생대에 적도 부근에 위치

구문소 일대의 하천 주변 암반에는 어른 엄지손가락 굵기만 한 동그란 구멍들이 곳곳에서 발견되는데, 이 구멍들은 지층의 고지자기(古地磁氣)를 연구, 측정하기 위한 표본을 채취하려고 뚫어놓은 것이다. 고지자기란 화성암이나 퇴적암 속에 남아 있는 자기장의 방향을 추적하여 암석이 만들

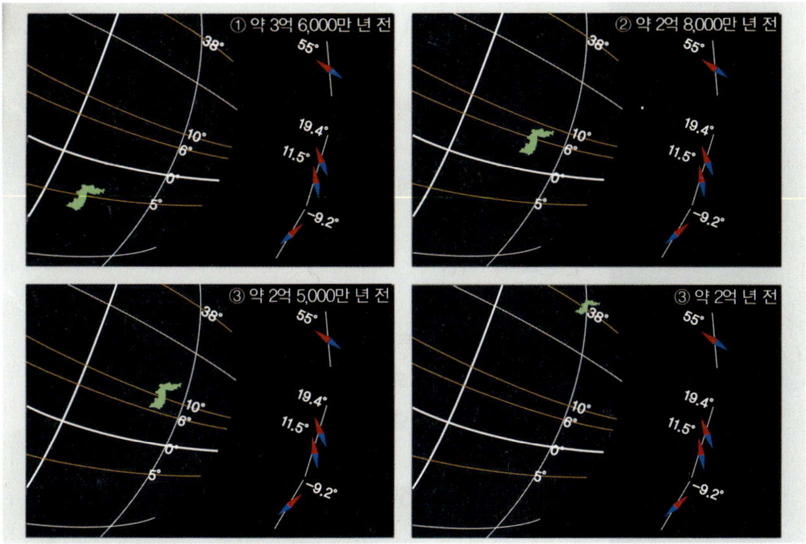

한반도 이동의 역사. 3억 6,000만 년 전 남위 5°에 있던 한반도는 긴 여정을 거쳐 약 2억 년 전 지금의 북위 38° 부근에 도달했다.

어진 시대를 측정하는 자기학적 기술과 방법을 말한다. 이렇게 암석을 구성하는 광물들의 자기장 방향을 알아내면 암석이 형성될 당시의 상황과 조건을 추정할 수 있다.

구문소가 있는 태백 지역의 전기 고생대 석회암층의 고지자기를 측정, 조사한 부산대학교 지구환경시스템학부 김인수 교수(지구조학)에 따르면, 한반도가 초기 고생대에는 위도 10° 이내의 적도 부근에 있다가 점차 북상하여 중생대 트라이아스기에 북위 25°에 도달했으며, 약 2억 년 전 쥐라기에 이르러 지금의 38° 부근에 도달했다고 한다. 고생대 캄브리아기에 적도 부근의 바다를 지배했던 삼엽충 화석이 구문소 일대의 막골층에서 다량으로 나오는 것으로 보아 한반도가 고생대에 적도 부근에 있었다는 주장은 사실인 듯하다. 게다가 우리나라와 똑같은 삼엽충 화석이 적도에 가까운 중국 남부와 호주, 베트남 지역에서도 발견되고 있어 이러한 주장을 강하게 뒷받침해주고 있다.

그렇다면 고생대에 적도 부근에 있던 한반도는 어떻게 현재의 위치로 오게 되었을까? 대륙들은 지구의 역사가 시작된 이래로 지구 표면에서 여러 차례 이합집산을 반복하며 현재에 이르렀는데, 그 과정에서 한반도는 약 17억 년 전 곤드와나(Gondwana)라고 부르는 초대륙의 일부로 남위 35° 부근에 있었다고 한다.

대륙들은 고생대에 여러 덩어리로 분리되어 있다가 중생대 트라이아스기인 약 2억 5,000만 년 전에 다시 하나가 되었다. 이후 쥐라기로 접어들면서 다시 여러 조각으로 분리되어 각각 이동을 시작했다. 이때 호주와 붙어 있던 한반도도 북상하기 시작하여 약 2억 년 전에 아시아 대륙의 일부로 현재의 북위 38° 부근에 자리 잡게 된 것이다.

암석 표본을 채취하기 위해 뚫은 구멍들을 하천 주변 곳곳에서 찾아볼 수 있다. 암석을 이루는 자성 광물질들의 자기장을 연구하면 암석이 형성될 당시의 환경을 밝혀낼 수 있다.

구문소 하천 주변에는 퇴적물이 쌓일 당시 살았던 생물이 기어 다니거나 구멍을 뚫거나 헤집고 다닌 생흔(왼쪽, 가운데 아래)과 건열, 연흔(오른쪽 아래) 등의 다양한 퇴적 구조가 나타난다.

퇴적 환경을 엿볼 수 있는 다양한 화석들

구문소 일대 하천 주변의 암석을 잘 살펴보면, 번호와 글자가 새겨진 알루미늄 정사면체의 표식이 곳곳에 박혀 있다. 이는 여기서 나타나는 다양한 퇴적 구조와 화석을 일반인들이 알아보기 쉽게 하기 위하여 설치해놓은 것들로 모두 25개나 된다.

이곳의 석회암 지층은 하부에서 두무골층~막골층~직운산층~두위봉층으로 이어지는 상부 태백층군에 속한다. 현재 구문소 지역에서 발견되는 대부분의 퇴적 구조와 화석은 두께 약 300~400m의 막골층이 쌓인 시기에 만들어진 것들이다. 이 시기 이곳의 환경은 따뜻하고 얕은 바다이거나, 밀물 때는 잠기고 썰물 때는 드러나는 조간대(tidal flat)였을 것으로 보인다.

그 증거로 건조한 대기에 노출되어 퇴적층의 표면이 갈라지는 건열(乾裂, mud cracks) 구조, 수심이 얕은 곳에서 퇴적물의 표면에 생긴 물결 자국이 퇴적층 속에 보존된 연흔(漣痕, ripple marks) 구조, 지구의 첫 생명체인 남조류가 광합성을 해서 만들어낸 유기체의 퇴적 구조인 스트로마톨라이트(stromatolite) 등의 다양한 퇴적 구조를 들 수 있다.

막골층이 퇴적될 당시 이 지역은 오늘날 적도 부근에서 보듯 증발량이 많고 바닷물의 염도 또한 높은 환경이었을 것이다. 막골층 위로 쌓인 직운산층은 생물의 활동 흔적이 잘 나타나지 않아 물의 순환이 원활하지 못한 폐쇄적인 석호 환경에서 쌓였을 것으로 짐작되는데, 그렇다면 직운산층은 막골층에 비해 깊은 바다에서 퇴적되었을 것이다. 이후 직운산층 위로 두위봉층이 퇴적될 무렵에는 바다가 다시 얕아져 두위봉층에서는 다양한 생물들의 흔적이 발견되고 있다.

고생대 당시 육지부와 가까운 연안에 있었으리라 여겨지는 구문소 일대는 지층에서 발견되는 퇴적 구조와 화석으로 보건대 약 2,000만 년이라는 시간 동안 얕은 바다와 깊은 바다를 오가며 고생대의 흔적을 차곡차곡 기록해왔다고 볼 수 있다.

국내 유일의 고생대를 주제로 한 태백고생대자연사박물관. 구문소에 건립된 태백자연사박물관은 고생대를 주제로 한 박물관으로 다양한 암석과 동식물의 생흔 화석들을 전시하고 있어 들러볼 만하다.

천혜의 자연사 박물관

화석의 왕국인 구문소 일대는 지난 수십 년 동안 무관심 속에서 그 가치를 제대로 평가받지 못했지만 최근 지질학계의 노력으로 자연사적 가치가 새롭게 부각되기 시작했다. 2000년 구문소 일대가 천연기념물로 지정되자 환경부와 태백시는 약 1km 구간의 자연학습 탐방로와 화석 표식지 등을 설치하여 이곳을 찾는 학생과 일반인들이 고생대 지질사를 보다 쉽게 이해할 수 있도록 했다.

그러나 이러한 노력에도 불구하고 암반 표면 곳곳에는 화석의 조사 발굴에 사용했던 것으로 보이는 페인트 자국과 망치로 훼손한 흔적이 역력하고, 관광객들이 버린 쓰레기와 빈 병, 오물들이 도처에 널려 있다. 게다가 장성동 화석 산지와 달리 구문소 일대와 나팔고개 터널 입구 부근에서는 화석이 아무런 규제 없이 무단으로 채집, 도굴되고 있다.

화석은 무한히 산출되는 자원이 아니다. 대자연의 역사가 기록된 화석을 개인적 욕심과 필요 때문에 가져가버린다면 언젠가 그 많던 화석도 모두 사라지고 말 것이다. 태백시에서는 2007년까지 구문소 일대 1만 3,000여m^2의 부지에 고생대 자연사 박물관과 자연 체험 학습장을 건립할 계획이라고 하니, 화석을 비롯한 자연 유산에 대한 일반의 인식이 한층 향상되기를 기대해본다. 다행히 태백시에서는 2010년 구문소 일대 1만 3,000여 제곱미터의 부지에 고생대 자연사 체험이 가능한 화석 박물관을 건립하여 구문소 일대를 찾는 관광객들에게 훌륭한 정보를 제공하고 있다. 지금은 고생대 중심의 화석들만을 전시하고 있으나 향후 중생대, 신생대 화석까지도 전시할 계획이라고 한다. 이곳 박물관이 일반인들에게 화석을 비롯한 자연유산에 대한 의식을 향상하는데 크게 기여할 것으로 기대된다.

고지자기학에 의해 부활한 대륙이동설

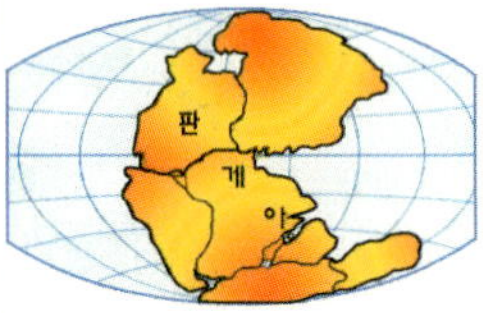

| 중생대 초기(2억 5,000만 년 전)의 지각 분포.

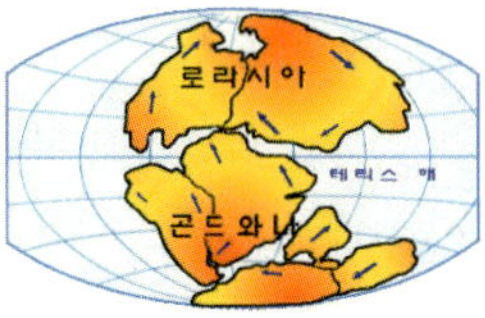

| 중생대 중기(1억 9,000만 년 전)의 지각 분포.

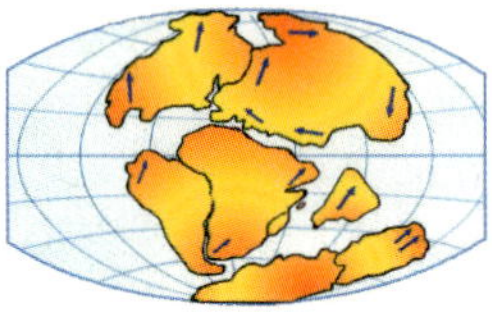

| 중생대 말기(7,000만 년 전)의 지각 분포.

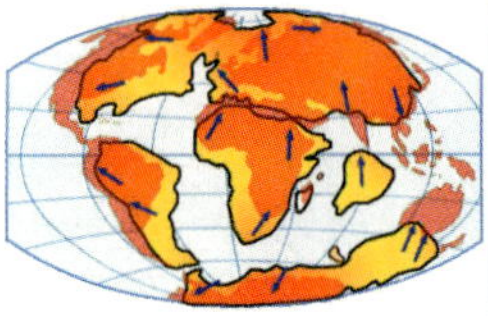

| 현재의 지각 분포.

세계지도를 펴놓고 대서양을 끼고 있는 아프리카의 동쪽 해안선과 남아메리카의 서쪽 해안선을 보고 있으면 두 대륙의 해안선이 서로 맞물린다는 생각이 든다. 마치 큰 비스킷을 둘로 잘라놓은 모양과 같아 각각을 끌어다 붙이면 정확하게 들어맞을 것 같다.

1911년, 도서관에서 책을 보던 독일의 기상학자 알프레트 베게너(Alfred Wegener, 1880~1930)는 우연히 두 대륙 간의 해안선이 일치한다는 점을 발견했다. 동식물 화석과 고생대 말 빙하 퇴적층이 양 대륙에 공통으로 분포한다는 점, 그리고 지질 구조가 서로 일치한다는 점 등을 들어 1915년 〈대륙이동설(Continental Drift Theory)〉이라는 논문을 발표했다.

그 내용은 과거 지구의 모든 대륙은 판게아라고 불리는 하나의 초대륙을 이루고 있다가 분리된 뒤 이동하여 지금과 같은 모습이 되었다는 것으로 대륙이 살아 있는 생명체처럼 지각 위를 떠다닌다는 주장이었다.

베게너의 이런 주장은 당시 과학의 발전 단계와 수준에 비해 지나치게 파격적이고 획기적이었기 때문에 찰스 다윈(Charles Darwin, 1809~1882)이 《종의 기원》을 세상에 내놓았을 때 못지않은 지탄과 비난을 받았다. 그의 장인이었던 독일의 유명한 기상학자 블라디미르 쾨펜(Wladimir Köppen, 1846~1940)마저도 베게너의 주장은 지금까지 쌓아놓은 지구과학의 기초를 송두리째 뒤흔드는 것이라며 일축했다.

대륙이 이동하게 된 결정적인 메커니즘을 명쾌하게 설명하지 못했던 대륙이동설은 이러한 비판 속에서 베게너의 죽음과 함께 점점 잊혀갔다. 그러나 제2차 세계대전으로 촉발된 과학 기술의 발달이 고지자기학이라는 새로운 학문을 개척하면서 다시 부활을 맞았다.

지각의 암석 내부에는 철로 구성된 광물이 소량 포함되어 있는데 암석이 형성될 때 이들 광물이 지구 자기의 영향을 받아 일정하게 배열된다는 사실에 착안하여 대륙의 상대적 위치를 파악할 수 있게 된 것이다. 고지자기학 연구로 중생대 쥐라기 이후 영국이 3,000km 북상했으며, 인도 대륙은 7,000km 북상하여 신생대 제3기에 유라시아 대륙과 충돌했다는 사실을 밝혀냈다.

고지자기학에 의하면 한반도는 고생대 페름기 약 2억 8,000만 년 전에는 북위 10° 부근에 있다가 약 2억 년 전 중생대 쥐라기에 지금의 북반구 중위도 38° 부근에 이르렀다고 한다.

하늘이 열리고 신이 깃드는 곳
태백산

태백산에는 다른 산에서는 찾아볼 수 없는 돌로 쌓은 제단이 3개씩이나 있다.

백두대간에서 소백정맥(소백산맥)과 낙동정맥(태백산맥)이 갈라지는 지점에 험준한 산령들과 나란히 또 하나의 명산이 터를 잡았으니, 이것이 바로 태백산(太白山)이다.

백두대간의 중추인 태백산은 주봉인 장군봉(1,567m)~부쇠봉(1,549m)~문수봉(1,517m)으로 이어지는 주 능선이 약 3.5km에 걸쳐 있는데, 남으로 연결되는 소백산과 그 아래의 덕유산, 백두대간의 끝인 지리산과 함께 한국을 대표하는 육산(肉山)이다. 태백산은 북쪽으로 함백산(1,573m), 서쪽으로 구룡산(1,345m), 남쪽으로 청옥산(1,276m), 동쪽으로 삼방산(1,175m) 등 사방이 1,000m 이상의 높은 산들로 둘러싸여 험한 산악지대를 이룬다.

끈질긴 생명력과 지칠 줄 모르는 역동성으로 살아 숨 쉬는 태백산의 정상에 올라서면 장엄하게 펼쳐진 백두대간의 기개를 한 몸에 느낄 수 있다. 태백산은 소백산과 함께 중부 내륙 육산의 맹주로 한민족의 젖줄인 한강과 영남을 적시는 낙동강의 발원지이기도 하다. 또한 주변 산자락에 40개가 넘는 탄광이 자리하고 있어 물의 세상임과 동시에 불의 세상이기도 하다.

소백산과 태백산의 경계는 고치령

산에는 보통 가장 높은 봉우리인 주봉에 그 이름과 높이가 새겨진 비석이 세워져 있다. 하지만 태백산은 예외이다. 태백산에서 가장 높은 봉우리는 1,567m의 장군봉이지만 그보다 7m 낮은 영봉(1,560m)에 올라야 태백산이라고 새겨진 비석을 볼 수 있다.

어디까지를 태백산으로 볼 것인가에 대해 여러 이야기들이 있었다. 흔히 태백산 하면 영월군 상동읍으로 이어지는 31번 국도에 있는 고갯마루 화방재(950m)를 기점으로 장군봉~부쇠봉~문수봉을 거쳐 장성탄광이 위치한 금천골까지라고 생각한다. 그러나 예전에는 화방재 뒤에 있는 함백산까지를 태백산이라 했다. 더 넓게는 북쪽으로 금대봉(1,418m)~매봉산~피재(820m)를 연결하는, 즉 태백분지를 둘러싼 백두대간의 산세 전부를 가리키기도 했다.

태백산은 남서쪽으로 백두대간을 따라 소백산과 연결되는데, 소백산 끝에 있는 부석사의 일주문에는 소백산이 아니라 '태백산 부석사'라고 명기되어 있다. 또한 《조선왕조실록》을 보관했던 사고(史庫)도 태백산

소백산 끝자락에 있는 부석사의 일주문에는 소백산이 아니라 태백산이라 씌어 있어 과거에는 여기까지가 태백산이라 여겨졌음을 알 수 있다.

소백산과 태백산의 경계인 고치령 정상에는 소백지장(왼쪽)과 태백천장(오른쪽)이라 새겨진 장승이 세워져 있다.

자락이 아니라 태백산에서 남쪽으로 12km 떨어진 청옥산 자락의 각화사에 있는데, 태백산 사고라는 이름이 붙었다. 이런 예를 통해 볼 때 과거에는 이 지역들도 태백산에 포함되었으리라 짐작해볼 수 있다. 즉 우리 선조들이 인식했던 태백산은 현재 우리가 알고 있는 태백산의 범위를 훨씬 뛰어넘는 대단히 넓은 지역이었을 것이다.

예전에는 소백산과 태백산 사이를 양백지간(兩白之間)이라고 했다. 양백지간의 경계, 즉 소백산과 태백산이 나뉘는 지점은 어디일까? 그곳은경상북도 영주 단산(옥대리)에서 충청북도 단양 영춘(의풍리)으로 넘어가는 고치령(770m) 고갯마루에서 찾을 수 있다. 죽령과 함께 영주와 단양을 연결하는 고치령 정상에는 고갯길을 사이에 두고 소백지장(小白地將)과 태백천장(太白天將)이라 새겨진 장승들이 서 있어 그곳이 두 산을 가르는 경계임을 나타내고 있다.

무속신앙의 성지

태백산은 사시사철 아름다움이 넘쳐나는 산이지만 그 진수는 역시 겨울날의 설경이다. 철쭉 군락과 주목 군락에 맺힌 설화는 천상의 세계를 지상에 옮겨놓은 듯한 환상적인 비경을 만들어낸다. 눈으로 뒤덮인 태백산의 모습에서 모든 것을 멈추게 할 듯한 거대한 힘이 뿜어져 나온다.

태백산은 '한(太)밝(白)뫼(山)', 즉 크게 밝은 산으로 풀이되는데, 비슷한 의미의 밝은 뫼, 한밝달, 한배달로 표현되기도 한다. 태백산을 비롯하여 백두산, 소백산, 함백산 등 '백(白)'자가 들어간 산은 모두 '볽〉밝음'에서 그 이름이 유래했는데, 이를 통해 우리 민족의 광명 사상을 엿볼 수 있다.

이와 같이 태백산은 하늘이 열리고 신이 깃든 신성한 공간으로 여겨졌기 때문에 일찍부터 천제 의식을 거행하는 장소로 이용되었다. 《삼국사기》에는 "138년 신라 제7대 임금인 일성왕 때에 10월 상달을 맞아 임금이 북쪽으로 나가 태백에 제사를 올렸다"고 기록되어 있는데, 그 태백이 바로 태백산을 가리킨다. 신라 시대에 태백산은 오악(五嶽 : 중악 팔공산, 동악 토함산, 서악 계룡산, 남악 지리산, 북악 태백산) 가운데 하나로 봉해질 만큼 성스러운 산으로 숭배되었다.

밤새 눈이 하얗게 내려앉아 주목 군락 사이로 눈꽃이 활짝 피었다. 태고의 비경을 드러내는 태백산의 설경은 침묵과 고요의 세계를 빚어낸다.

태백산은 산 전체가 하나의 제단이라고 할 수 있다. 정상부에 자리한 천제단을 비롯하여 문수봉과 산기슭 곳곳에 즐비하게 들어서 있는 기도처들을 보면 이를 절로 느끼게 된다. 천제단 가운데 있는 천왕단은 하늘에, 장군단은 사람에, 하단은 땅에 제사를 지내던 곳으로 지금도 매년 개천절이면 천제단과 당골계곡에 있는 단군성전에서 제를 올린다.

반면 큰 산에는 대개 대규모의 사찰이 있지만 태백산은 영험함과 신비로움을 지닌 곳이라 여겨져 큰 사찰이 자리 잡지 못했다. 명경사, 유일사 등 지금 있는 작은 사찰과 암자는 대부분 20~30년 전에 들어선 것이다. 사찰보다는 일찍부터 태백산의 신령스러움과 영험함에 기댄 토속신앙이 자리 잡아 이곳은 무속의 성지가 되었다. 그래서 태백산에는 사시사철 무속인과 기도객들의 발길이 끊이지 않는다.

편마암의 표층 풍화에서 비롯된 육산의 비밀

태백산의 가장 큰 특징은 남성다운 중후함과 육중함으로 모든 것을 포용하는 듯한 산세를 이루고 있다는 점이다. 태백산의 부드러운 능선은 이 일대의 지질과 관련이 깊다. 태백산의 지질대는 소백산의 주 지질대인 소백산 편마암 복합체가 연장된 것으로 이른바 율이리층과 원남층으로 명명되는 고기(古期) 변성암류가 주를 이룬다. 소백산과 구분하기 위해 이를 태백산 편마암 복합체라고 부르기도 한다.

태백산 일대의 주 암석은 천매암으로, 이것은 20억~18억 년 전 태백산 일대가 바다였을 때 진흙 성분이 퇴적되어 고화된 이 암이 오랜 지질 시대를 거치며

천제단의 암석은 이암과 셰일이 변성된 검은색의 천매암으로 수평 방향의 판상으로 떨어져 나가는 특징이 있다. 태백산 정상 표지석의 받침돌(사진 속 사진)은 모래가 쌓여 굳은 사암으로, 자갈이 박힌 것으로 보아 퇴적암임을 쉽게 알 수 있다.

태백산은 소백산, 오대산, 덕유산, 지리산과 함께 백두대간의 대표적인 육산이다. 철쭉가지에 피어난 상고대가 부드러운 능선을 가득 메우고 있다. 이 능선은 백두대간의 북동쪽 대한체육회태백분촌이 위치한 함백산으로, 남서쪽 소백산으로 수긋하게 이어진다(왼쪽). 매봉산 고랭지 채소밭 일대에는 최근 풍력 발전을 위한 발전탑이 세워져 이색적인 볼거리를 제공한다(오른쪽).

육화된 뒤 극심한 지각 변동 시 고열과 고압에 의해 변성된 암석이다. 천매암 이외에 천제단 정상부에서는 변성을 덜 받은 이암과 셰일이 보이고, 장군봉과 문수봉에서는 적색 사암과 변성을 심하게 받은 편마암 등이 함께 나타난다.

이암이 변성되어 형성된 천매암은 구조적으로 매우 치밀하고 단단해 쉽게 풍화되지 않을 뿐만 아니라 침식에도 강하다. 즉 절리의 발달에 따른 심층풍화가 활발하지 않아 암석의 침식과 삭박이 거의 비슷한 수준에서 느리게 이루어지고, 대부분의 지역에서 마치 빵 껍질이 떨어져 나가듯 표층 풍화가 이루어졌기 때문에 태백산은 거대한 활등처럼 완만한 구릉성 토산이 되었다.

1,000m 이상의 고도에서 평탄면을 이루고 있는 태백산의 능선은 2,300만 년 전의 경동성 요곡 운동에 의해 생겨났다. 태백산맥이 형성되는 과정에서 신생대 중기까지 동해의 해수면과 고도차가 거의 없던 이 일대의 평탄 지형이 지각 변동을 거의 겪지 않고 그대로 솟아올라 현재의 고도에 이른 것이다.

이런 육산의 특징을 한눈에 볼 수 있는 곳은 고랭지 농업이 대규모로 행해지고 있는 매봉산(천의봉) 일대이다. 이곳은 풍력을 이용하기 위해 세운 발전탑이 이색적인 볼거리를 제공하기도 한다.

문수봉의 돌탑과 애추 형성의 비밀

장군단이 있는 장군봉에서 남동쪽으로 300m가량 내려가면 천왕단이 있는 영봉에 이르고, 이곳에서 다시 300m쯤 더 내려가면 하단에, 조금 더 내려가면 백두대간의 줄기가 낙동정맥과 소백정맥으로 나뉘는 부쇠봉(또는 부소봉)에 이른다. 태백산이 한반도 산줄기의 중추인 이유가 바로 여기에 있다.

부쇠봉에서 방향을 동쪽으로 틀어 조금 더 나아가면 태백산에서 둘째로 높은 문수봉이 나온다. 문수봉은 태백산에 머무는 무속인들이 기도를 마무리하는 곳으로 1년 내내 많은 사람들로 북적인다. 문수봉에 이르면 태백산의 전혀 다른 모습이 나타나는데, 사람보다 더 큰 검붉은 바위 덩어리들이 얽히고설킨 채 산비탈을 타고 주목과 참나무 숲 아래로 흘러내리며 드넓은 애추(崖錐, talus)를 이룬 모습을 볼 수 있다. 육산의 대명사인 태백산에 이렇게 많은 바위 덩어리들이 넘쳐나는 이유는 무엇일까? 그리고 애추 위로 우뚝 솟아 있는 커다란 3기의 돌탑은 누가, 왜 쌓은 것일까?

문수봉 정상에 있는 암석은 장군단의 암석과 마찬가지로 모래가 퇴적되어 형성된 붉은색 계열의 퇴적암인 사암이다. 과거 바다 속에서 퇴적된 모래가 땅속 깊은 곳에서 고화된 사암은 오랜 지질 시대를 거치며 육화된 이후, 땅속과 지표 부근에서 절리면을 따라 침식과 풍화를 받아 절단되거나 분리된 상태로 지표에 노출되었다. 이어 풍화와 침식으로

태백산 지대에 이렇게 많은 암석들이 모습을 드러낸 것은 매우 특이한 일이다. 문수봉은 신라의 명장 김유신의 아들 원술랑이 수련을 했다고 하여 '원술봉'이라 부르기도 한다.

생긴 작은 암석 조각인 암설(岩屑)이 아래로 떨어져 애추가 형성된 것이다.

애추는 제4기 빙하 시대를 거치면서 활발히 형성되었는데, 초기에는 하나의 커다란 암체였던 것으로 보인다. 문수봉에서 당골로 내려서는 계곡에 가보면 이암과 사암이 뒤섞인 집채만 한 크기의 수많은 암체를 볼 수 있기 때문이다. 3층 건물 크기의 암체들이 지금도 절리면을 따라 케이크가 잘리 듯 붕괴되고 있다. 태백산 일대에서 설악산이나 월출산의 화강암 산지에서 흔하게 볼 수 있는 첨탑 모양의 암석을 찾아보기 어려운 이유는 이렇게 이 일대의 지질이 퇴적암으로 이루어진 데다가, 수평 방향의 판상절리가 탁월하게 발달했기 때문이다.

무속인들이 말하기를 문수봉은 태백산 중에서도 신령들이 가장 많이 머무는 곳이라고 한다. 그래서 이곳은 1년 내내 기도하는 사람들로 붐빈다. 애추 위로 솟은 세 기의 돌탑은 그들의 간절한 염원과 공력이 모여 이루어진 것이다. 이름을 알 수 없는 처사(處士)들이 하나 둘 쌓아 어느덧 3기가 된 이 돌탑들은 문수봉의 명물로 등반객들의 많은 사랑을 받고 있다.

한민족의 프로메테우스 부소와 부싯돌

천제단에서 문수봉으로 가는 길에 위치한 부쇠봉은 태백산맥과 소백산맥이 갈라지는 지점으로, 단군의 아들인 부소가 제단을 쌓았다고 하여 부소봉이라고도 한다.

우리나라 건국 시조인 단군에게는 부루(扶婁), 부소(扶蘇), 부우(扶虞), 부여(扶餘) 이렇게 네 아들이 있었다. 인천 강화도에는 부루, 부우, 부여가 각각 맡아서 쌓았다는 삼랑성(또는 정족산성)이 있다. 네 아들 가운데 둘째인 부소는 우리 민족에게 불을 가져다준 이로 여겨져 강화도 마니산 정상에 있는 참성단에서는 해마다 전국체전을 위한 성화의 불씨가 채화된다.

한민족의 프로메테우스 부소의 이야기는 다음과 같다. 아주 먼 옛날, 세상에 맹수와 독충으로 인한 돌림병이 돌아 많은 사람들이 죽어갔다. 이에 부소가 부싯돌로 불을 일으켜 백성들에게 전하자, 백성들은 이 불로 숲을 태워 해로운 벌레들을 모두 없애 돌림병을 물리쳤다고 한다. 불을 지필 때 쓰는 부싯돌은 본래 한자어로 부소석(扶蘇石)이었던 것이 부소돌을 거쳐 변한 것으로 부소와의 연관성을 잘 보여주고 있다.

지하자원의 메카 태백

현재는 대부분의 광산이 휴 · 폐광 상태에 있지만 태백 지역은 석탄을 비롯하여 석회석, 철, 흑연, 아연, 중석(텅스텐) 등이 묻혀 있는 우리나라 지하자원의 보고이다. 1960~1970년대만 해도 태백시를 비롯하여 정선군 고한과 사북, 삼척시 도계 일대는 석탄 산업의 호황으로 '강아지도 입에 만 원짜리를 물고 다닌다' 는 말이 나돌 만큼 경기가 좋았다.

검은 황금이라 불리며 어려웠던 시절 든든한 버팀목이 되어준 석탄을 석유와 천연가스가 대체하면서 석탄 산업은 급속히 사양길로 접어들었다. 탄광이 줄줄이 문을 닫고 일자리를 잃은 광부들이 떠나면서 태백 지역의 경제는 깊은 침체의 늪으로 빠져들었다.

최근 지역 경제를 되살리기 위해 사북과 고한에 카지노를 설립하는 등 관광 사업을 추진했으나 지역 경제에 득과 실을 동시에 주고 있어 우려의 시선이 적지 않다. 카지노가 창출한 수익이나 고용 효과를 부정하는 사람은 없다. 하지만 이득을 본 사람들의 대부분은 외부에서 온 자본가들이고, 지역 주민들은 일부 교육받은 이들을 제외하고는 고용의 기회조차 없어 부익부 빈익빈 현상이 심각해지고 있다. 사행심 조장, 도박 중독과 같은 정신적인 문제는 말할 필요도 없다. 이런 역기능을 잘 다스려야만 카지노가 지역 경제의 효자 노릇을 제대로 할 수 있을 것이다.

현재 채굴이 이루어지고 있는 탄광은 태백시의 장성탄광, 삼척시의 도계탄광, 정선군 사북탄광과 고한탄광 등 손에 꼽을 정도로 적다. 최근 고유가 시대를 맞이하여 다시 석탄의 수요가 늘고 있다고 하지만 에너지 소비 구조 전체로 볼 때 석탄 산업의 미래는 여전히 어둡기만 하다.

태백산 주변에는 석탄 이외에도 철(정선군 동남), 중석(영월군 상동), 구리(영월군 거도), 아연(봉화군 연화), 망간(단양군 어상촌) 등 다양한 광물이 매장되어 있는데 이 엄청난 양의 광물들은 태백산 일대의 지질과 어떤 관련이 있는 것일까?

최초의 석탄 발견지, 먹돌배기 거무내미골

우리나라에서 석탄이 최초로 발견된 곳임을 알려주는 태백시 금천동 먹돌배기마을 초입에 세워진 최초석탄발견지탑.

문수봉에서 남쪽으로 내려가면 금천동이 나오는데, 이곳에는 우리나라에서 최초로 석탄이 발견된 먹돌배기마을이 자리 잡고 있다. 1926년, 이 마을에서 석탄 덩어리가 최초로 발견되었다. 이런 사실이 일본인들에게 알려지면서 우리나라에서는 처음으로 탄광이 들어서게 되었다. 이를 기념하기 위해 1997년 마을 초입에 '최초석탄발견지탑'이 세워졌다. 하지만 이 일대에 전해오는 마을, 계곡, 하천 등의 이름이 하나같이 석탄을 의미하는 것으로 보아 마을 사람들은 일찍이 석탄의 존재를 알고 있었던 듯하다.

먹돌은 검은색의 이암이 개천가에 솟아나와 있어 붙은 이름으로, 먹돌배기는 그 바위가 박혀 있는 곳을 뜻한다. 이 먹돌배기 위쪽에 석탄이 드러나 있었는데, 먹돌배기의 이암 조각을 뜯어다가 벼루를 만들어 먹을 갈았다고 하여 먹돌배기라 불렀다는 말도 있다. 그 밖에 석탄이 발견되기 전에도 땅이 검고 비가 오면 계곡물이 검은색으로 변하여 예부터 거무내, 즉 검천(黔川) 또는 거무내미골이라 부르기도 했다. 검천은 지금 '금천(今川)'으로 바뀌어 불리고 있는데, 이는 일제시대에 '검(黔)'의 또 다른 발음인 '귀신이름 금'을 취한 것이니 검천이라 부르는 것이 더 정확하다고 할 수 있다. 이 밖에도 물구지골이라는 이름이 있는데, '물(水)'과 '궂다(흐리다, 검다)'는 말이 합쳐진 것으로 날씨가 맑지 않고 궂다는 뜻이다. 이는 개천물에 탄이 흘러들어 물이 흐리기 때문에 붙은 이름이다.

지하에 묻혀 있는 암석에는 다양한 광물이 포함되어 있다. 광물을 포함하고 있는 암석은 지하 깊은 곳에서 고열과 고압에 의해 변성되는데, 이때 같은 원소를 가진 광물끼리 결합하는 광화(鑛化) 작용이 일어나면서 다양한 광물질이 형성된다. 이런 변성 작용은 지하 깊은 곳에서 마그마가 관입하여 화성암이 형성될 때나 극심한 지각 변동에 지층이 영향을 받을 때 발생한다.

태백산 일대는 복잡하고도 다양한 지질 변화를 겪었던 곳이다. 1988년 태백산 일대 광상(鑛床)의 생성 연령을 연구, 조사한 서울대학교 지구환경과학부 장호완 교수(지구화학)는 태백산 일대에서는 선캄브리아대 21억~20억 년 전부터 신생대 제3기 초 5,000만~4,500만 년 전까지 총 6회의 화성(化成) 활동이 있었다고 말한다. 지하 깊은 곳에서 화강암이 관입하고 지표로 유문암과 안산암 등 용암이 여러 차례 용출되면서 기반암을 변질시키는 다양한 지질 변화가 일어났다는 것이다.

태백산 주변에 발달한 800개에 달하는 복잡한 단층선들은 태백산 일대에 얼마나 격렬한 지각 변동이 있었는가를 잘 보여주고 있다. 그 영향으로 광물이 집중적으로 생성된 시기는 쥐라기 중기(1억 8,000만 년 전)~제3기 초(4,500만 년 전)로 추정된다.

삼수령과 빗물의 운명

태백시는 평균 해발고도 650m인 고산준령(高山峻嶺)의 도시이다. 이 때문에 여름이 짧고 평균 기온도 19°C로 서늘한 편이어서 마라톤, 산악 자전거 등 고원 레저 스포츠의 인기가 높다. 그리고 한우와 젖소 사육, 고랭지 채소 재배가 활발하게 이루어지고 있을 뿐만 아니라 피서지로도 잘 알려져 있다.

한편 태백시는 한강과 낙동강의 발원지로 우리나라의 젖줄이 시작되는 곳이기도 하다. 태백시 창죽동 금대봉 기슭에 위치한 검룡소(儉龍沼)는 514.4km 길이의 한강이 발원한 곳이다. 둘레 약 20m의 석회암반을 뚫고 올라오는 지하수가 오랜 세월 흐르면서 깊이 1~1.5m, 너비 1~2m의 암반을 깎아내 소를 이루었다. 소에서 흘러내리

물줄기가 나뉘는 삼수령 정상의 조형탑(왼쪽). 태백시 한가운데 위치한 낙동강의 발원지 황지(오른쪽).

한강의 발원지로서 마치 용이 날아가는 모습과 같다고 하는 검룡소(왼쪽). 삼수령을 기준으로 한강, 낙동강, 오십천의 물길이 갈라진다. 지도 속 사진은 2005년 현재의 조형탑으로 교체하기 이전의 조형탑이다(오른쪽).

는 물이 마치 용틀임을 하는 형상과 비슷하다고 하여 검룡소라 부르게 되었다고 한다.

검룡소에서 발원한 물은 골지천을 이룬 뒤 임계천, 조양강, 동강, 남한강의 물길을 만든 다음 한강으로 흘러들어 황해에 이르기까지 긴 물길 여행을 한다. 그러나 최근 금대봉 밑으로 검룡소보다 1.5km 상류에 자리 잡은 제당궁샘이 진짜 한강의 발원지이고, 검룡소는 다만 한강 원류(源流)의 모습이 본격적으로 드러나는 곳일 뿐이라는 조사 결과가 발표되기도 했다.

다음으로, 태백시 한가운데 위치한 황지동에는 525.15km 길이의 낙동강이 발원한 황지(黃池)가 있다. 연못가에는 "낙동강 1,300리 예서부터 시작되다"라는 글이 새겨진 커다란 비석이 있다. 상지(上池), 중지(中池), 하지(下池) 이렇게 3개의 못이 서로 연결되어 있으며, 가장 위쪽에 있는 깊이 7m가량의 상지수굴에서는 가뭄에 관계없이 늘 하루에 5,000여t의 물이 솟아나온다.

황지에서 나온 물은 남쪽으로 흘러 경상북도 봉화군 청량산 아래 기슭을 굽이돌아 안동호에 이르고 이후 상주~구미~대구를 거쳐 남해로 흘러든다. 그러나 이곳은 문헌상의 발원지일 뿐 실제 발원지는 이보다 더 상류 쪽에 있다고 한다. 은대봉이라고도 불리는 상함백산(1,442m)을 넘어가는 싸리재(1,280m) 아래의, 흔히 너덜샘이라고 부르는 은대샘이 그곳이다.

태백시 화전동에는 한반도의 남부를 적시는 세 강, 즉 한강, 낙동강, 오십천을 가르는 삼수령(920m)이 있다. 바로 이곳에서 하늘에서 떨어진 빗방울이 어느 바다로 흘러 들어갈지가 정해진다. 삼수령을 기준으로 빗방울이 동쪽으로 떨어지면 오십천을 통해 동해로, 남쪽으로 떨어지면 낙동강을 통해 남해로, 서쪽으로 떨어지면 한강을 통해 황해로 흘러간다. 이곳에 세워진 높이 15m의 '빗물의 운명' 이라는 조형탑은 이렇게 세 갈래로 갈라지는 물길의 운명을 표현하고 있다.

■ ■ ■ 플러스 이야기 상자 ■ ■ ■

단군과 태백산

영봉 천제단 전경. 태백산은 일찍이 고대 신앙의 성지가 되어 우리 민족과 반만년의 역사를 함께 했다.

태백산에 놓인 3개의 돌 제단, 즉 천왕단, 장군단, 하단을 함께 묶어 천제단이라 일컫는다. 여느 산들과 달리 태백산에만 유독 제단이 만들어져 있는 것은 한민족의 시조 단군 왕검이 태백산을 무대로 고조선을 건국했기 때문이다.

건국 신화에 등장하는 태백산은 고유명사가 아닌 일반명사라는 사실을 명심해야 한다. 태백산은 크게(太) 밝은(白) 뫼(山), 즉 한밝뫼로서 역사적, 문화적으로 신성한 공간을 의미하는 일반적 명칭이다.

일반적으로 알고 있듯이 고조선의 수도가 평양이나 그 이북 지역인 국내성이었다면 강원도 태백시와 경상북도 봉화군에 걸쳐 있는 태백산은 단군과 전혀 관련이 없는 곳이다. 그렇다면 단군신화에 등장하는 태백산은 어느 산을 가리키는 것일까?

각종 문헌에서는 묘향산, 북한산, 구월산, 마니산 등 여러 산이 거론되고 있지만 학계에서는 한민족의 종산(宗山)인 백두산으로 보고 있다. 그러나 한국교원대학교 윤리교육과 한상우 교수(철학)는 태백산이라는 명칭은 하나의 산에 고착되었다기보다는 영토와 시대에 따라 옮겨진 것이라 말한다. 《삼국유사》〈기이(紀異)〉편의 "태백산은 묘향산이다"라는 기록으로 보아 통일신라 시대에는 묘향산이 태백산이었을 것으로 짐작된다. 한편 고려 시대에 오면 영토 내에서 태백산이 사라지는 대신 북한의 묘향산과 구월산, 남한의 북한산을 성스러운 산으로 여기다가 몽골의 침입 이후 강화도로 천도하면서 숭배의 대상을 마니산으로 바꿨다. 이처럼 태백산은 구체적인 자연 지명이 아니라 한민족 공동체의 사상과 문화의 핵심에 자리 잡은 심상(心象) 지명이라 할 수 있다.

그렇다면 왜 태백산의 천제단에서 제사를 지내게 되었을까? 조선 시대 학자인 성현(成俔, 1439~1504)의 《허백당집(虛白堂集)》에 "삼도(강원도, 경상도, 충청도) 사람들이 그 산의 꼭대기에 신당을 짓고 신상을 만들어 모셔놓고 제사를 지냈다"는 기록과 《삼국사기》 권32 〈제사지(祭祀志)〉에 "138년(일성왕 5년) 10월에 왕이 친히 태백산에 올라 천제를 올렸다"는 기록에서 알 수 있듯이 오래전부터 태백산은 고대 신앙의 성지였다. 구한말 민족의 수난기에 이런 역사에 착안한 이들이 민족의식을 고취할 목적으로 태백산에서 하늘과 산신에게 지내던 동제를 단군제로 바꿨다. 이때부터 태백산은 민족혼의 결집이라는 역할을 담당하게 되었다.

중부 내륙 육산의 맹주
소백산

소백산(小白山)은 태백산맥의 줄기가 태백산에서 분기하여 소백산맥 첫 머리에서 힘차게 솟구쳐 올라 한반도를 남북으로 크게 가르는 산이다.

태백산보다 100m 낮은 산이라 하여 소백산이라 했지만 그 규모와 장대함에서는 태백산을 뛰어넘는다.

소백산은 백두대간이 거느린 명산 가운데 하나로 예부터 백두산, 태백산과 더불어 신성시되었다. 약 24km에 달하는 소백산의 산줄기는 죽령 남쪽의 도솔봉을 시작으로 연화봉(1,394m)~비로봉(1,440m)~국망봉(1,420m) 등 1,000m 이상의 높은 봉우리가 이어져 장엄하고도 웅장한 산세를 드러낸다. 장쾌하고 유려한 주 능선을 따라 삼봉(三峰)이라 일컫는 연화봉, 비로봉, 국망봉에서 지맥(支脈)을 타고 사방으로 뻗어내린 산굽이들이 앞뒤를 다투며 거대한 산바다를 이룬다.

면적 320.5km²의 소백산에는 천동계곡, 죽계구곡 등 골짜기마다 깊은 계곡이 자리 잡고 있다. 또한 산 전체에 빽빽하게 들어선 삼림과 곳곳에 숨어 있는 유적과 사찰이 계절별로 모습을 바꿔가며 사람들을 유혹한다.

소백산은 무엇보다 철쭉이 아름답기로 유명하다. 5~6월 소백산의 능선을 따라 철쭉 군락이 꽃망울을 터뜨리면 온 산이 붉은 물결로 넘실댄다. 8월이면 연화봉에서 국망봉에 이르는 나무 한 점 없는 푸른 초원지대에 외솜다리(에델바이스), 노랑제비꽃, 노루오줌, 큰앵초 등 각종 야생초들이 만개하여 천상의 화원이 모습을 드러낸다. 그리고 수수한 매력으로 가을을 물들이는 비로봉의 억새길과 겨울날 여인네의 몸처럼 부드럽게 이어지는 주 능선을 따라 가득 피어난 눈꽃 또한 장관이다.

비로봉 정상 아래로 펼쳐진 주목 군락도 소백산의 명성에 힘을 보태고 있는데, 수령 200~500년을 헤아리는 고목들이 하늘을 가리고 죽죽 뻗어 있어 마치 원시림에 들어온 듯한 착각이 들 정도이다. 이곳은 우리나라 최대의 주목 군락지로 1970년 천연기념물 제244호(소백산의 주목 군락)로 지정되었다.

태백산을 넘어서는 소백산

태백산에서도 설명했듯이 소백산이라는 이름의 '백(白)' 자는 '붉(밝다)'의 소리를 표현한 것으로 여기에는 광명 사상이 깃들어 있다. 또한 태백산보다 100m쯤 낮은 산이라 하여 소백(小白)이라 명명한 것으로 보인다. 그러나 고봉들이 줄지어 있는 산세는 그 규모와 장대함에서 오히려 태백산을 뛰어넘고 계곡 또한 깊고 그윽하여 수려한 맛에서도 태백산을 앞지른다.

소백산은 봄날 철쭉이 만개하여 온 산이 분홍빛으로 물드는 장관 때문에 국립공원 가운데 봄에 찾아오는 탐방객이 가장 많다. 그러나 소백산의 진

눈에 갇힌 소백산 연화봉 능선. 능선을 따라 펼쳐진 갖가지 모양의 설화는 소백산이 진정한 설국임을 실감케 한다.

수는 역시 겨울 산의 설경이다. 흰 눈이 한 올 한 올 소백산의 몸을 감싸는 계절에 소백산은 그 본 모습을 드러낸다. 하얗게 눈 내린 능선을 따라 끝없이 펼쳐진 철쭉 군락에 갖가지 모양의 설화가 피어난다. 소백산 겨울 등반을 한 번이라도 해본 사람은 소백산의 설경이 사람들의 입에 자주 오르내리는 이유를 알 수 있을 것이다.

이 뛰어난 설경은 소백산의 지세와 밀접한 관련이 있다. 겨울철이면 우리나라에는 시베리아에서 발원한 북서 계절풍이 불어온다. 이때 내륙 깊숙이 진입한 대기는 소백산맥이라는 높은 장벽에 부딪혀 강제 상승하는데, 수증기를 머금은 대기가 산사면을 타고 올라 단열팽창으로 냉각되면서 눈이 되어 내린다. 즉 동서로 길게 가로놓인 소백산 줄기가 바람을 가로막는 커다란 장벽의 역할을 했기 때문에 이곳에 눈이 많이 내리는 것이다.

거대한 육산의 비밀은 편마암 수평절리

지리산에서 덕유산까지 온유한 산세를 유지하며 달려온 백두대간은 속리산~조령산~월악산을 거치면서 격동적인 암산으로 형태를 바꾸었다가 소백산에 이르러 이내 다시 그 모습을 육산으로 바꾼다. 소백산의 가장 큰 특징은 지리산의 세석평전(平田)이나 덕유산의 덕유평전처럼 부드럽게 이어지는 산릉이 광활하게 펼쳐져 있다는 것이다. 소백산이 이와 같이 중부권을 대표하는 토산(土山)이 된 것은 이 일대의 지질이 대부분 화강암질 편마암이기 때문이다.

소백산 일대의 화강암질 편마암은 영남지괴(또는 소백산육괴)에 해당되는 것으로 약 20억 년 전에 형성된 우리나라에서 가장 오래된 암석 가운데 하나이다. 화강암질 편마암은 화강암과 외형이 유사해 화강암으로 착각하기 쉽다. 그러나 이 일대의 화강암은 약 1억 6,000만 년 전에 관입한 풍기분지 일대의 대보화강암과 약 9,000만 년 전 도락산, 황정산 등에 관입한 불국사화강암으로 화강암질 편마암과는 형성 시기부터 큰 차이가 난다.

소백산의 화강암질 편마암은 지층과 암석에 발달한 절리면을 따라 오랜 기간 침식, 풍화되었다. 이 과정에서 암석에 수평절리가 탁월하게 발달하여 그 절리면을 따라 침식이 집중적으로 이루어졌으며 침식량 또한 거의 균일했다. 이 때문에 높낮이에 큰 차이가 없는 능선들이 연이어 나타나게 된 것이다.

또한 침식과 풍화가 표층에서 이루어졌기 때문에 모든 사면에 두꺼운 피

소백산이 중후하고도 웅장한 육산이 된 것은 이 일대의 지질을 이루는 편마암이 수평절리를 따라 오랜 세월 침식되었기 때문이다(왼쪽). 정상인 비로봉에서 국망봉으로 이어지는 능선에는 차별침식을 받은 편마암의 일부가 군데군데 남아 있다(오른쪽).

복물이 쌓여 전체적으로 기반 암의 노출이 적은 평탄한 구릉이 되었다. 소백산에서 북한산이나 월출산에서 볼 수 있는 육중한 암봉과 기암괴석을 찾아보기 어려운 것은 이와 같이 편마암이 수평절리를 따라 오랜 침식을 받았기 때문이다.

신생대 제3기 중엽 한반도에 발생한 경동성 요곡 운동에 의해 소백산 주 능선과 같은 고위평탄면들이 곳곳에 형성되었다.

이 과정에서 견고하고 치밀한 암질을 이루는 암석들이 덜 깎여나간 채 남게 되었는데, 주 능선을 따라 드문드문 이어지는 암석 구릉지대가 바로 그것들이다. 특히 신라의 마지막 왕자였던 마의태자가 망국의 한을 달래려고 자주 올랐다는 국망봉 부근에는 소백산의 주 능선에서 보기 어려운 암석들이 군데군데 돌탑군을 이루고 있다. 이는 편마암의 차별침식과 풍화에 의한 것으로 소백산의 전체적인 모습과 확연히 대비된다.

제1연화봉에서 서쪽의 비로봉으로 이어지는 주 능선의 평탄한 고원지대는 육산의 면모에 일조를 하고 있다. 이는 앞서 살펴본 횡계고원과 동일한 과정을 거쳐 만들어진 고위평탄면에 속한다. 주 능선을 경계로 북서쪽인 단양은 완만한 경사를 이루는 반면 남동쪽인 풍기는 급경사를 이루는데, 이는 소백산맥 전 구간에서 나타나는 현상으로 지반이 융기하는 과정에서 동쪽에서 밀어붙이는 힘이 더 크게 작용한 습곡 운동의 영향이다. 태백산 또한 동쪽 사면이 서쪽 사면보다 급경사를 이루고 있으니 백두대간 전 구간에 걸쳐 같은 방향의 압력과 힘이 작용했음을 알 수 있다.

석회동굴은 왜 소백산 북쪽에만 몰려 있을까?

주봉인 비로봉에서 북쪽 단양의 다리안국민관광단지로 이어지는 천동계곡 끝에 있는 마을 천동리에는 석회동(石灰洞)인 천동동굴이 있다. 천동동굴은 길이가 470m밖에 안 되는 작은 동굴이지만 섬세하고 정교한 석순과 종유석 등 다양한 동굴 생성물이 넘쳐나 밋밋하게만 이어지는 소백산의 부족함을 메워주는 듯하다. 그 화려함 때문에 이곳은 '꽃쟁반을 간직한 동굴', '동굴의 표본실' 등으로 불리며 한국에서 가장 아름다운 석회동굴의 하나로 인정받고 있다.

그 밖에도 고수리에 있는 우리나라 석회동굴의 대명사 고수동굴(천연기념물 제256호), 노동리의 노동동굴(천연기념물 제262호), 영춘면의 온달동굴(천연기념물 제261호) 등 소백산의 북쪽 산자락에는 석회동굴이 밀집해 있다. 이런 석회동굴이 소백산 북쪽인 단양 쪽에만 분포하는 까닭은 그것을 배태할 수 있는 기반암인 석회암이 남한강을 끼고 있는 단양 부근에만 분포하기 때문이다. 이곳의 석회암층은 고생대 5억~4억 년 전 우리나라가 적도 부근에 있었을 때 얕은 바다에 살던 산호와 조류, 패류의 껍질이나 골격이 퇴적되어 만들어졌다.

종유석과 석순이 넘쳐나는 천동동굴. 소백산 다리안계곡에 발달한 석회동굴들은 소백산 말단부의 편마암과 석회암이 접하는 곳에서 지하수의 용식 작용이 일어나 형성되었다.

석회암의 주 성분인 탄산칼슘은 물에 잘 녹기 때문에 지하의 석회암층에 발달한 절리면이나 암석의 틈을 따라 지하수가 침투하면 점차 녹아내린다. 이와 함께 지하수의 물길이 점차 아래로 이동해 그 이전에 흐르던 상부의 물길은 빗물이나 지하수의 유입이 차단되어 속이 텅빈 공동(空洞, cave)이 된다. 즉 소백산은 전체적으로 흑운모화강암질 편마암이 주를 이루지만 그 말단부가 석회암과 접하고 있어 이와 같은 과정을 거쳐 많은 석회동굴이 형성된 것이다. 동굴학자들은 그 시기를 30만~10만 년 전으로 추측하고 있다.

단층선을 따라 발달한 소백산의 계곡과 죽령

북동 방향의 종주 능선을 따라 국망봉, 비로봉, 연화봉의 삼봉에서 갈라진 여러 지맥들이 북서 방향과 남동 방향으로 뻗어내리며 그 사이에 천동계곡(비로봉~천동동굴), 어의계곡(국망봉~어의곡리), 희방계곡(제1연화봉~희방사), 비로계곡(비로봉~비로사), 죽계구곡(국망봉~초암사) 등 여러 계곡들을 앉혀놓았다.

그 계곡들이 하나같이 북서~남동 방향으로 일정한 방향성을 갖는 것은 우리나라 지각 변동사에서 가장 규모가 컸던 중생대 쥐라기 대보조산운동 및 신생대 제3기에 소백산맥이 형성되는 과정에서 북서~남동 방향으로 발달한 단층선과 구조선 때문이다. 이 선들을 따라 오랜 세월 하천이 흐르면서 계곡을 깊게 깎아냈던 것이다.

단층선과 구조선이 만들어낸 또 하나의 작품은 소백산 줄기 가운데 가장 낮은 구간인 도솔봉과 제2연화봉 사이의 산마루를 통과하는 죽령이다. 일찍이 소백산 언저리에 터를 잡고 살았던 충청북도 단양 사람들과 경상북도 영주 사람들은 큰 장벽과도 같은 소백산을 이 고갯길을 통해 오갔다.

문경새재(조령), 추풍령과 함께 영남과 기호(畿湖) 지방을 잇는 3대 관문의 하나였던 죽령은 소백산을 반으로 가르며 북서~남동 방향으로 발달

죽령에서 바라본 풍기분지(왼쪽)와 죽령 정상의 죽령휴게소(오른쪽). 소백산에 발달한 계곡과 죽령 고갯길은 북서~남동 방향으로 발달한 단층선을 따라 장기간 침식이 이루어진 결과이다.

한 단층선을 따라 이루어진 침식으로 저지대가 만들어진 후 그 양쪽의 골짜기를 따라 나란히 길을 낸 고개이다.

죽령은 글자 그대로라면 대나무가 많은 곳일 듯하지만 실제로는 죽령 어디에서도 대나무를 찾아볼 수 없다. 일찍이 조선 시대 학자인 조목(趙穆, 1524~1606년)이 단양군 대강면 장림에서 죽령을 넘으면서 "장림에 숲이 없고 죽령에는 대나무가 없다"고 했다 하니 죽령은 예부터 대나무와는 관련이 없었던 것으로 보인다. 아마도 158년(아달라왕 5년)에 죽죽(竹竹)이 이곳에 처음 죽령길을 열었고, 고개 위에 죽죽사(竹竹祠)가 있었다는 데서 유래했다는 이야기가 사실에 더 가까울 것 같다.

신라 시대 이래로 무려 1,900년 가까이 충청도와 경상도를 이어주던 죽령은 이제 더 이상 오가는 이들의 애환이 쌓여가는 곳이 아니다. 2001년 소백산 밑으로 국내에서 가장 긴 4.6km의 죽령터널을 포함한 중앙고속도로(춘천~대구)가 개통되면서 고개로서의 생명력을 완전히 상실했기 때문이다. 지금은 고갯길의 운치를 즐기려는 관광객들과 죽령에서부터 소백산을 타려는 일부 등산객들에 의해 간신히 그 명맥을 유지하고 있을 뿐이다.

십승지의 허와 실

십승지(十勝地) 또는 십승지지(十勝之地)는 전쟁이나 자연 재해 등의 난리가 났을 때 재앙을 피하기 좋은 10곳을 말한다. 십승지에 관한 기록은 《정감록(鄭鑑錄)》, 《남사고비결(南師古秘訣)》, 《징비록(懲毖錄)》, 《도선비결(道詵秘訣)》 등에서 찾아볼 수 있는데 하나같이 삼재(三災), 즉 흉년, 전염병, 전쟁 등의 화(禍)가 미치지 않는 곳임을 밝히고 있다.

임진왜란과 병자호란을 겪고, 당파 싸움과 고을 수령들의 끝없는 수탈로 지칠 대로 지친 민초들에게 십승지는 가뭄 속의 단비와 같은 곳이었다. 고단한 삶에서 벗어나 마음 편히 몸을 피할 수 있는 곳이라면 어디로든지 떠나고자 하는 민초들의 잠재된 욕망은 십승지를 마음의 고향으로 귀히 여기는 문화를 만들었다. 이러한 경향은 조선 후기와 일제 강점기에 이르러 더욱 고조되었다.

그렇다면 십승지는 어디를 말하는 것일까? 십승지의 정확한 위치는 책마다 조금씩 다른데, 공통으로 꼽는 곳을 정리하면 다음과 같다.

1. 영월군 상동읍 연하리 일대
2. 전라북도 무주군 무풍면 현내리 일대
3. 전라북도 남원시 운봉읍 일대
4. 경상북도 영주시 풍기읍 금계리 일대
5. 전라북도 부안군 변산면 중계리 일대
6. 경상북도 합천군 가야면 일대
7. 경상북도 예천군 용궁면 금당실 지역
8. 충청남도 공주군 유구읍 사곡면 일대
9. 충청북도 보은군 내속리면과 경상북도 상주군 화북면 경계인 시루봉 아래 안부 지역
10. 경상북도 봉화군 춘양면 석현리

이 지역들의 공통점은 하나같이 산이 높고 험해 교통이 매우 불편하고 접근하기 힘든 오지라는 것이다. 전쟁이나 난리가 났을 때에는 피난하여 몸을 지키기에 유리하지만, 외부와 차단된 장소이기 때문에 여러 대가 이어 살면서 번창하기에는 적합하지 못한 곳이라 할 수 있다.

그런데 이런 십승지가 엉뚱하게 풍수지리와 잘못 맞물려 명당으로 둔갑하는 경우도 있다. 대다수의 십승지는 국(局)이 협소할 뿐만 아니라 산골짜기의 살풍(殺風)마저 피하기 힘든 곳이다. 이런 사정을 모르고 십승지를 명당으로 여기며 후손 중에 훌륭한 인물이 나오기를 기대하거나, 출산일에 맞추어 그곳에 가서 아기를 낳고 나오는 이들이 있다고 하니 그저 안타까울 뿐이다.

십승지의 제1지 풍기분지

소백산 정상 비로봉에서 남쪽을 바라보면 사방이 산지로 둘러싸여 움푹 파인 풍기분지가 한눈에 들어온다. 풍요로운 터전이란 의미의 풍기(豊基)는 소백산맥에 평지를 이루고 있어 사람이 살 만한 땅임을 확연히 드러낸다. 이 지역은 일찍이 토양이 비옥하고 물이 잘 빠져 황해도 개성, 충청남도 금산과 더불어 대표적인 인삼 산지로 이름 난 곳이다. 조선 시대 이래 민간에 널리 유포되어온 예언서인 《정감록》에 의하면, 풍기는 십승지 가운데 제1지로 손꼽힐 만큼 아늑하고 깊은 산세를 지닌 곳이라는 평가를 받아왔다.

이러한 평가는 이곳의 지질대와 어떤 관련이 있을까? 이는 소백산과 풍기의 지질대가 근본적으로 다르다는 사실에서 찾을 수 있다. 풍기는 중생대 쥐라기 약 1억 6,000만 년 전에 관입한 대보화강암으로 이루어진 반면, 그 주위를 둘러싼 산지는 약 20억 년 전에 변성 작용을 받은 소백산 복합 편마암체로 이루어져 있다. 그러므로 침식과 풍화에 약한 화강암이 주변의 편마암보다 빠르게 깎여나가 깊게 파인 분지가 된 것이다. 다시 말해서 화강암과 편마암이 차별침식을 받은 결과라 할 수 있다.

풍기분지 가운데 소백산 언저리에 자리한 금계리는 북쪽의 소백산을 진산(鎭山)으로 하여 마치 금닭이 웅크리고 알을 품는 모양을 하고 있다. 이런 땅의 형세를 금계포란형(金鷄抱卵形)이라 하며 풍수적 길지(吉地)라고 여겨진다. 원적봉~비로봉~연화봉으로 이어지는 산세 한가운데로 금선정계곡이 깊게 파여 있는데, 그 끝부분에 있는 금계저수지(또는 금계호)에서 계곡을 바라보면 협곡이 병풍처럼 둘러싸여 우리나라 제1의 십승지라고 하기에 부족함이 없다.

소백산 남쪽에 자리한 풍기는 화강암과 편마암이 차별침식을 받아 형성된 분지로 개성, 금산과 더불어 우리나라의 대표적 인삼 산지이다.

이 계곡은 소백산지 말단부의 편마암과 풍기읍의 화강암이 만나는 접촉부에서 화강암이 보다 많이 깎여나가 급경사를 이룬 결과로, 비로봉과 이웃한 산사면에서 흘러내리는 물이 오랜 세월 계곡을 깊이 깎아내 가운데가 움푹 파인 협곡이 되었다. 이 협곡 안으로 들어갈 수 있는 길은 오직 계곡 물길 하나밖에 없어 세상과 단절된 천연 요새와 같은 느낌이 든다.

주 능선을 경계로 남북 간의 뚜렷한 지역 차

정상에 올라서면, 비로봉이라 씌어진 커다란 돌비석이 나타난다. 돌비석 뒤로는 조선 초기 문신이자 학자였던 서거정(徐居正, 1420~1488년)이 지은 다음과 같은 시가 보인다.

> 태백산에 이어진 소백산,
> 백리에 구불구불 구름 사이 솟았네.
> 뚜렷이 동남의 경계를 그어,
> 하늘땅이 만든 형국 억척일세.

소백산 정상 북쪽 아래의 천동계곡 초입 전경. 남북을 동서로 가로지르며 솟아오른 소백산은 자연스럽게 남북 간에 기후와 언어, 생활 풍습에 많은 차이를 가져왔다.

시에서 알 수 있듯이 소백산은 예부터 이 일대를 경계 짓는 역할을 해왔다. 국망봉에서 도솔봉까지 동서로 길게 이어진 약 60리의 산줄기는 자연스럽게 중부 지방과 영남 지방의 경계가 되면서 두 지역 간에 많은 차이를 만들었다.

우선 주 능선을 경계로 북으로 충청도 쪽의 골짜기 물은 남한강으로 흘러들고, 남으로 경상도 쪽의 골짜기 물은 낙동강으로 흘러들어 물길의 운명이 서로 갈렸다. 그리고 1월 평균 기온을 보면 북쪽의 단양이 -5.3°C인 반면, 남쪽의 영주는 -3.4°C로 영주의 기온이 더 높다. 소백산 일대는 강원도 대관령, 선자령 일대와 더불어 매서운 겨울바람으로 유명하지만 소백산맥이 차가운 북서계절풍을 막아주고 푄 현상이 일어나 남쪽인 영주 지방의 기온이 더 높은 것이다. 반면 8월의 기온은 모두 22.5~23.0°C로 큰 차이가 없다.

아울러 두 지역 간에는 이런 자연 환경의 차이

뿐만 아니라 사용하는 말투에서 음식 문화와 생활 습관, 경작 양식에 이르기까지 다방면에서 차이가 나타나고 있다.

귀중한 생명 문화재 모데미풀

비로봉 북서쪽 바로 아래 계곡부에는 수령이 200~500년 된 주목 1,000여 그루가 붉은색 줄기를 자랑하며 군락을 이루고 있다. 주목은 지리산을 비롯하여 덕유산, 태백산, 설악산 등 여러 산지에서 자라고 있지만 소백산의 주목 숲만이 천연기념물로 지정되어 보호를 받고 있다. 그런데 소백산에는 이 주목 군락의 그늘에 가려 생물학적 가치를 제대로 인정받지 못하는 식생이 있다. 우리나라에만 존재하는 특산 식물로, 소백산을 비롯하여 한라산, 지리산, 덕유산, 설악산, 금강산에 이르기까지 광범위한 지역에 분포하는 모데미풀이 그것이다.

지리산 자락의 남원군 운봉면 모데미 마을에서 일본인 학자에 의해 발견된 모데미풀은 물기가 있는 곳이나 능선 상에서만 자라 특별한 보호가 필요한 식물이다. 지역적으로 광범위하게 분포하지만 쉽게 발견할 수 없고 개체군의 크기가 극히 작아 보존이 불안한 종이다. 그래서 산림청에서는 1997년부터 희귀 및 멸종 위기 식물 102호로 지정하여 보호하고 있다.

너그러운 산세에 자리한 불국정토의 산실

우리나라에서만 자라는 모데미풀은 생명 문화재로서 가치가 높은 식물이다.

신선봉, 비로봉, 연화봉, 도솔봉 등 소백산 봉우리들의 이름에서는 모두 불심이 물씬 묻어난다. 또 소백산 자락에는 부석사, 희방사, 비로사, 구인사 등 이름만 대면 알 만한 사찰과 불교 문화재가 유난히 많다. 이는 소백산의 산세가 너그럽고 인자해 보여 수많은 구도자들이 편안한 마음으로 찾아와 몸과 마음을 맡길 수 있었기 때문이 아닐까?

소백산에서 북쪽으로 고치령~마구령~선달산으로 이어지는 백두대간 마루금(산마루를 연결한 선)에서 약 2km 지점에 봉황산(819m)이 있다. 봉황산 남쪽 기슭에 자리한 부석사는 676년(문무왕 16년)에 의상대사가 창건

소백산 끝자락에 터를 잡은 부석사(오른쪽). 돌기단 위에 초석을 다듬고 그 위에 배흘림 기둥을 세운 부석사 무량수전은 우리나라에서 가장 오래된 목조 건물 가운데 하나로 손꼽힌다(왼쪽 아래). 무량수전 현판의 글씨는 고려 말 공민왕의 친필이라고 전한다(왼쪽 위).

한 사찰로, 현존하는 국내 목조 건물 가운데 둘째로 오래된 것이다. 부석사는 배흘림 양식의 아름다운 기둥을 자랑하는 부석사 무량수전(국보 제18호)과 부석사 무량수전 앞 석등(국보 제17호)을 비롯하여 여러 국보와 보물을 간직한 유명한 고찰이다.

또 소백산 남쪽으로 국망봉에서 이어지는 신선봉 북서쪽 골짜기에는 천태종의 총본산인 구인사가 있다. 구인사는 1945년 상월선사가 창건한 사찰로 역사는 짧지만 규모는 전국 최대를 자랑한다. 좁고 길게 뻗은 협곡을 따라 50여 동에 달하는 크고 작은 당우(堂宇)들이 높이 솟아 있는 자태에서 파격적인 조형미를 느낄 수 있다.

이 밖에도 소백산에는 희방계곡에 위치한 희방사, 비로봉 아래 위치한 비로사 등 수많은 사찰과 불교 유적이 있어 명실상부한 한국 불교 문화의 성지라고 할 수 있다. 한편 소백산은 유교 문화까지 끌어안는 포용력을 지녀 우리나라 최초의 서원인 소수서원(영주시 순흥면)을 비롯하여 이산서원(영주시 이산면) 등 무려 20여 개가 넘는 서원을 품고 있기도 하다.

■ ■ ■ 플러스 이야기 상자 ■ ■ ■

소백산신과 태백산신이 만나는 고치령

금성단(왼쪽)과 고치령(오른쪽). 유배 생활 끝에 죽음을 맞이하여 태백산의 산신이 된 단종과 소백산의 산신이 된 금성대군이 만나는 곳이 소백산의 고치령이다.

소백산에는 죽령길 말고도 고갯길이 하나 더 있다. 단양군 영춘면 의풍리와 영주시 단산면 좌석리, 옥대리를 연결하는 고치령(770m)이 그것이다. 고치령은 국망봉에서 백두대간으로 이어지는 형제봉(1177.5m)과 그 앞 자개봉(858.7m) 사이의 산마루를 가로지르는 고갯길로, 그 길에는 조선 왕실의 슬픈 그림자가 드리워져 있다.

12세의 어린 나이에 왕위에 오른 단종은 2년 만에 숙부인 수양대군에게 왕위를 넘겨주고 만다. 이에 격분한 성삼문, 박팽년 등의 충신들이 단종 복위를 도모하지만 끝내 실패하고 결국 단종은 노산군으로 강등되어 영월의 청령포로 유배를 가게 된다. 때마침 1년 전 모반 혐의로 귀양을 가 있던 세조의 동생 금성대군이 유배지가 옮겨져 소백산 자락의 영주시 순흥면(읍내리)으로 왔다. 이 두 사람은 한양을 떠나 소백산의 고치령을 사이에 두고 마주보게 된 것이다.

순흥에서 유배 생활을 하던 금성대군은 또다시 순흥부사 이보흠과 함께 단종 복위를 모의하다 사전에 발각되어 결국 죽음을 맞는다. 분노한 세조는 순흥을 역모의 고장으로 몰아세워 모의에 가담했던 유림과 수많은 민초들을 살육했다. 이때 그들이 흘린 피가 순흥에서 영주시로 흘러드는 죽계천을 붉게 물들이고 40리 아래의 동촌리까지 흘렀다고 하여 동촌리 마을을 피끝마을이라고도 부른다.

그러나 순흥 사람들은 금성대군을 원망하지 않았고 오히려 충절의 상징으로 존경하고 흠모했다고 한다. 역모 사건으로 폐부되었던 순흥부는 1683년(숙종 9년)에 복원되고 이어 순절한 의사(義士)들도 신원(伸冤)되었다. 그 후 1719년(숙종 45년) 부사 이명희의 주창으로 유배지에 단종 복위 사건과 관련하여 죽임을 당한 사람들의 넋을 기리는 금성단(錦城壇)을 설치했다. 이곳에는 3개의 비가 있는데 하나는 금성대군, 다른 하나는 순흥부사 이보흠 그리고 마지막 하나는 의로움을 위해 싸운 이름 모를 이들을 위한 것이다.

단종과 금성대군은 각각 태백산신과 소백산신이 되었다고 한다. 고치령에는 산신이 된 두 사람의 혼백이 장승으로 다시 태어나 고갯길을 지키고 있다.

굽이굽이 뗏목꾼의 아라리가 흐르는
영월 동강

첩첩산중을 굽이굽이 흐르는 강줄기는 칼날 같은 수직 절벽을 맞아 때로는 호수처럼 잔잔한 물결로 흘러가고, 때로는 거센 파도가 몰아치듯 급물살을 이루며 흘러간다. 한 굽이를 돌면 정수리에 낙락장송을 매단 기암절벽이 가로막고, 또 한 굽이를 돌아서면 미루나무 대여섯 그루가 버티고 선 반달 모양의 하얀 백사장이 펼쳐진다. 구절양장(九折羊腸)이라 했던가! 굽이쳐 흐르는 120리 강줄기가 곳곳에 여울과 소를 만들고 수백 길 뼝대(벼랑을

영월읍 거운리와 문산리 사이에 위치한 어라연은 기암괴석과 울창한 송림이 어우러져 동강에서도 가장 아름다운 곳으로 손꼽힌다.

백운산에서 바라본 동강의 모습으로 굽이쳐 흐르는 나리소 물줄기가 보인다. 끊어질 듯 이어지는 동강은 그 자체가 하나의 삶이요, 역사이다.

뜻하는 강원도 말)를 벗어가며 끈질긴 생명력으로 이어지는 곳, 그곳은 바로 동강(東江)이다.

원시적인 자연 경관을 그대로 간직한 채 강원도 정선, 평창, 영월 3개 군을 지나는 동강은 심산유곡을 굽이쳐 흐르는 감입곡류(嵌入曲流) 하천에 속한다. 이러한 하천은 동강을 비롯하여 금강 상류의 무주구천동계곡, 소양강 상류의 내린천계곡, 설악산의 백담사계곡, 북한강 상류의 가평천계곡 등 우리나라 모든 하천의 중류와 상류에 발달해 있다.

그 가운데 가장 전형적인 감입곡류 하천은 단연코 동강이다. 지형학자들은 동강이 우리나라 하천 지형의 형성 과정을 확인할 수 있는 교과서와 같은 곳이라고 말한다. 동강이 세상에 알려진 것은 1999년에 동강댐 건설을 둘러싸고 논란이 발생한 후부터였다. 다행히 댐 건설은 백지화되어 동강은 그대로 살아남게 되었지만, 이 일을 계기로 동강의 비경이 세상에 알려지면서 사람들이 너나없이 몰려와 지금은 심한 몸살을 앓고 있다.

서강과 만나 한강의 남쪽 줄기를 형성

동강은 남한강 수계의 최상류 지역인 강원도 정선과 평창의 깊은 산골에서 흘러나온 작은 내(川)들이 모여 큰 물줄기를 이룬 후, 첩첩산중을 굽이 돌아 영월에 이르는 50.5km의 장대한 물줄기를 말한다. 남한강 상류는 우리나라에서 가장 복잡한 하계(河系)망을 가진 지역이다. 180쪽의 지도를 보면 동강이 어디에서 시작하여 어디에서 끝나는지, 더 넓게는 우리나라 남한강 수계 전체를 한눈에 볼 수 있다.

태백시 검룡소에서 발원한 물은 골지천을 이루며 흐르다가 정선군 임계면에서 발원한 임계천과 합류한다. 그런 다음 정선군 아우라지에 이르러 평창군 도암면에서 발원한 송천과 만나 조양강을 이룬다. 이후 조양강은 오대산에 발원한 오대천과 고한읍에서 발원한 동대천을 끌어안고 정선읍 가수리에 이르러 다시 동남천 물줄기를 만나 비로소 동강이 된다. 동강은 이후 영월읍 남쪽에서 서강(西江)과 합수하여 남한강으로 이름을 바꿔 흐른다. 그다음 충주, 여주를 거쳐 양평 양수리에서 북한강을 만나 한강이 되고, 한강은 황해로 흘러들면서 강으로서의 운명을 마감한다.

조선 시대 이전의 기록에서는 동강의 이름을 볼 수 없는 것으로 보아 동강이란 명칭이 사용된 지는 그리 오래지 않은 것 같다. 동강을 오랫동안 연구해온 정선아리랑연구소 진용선 소장은 조선 초기에 동강은 상류에서부터 하며강(下旀江), 연촌강(淵村江), 금장강(錦障江) 등의 순으로 지역에 따라 다른 이름으로 부르다가 후기에 들어 상류는 연촌강, 하류는 금장강으로 구분하여 불렀다고 한다.

동강이라는 이름이 처음 등장한 때는 일제 강점기인 1914년 일제가 행정구역을 개편하면서부터였다. 하지만 당시에도 동강이란 이름은 거의 사용되지 않았다고 한다. 진 소장은 다음과 같은 말을 덧붙였다. “구한말부터 1970년대 초반까지 동강으로 뗏목을 날랐던 뗏목꾼들 사이에서도 동강은 골안강으로 통했지 동강이라고 하지 않았다. 심지어 1980년대 중반까지도 정선이나 영월 양쪽 지역 모두에서 동강은 낯선 이름이었다. 동강이란 이름은 1980년대 중반 들어 국토지리정보원에서 발행하는 지도에 표기되면서 조금씩 사용되기 시작했으며, 전국적으로 동강이 알려지게 된 것은 1999년 동강댐 건설 논란이 일면서부터이다.”

남한강 상류 유역도. 동강은 정선읍 가수리에서 시작하여 서강과 만나는 영월읍까지를 말한다.

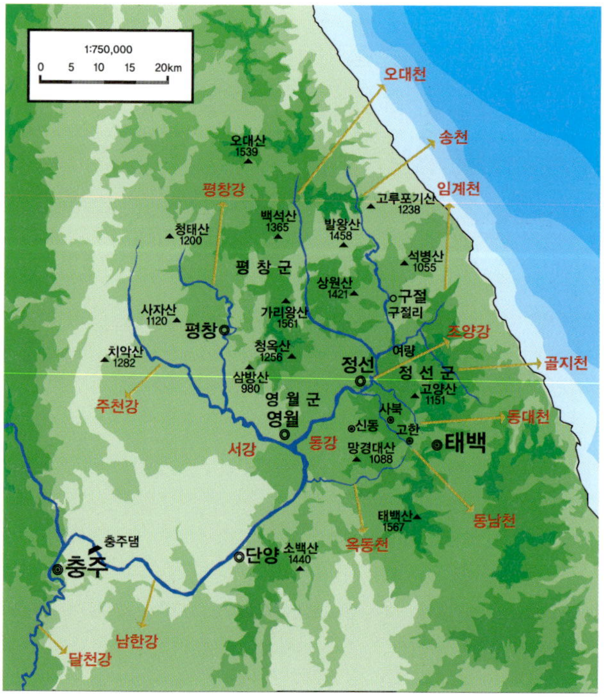

동강 형성의 비밀, 백룡동굴

이 지역의 기반암이 석회암이라는 사실로 미루어볼 때 과거 이곳은 바다였을 것이다. 석회암은 고생대 캄브리아기에서 오르도비스기 사이에 바다에

석회동굴인 백룡동굴 안에는 종유석, 석순, 석주, 동굴산호 등 다양한 동굴 생성물이 화려하게 펼쳐져 있다. 백룡동굴은 1976년 처음 발견된 이후 영구 보존을 위해 폐쇄되었다가 2010년 약 30년 만에 일반인들에게 개방되었다. 동굴 훼손을 방지하기 위해 하루 1회 20명 이내로 최대 240명까지, 안내자 인솔 아래 생태체험 방식으로 탐방이 이뤄진다. ⓒ동굴연구소

살던 산호와 조류, 패류의 껍질이나 골격 등이 오랜 기간 퇴적되어 만들어진 암석이기 때문이다. 동강 유역에서는 수많은 석회암 지형을 볼 수 있다. 동강 양쪽 산기슭에는 석회암이 용식되어 땅이 오목하게 들어간 돌리네 등 카르스트 지형이 무수히 나타나고, 지하에는 석회암이 지하수에 녹아 만들어진 71개의 크고 작은 석회동굴이 있으며, 강바닥 곳곳에서는 동굴 용출수가 흘러나온다.

조직이 치밀하고 단단한 석회암이 지질 작용을 받으면 암석에 절리나 단층선, 혹은 크고 작은 틈이 생긴다. 이러한 부분에 지하수가 침투하면 석회암의 주성분인 탄산칼슘이 용해되어 그 틈이 넓어진다. 이 틈새가 더욱 넓어져 큰 공동(空洞)이 되고, 이를 통과한 지하수는 수평 또는 경사 방향을 따라 하천에 이른다.

이후 하곡을 흐르는 하천이 강바닥을 하각하여 지하수면이 아래로 내려가면, 석회동굴 내부를 흐르는 지하수 또한 석회암 내부를 더 깊이 녹이며 새로운 유로를 찾아 더 낮은 쪽의 하천으로 흘러간다. 이렇게 해서 지하에 동굴이 생기는 것이다. 동강 유역에 발달한 백룡동굴, 연포굴, 쌍굴, 옥굴, 목골굴 등의 석회동굴은 모두 이렇게 만들어졌다.

동강 유역의 석회동굴 가운데 백운산 기슭 미탄면 동강변 절벽 아래서

발견된 총 길이 12km의 백룡동굴(천연기념물 제260호)은 보존 가치가 높아 폐쇄한 상태이다. 해발고도 238m에 위치한 동굴의 입구는 동강 수면에서 약 15m 위의 절벽에 있어 일반인들의 접근이 불가능하지만 바로 여기에 동강 형성의 비밀이 숨어 있다. 백룡동굴의 입구가 동강의 수면과 15m 정도 차이가 나는 것은 석회동굴의 형성 과정에 비추어볼 때, 과거에는 동강의 물길이 지금보다 더 높은 곳에 있었다는 뜻이다. 높은 곳을 흐르던 동강이 오늘날 이토록 깊은 곡을 이루며 흐르게 된 이유는 무엇일까?

아라리의 고장, 정선 아우라지

아우라지 뱃사공아 배 좀 건네주게
싸리골 올동박이 다 떨어진다
떨어진 동백은 낙엽에나 쌓이지
사시장철 임 그리워서 나는 못 살겠네
……
아리랑 아리랑 아라리요
아리랑 고개고개로 나를 넘겨주게

강원도 정선에 전해오는 아리랑의 한 구절이다. 아리랑은 우리나라의 대표적인 민요로 전국 방방곡곡 어디에든 없는 곳이 없다. 이렇게 많은 아리랑 가운데서도 강원도 두메산골 마을인 정선을 중심으로 전해오는 정선아리랑은 그 특유의 애처롭고 구성진 가락으로 한국인의 정서를 가장 잘 담아낸 아리랑이라는 평가를 받는다.

정선아리랑은 고려가 멸망한 후 고려의 충신이었던 전오륜 등 7명의 선비(七賢)들이 정선으로 옮겨와 은둔 생활을 하며, 고려왕조에 대한 충절과 고향에 대한 그리움을 한시로 지어 읊었던 것에서 기원했다고 한다. 그러나 진 소장은 이러한 주장은 학술적으로 근거가 없다고 말한다. 그에 따르면 1865년 대원군이 경복궁을 중수하면서 이에 필요한 목재를 정선, 인제 등지에서 가져갈 때 이 부역에 참여했던 사람들과 이곳에서 남한강 물길을 따라 목재를 실어 나르던 뗏목꾼들이 고달픈 삶을 노래로 만들어 부른 데서 유래했다고 한다.

정선군 북면 여량리에는 구절리 쪽에서 흘러나오는 송천과 임계 쪽에서 흘러나오는

왼편의 임계천과 오른편의 송천이 만나는 아우라지 나루터 건너편에 세워진 처녀상. 아우라지는 1,000리의 뗏목 여정이 시작되는 곳이다.

임계천의 물길이 합류하여 어우러진다 하여 아우라지로 불리는 곳이 있다. 과거 이곳은 남한강 1,000리 물길을 따라 목재를 운반하던 뗏목의 출발점으로 전국 각지에서 모여든 뗏목꾼들과 그들을 기다리는 여인네들의 한스러운 아라리가 끊이지 않았다고 한다. 아우라지에서 출발한 남한강의 물길은 선조들의 이런 애환을 간직한 채 말없이 흐르고 있다. 빠른 물살은 수많은 뗏목꾼들의 목숨을 앗아가기도 했지만 큰돈으로 희망을 안겨준 것도 사실이다. '떼돈 번다'는 말은 이 뗏목꾼들 사이에서 나온 말이다.

강을 의지해 살아야만 했던 뗏목꾼들의 한은 정선아리랑의 애절한 노랫말로 남아 오늘날에도 면면히 전해오고 있다. 그 밖에도 아우라지에는 강을 사이에 두고 처녀, 총각이 나누었던 구슬픈 사랑 이야기가 전한다. 이 고장 사람들은 후세에 이를 전하고, 이곳이 아리랑의 발상지임을 알리기 위해 나루터 건너편에 처녀상과 정자를 세워놓았다.

산이 깊은 곡을 만들다

동강이 처음부터 지금처럼 깊은 산골짜기를 굽이쳐 흐르는 하천이었던 것은 아니다. 신생대 제3기 중기 이전까지 이 일대는 침식 기준면인 해수면의 고도와 큰 차이가 없는 준평원에 가까운 평탄한 지형이었고, 동강은 그 위를 뱀처럼 구불구불 자유롭게 곡류하고 있었다.

약 2,300만 년 전 신생대 제3기 중기에 접어들면서 태백산맥을 축으로 하는 비대칭 습곡 운동이 일어나 태백산맥과 소백산맥이 형성되었는데, 그 영향으로 준평원 위를 자유롭게 사행(蛇行)하며 흐르던 동강도 이전보다 높이 융기했다. 그러자 동강의 흐름이 빨라져 강바닥을 깎아내는 하방

나리소는 동강의 물줄기가 본격적인 사행을 시작하는 곳으로 가수리 쪽에서 흘러 내려온 물길이 벼랑에 막혀 휘돌면서 이루어 놓은 소(沼)이다(왼쪽). 고성산성에서 바라본 백운산 정상과 동강의 물줄기. 잡풀과 허물어진 성곽에서 동강의 오랜 역사가 느껴진다(오른쪽).

침식이 보다 활발해졌다. 이로 인해 동강은 일부 지역에서는 기존의 유로를 따라가며, 또 일부 지역에서는 측방침식이 강하게 일어나 새로운 유로를 만들며 골짜기를 형성했다.

그렇다면 태백산맥의 형성에 따른 동강의 하각 침식량은 얼마나 될까? 놀랍게도 그 수치는 상상을 초월할 정도로 높다. 대구교육대학교 사회교육과 송언근 교수(지형학)는 우리나라에 발달한 대부분의 감입곡류 하천은 태백산맥과 소백산맥을 축으로 하는 비대칭 요곡 운동이 일어나면서 하각을 본격화했다고 말한다. 그 하각 정도는 300~500m인데, 동강이 위치한 태백산맥의 서쪽 사면에서는 약 500m의 하각이 이루어졌다고 한다.

동강 형성 과정

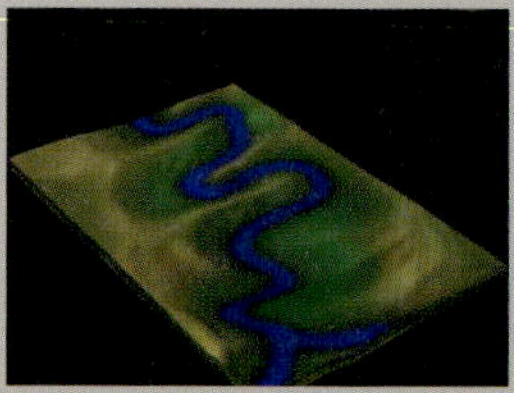

하천이 거의 평탄지에 가까운 준평원 위를 S자형으로 자유 곡류한다.

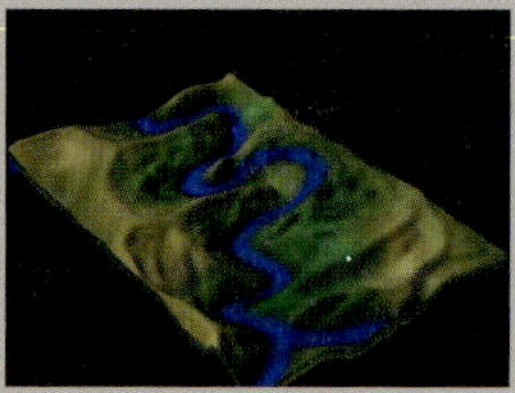

지반 융기에 의해 기존의 유로를 따라 하방침식이 활발해진다.

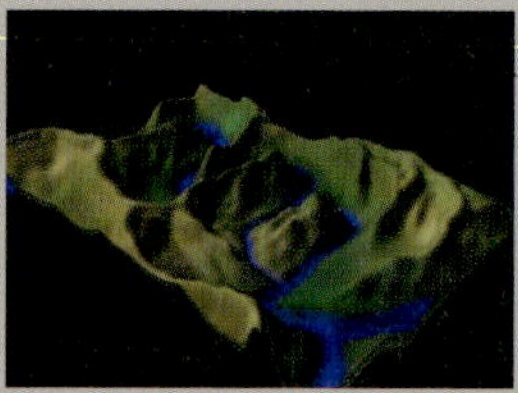

측방침식력이 강하면 새로운 유로가 생겨나고 보다 깊은 골짜기가 만들어진다.

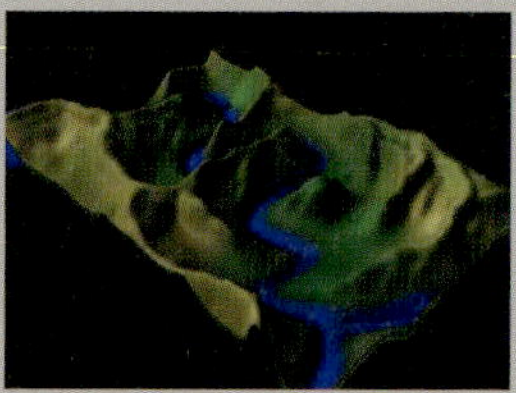

이 과정에서 옛 물길인 구하도와 하천 양안에 기존 유로의 하상인 단구가 생겨나기도 한다.

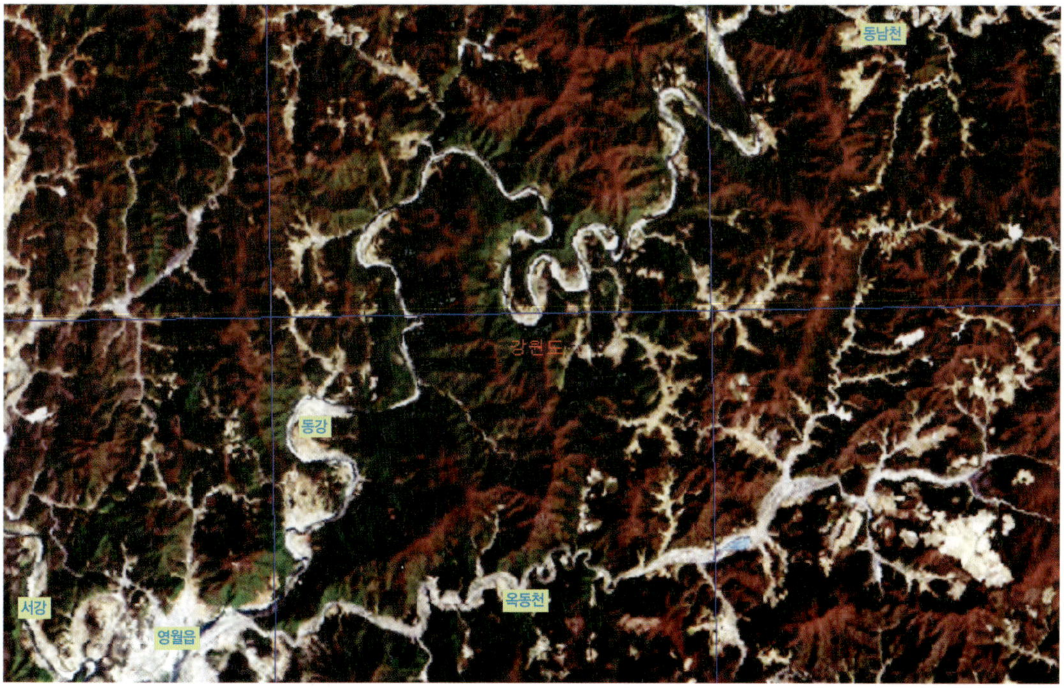

정선에서 내려오는 조양강의 물줄기는 우측 상단의 동남천과 만나면서 동강으로 이름을 바꾼 뒤 좌측 하단의 영월읍에서 서강과 만나기까지 구절양장과도 같이 약 50km를 흐른다. ⓒ환경부

위와 같이 동강을 비롯한 전국 하천의 중상류 지역에 발달한 감입곡류 하천은 모두 태백산맥과 소백산맥이 형성되면서 생겨난 것으로, 산이 깊은 골짜기를 만든 것이다. 산이 높아야 물이 깊다는 자연의 법칙이 동강에도 그대로 들어맞는다고 할 수 있다.

굽이굽이 삶의 애환이 서린 역사의 땅

굽이쳐 흐르는 물줄기가 곳곳에 만들어낸 강변의 넓은 모래언덕과 낮은 구릉지대는 사람이 생활하기에 더없이 좋은 장소이다. 신석기 유물인 빗살무늬토기와 석기류, 청동기 유물인 고인돌이 동강 유역의 퇴적층 곳곳에서 다량으로 발견되는 것으로 보아 선사 시대부터 이 땅에 사람들이 뿌리를 내리고 살았음을 알 수 있다.

이러한 선사 유물 및 유적 때문에 동강 유역은 한반도 동북 지역에서 동해안을 따라 내려오다가 태백산맥을 넘고 남한강과 북한강 상류를 따라 중부 지방으로 전파되었던 선사 문화의 경로를 밝힐 수 있는 곳으로 여겨진다. 또한 중부권의 선사 문화가 경상북도 내륙을 통해 어떻게 남부 지방으로 전파되었는지를 밝혀줄 수 있는 중요한 단서를 제공하기 때문에 고고학적인 가치가 매우 높다고 할 수 있다.

삼국 시대에 이 지역은 한강을 사이에 두고 고구려, 백제, 신라가 치열한 영토 쟁탈전을 벌였던 곳이다. 백운산 정상 맞은편의 나리소 위에 자리한 고성산성이 이를 잘 보여주는데, 이 산성은 고구려가 남진하면서 단양의 온달산성과 비슷한 시기에 축조한 것으로 보인다. 산성 아래로는 고구려, 백제, 신라로 주인이 계속 바뀌며 역사의 소용돌이 한가운데 있었던 동강이 지금도 말없이 흐르고 있다.

오지 중의 오지인 이곳이 처음으로 외부에 알려지기 시작한 것은 1865년(고종 2년) 대원군이 임진왜란 때 불타 273년 동안 방치되었던 경복궁을 중수(重修)할 때부터였다. 건축에 필요한 목재를 정선과 인제 등지에서 뗏목으로 엮어 조달했기 때문이다. 정선 아우라지를 비롯하여 목재가 풍부한 동강 주변과 조양강에서 출발하는 여정은 한양까지 열흘이 훨씬 넘게 걸리는 먼 길이었다. 아름드리 소나무를 뗏목으로 엮어 길을 떠난 뗏목꾼들은 거칠고 험한 물살을 지나 완만한 물길을 만나면 따분함과 무료함을 달래기 위해 아라리를 불렀다. 이 아라리는 오늘날 동강 문화의 중심이 되어 많은 이들의 사랑을 받고 있다.

'떼돈 번다'는 말은 바로 동강의 뗏목 운반에서 나온 것으로 동강의 문화를 가장 잘 드러내는 말이다. 말없이 흐르는 동강은 뗏목꾼들의 고달팠던 여정을 여전히 기억하고 있을 것이다.

죽어가는 생명의 강

험한 산속에 갇힌 채 세상과 격리되어 있던 동강의 신비와 아름다움이 조금씩 세상에 알려지면서 동강은 일순간에 파괴의 위협에 그대로 노출되었다. 특히나 인간의 간섭이 적었던 덕분에 살아남은 멸종 위기 동식물과 보호 야생 동식물의 생태가 위협받고 있어 보호 조치가 시급한 상황이다.

동강에는 산양, 수달, 사향노루, 검독수리, 어름치 등 천연기념물 10종과 붉은 박쥐, 삵, 하늘다람쥐, 다묵장어 등 멸종 위기종 및 보호종 19종을 포함하여 총 1,840종의 다양한 동물들이 서식하고 있다. 그리고 956종에 달하는 다양한 식물이 분포하는데, 이 가운데 동강할미꽃, 동강대극, 마키노국화 등은 동강 유역에만 분포하는 특이종이다.

그러나 생태 자원의 보고인 동강이 조금씩 죽어가고 있다. 옛날 뗏목꾼들이 다니던 시절에는 객주집이 섰을 법한 자리에 호화로운 펜션과 모텔, 식당이 들어섰고, 관광객들이 버린 각종 쓰레기와 생활하수, 가축 오폐수가 정화되지 않은 채 동강으로 흘러들어 수질이 급격히 악화되고 있다. 여기에 무단 취사 행위와 불법 야영, 과도한 래프팅 인구와 불법 시설물, 불법 어로까지 더해져 하천의 생태계는 거의 망가진 상태이다. 지방자치단체가 수익에 눈이 멀어 아무런 대비 없이 무작정 관광객을 받아들였기 때문에 이런 결과가 초래된 것이다.

동강이 급속도로 자연성을 상실하자 2002년 환경부에서는 동강 유역을 생태계보존지역으로 지정했다. 순식간에 엄청난 상처를 입은 동강이 자연성 회복을 위한 실험대에 오른 것이다. 모두의 노력으로 이곳이 산새와 물오리는 숲과 물 위를 자유롭게 날고 피라미, 쉬리, 어름치는 힘차게 물살을 가르며 수달, 사향노루, 하늘다람쥐는 마음 놓고 물가를 오가는 생명력이 넘쳐나는 곳으로 되살아나기를 기대해본다.

동강 탐험의 대명사가 된 래프팅과 동강에서만 자라는 동강할미꽃(사진 속 사진). 수많은 생명체를 키워온 젖줄과도 같았던 생명의 강 동강이 조금씩 죽어가고 있다.

■ ■ ■ 플러스 이야기 상자 ■ ■ ■

단종의 한이 서린 청령포

단종의 유배지였던 청령포는 하천의 곡류절단을 볼 수 있는 최적지이다(왼쪽). 한반도를 꼭 닮은 선암마을의 '한반도 지형'은 서강의 새로운 명소로 떠오르고 있다(오른쪽).

영월읍을 사이에 두고 동강과 만나는 서강은 그동안 동강의 유명세에 가려 빛을 보지 못했다. 그러나 서강 곳곳에는 결코 동강에 뒤지지 않는 빼어난 절경이 그득하다. 우선, 서강의 물줄기를 한눈에 살필 수 있는 영월의 관문에 위치한 선돌이 있고, 평창강이 주천강과 만나는 선암마을의 한반도 모양 지형과 단종이 유배되었던 방절리 청령포 등이 있다. 그 가운데 가장 잘 알려진 곳은 단종의 한이 서린 청령포이다.

1455년 단종은 왕위를 숙부인 세조에게 빼앗기고 1457년 노산군(魯山君)으로 강봉되어 청령포에 유배되었다. 청령포는 삼면이 서강의 물줄기에 둘러싸여 있고 뒤는 가파른 절벽으로 가로막혀 있어 세상과 단절된 섬과 같은 곳이다. 지형학적으로는 하천이 물길을 바꿔가며 흘러 유로의 변경 과정을 살필 수 있는 최적의 장소로 평가되는 곳이기도 하다.

청령포를 돌아 흐르는 서강의 물줄기는 과거에는 지금보다 더 안쪽으로, 즉 맞은편 방절리 야산 쪽으로 크게 굽어 흘렀다. 그때는 영월에서 청령포로 들어오는 도로 옆의 논들도 서강의 물길이었다.

이렇게 옛날에 물이 흐르던 길을 구하도라고 하는데, 이것은 태백시 구문소가 자리한 동점동을 비롯하여 전국 하천의 중상류 곳곳에 나타나는 지형이다. 강물이 흐르는 곳에서는 하방침식과 측방침식이 동시에 진행된다. 이 과정에서 기반암에 발달한 절리나 구조선을 따라 계속적으로 침식이 가해지면 결국 목(neck)부분이 절단되어 새로운 물길이 형성된다. 이후 절단된 구하도는 새롭게 형성된 더 낮은 물길보다 높은 곳에 위치하여 더 이상 물이 흘러 들어갈 수 없게 되니 기존의 물만 고여 있는 못으로 변한다.

서강의 물줄기가 곡류절단되어 현재의 청령포가 형성된 것은 지반의 급속한 융기에 의해 물길이 빨라져 침식력이 강해졌기 때문이다. 방절리 구하도 토탄층의 절대 연령을 측정한 결과에 의하면, 지금의 물길로 유로 변경이 일어난 시기는 약 4만 5,000년 전이라고 한다.

망국의 한이 서린 중원의 명산
월악산

제천시 한수면에서 바라본 월악산 정상. 마의태자와 덕주공주의 한이 서린 월악산은 속리산, 조령산과 더불어 국토 중앙의 대표적인 암산이다.

백두대간의 줄기가 태백산과 소백산을 거쳐 남쪽의 조령산으로 넘어가기에 앞서 하늘재에서 북쪽으로 내달린 지맥 끝에 중원 땅을 가르며 솟아오른 월악산(月岳山)이 있다.

월악산은 주봉인 영봉(1,097m)을 비롯하여 중봉, 하봉 등 3개의 거대한 바위 봉우리가 맹호처럼 솟아오른 성채의 모습을 하고 있다. 또한 깎아지른 듯한 육중한 암봉들이 산줄기를 타고 줄기차게 이어지고, 그 암봉 사이

월악산 정상에서 내려다본 충주호 전경. "월악산이 물에 비치고 항구골에 배가 닿으면 구국의 한이 풀릴 것이다"는 마의태자의 말이 사실로 다가와 후세 사람들을 놀라게 한다.

로 청송들이 운치 있게 자라 마치 한 폭의 동양화를 보는 듯하다. 정상에서 보이는 북쪽 충주호의 잔잔한 물결과 그 수면에 드리워진 산야의 경치는 속세의 때를 말끔이 씻어내기에 부족함이 없다.

《비결잡록(秘結雜錄)》의 "충주에 있는 월악산은 산세가 깊고 험하여 난리가 미치지 않을 만큼 숨어 살기에 적당한 곳"이라는 기록이 말해주듯이 충청북도 충주와 제천 사이에 위치한 월악산은 일찍이 산세가 깊고 험준하여 천연의 요새로 알려졌다.

이렇게 첩첩산중을 이루는 월악산의 멋은 능선에서 계곡에 이르기까지 산 전체가 바위로 이루어진 암산이라는 점에 있다. 포암산~만수봉~월악산으로 이어지는 주 능선을 타고 거대한 암봉들이 끊임없이 이어지는 모습이 마치 힘찬 맥박이 용솟음치는 것 같다.

또한 월광폭포, 자연대, 학소대, 망폭대 등 송계계곡의 여덟 가지 절경인 송계팔경(松界八景)과 관폭대, 용하선대, 청벽대, 선미대 등 아홉 가지 명소가 모여 있는 용하구곡(用夏九谷)이 월악산의 백미로서 쌍벽을 이루고 있다. 상선암, 중선암, 하선암으로 이어지는 선암계곡을 품은 도락산, 남한강을 끼고 호반의 푸른 물과 조화를 이룬 구담봉, 옥순봉, 제비봉, 그리고 충주호를 건너 '비단에 수를 놓은 듯 아름다운 산'이라 하는 금수산에 이르기까지 월악산의 산줄기에서는 바위가 만들어내는 수려하고도 장대한 산악 경관이 끝없이 펼쳐진다. 이런 이유로 산사람들은 월악산을 속리산과 함께 충청북도의 알프스라 부른다.

한편 월악산 동쪽으로 하설산~매두막~문수봉~대미산으로 이어지는 산줄기는 완만한 산세를 이루고 있어 소백산과 같은 포근한 육산의 느낌을 준다. 그래서 월악산은 설악산의 동적인 화려함과 지리산의 정적인 장엄함을 고루 갖춘 산, 암산과 육산의 매력을 모두 지닌 명산 중의 명산이라고 일컬어진다.

마의태자와 덕주공주의 한이 서려 있는 산

월악산은 신라의 마지막 왕인 경순왕의 아들 마의태자와 딸 덕주공주(德周公主)가 망국의 한을 품고 머물렀던 산으로 이들 남매에 얽힌 전설이 곳곳에 남아 있다. 신라의 1,000년 사직을 고려에 넘기고 정처 없이 방랑하던 태자는 하늘재 넘어 미륵리의 미륵사에, 덕주공주는 월악산 깊은 골에 자리한 덕주사에 몸을 의지했다.

송계계곡의 지류 계곡인 덕주골에는 덕주공주의 이름을 딴 덕주산성과 덕주사가 있다. 덕주사에서 넓적한 바위로 메운 산길을 따라 1.5km 정도 오르면 거대한 화강암벽을 깎아 만든 높이 13m의 석불을 만나게 되는데, 이는 덕주공주가 자신의 모습을 조각했다고 전해지는 덕주사 마애불(보물 제406호)이다.

한편 경상북도 문경에서 충청북도 충주로 이어지는 곳에 위치한 하늘재(또는 계립령) 초입의 미륵사지에는 마의태자가 세웠다는 미륵석불입상(보

미륵사지에 있는 미륵석불입상(왼쪽)은 한반도에서 보기 드물게 북쪽을 향하고 있다. 이 불상은 덕주사 마애불(오른쪽)과 마주보고 있어 남매간의 정을 떠올리게 한다.

물 제96호)이 있다. 월악산 영봉을 바라보며 미륵오층석탑(보물 제95호)과 함께 가람을 지키고 있는 석불입상은 북쪽의 덕주사 마애불과 마주보고 있어 오누이의 사무치는 그리움과 망국의 한이 불심으로 승화된 것은 아닌가 하는 생각이 들기도 한다.

"월악산이 물에 비치고 항구골에 배가 닿으면 구국의 한이 풀릴 것이다." 이는 마의태자가 월악산을 떠나 금강산으로 가면서 남긴 말로, 현재의 월악산 정경을 정확하게 예견했다. 월악산 바로 아래까지 충주호의 푸른 물이 밀려들고, 충주나루에서 출발하여 월악산 들머리를 거쳐 단양까지 운행되는 여객선의 선착장이 월악대교 앞에 들어서게 될 것을 마의태자는 어떻게 알았을까? 그렇다면 월악산 영봉이 물에 비치고 항구골에 배가 닿으면 풀린다던 그 한은 과연 언제쯤에나 풀릴까?

월악이란 이름은 달(月)과 무관

어떤 사람들은 월악산이라는 이름이 '장대처럼 우뚝 솟은 영봉에 달이 걸린다'는 뜻에서 생겨났다고 말한다. 하지만 월악산에 쓰인 '월(月)'이 '달'을 한자로 옮긴 것은 맞지만, 여기서 '달'은 '높은 땅 또는 산'을 뜻하는 옛 우리말로 단지 한자로 옮기는 과정에서 월(月)자를 취했을 뿐이다.

그리고 치악산(雉岳山), 관악산(冠岳山) 등 '악(岳)'자가 들어간 산이 모두 그러하듯 월악산에도 바위가 넘쳐난다. 주 능선 위에는 직벽에 가까운 험준한 암능과 첨봉들이 빽빽이 들어서 있는데, 그 때 묻지 않은 하얀 속살이 푸른 노송 군락과 어우러진 정경은 마치 바위들이 불길을 이룬 듯한 화산(火山, 풍수지리학에서 뾰족뾰족한 바위 봉우리가 솟은 산을 뜻하는 말)의 모습이다. 월악산 일대의 이 많은 바위 덩어리들은

제천시 덕산면에서 바라본 월악산 정상 영봉. 영봉은 보는 방향에 따라 모습이 달라 매우 신령스러운 느낌을 준다.

월악산 일대의 화강암은 9,000만 년 전 관입한 백악기 불국사화강암이다. 뒤쪽으로 높이 보이는 봉우리가 주봉인 영봉이다.

다 어디서 왔을까? 그리고 어떤 과정을 거쳐 지금의 아름다운 암산을 이룰 수 있었을까?

9,000만 년 전에 관입한 백악기 불국사화강암

그 해답을 찾기 위해서는 한반도가 불의 시대를 맞았던 중생대로 거슬러 올라가야 한다. 중생대에는 대규모의 지각 변동과 화산 활동이 있었다. 이때 마그마가 지상으로 분출되지 못하고 지하 깊은 곳에서 냉각, 고화되어 형성된 암석이 심성암 가운데 하나인 화강암이다. 월악산 일대의 화강암은 백악기 약 9,000만 년 전에 관입한 불국사화강암으로 속리산과 조령산의 화강암과 같은 시대에 형성된 것이다.

월악산 일대에 관입한 화강암은 포암산~만수봉~월악산, 조령산~마패봉~신선봉~부봉~주흘산, 금수산~옥순봉과 구담봉~제비봉~도락산~황정산에 이르기까지 제천~단양~문경에 걸쳐 면적 486km²의 광범위한 저반(底盤)상의 화강암체를 이루었다. 이를 묶어 월악산화강암체라 한다.

화강암 관입 이후 오랜 세월 표토가 깎여나가면서 지하 깊은 곳에 있던

낙타등처럼 이어지는 육중한 암봉들은 암체에 판상절리가 탁월하게 발달하여 수평으로 침식을 받은 결과이다.

화강암체가 압력의 하중에서 벗어나 지표로 올라왔다. 이때 화강암체가 팽창하면서 발생한 절리면을 따라 수분이 침투하면서 침식과 풍화가 이루어져 화강암체는 다양한 형태의 암괴로 분리되었다. 침식과 삭박이 계속 진행되어 암괴를 덮고 있던 피복 물질이 모두 씻겨나가자 지하에 있던 다양한 형태의 화강암체들이 지상에 모습을 드러냈는데, 월악산의 능선과 계곡에 발달한 화강암 지형은 모두 이런 과정을 거쳐 생성되었다.

지질학자들에 따르면 백악기 불국사화강암은 대략 지하 3~4km의 깊이에서 관입한 것이라고 한다. 따라서 현재 월악산 일대에서 볼 수 있는 화강암들은 약 9,000만 년 전 관입 이후 3~4km의 표토가 깎여나가 지표에 드러난 것이라 볼 수 있다.

만수봉에서 포암산으로 연결되는 주 능선의 고봉들은 대부분 기복이 심한 돔(dome) 모양이다. 월악산에서는 설악산의 천불동계곡과 금강산의 만물상 코스에서 볼 수 있는 칼날같이 뾰쪽하게 솟아오른 암괴들은 보기 힘든 반면 북한산의 인수봉과 같이 커다란 암체 하나로 이루어진 육중한 암봉들이 낙타등처럼 이어진 모습을 볼 수 있다.

이는 지표와 평행하게 발달한 수평절리를 따라 침식이 현저하게 이루어졌기 때문이다. 즉 수평절리가 탁월하게 발달하면 수분이 수직으로 침투하지 못해 침식이 수평면을 따라 집중되어 마치 양파 껍질이 벗겨지는 것처럼 깎여나간다. 송계계곡과 용하구곡에 폭포, 소, 담, 넓은 하상 암반인 대(臺)의 발달이 두드러진 이유 또한 이와 같다.

내륙의 바다 충주호 뱃길 여행

단양팔경 가운데 하나인 옥순봉과 구담봉은 충주호 뱃길 여행의 백미를 감상할 수 있는 곳이다.

월악산 주변에는 수안보온천과 스키장이 있어 사계절 산행의 즐거움이 한층 더하다. 또한 국립공원 내에는 내륙의 바다인 충주호가 있어 그 산세의 아름다움이 더욱 빛난다. 이곳을 배를 타고 돌아보면 월악산 경관의 진수를 느낄 수 있다. 배는 원래 충주댐 부근의 충주나루에서 출발하여 53km를 거슬러 올라가 종착지인 신단양나루에 이르렀다. 그러나 몇 해 전부터는 수심이 낮아져 38km 상류에 위치한 단양군 장회나루까지만 운항되고 있다.

충주나루를 출발한 뒤 20분이면 마의태자의 한을 간직한 월악나루에 도착하고, 물길을 따라 20분가량 더 올라가면 청풍나루가 나타난다. 이곳에는 충주호 수몰지구에 있던 중원의 문화 유적을 그대로 옮겨놓은 청풍문화재단지가 자리하고 있다. 이후 20여 분을 더 올라가면 호수를 가로지르는 단양군 단성면의 옥순대교를 만나게 되는데, 이곳에서 장회나루까지 거슬러 올라가는 10여 분의 뱃길 여행은 그야말로 환상적이다. 그렇게 배를 타고 가다 보면 충주호를 에워싸듯 높이 솟아오른 암봉들이 노송과 조화를 이루며 연이어 눈앞에 나타난다. 봉우리들이 우후죽순처럼 솟았다고 하여 옥순봉(玉荀峰), 깎아지른 듯한 기암절벽 위의 바위가 거북이 모양을 닮았다 하여 구봉(龜峯), 물속 바위에 거북무늬가 있다 하여 구담봉(龜潭峯)이라 하는 봉우리들이 신선의 세계를 만들어놓은 듯하다.

죽기 전에 반드시 가봐야 할 곳 가운데 하나로 흔히 옥순봉과 구담봉을 꼽는다. 이 두 봉우리는 특히 가을철 단풍이 만산할 무렵 충주호 유람선에서 바라볼 때 그 빼어남의 극치를 느낄 수 있다.

영봉은 백두산과 월악산 단 두 곳에만 있을 뿐

월악산 정상은 150m에 달하는 수직단애(斷崖)인 영봉을 비롯하여 중봉, 하봉 등 둘레 4km에 달하는 웅장한 3개의 봉우리로 이루어져 있다. 특히 영봉은 보는 방향에 따라 그 모습이 달라 신령스런 느낌까지 드는데, 충주시 달천 부근에서 계명산과 남산 사이로 보이는 모습은 마치 쫑긋 세운 토끼 귀 같다. 한편 동쪽인 제천시 덕산 부근에서 올려다본 모습은 쇠뿔과 같고, 미륵사지에서 바라본 모습은 수직 절벽이 햇빛을 받아 눈 쌓인 히말라야의 거봉같이 웅장하다.

우리나라에서 최고봉을 영봉(靈峯)이라고 부르는 산은 백두산과 월악산뿐이다. 이는 월악산이 예부터 산기(山氣)와 천기(天氣)가 만나고 사람과 신령이 만나는 산으로 여겨졌기 때문이다. 《삼국사기》에 의하면 신라 시대 영봉에서 산신제와 같은 소사(小祀)를 지냈다 하고, 영봉을 국사봉(國師峯)이라고도 불렀던 것으로 보아 일찍이 이곳이 신앙의 장소로 신성시되었음을 짐작할 수 있다.

영봉은 높은 수직 절벽으로 요새와 같은 모양을 하고 있어 한국의 마터호른으로 불리기도 한다. 산 전체가 거의 매끈한 담홍색의 화강암으로 이루어진 월악산에서 영봉을 포함한 정상부 일대만 회색빛을 띠는 데다가 바위의 결을 따라 조각이 많이 나 있어 독특한 느낌을 준다.

이는 월악산 정상부의 암질이 화강암이 아닌 석회규산염암으로 이루어져 있기 때문이다. 원래 월악산 일대의 기반암은 고생대에 바다에서 퇴적

높은 수직 절벽이 펼쳐져 있는 영봉은 한국의 마터호른으로 불리기도 한다.

된 석회암인데, 중생대 백악기에 마그마가 석회암층의 약한 틈을 뚫고 관입하면서 접촉부에 있던 석회암이 열과 압력에 의해 석회규산염암으로 변했다. 석회암은 변성되면 더욱 치밀하고 견고해져 풍화에 대한 저항력이 커지는 특성이 있다. 그래서 침식과 풍화에 약한 화강암이 쉽게 깎여나가는 동안 강한 변성암질인 정상부는 우뚝 솟아 성채와 같은 봉우리를 이룬 것이다.

정상부에 있는 3개의 봉우리는 원래 돔 모양의 하나의 거대한 암체였으나 절리면을 따라 침식과 풍화가 이루어져 셋으로 분리되었다. 수박을 반으로 잘라놓은 모양으로 150m의 높은 절벽을 이루는 영봉 밑에는 암설들이 떨어져 나가 쌓인 애추가 있는데, 지금도 태양열과 빗물의 침투로 침식과 풍화가 진행되어 암벽에서 암설들이 계속 떨어져 나가고 있다.

정상 부근의 이런 험한 산세와 달리 여름에도 눈이 녹지 않는다는 하설산에서 시작해 매두막~문수봉~대미산으로 밋밋하게 이어지는 산세는 완만한 육산의 형태를 띠고 있다. 이는 이 일대의 지질이 화강암보다 침식과 풍화에 강한 변성퇴적암으로 이루어져 있기 때문이다.

천혜의 비경 송계계곡과 용하구곡

포암산에서 영봉으로 이어지는 주 능선을 분수령으로 서쪽의 송계계곡과 동쪽의 용하구곡이 쌍벽을 이루며 심산유곡의 비경을 자아낸다. 이 두 물길은 모두 북쪽으로 흘러 남한강 충주호에 합류한다.

송계계곡은 월악산에서 사람들이 가장 많이 찾는 계곡으로 노송이 우거진 장장 8km의 V자형 협곡이다. 팔랑소, 와룡대, 망폭대, 수경대, 학소대, 월광폭포 등 송계팔경의 아름다운 경치는 미륵사지에서 송계 방향으로 동달천의 물길이 흘러가며 계곡부의 화강암을 깎아 만든 것이다. 그리고 계곡과 나란히 놓인 길은 옛날 영남 사람들이 하늘재를 넘어 한양에 갈 때 뱃길이 시작되는 남한강 한수나루까지 가는 교통로로서 중요한 역할을 했다.

송계계곡의 팔랑소. 예부터 난리가 미치지 않을 만큼 골짜기가 깊다고 알려진 송계계곡과 용하구곡은 월악산의 백미라고 할 수 있다.

송계계곡의 반대편에서 16km의 깊은 계곡을 이루고 있는 용하구곡도 그에 못지않은 절경을 품고 있다. 활래담, 수용담 등과 같은 소와 담을 비롯해 선미대, 청벽대, 용하선대, 관폭대 등의 하상 암반과 수문동폭포, 병풍폭포 등은 대미산, 문수봉, 매두막에서 흘러든 광천의 물길이 흘러가면서 만들어낸 것이다. 그 과정은 다음과 같다.

약 9,000만 년 전 북동~남서 방향으로 월악산 화강암체가 관입하면서 지각이 승강과 침강을 반복하여 곳곳에 균열이 가고 단층선이 생겨났다. 그리고 이 단층선을 따라 높은 곳에서 낮은 곳으로 물이 흐르기 시작해 지표가 서서히 깎여나갔다. 이후 2,300만 년 전에 있었던 경동성 요곡 운동으로 지반이 융기하자 하천의 물길이 높아져 침식력이 커지면서 이전보다 계곡이 깊게 깎여나가 지금의 모습이 된 것이다.

월악산 산양 복원 사업의 성공을 기대하며

약 200만 년 전에 출현한 산양은 지금의 모습이 당시와 크게 다르지 않아 살아 있는 화석으로 불린다. 그러나 현재 남아 있는 수가 적어 멸종 위기 동물로 국제적인 보호를 받고 있다. 우리나라에서도 무분별한 포획으로 개체군이 크게 감소해, 비무장지대(DMZ)를 비롯하여 설악산, 오대산, 대관령, 태백산 등 강원도 산간 일대에 극소수의 개체만이 서식하고 있다. 그래서 정부에서는 1968년 11월 20일에 산양을 천연기념물 제217호로 지정하여 보호하기 시작했다.

산양은 인간이 접근하기 어려운 바위 절벽을 주 서식처로 삼고 있으며, 성격이 예민하여 동물원에서 번식하기가 쉽지 않다. 그런 어려움에도 불구하고, 수년 전부터 월악산에서는 지리산 반달곰 복원 사업에 이어 산양 복원 사업이 추진되고 있다. 1994년, 1996년, 1997년 세 차례에 걸쳐 서울대공원 동물원의 산양을 두 마리씩 월악산에 자연 방사했는데, 현재 그 수가 15마리로 늘어났다고 한다. 국립공원관리공단이 월악산에 서식하는 산양의 유전자를 분석 조사한 결과, 모두 같은 부모의 자손이라는 사실이 확인되었다.

이에 문화재청과 산림청에서는 월악산에 서식하는 산양의 근친 교배를 막아 유전적 다양성을 확보하기 위해, 강원도 양구군 비무장지대 일원에 서식하는 유전 형질이 다른 산양을 포획하여 월악산에 방사하는 계획을 추진 중이다. 이와 함께 환경부에서는 2007년 월악산 산양 복원 사업을 돕기 위해 산양이 서식하는 월악산 영봉, 중봉, 하봉 일대의 12.6km²를 2026년까지 특별보호구역으로 지정하였다. 또한 환경부는 2012년 성공적인 산양 복원사업을 위해 겨울철 설악산에서 구조된 산양을 월악산에 방사하였다. 2010년 국립공원관리공단의 '산양유전자 특성연구' 결과, 유전적 다양성이 낮은 것으로 나타난 월악산 산양의 유전적 다양성을 높이기 위해서였다. 월악산 산양 복원 사업이 성공적으로 이루어져 앞으로 더 많은 산양이 산릉과 계곡 곳곳을 누빌 날을 기대한다.

■ ■ ■ 플러스 이야기 상자 ■ ■ ■

구상풍화의 진수, 미륵사지의 공깃돌바위

온달 장군의 전설이 깃든 미륵사지의 공깃돌바위에서는 설악산의 흔들바위와 같은 구상풍화의 진수를 맛볼 수 있다(왼쪽). 대구 팔공산의 명물로 잘 알려진 갓바위 불상 또한 붕괴된 화강암 핵석을 조각하여 만든 것이다(오른쪽).

마의태자의 전설이 어려 있는 미륵사지의 미륵석불입상과 오층석탑 바로 옆 개울가에는 축구공 모양의 동그란 바위 하나가 암반 위에 올려져 있다. 고구려의 온달 장군이 힘자랑을 했다는 전설이 전해오는 공깃돌바위가 그것이다.

바보 온달과 평강공주 이야기로 유명한 온달 장군은 죽령과 계립령 이북의 옛 영토를 회복하지 못하면 돌아오지 않겠다는 선언을 하고 신라와 싸우기 위해 출전했다. 그 역사의 흔적을 충청북도 단양군 영춘면 하리에 위치한 온달산성과 이곳 미륵사지에서 찾을 수 있다.

온달 장군은 신라가 개척한 계립령 밑에 군사를 주둔시켜 성을 쌓고 전쟁을 준비했다. 미륵당 내에서 나오는 물을 마신 그는 천하를 호령할 만큼 기운이 넘쳐나, 이곳에 있는 공깃돌바위를 가지고 힘자랑을 했다고 한다.

마치 사람이 일부러 조각한 것처럼 동그란 모양의 공깃돌바위는 어떻게 만들어진 것일까?

공깃돌바위는 화강암으로 이루어져 있다. 화강암에 절리가 생기면 그것을 따라 수분이 침투하면서 암석이 침식과 풍화를 받게 되는데, 이는 수평과 수직으로 발달한 절리가 만나는 모서리 부분에 집중된다. 그렇게 모서리 부분이 보다 빠르게 깎여나가 공 모양의 동그란 암석이 만들어진다. 이를 구상(球狀)풍화라고 한다. 이후 표토 물질이 빗물과 바람에 모두 씻겨 내려가면 지하에 있던 둥근 모양의 암괴인 핵석이 지표에 드러나게 된다. 설악산의 흔들바위 또한 구상풍화의 산물이지만 공깃돌바위가 더 완전한 구(求)의 형태를 띤다.

온달산성과 공깃돌바위 이외에도 단양과 충주 일대에는 온달과 관련된 유적이 곳곳에 남아 있다. 온달이 수련을 했다고 전해지는 온달동굴, 성을 짓기 위해 돌을 나르다 쉬었다는 휴석동, 병사들과 무료함을 달래기 위해 엄지손가락을 눌러 만들었다는 윷판바위 등이 이에 해당한다. 이런 유적들을 통해 우리는 온달장군의 명성뿐만 아니라 당시 이 지역이 고구려와 신라의 치열한 각축장이었다는 사실을 잘 알 수 있다.

퇴계가 짝사랑한 낙동강 상류의 기암군
청량산

연꽃 모양으로 피어난 듯한 육육봉 중심에 자리를 잡은 청량사.

중부 내륙 깊숙한 곳에 위치한 경상북도 봉화는 남한의 시베리아로 불릴 만큼 오지 중의 오지로 알려진 곳이다. 이곳에 가면 아주 특별한 산을 만날 수 있다. 경상북도 안동에서 35번 국도를 따라 봉화 쪽으로 30분 남짓 올라가면 퇴계 이황이 후학을 가르치던 도산서원에 이른다. 이곳에서 낙동강 물길을 따라 8km가량 북쪽으로 더 올라가 가송리를 지나면 강 건너편으로 2~3개의 거대한 암봉이 솟아올라 있다. 범상치 않은 산세가 시원스레 눈에 들어오는 이 산이 바로 청량산(淸凉山)이다.

태백산맥의 지맥에 터를 잡은 청량산은 경상북도 안동시 예안면과 봉화군 재산면 사이에 있는 산으로 수많은 암봉들이 도열해 있는 수려한 산세 덕분에 예부터 소(小)금강산이라 불렸다. 이곳은 또한 전라남도 영암의 월출산, 경상북도 청송의 주왕산과 더불어 우리나라 3대 기악(奇岳)의 하나이자 이름 그대로 청량함이 넘쳐나는 대표적인 여름 산으로 널리 알려져 있다.

이름난 동양화폭에서 한번쯤은 보았던 듯한 청량산의 산세는 규모는 작지만 암봉과 계곡이 어우러져 기막힌 광경을 연출한다. 최고봉인 의상봉(870.4m)을 비롯하여 보살봉, 금탑봉, 경일봉, 축융봉 등 모두 36개의 암봉과 8개의 대(臺)가 산을 가득 채우고 있고, 산자락에는 8개의 굴과 4개의 약수터가 있다.

특히 안으로 6개의 암봉이 연꽃 모양으로 산 중심부를 포근하게 감싸고 있는 육육봉(六六峯)은 그 가운데서도 가장 아름다운 경치로 손꼽힌다. 육육봉의 중심꽃술에 해당되는 연화봉 산기슭 한가운데에는 663년(문무왕 3년)에 원효대사가 창건했다고 전해지는 청정도량 청량사가 있다. 산사를 빙 둘러싼 기암 봉우리들이 펼쳐내는 광경이 마치 선경(仙境)과도 같아 이곳은 누가 보더라도 한눈에 명당임을 알 수 있다.

혼자만 알고 싶은 비경

퇴계 이황이 후학을 가르쳤다고 전하는 청량정사.

청량산 곳곳에는 인물과 관련된 지명이 많다. 예를 들어, 신라의 대학자 최치원이 공부했다고 전하는 고운굴, 신라의 명필 김생이 필법을 연마했다는 김생굴, 원효대사가 도를 닦았다는 원효굴, 의상대사의 이름을 딴 의상봉, 조선 시대 유학의 거두 퇴계 이황이 후학을 가르쳤다는 오산당(또는 청량정사) 등이 그렇다.

대개 왕이나 장군 등 권력과 가까웠던 사람들의

이야기를 하나 둘쯤 가지고 있는 다른 산에 비하면, 고명한 문인과 대사들의 발자취가 남아 있는 청량산은 비록 작은 산세이지만 함부로 무시할 수 없는 고상한 기품이 느껴진다.

영남 유림의 구심, 도산서원

낙동강 상류의 안동호수 변에는 조선 유학의 대표적 성현인 퇴계 이황의 학문과 덕행을 기리고 영남학파의 위세를 높이기 위해 1574년에 세운 도산서원이 자리하고 있다. 1575년 선조에게 사액(賜額)을 받은 서원의 중심에는 전교당(보물 제210호)이 있는데, 이곳에 걸린 도산서원이라는 현판은 조선 최고의 석봉 한호가 쓴 것이다(사진 속 사진).

영남 유림의 정신적 구심으로 문화와 교육의 중추 역할을 하고 있는 이곳은 구한말 흥선대원군의 서원철폐령에도 피해를 입지 않고 존속한 몇 안 되는 서원 가운데 하나이다.

청량산 아래의 안동군 도산면 온혜리에서 태어난 퇴계 이황은 관직에서 물러난 후 낙향하여 도산서원이 완성되기까지 이곳 청량산에 머물면서 후학을 양성했다. 청량산의 아름다움에 반한 퇴계는 스스로를 청량산인이라 칭하며 《퇴계집》에 〈청량산가〉라는 시를 남겼다.

청량산 육육봉을 아는 이 나와 흰기러기뿐.
흰기러기야 날 속이랴 못 믿을 손 도화(桃花)로다.
도화야 물따라 가지 마라 어주자(魚舟子) 알까 하노라.

퇴계 이황은 청량산의 선경이 속세에 알려지기를 두려워하여 중국 송나라 시인 도연명의 《도화원기》에 나오는 복숭아꽃을 빌려 무릉도원과도 같은 청량산을 지키려 했던 것이다. 답사기의 고전인 유홍준의 《나의 문화유산답사기》에서도 "아까워서 소개하고 싶지 않은 곳"이라며 퇴계와 같은 마음을 내비치기도 했다.

청량산의 암봉은 천연 콘크리트 역암 덩어리

거대한 암봉들이 연이어 솟아올라 멀리서도 험준한 산세임이 느껴지는 청량산은 그 안으로 들어서면 길이 잘 나 있어 의외로 편안한 산행을 즐길 수 있다. 거대한 암봉에 바짝 다가서보면 바위 곳곳에 주먹만 한 크기에서 사람 머리 크기만 한 여러 색깔의 자갈이 수없이 박혀 있는 것을 볼 수 있다. 마치 시멘트와 자갈을 함께 버무려놓은 콘크리트 같은 이 돌들은 청량산 형성의 비밀을 담고 있는 역암이다.

역암은 자갈과 진흙, 모래 성분이 물속에서 함께 퇴적, 고화되어 형성된 퇴적암으로 수성암(水成岩)의 일종이다. 우리나라에서 가장 전형적인 역암 지형을 관찰할 수 있는 곳은 전라북도 진안고원에 자리한 마이산(馬耳山)으로, 산 전체가 마치 콘크리트로 이루어진 모양새이다. 마이산이 호남의 대표 역암 산지라고 한다면, 이에 필적할 영남의 대표 역암 산지는 단연

영남의 젖줄 낙동강 변에 자리 잡은 청량산은 우리나라를 대표하는 여름 산으로 걸출하고도 기묘한 암봉들이 장관을 이룬다.

코 이곳 청량산이다.

청량산의 암봉들이 역암으로 이루어진 것은 과거에 이 지역이 바다나 호수와 같은 환경이었음을 말해준다. 이 지역은 중생대 백악기 말 1억~7,000만 년 전 경상도 일대가 거대한 호수들로 저지대를 형성했을 때 그 일부였던 곳이다. 여러 차례의 엄청난 홍수로 주변 산지에서 흘러내린 막대한 양의 자갈, 진흙, 모래 등이 호수에 퇴적되어 청량산의 암봉들을 만든 것이다.

기암으로 넘쳐나는 청량산은 월출산, 주왕산과 함께 우리나라 3대 기악의 하나이다.

한반도에 공룡이 서식하던 백악기 말에는 여러 차례의 화산 폭발로 지각의 일부가 솟아올라 산을 이루기도 하고, 일부는 내려앉아 저지대인 분지를 이루기도 하는 등 지층의 교란이 심했다. 이때 저지대가 된 곳으로 물이 흘러 들어와 여러 호수가 생겨났다. 청량산이 있는 경상도 북부 봉화 지역도 이렇게 형성된 호수였는데, 여기에 쌓인 퇴적층을 청량산층이라고 한다.

우리 문화는 소나무 문화

경상북도 봉화군은 인접한 청송군, 영양군, 울진군과 함께 질 좋은 소나무가 많은 곳으로 유명하다. 조선 시대에는 이곳에서 자라는 소나무를 궁궐의 목재로 사용했는데 안타깝게도 일제 강점기의 산림자원 수탈로 수많은 소나무가 잘려나갔다.

십장생의 하나로 끈질긴 생명력을 지닌 소나무는 비바람과 눈보라 치는 역경 속에서도 언제나 푸른 모습을 간직하고 있어 예부터 지조와 절개의 표상으로 여겨졌다.

우리 문화를 흔히 소나무 문화라고 말한다. 한국인은 소나무로 지은 집에서 살았고, 아기가 태어나면 새끼줄에 솔가지로 금줄을 걸어 나쁜 기운을 막았으며, 솔가지와 소나무로 불을 지폈다. 또한 솔잎을 깔아 송편을 찌고 솔잎으로 술을 담갔다. 송화가루로는 다식을 만들고, 먹을 것이 없을 때는 소나무 껍질로 끼니를 때우기도 했다. 송진으

인천 옹진군 덕적도의 보호수인 해송. 절개와 지조를 상징하는 소나무는 우리 민족의 삶과 늘 함께 해왔다.

로 불을 밝혀 책을 읽거나 바느질을 하는 일도 많았다.

사람의 일생을 놓고 보자면 어릴 때는 소나무 밭에 뒹굴고, 어른이 되면 소나무로 만든 지게로 나무를 해 나르거나 농기구와 가구를 만들어 쓰며 살다가, 죽어서는 소나무로 짠 관에 누워 솔밭에 묻혔다. 그야말로 '소나무는 내 운명'이라 할 만큼 우리 선조들은 태어나서 죽을 때까지 소나무를 곁에 두고 살았다.

대규모 홍수로 유입된 쇄설물

암봉 곳곳에는 1.5m가 넘는 거대한 암석이 곳곳에 박혀 있다. 이 정도 크기의 거대한 암석이 이동할 정도라면 엄청난 규모의 홍수가 여러 차례 일어났을 것이다. 앞서 설명했듯이 거대한 홍수는 주변 산지의 막대한 양의 토사물질을 호수에 공급해 역암층을 형성했다.

청량산층은 역암이 대부분을 차지하지만 자세히 들여다보면 이암, 사암, 그리고 이들이 자갈과 함께 섞여 형성된 역암이 반복적으로 나타난다. 따라서 간헐적인 홍수가 반복되는 과정에서 호수의 수심이 계속 변하면서 퇴적이 이루어졌다고 볼 수 있다. 아직까지 청량산 일대에 대한 구체적인 연구와 조사가 이루어지지 않아 그 층후(層厚)는 정확히 알 수 없지만, 청량산 암봉들의 해발고도와 지하에 묻힌 깊이를 고려해볼 때 적어도 600m는 훨씬 넘으리라 생각된다.

이후 청량산은 오랜 지질 시대를 거치며 지반의 융기로 육화(陸化)되었고, 빗물과 바람 등에 의해 지속적으로 침식과 풍화를 받았다. 역암은 침식에 대한 저항력이 무척 강하기 때문에 청량산 일대는 화강암이 주를 이루는 봉화(춘양화강암)와 안동(안동화강암)에 비하여 침식을 덜 받아 높은 산지를 이루었다. 또한 같은 이유로 사암과 이암이 교호되는 경상계 퇴적암 지대인 임하(신덕리), 임도(중평리), 예안(정산리) 일대에 비하여 높은 고도에 있게 되었다.

청량산 초입에 있는 역암. 청량산의 넘쳐나는 기암들은 진흙과 모래, 자갈이 섞여 퇴적, 고화된 역암이 주를 이룬다(왼쪽). 청량산성에서 바라본 청량산. 청량산은 크게 북쪽의 주 산군과 남쪽의 축융봉 산군으로 양분된다(오른쪽).

한편 역암층 상부로는 현무암이 산재해 있는데, 이는 백악기 말의 화산 활동으로 분출한 용암이 퇴적층을 여러 차례 번갈아가며 덮는 과정에서 형성된 것으로 보인다.

화산 활동과 함께 일어난 지반의 융기와 침강으로 청량산층의 암반에 구조선과 절리가 발생했다. 이후 이 틈새를 따라 수분이 침투하며 침식과 풍화가 진행되어 암반의 틈새가 넓어졌다. 그 결과 하나의 거대한 암체였던 청량산층은 차츰 여러 개의 암봉으로 분리되었고, 그 사이로 침식이 지속적으로 일어나 계곡이 생겨났다. 이 계곡을 타고 양 옆으로 능선이 만들어지면서 36개의 암봉들이 솟아오른 지금의 청량산이 만들어졌다.

청량산은 동서 방향으로 발달한 균열선 때문에 남쪽의 축융봉 산군(山郡)과 북쪽의 주 산군으로 양분되었다. 축융봉 산군에는 공민왕이 홍건적의 난을 피해 머물렀던 공민왕당과 청량산성이 있으며, 주 산군에는 의상봉과 청량사가 있다. 태백에서 발원하여 남으로 흘러가는 낙동강이 청량산 아래 북곡리에서 갑자기 서쪽으로 물길을 바꿔 가송리를 지나 안동댐으로 흘러 들어가는 것도 청량산을 양분한 이 동서 방향의 균열선 때문이다.

암질의 차이가 낳은 특이 지형 니치

청량사에서는 고려 말 공민왕의 친필이라는 유리보전(琉璃寶殿)의 현판

김생굴(왼쪽)과 자소봉 니치(오른쪽). 청량산 도처의 니치는 하부의 이암과 상부의 역암이 차별 침식을 받아 형성되었다.

이 눈에 띈다. 유리보전 안에는 종이로 만든 불상에 금칠을 한 국내 유일의 지불(紙佛)이 있다. 유리보전의 뒤편으로는 높은 봉우리가 하늘을 막고 서 있는데, 이 봉우리는 육육봉 가운데 하나인 연화봉이다. 연화봉에 가로막혀 보이지는 않지만 왼편으로 돌아 30여 분을 오르면 보살봉이라고도 하는 자소봉이 나타난다. 자소봉에 오르면 서쪽으로 의상봉이 보이고, 그 뒤로 영남의 젖줄인 낙동강이 청량산을 휘감으며 유유히 흘러가는 모습이 눈에 들어온다. 반대편인 동쪽으로는 느긋한 산세를 이루는 경일봉이 보인다.

자소봉에서 암봉 기저부를 따라 탁필봉을 거쳐 연적봉을 지나면 정상인

니치 형성 과정

층별로 서로 다른 암질을 지닌 자소봉이 바람과 빗물 그리고 태양열 등에 의해 오랫동안 침식을 받는다.

수증기와 태양열에 의한 침식이 자소봉 남쪽 부분에 집중되는데, 이때 침식에 약한 하단부의 이암과 셰일이 더 빠르게 깎여나간다.

침식에 강한 상부의 역암에 비해 하단부의 침식량이 증가하면서 오목하게 파인 니치가 형성된다.

의상봉에 이르는데, 이곳에서 바라본 자소봉의 도도한 자태가 웅장하기 이를 데 없다. 단일암체인 자소봉 하단부에는 깊이 2m, 폭 50m 정도로 오목하게 패여나간 일(一)자형 침식 지형인 니치(niche)가 발달해 있다. 우리말로 벽감(壁龕)이라고 부르는 니치는 비 오는 날 어른 100명이 넘게 들어와도 너끈히 비를 피할 정도로 널찍하다. 다른 곳에서는 좀처럼 보기 어려운 이러한 지형은 어떻게 생겨난 것일까?

주로 역암으로 이루어진 청량산의 암봉들은 층별로 각각 이암과 셰일, 역암, 사암, 현무암이 번갈아가며 쌓여 있다. 이 암석들은 열과 냉기에 의한 팽창률과 압축률이 각기 달라 침식률도 서로 다르다.

적색의 이암과 셰일로 이루어진 자소봉의 최하단부는 그 위에 퇴적된 역암보다 침식과 풍화에 약해 더 빠르고 깊게 패여나갔다. 이 부분에 니치가 발달한 것은 남쪽 사면에 위치해 일조량이 많고 사계절 내내 계곡 아래에서 불어오는 습한 바람을 먼저 맞을 뿐만 아니라, 그 습기를 장기간 머금어 침식과 풍화가 더 쉽게 이루어지기 때문이다. 이렇게 해서 하부의 이암이 상부의 역암보다 먼저 붕괴되어 자소봉에서와 같은 특이한 지형이 형성되었다.

김생굴을 비롯하여 고운굴, 의상굴, 원효굴, 금강굴, 방장굴 등도 모두 이와 같이 암질이 서로 다른 퇴적층 사이의 차별침식으로 생겨난 것들이다. 이러한 침식은 현재도 계속 진행되고 있어 니치 지형은 폭과 깊이를 더하며 넓어지고 있다.

플러스 이야기 상자

상주 거북돌 구상암

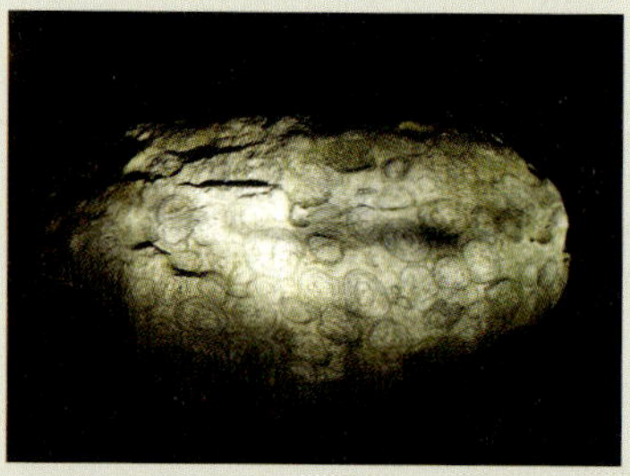

돌에 꽃이 핀 것 같기도 하고, 공룡 알이 박힌 화석 같기도 한 상주구상암에는 주먹만 한 크기의 둥근 돌들이 박혀 있다.

곶감으로 유명한 경상북도 상주에 가면 돌의 생김이 공 모양과 비슷하여 구상암(球狀岩)이라 부르는 바위가 있다. 구상암은 국내는 물론 전 세계적으로도 희귀한 암석으로 암석의 생성 과정을 연구하는 데 매우 귀중한 자료로 인정되어 1962년에 천연기념물 제69호(운평리 구상화강암)로 지정되었다. 구상암은 원래 상주시 낙동면 운평리와 승곡리에서 발견되었는데 지질학적 가치가 매우 높아 현재는 상주시청 청사 현관에 옮겨 보관하고 있다.

구상암은 일반적으로 지하 깊은 곳에 있던 고온의 마그마가 지각을 뚫고 올라오다가 식으면서 형성되는 심성암(深成岩)에 발달한다. 상주에서 발견된 구상암은 그동안 화강암에 발달한 것으로 알려졌으나 지금은 섬록암에 발달한 것에 가깝다고 보고 있다.

섬록암은 화강암과 같은 구조적 특징을 지닌 암석으로 어두운 색을 띠는 광물을 많이 포함하고 있다. 구상암은 지하 깊은 곳에 관입한 마그마의 냉각으로 섬록암이 형성되는 과정에서, 마그마 내부에 포함된 사장석(斜長石), 휘석(輝石) 등의 결정이 먼저 핵을 이루어 방사상으로 성장하고, 이것이 석영, 정장석(正長石), 흑운모, 각섬석(角閃石), 인회석(燐灰石) 등의 유색 광물과 동심원상으로 결합해 만들어진다.

액체 상태인 마그마가 식을 때 사장석이나 휘석은 석영, 정장석, 흑운모 등보다 높은 온도에서 식는다. 따라서 먼저 냉각된 광물이 결정 성장하여 핵을 이룬 후 유색 광물이 냉각되면서 그 바깥을 둘러싸 껍질 부분을 이룬 것이다. 그리고 암구가 원형에 가까운 공 모양이 될 수 있었던 것은 핵을 중심으로 결정의 성장 속도가 모든 방향으로 같았기 때문이다.

마그마가 식는 과정에서 성장 속도가 모든 방향으로 동일하려면 핵이 한 곳에 고정되지 않고 마그마 내부를 이리저리 떠돌아다녀야 한다. 지각의 약한 틈을 뚫고 올라온 상부의 마그마는 즉시 냉각되어 아래의 마그마와 온도 차이가 난다. 그리고 이 온도 차이는 마그마 상부와 하부에 밀도 차이를 가져와 열대류가 일어난다. 마그마 방에서 이러한 순환 과정을 통해 광물 간에 냉각 차이가 생긴 뒤 핵과 껍질이 만들어져 구상암이 형성된다.

구상암 형성 과정

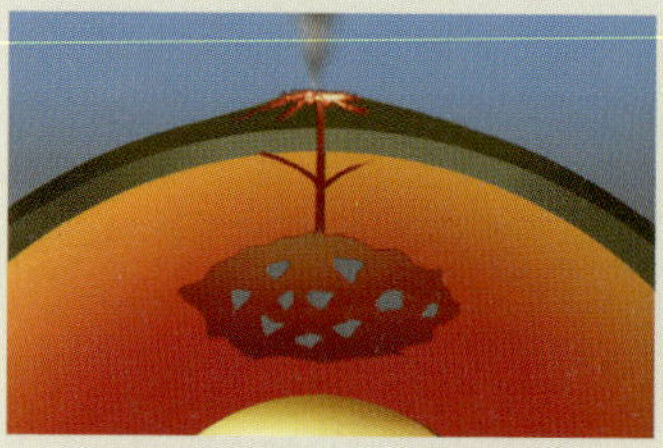

| 지하 깊은 곳에서 마그마가 관입해 냉각하기 시작할 때 핵을 구성하는 광물질들이 먼저 식으면서 결정을 이룬다.

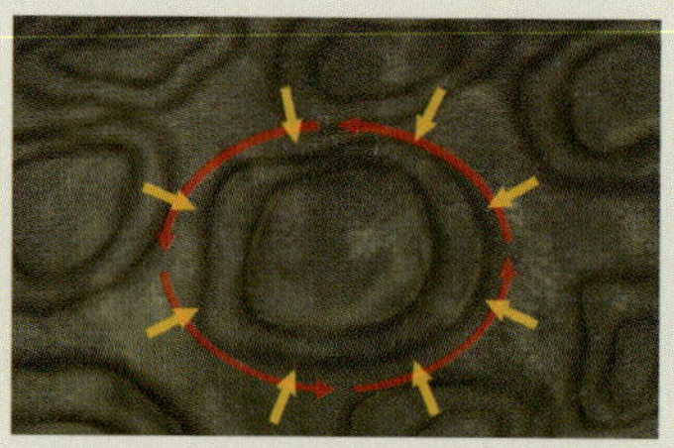

| 이후 핵 주변부로 유색 광물질들이 냉각되면서 동심원상으로 결합하여 공 모양의 구상암 결정이 형성된다.

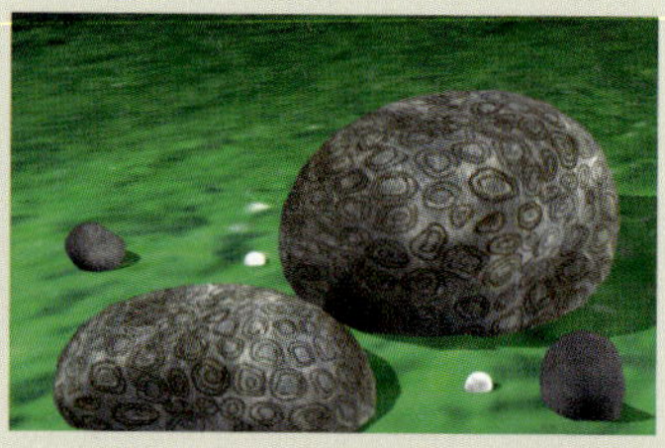

| 지하 깊은 곳에 형성되어 있던 구상암이 오랜 지질 시대를 거치며 풍화와 침식을 받아 지표에 노출된다.

낙동강 물길이 휘돌아 흐르는

안동 하회마을

“조선 인재의 절반 이상이 영남에 있고 영남 인재의 절반이 안동에 있다”는 말이 전해질 만큼 조선 시대까지만 해도 안동은 걸출한 인재를 수없이 배출해낸 곳이다. 성리학의 대가였던 퇴계 이황을 비롯하여 임진왜란 당시 이순신과 함께 나라 수호에 앞장섰던 서애 류성룡, 병자호란 때 비변사 당상으로 청나라와의 화의를 극렬히 반대했던 청음 김상헌 등이 모두 안동 출신이다.

안동댐에서 물길을 잃었던 낙동강이 안동시에서 반변천과 만나 서쪽으로 흘러가다가 풍천면 하회마을에 이르러 물돌이동을 만든다.

안동은 유림의 요람이라 할 수 있는 도산서원, 병산서원, 고산서원, 서산서원 등이 곳곳에 자리하고 있고, 아직까지도 유교적 전통을 고수하는 여러 마을이 남아 있는 유림의 본고장이다. 그 가운데서도 풍산읍 낙동강변에 위치한 하회마을은 유교 전통을 한눈에 볼 수 있어 1년 내내 많은 사람이 찾는 곳이다.

중앙고속도로 서안동나들목에서 빠져나와 34번 국도를 타고 풍산읍에 도착해 다시 916번 지방도로를 따라 10여 분 달리면 왼편으로 하회마을을 알리는 표지판이 나타난다. 이곳에서 좌회전하여 안쪽 길을 따라 들어가면 하회마을에 이르는데, 마을에 들어서자마자 마치 타임머신을 타고 과거로 온 듯한 느낌이 든다. 하회마을은 고색창연한 기와집과 단출한 초가집이 옛 모습 그대로 남아 있어 문화와 역사 학습장으로도 손색이 없는 곳이다.

'하회(河回)' 라는 이름은 글자 그대로 물이 돌아간다는 뜻으로, 낙동강의 물줄기가 안동을 지나 하회마을에 이르러 크게 한 번 휘돌아 흐르기 때문에 지어진 것이다. 우리말로는 물이 돌아가는 동네라 하여 '물돌이동' 이라고 한다.

부용대에서 바라본 하회마을. 하회마을은 마을로 들어갈 수 있는 길이 한 곳밖에 없어 전란과 같은 재앙을 피할 수 있었다. 덕분에 이곳에는 과거의 전통과 문화가 고스란히 남아 있다.

하회동 탈박물관

하회동 탈박물관에서는 우리나라와 세계 여러 지역의 탈을 전시하고 있다(왼쪽). 넉넉한 얼굴에 익살과 해학을 담은 하회탈에서 한국인의 희로애락을 읽을 수 있다(오른쪽).

하회마을 초입에서 오른편을 보면 한옥의 멋을 낸 2층 건물 하나가 눈에 들어온다. 이곳은 국내의 탈 가운데 유일하게 국보로 지정된 하회탈(국보 제121호)을 보존하고 전승하기 위해 만들어진 탈박물관으로 전 세계의 모든 탈을 한자리에 모아 전시하고 있다.

탈박물관은 3개의 전시실로 구성되어 있다. 제1전시실에는 하회탈을 비롯하여 황해도의 봉산탈, 영해 별신굿탈, 영주 별산대탈, 처용탈 등 해학과 풍자를 담은 우리나라 탈 19종, 200여 점이 전시되어 있다. 제2전시실에는 중국, 일본, 멕시코, 프랑스, 뉴질랜드, 네팔 등지의 탈이, 제3전시실에는 콩고, 나이지리아, 케냐 등 아프리카에서 실제로 사용되는 탈이 전시되어 있는데, 모두 합해 30여 개 국가의 탈과 200여 점의 악기가 관람객을 맞이한다.

연꽃이 물에 뜬 모양의 하회마을

하회마을로 직접 들어가지 않고 풍천(갈전리)에서 낙동강 쪽으로 틀어 광덕교를 건너면 곧바로 부용대에 오를 수 있다. 부용대에서 강 건너편을 내려다보면 육지 속의 섬과 같이 물길에 둘러싸여 있는 하회마을의 전경이 한눈에 들어온다. 그 형세가 영락없는 '오메가(Ω)' 자 모양인데, 연꽃이 물에 뜬 모양 같다고 하여 풍수지리적으로는 연화부수형(蓮花浮水型)이라고 한다.

물길과 산세를 같이 보면 S자형으로 물과 땅이 산(山)태극과 수(水)태극을 이루어 태극형(太極型)이라고도 한다. 또한 하회마을은 이 양 태극이 갈마드는 머리에 위치하고 있다. 하회마을의 풍산 류(柳)씨 가문이 번창할

하회마을 건너편의 중생대 백악기 퇴적암 절벽인 부용대. 이곳에 올라보면 하회마을의 모습이 한눈에 들어온다.

수 있었던 것은 이렇게 명당에 터를 잡고 있기 때문이라고 한다. 하회마을에서는 함부로 우물을 파지 않는다. 우물을 파면 연꽃이 표류하거나 뒤집어져 마을에 흉조가 들 수 있기 때문이다.

하회마을은 주산(主山)인 화산(271m)에서 뻗어내린 산줄기 끝에 자리하고 있어 삼면이 물길에 둘러싸인 천연 요새와 같다. 그러다 보니 나룻배를 이용한 물길을 제외하면 마을과 외부를 잇는 길이 큰길 하나뿐이어서 오직 이 길로만 안동, 예천 등지로 나갈 수 있었다.

이러한 지형적 특성 때문에 하회마을은 임진왜란과 한국전쟁 같은 큰 전란을 피할 수 있었고, 대대로 이어져 내려온 문화재들을 고스란히 보존해 전통 문화의 맥을 온전히 유지할 수 있었다. 오늘날 하회마을이 전통 문화의 고장으로 명성을 얻게 된 것은 모두 물돌이동 덕분이 아닐까 한다.

물돌이동은 복잡한 단층선과 서로 다른 지질의 작품

낙동강의 물줄기는 강원도 태백 상함백산 기슭에서 발원하여 멀리 남해까지 흘러가는데, 그 물줄기는 안동에 이르러 갑자기 그 흐름을 서쪽으로 바꿔 상주로 향한다. 그것은 안동 일대의 지질을 크게 둘로 나누는 안동단층을 통해 설명할 수 있다. 단층이란 지각에 가해지는 인장력(引張力)과 압축력에 의해 지각을 이루는 암석에 균열이 생기는 것으로, 큰 바위 덩어리를 쇠망치로 내려치면 바위에 크고 작은 금이 가는 것과 같은 이치이다. 지각과 지층에 균열이 생기면 저지대에 있는 균열 부분을 중심으로 물이 흘러들고, 그 물이 높은 곳에서 낮은 곳으로 흐르면서 점차 침식이 진행되어 하천이 발달한다.

안동 일대에서는 과거 여러 차례의 지각 변동으로 지각에 여러 방향의 균열, 즉 단층이 형성되었다. 안동단층은 임하에서 풍산 남쪽까지 동서 방향으로 발달했기 때문에 이 단층선을 따라 안동 이북 지역에서 남하하던 낙동강은 안동에 이르러 물길이 서쪽으로 꺾일 수밖에 없었다.

또한 낙동강 물줄기가 하회마을에 이르러 더 크게 굽이돌아 흐르는 것은 안동단층을 따라 흐르는 낙동강 본류를 기준으로 남북이 서로 다른 지질로 이루어졌기 때문이다. 북쪽의 지질대는 중생대 쥐라기 2억~1억 6,000만 년 전에 관입한 화강암이 주를 이루는 반면, 남쪽은 중생대 백악기 약 1억 년 전에 퇴적된 경상계 퇴적암이 주를 이룬다. 북쪽의 화강암은 물과 지속적으로 접촉하면 쉽게 풍화되는 반면 남쪽의 퇴적암은 그 구조가 매우 치밀하고 단단하여 침식에 매우 강하다. 따라서 안동단층을 경계로 낙동강이 흐르면서 화강암이 퇴적암보다 빠르게 깎여나갔기 때문에 침식량의 차이로 물길이 굽이굽이 휘어져 흐르게 된 것이다. 이 과정에서 동서 방향의 안동단층 주변으로 북동~남서 방향의 단층선들이 제4기부터 최근까지도 함께 형성되어 하천이 곡류하는 데 큰 영향을 준 것 같다.

낙동강이 쌓아놓은 백사장 위에 모녀지간으로 보이는 두 여인이 그려놓은 사랑의 메시지가 이채롭다.

솟을대문과 고래 등 같은 기와집들 사이로 단출한 초가집이 어우러진 하회마을은 양반 문화와 서민 문화가 공존하는 곳이다.

하회마을이 자리한 곳과 그 앞으로 보이는 부용대의 지질은 이암, 세일, 사암 등이 교대로 쌓인 단단한 퇴적암으로 이루어져 있다. 안동 단층선을 따라 서진하던 낙동강의 물줄기는 병산서원이 자리한 곳의 단단한 퇴적암에 부딪혀 남쪽으로 방향을 틀어 흐른다. 곧이어 다시 남쪽의 퇴적암에 부딪혀 서쪽으로 돌아 흐르는데, 이내 부용대의 견고한 암벽에 또다시 부딪혀 북쪽으로 돌아 옥연정(玉淵亭)이 있는 하류로 빠져나간다.

낙동강의 물길이 만든 백사장

안동에서 하회마을 부근까지 곡류하며 흐르는 낙동강은 물길 양안 곳곳에 엄청난 양의 모래를 쌓아 드넓은 백사장을 만들어놓았다. 이 많은 모래들은 모두 어디서 온 걸까?

하천이 곡류하면 유속이 빠른 바깥쪽 사면은 침식량의 증가로 깎여나가고 유속이 느린 안쪽에는 퇴적 물질(포인트 바[point bar])이 쌓인다. 현재 하회마을 앞쪽에 쌓인 백사장은 이러한 퇴적 물질이 점차 쌓여 성장한 것이다.

낙동강은 하회마을이 들어서기 전에는 바로 그 자리를 흐르고 있었다. 그런데 물길이 점차 바깥쪽을 깎아내면서 이동하여 부용대 밑을 돌아가게 되었다. 현재 낙동강 하상에 넓게 쌓인 모래는 안동 일대에 관입한 쥐라기 화강암과 경상계 퇴적암이 침식과 풍화를 받은 후, 물길을 따라 이동하면서 하천 양안에 쌓인 것이다.

하회마을 앞쪽의 풍산읍에 펼쳐진 널따란 들녘 또한 오랜 세월 낙동강이 범람을 거듭하면서 퇴석물이 쌓인 충석평야이다. 풍산 일대의 지질은 화강암을 기반으로 하고 있어 퇴적암으로 이루어진 강 건너편에 비해 침식과 풍화를 크게 받아 평탄한 지형이 된 것이다. 지세로 보아 과거에는 풍산 들녁 안으로 물길이 크게 굽이돌아 흘렀던 것 같다.

안동소주의 기원

우리나라에는 지방별로 독특한 전통주가 전해 내려온다. 서울의 문배주, 한산의 소곡주, 경주의 법주, 안동의 소주 등이 그 예이다. 이 가운데 알코올 도수 45°인 안동소주는 뒤끝이 없는 화끈한 술로 애주가들 사이에 정평이 나 있다. 안동소주는 조선 시대 안동의 사대부 집안에서 대대로 빚은 전통 민속주로 지금은 한국의 대표적인 전통 소주로 자리 잡았다.

안동소주는 고려시대 일본 정벌을 위해 안동에 머물던 몽골군이 전수한 알코올 증류법으로 만든 증류식 소주이다.

안동에서 소주가 처음 만들어진 때는 고려 시대로 거슬러 올라간다. 고려를 침략한 몽골군은 바다 건너 일본을 정벌하기 위해 안동을 비롯하여 개성과 제주에 각각 병참기지를 구축하고 전쟁에 필요한 물자와 병력을 충원했다. 우리나라보다 북쪽에 위치하여 혹한을 견뎌야 했던 몽골군은 곡물을 발효시킨 후 증류하여 만든 소주(燒酒)를 즐겨 마셨는데, 그 제조 기술이 이때 전해졌으리라 생각된다.

소주는 기원전 3,000년 전 서아시아의 수메르 인들이 처음 만들었다고 한다. 말의 젖을 발효시켜 만든 마유주(馬乳酒)를 마시며 이동 생활을 하는 몽골 사람들에게 오래 두어도 변하지 않는 증류주는 분명 큰 유혹이었을 것이다. 칭기즈칸이 세계를 정복하는 과정에서 몽골은 서아시아의 알코올 증류법을 터득하여 소주를 생산하게 되었다. 이 새로운 소주 제조법이 원나라에 널리 알려져, 이후 고려에도 전해진 것으로 보인다.

양반 문화와 서민 문화가 어우러진 하회마을

하회마을에는 웅장한 솟을대문과 고래 등 같은 기와집으로 이루어진 양반 가옥과 대갓집 일을 봐주던 서민들의 소담스러운 초가 토담집이 함께 들어서 있다. 이렇게 양반 문화와 서민 문화가 자연스레 어우러진 하회마

하회마을 어귀에는 불온하고 사악한 기운을 막아주는 장승들이 나란히 서 있다(왼쪽). 낙동강 건너편으로 상봉정, 겸암정사, 옥연정사, 화천서원 등 이 하회마을과 마주하고 있다(가운데). 하회마을 한복판에 자리 잡고 있는 수령 600년의 삼신목은 마을의 수호신과 같은 서낭당의 역할을 한다(오른쪽).

을에는 양반의 뱃놀이와 서민의 하회별신굿 탈놀이가 조화롭게 공존한다. 이 두 문화는 오랜 세월 서로 도움을 주고받으며 늘 함께해 왔다. 하회마을이 문화사적으로 높이 평가받고 있는 이유 중의 하나가 바로 이것이다.

하회마을에는 서애 류성룡의 종가인 충효당(보물 제414호)과 마을에서 가장 오래된 가옥이자 대종가인 양진당(보물 제306호)을 중심으로, 현재 110여 가구의 한옥과 초가집이 옛 모습 그대로 남아 있는데, 그 집들의 방향은 모두 제각각이다. 그것은 마을을 삼면으로 감싸 흐르는 강에 대한 마을 사람들의 강한 애착 때문이다. 물과 깊은 인연을 맺어온 하회마을 사람들은 마을 어디서든 물이 바라보이는 방향으로 보금자리를 마련했다.

하회마을과 어울리지 않는 하회교회

하회마을은 우리나라 양반 문화의 본산이라고 할 수 있다. 기나긴 세월 인의예지(仁義禮智)의 유교 사상과 토속적인 민속 문화가 어우러진 가운데 무속 신앙이 암암리에 영향력을 발휘하던 하회마을에 교회가 있다는 것을 아는 사람은 그리 많지 않다. 하회마을에 교회가 생긴 것은 1921년의 일이라고 한다. 우리나라에 기독교가 전파된 시기가 구한말임을 고려할 때 유교 전통과 보수적 성향이 짙은 이곳에 그렇게 오래전에 교회가 세워졌다는 것이 믿기지 않는다.

한옥으로 세워진 하회교회는 마을 어귀의 왼쪽 가장자리에 있다. 하회교회의 임동만 목사는 마을에 교회가 최초로 세워진 것은 1921년이지만 기독

하회마을에는 1921년에 세워진 하회교회가 있다. 양반 문화의 본산이라고 할 수 있는 하회마을에 1세기 전에 교회가 세워졌다는 사실이 놀랍기만 하다.

교가 전래된 것은 이보다 11년 앞선 1910년으로, 어물과 소금을 팔기 위해 이곳에 드나들던 상인이 류씨 가문 후실에게 복음을 전파하면서부터라고 했다. 당시 몇몇 신도를 중심으로 비밀리에 예배가 시작되면서 기독교가 하회마을에 서서히 뿌리 내리기 시작했다고 한다.

당시만 해도 일반인들은 보통(초등) 교육도 받기 어려운 형편이었으나, 하회마을의 양반가 자녀들은 일본에 유학하는 경우가 많아 선교사들과 교류가 잦았다. 그래서 하회마을 기독교 2세대들은 1세대들에 비해 기독교를 문화적으로 큰 부담 없이 받아들였다. 하지만 신앙으로 받아들이는 일에서는 보수적인 마을 원로들의 완강한 반대에 부딪혀 많은 어려움을 겪었다. 그러나 믿음의 씨앗이 차츰 복음의 싹을 틔워 오늘날의 하회교회를 만들게 되었다.

플러스 이야기 상자

물동이동의 진수, 회룡포마을과 살둔마을

경상북도 예천 내성천 회룡포마을(왼쪽)과 강원도 인제 내린천 살둔마을(오른쪽)의 물돌이동. 말 그대로 한 삽만 떠내면 섬이 될 듯한 모습이다.

형태면에서 본다면 안동의 하회마을을 훨씬 능가하는 물돌이동이 있다. 경상북도 예천군 용궁면 대은리의 회룡포(回龍浦, 명승 제16호)가 그곳이다. 우리나라에 물이 굽이돌아 흐르는 곳은 여럿 되지만 여기처럼 정말 한 삽만 떠내면 섬이 될 듯한 곳은 찾아보기 어렵다.

예천에서 흘러 내려오는 낙동강의 지류 내성천의 물길이 비룡산(235m) 자락에 가로막혀 350° 굽이돌아 흐르는 안쪽에 하얀 백사장으로 포근하게 둘러싸인 회룡포마을이 있다. 한 폭의 수채화같이 펼쳐진 회룡포 물돌이동의 진수를 보기 위해서는 마을 안으로 들어가지 말고 마을 건너편에 있는 비룡산으로 올라가야 한다. 비룡산 장안사 뒤편의 전망대에 오르면 물길이 마을을 휘감아 흐르는 동화 속 마을 회룡포마을이 한눈에 들어온다. 2000년 방영되었던 드라마 〈가을동화〉에서 주인공들이 어린 시절 물장구치며 놀던 곳이 바로 이 마을이다.

이곳은 조선 고종 때 의성 사람들이 모여 마을을 만들었다고 하여 의성포라고도 불렸는데, 탐방객들이 의성군에 있는 것으로 오해할 소지가 있어 2002년 예천군에서 회룡포로 이름을 바꿨다.

강원도 오대산과 구룡령에서 발원한 물줄기가 모여 이룬 내린천은 몇 해 전부터 래프팅 1번지로 널리 알려져 많은 사람들이 찾는 곳이다.

내린천 일대의 물줄기는 모래소계곡을 지나 인제군 미산계곡으로 넘어가기 직전 광원리 살둔마을 앞에서 크게 휘감아 돌며 물돌이동을 이룬다. '둔(屯)'은 산기슭의 평퍼짐한 땅을 가리키는 말이다. 살둔마을은 '사람이 살 만한 곳에 머물러 산다'는 뜻으로, 한자로는 '생둔(生屯)'으로 표기하여 생둔마을이라고도 한다.

이 마을은 앞에 다리가 놓이기 전에는 육지 속의 섬이나 다름없었다. 한 뼘밖에 안 되는 산밭뙈기에서 밭농사를 하는 전형적인 강원도 산골인 살둔마을에는 고작 여덟 가구가 살고 있다. 그러나 1992년부터 2003년까지 약 10년에 걸쳐 마을 앞을 지나는 446번 지방도로 전 구간이 포장되면서 점차 오지에서 벗어나게 되었다.

살둔마을에는 래프팅 시설과 한국인이 가장 살아보고 싶어 하는 100대 집 가운데 하나로 꼽히는 살둔산장이 새롭게 자리 잡으면서 최근 사람들의 발걸음이 부쩍 잦아졌다.

주왕의 전설이 살아 숨 쉬는
주왕산

주왕산(周王山)은 백두대간의 산줄기가 태백산맥을 타고 내려오며 금강산, 설악산, 오대산, 태백산을 끌어안고 남으로 내달리다가 이 땅의 중동부에 만들어놓은 명산이다. 해발고도 720.6m로 국내의 이름난 다른 산들에 비해 매우 낮지만, 웅장한 산세와 죽순처럼 솟은 수많은 기암절벽으로 일찍이 조선팔경 가운데 제6경으로 꼽힐 만큼 뛰어난 경치를 자랑한다. 《택리지》에서는 "골이 모두 돌로 되어 있어 마음과 눈을 놀라게 하며 샘과 폭

주왕산의 상징으로 청송을 대표하는 기암(旗岩). 그 모습이 '산(山)' 자와 비슷한 기암은 원래 하나의 암체였으나 커다란 6개의 수직 주상절리를 따라 오랫동안 침식과 풍화를 받아 폭 150m에 달하는 7개의 암봉으로 분리되었다.

포가 절경"이라고 극찬을 하기도 했다.

주왕산은 경상북도 청송군과 영덕군 등 5개의 읍과 면에 걸쳐 있고, 면적이 105.4km²로 크게 외주왕 지구와 내주왕 지구로 나뉜다. 사람들이 많이 찾는 곳은 대전사와 내원동, 기암, 학소대, 폭포 등이 있는 주왕골계곡의 외주왕 지구이지만 주산지(注山池)가 있는 주산계곡과 절골계곡의 내주왕 지구 또한 그에 버금가는 경치를 자랑한다. 특히 몇 해 전 주산지가 한 영화의 촬영지로 소개되면서 찾는 이가 부쩍 늘었다.

일반적으로 산은 주봉을 중심으로 내려갈수록 산세가 여럿으로 분리되어 능선이 만들어지고 그 사이로 계곡이 내려앉은 피라미드형이다. 그러나 주왕산은 그 생김새가 확연히 다르다. 가운데 부분이 둥글게 튀어나와 배흘림 기둥과 같은 기암들이 정상을 시작으로 가메봉~왕거암~명동재~머구등~두수람~금은광이~장군봉까지 말굽형으로 이어지는 능선 곳곳에

주산지는 1720년(경종 원년)에 축조한 인공 호수로, 주산계곡의 경관과 호수 주위에 물에 잠길 듯 늘어져 있는 왕버드나무가 그 아름다움을 더한다. 이곳은 2003년 영화 〈봄 여름 가을 겨울 그리고 봄〉의 촬영지로 알려지면서 명소가 되었다.

주왕산 깊은 산속에 자리 잡은 내원동은 아직도 전기가 들어오지 않는 오지마을이다. 1982년 문을 닫은 내원분교가 내원산방으로 바뀌어 등산객을 맞고 있다(왼쪽). 주왕이 몸을 피해 숨어들었다는 주왕굴 앞에 자리 잡은 주왕암(오른쪽).

나타나는데, 그 모습이 마치 빙 둘러서서 강강술래를 하는 듯하다.

이러한 기암절벽과 암봉은 주왕산의 길목에 위치한 대전사에서 주왕골을 따라 약 2km 지점까지 밀집되어 있다. 계곡 양쪽에 하늘을 향해 머리를 치켜든 암봉과 금방 무너져내릴 듯한 수십 절벽이 빽빽하게 들어서 있어 서로 경쟁을 하는 것처럼 보이기도 한다. 그 사이를 흐르는 계곡 곳곳에 발달한 오묘한 형상의 폭포와 소들은 어느 한쪽을 응원하기라도 하듯 시원한 물줄기를 흘려보낸다. 주왕산이 크게 주목받는 이유는 각양각색의 기암 봉우리와 절벽이 자연의 신비와 조화를 이루기 때문이다. 설악산처럼 높지도 않은 이곳에 어떻게 이런 거대한 암봉들이 넘쳐나게 된 것일까?

사방천지가 전설로 가득

주왕산은 전설로 시작해서 전설로 끝난다고 할 만큼 발길 닿는 곳마다, 눈길 가는 곳마다 전설이 살아 숨 쉬는 산이다. 주왕산의 이름은 원래 산자락이 돌 병풍을 두른 것 같다 하여 석병산(石屛山)이었다가 피난민이나 선사들이 자주 찾아들어 대둔산(大遯山)이라고도 했으며, 뛰어난 절경 때문에 소금강(小金剛)이라고도 불렸다. 그리고 태종무열왕의 6대손이자 신라 선덕여왕의 조카인 김주원(金周元)이 머물렀다고 하여 주방산(周房山)이라고도 했으며, 후에 중국 주나라의 왕이 피난했던 곳이라 하여 지금의 주왕산이라는 이름을 얻게 되었다. 주왕산의 전설 가운데 가장 핵심인 주왕과 관련된 전설은 다음과 같다.

중국 진나라 때 벼슬을 지냈던 주의(周顗)의 9대손 주도(周鍍)는 스스로를 후주천황(後周天皇)이라 칭하며 나라를 일으켜 당나라 수도 장안으로 쳐들어갔으나 대패하고 말았다. 이후 주왕은 병사들과 함께 요동으로 쫓겨갔다가 다시 신라 땅으로 도망와 산세가 험한 이곳 주왕산에 은거했다. 이를 알게 된 당나라 덕종이 신라에 주왕 일파의 토벌을 요청하자 신라 소성왕은 마일성(馬一聲) 장군의 5형제에게 주왕을 공격하라고 명했다. 결국 이 싸움에서 애절하게 생을 마감한 주왕은 이 산 곳곳에 수많은 사연과 관련 지명으로 남아 그 한스러운 삶을 전하고 있다.

산 입구 약 2km 지점에 있는 대전사 뒤로 7개의 커다란 암봉이 푸른 하늘을 떠받치고 있다. 이 봉우리는 주왕의 군사들이 이엉을 둘러 벼를 야적해놓은 것처럼 위장한 적이 있다고 하는데, 마 장군이 봉우리에 대장기를 꽂았다 하여 기암(旗岩)이라는 이름을 얻었다.

기암 이외에도 주왕의 군사들이 갑옷과 무기를 숨겨두었다는 무장굴(武裝窟), 그들이 계곡의 물을 끌어올렸다는 곳에 깎아지른 듯 솟아오른 암벽 급수대(給水臺), 주왕의 딸 백련공주를 기리기 위해 세웠다는 백련암(白蓮菴), 주왕의 아들 대전이 아버지 주왕의 명복을 빌기 위해 지었다는 주왕암(周王菴) 등이 있다. 또한 주왕의 아들과 딸이 달을 구경했다는 망월대(望月臺)와 주왕이 몸을 피하기 위해 숨었다는 주왕굴(周王窟) 등 주왕산은 온 산이 주왕의 전설로 뒤덮여 있다.

주왕산 개명 운동?

조선 시대 세종대왕의 비였던 소헌황후와 명종의 비였던 인순왕후는 모두 경상북도 청송 출신으로 청송 심씨(青松沈氏) 집안 사람들이다. 이러한 이유로 주왕산은 조선 시대에 청송 심씨 시조 묘소의 수호산으로 산 전역을

주왕산은 수많은 기암 봉우리와 절벽이 병풍처럼 서 있어 산의 생김새가 여느 산들과 확연히 구분된다.

청송 심씨 문중이 소유했다. 그들은 시조 묘소의 수호산 이름이 중국 반란자의 이름에서 유래했다는 사실에 거부감을 느껴 주왕산 개명 운동을 전개하기도 했다.

조선 시대에 발간된 《신증동국여지승람》, 《택리지》, 《대동여지도》, 《청송군읍지(靑松郡邑誌)》 등에는 주왕산이 주방산(周房山)으로 기록되어 있어 주방산이라는 이름이 더 널리 알려졌음을 짐작케 한다. 그러나 400여 년에 걸친 개명 노력과는 상관없이 민간에서는 늘 이 산을 주왕산으로 불렀다. 경상북도 청송 출신 향토사 연구가인 김규봉 씨가 쓴 《주왕산》을 보면, 1937년에 발간된 《청송군지(靑松郡志)》에서 공식적으로 주왕산이라 기록한 이후 모든 문헌에서 주왕산이라는 이름을 사용하게 되었다고 나와 있다. 주왕산이라는 이름이 공식화된 지도 어느덧 70년이 넘었으니 청송 심씨들도 이제 그 이름을 받아들여야 하지 않을까?

주왕산의 기암 덩어리들은 화산 분출의 산물

수직에 가까운 가파른 산봉우리와 기암절벽이 군집하여 별천지를 이루는 주왕산은 언제, 어떻게 만들어진 것일까? 주왕산의 생김새가 복잡한 만큼 그 해답을 찾는 일 또한 쉽지 않다. 일단 청송 일대의 지질 구조에서 그 실마리를 찾아보자.

청송군 일대에는 선캄브리아대에 석회암을 포함한 퇴적층이 바다에서 형성된 후 육화되면서 변성암류가 생겨났다. 그리고 중생대 쥐라기에 이르

주왕산 정상으로 오르는 등산로 초입에서 바라본 기암. 주왕산에 넘쳐나는 바위 덩어리들은 화산재가 굳어 형성된 응회암으로, 모두 아홉 차례 이상의 화산 분출로 두꺼운 바위층을 이루었다.

러 전국적인 지각 변동과 함께 이 지층으로 관입한 대규모의 화강암(청송화강암)이 기반암을 이루며 폭넓게 분포하게 되었다.

이후 백악기 약 1억 년 전에 대대적으로 일어났던 지각 변동으로 일부의 지각은 융기하여 고지대가 되고, 일부의 지각은 함몰하여 저지대가 되었다. 저지대를 따라 강물이 흘러들어 대규모의 호수가 전국 곳곳에 생겨났는데, 주왕산 일대 또한 경상도 전역에 형성된 커다란 호수 가운데 하나였다.

주왕산 일대가 호수였을 당시 주변 지대에서 흘러 들어온 퇴적물이 선캄브리아대 변성암류와 중생대 청송화강암 위를 약 600m 두께로 덮으며 두꺼운 사암 계열의 경상계 퇴적층이 만들어졌다. 이후 지반이 융기하면서 다시 육지화된 이 일대에 약 7,000만 년 전 퇴적층의 약한 틈을 뚫고 엄청난 양의 용암이 분출했다. 이 용암은 화산재의 일종인 회류 응회암(凝灰岩)으로 300~800°C에 이르는 고온에 점성이 무척 강할 뿐만 아니라 자체 하중 때문에 공중으로 흩어지지 못하고 지표면을 따라 흘러내려 저지대 곳

◀ 급수대(위)와 학소대(아래)가 있는 주왕골은 주왕산 제일의 비경을 자랑한다. 100m가 넘는 수직 절벽이 병풍처럼 서 있어 별천지를 이룬다.

곳을 메웠다.

고온의 응회암은 시간이 지나면서 점차 온도가 내려가자 시멘트 콘크리트처럼 단단한 암석으로 변했다. 이렇게 응결, 수축되는 과정에서 체적이 줄고 암석이 갈라져 암석 표면에 기둥 모양의 주상절리(柱狀節理)가 발생했다. 이후 이 절리면을 따라 수분이 침투하여 침식과 풍화가 진행되었고, 그 결과 암석이 수직으로 떨어져 나가며 붕괴되었다. 현재 주왕산에서 볼 수 있는 기암, 망월대, 학소대, 급수대, 촛대봉, 시루봉 등과 같은 다양한 암봉과 기암절벽은 모두 이와 같은 과정으로 만들어졌다.

청송의 명물, 달기약수탕

달기약수 제1원탕(왼쪽)과 제2원탕(오른쪽). 철분과 탄산이 함유되어 물맛이 독특한 달기약수탕은 주왕산과 함께 청송의 대표적인 명물 가운데 하나이다.

경상북도 청송에 가면 꼭 들러야 할 곳으로 달기약수탕이 있다. 달기약수탕은 주왕산국립공원 외주왕 지구의 달기폭포가 있는 계곡 초입, 즉 청송읍에서 동쪽으로 3km 떨어진 부곡리에 자리 잡고 있다.

이곳은 조선 철종 때부터 알려지기 시작했는데, 현재 모두 10여 개의 샘에서 약수가 솟아난다. 가물어도 1년 내내 물이 마르는 법이 없는 달기약수는 철분과 탄산이 함유되어 있어 물맛이 좋고 약효가 뛰어나 청송의 명물로 널리 알려져 있다.

샘에서 약수가 솟아나는 소리가 마치 닭이 구구대는 소리와 같다고 해서 달기약수라 불렀다는 이야기가 있는데, 실은 달기약수탕이 자리한 약수동의 옛 지명이 부내면 달기동이어서 그렇게 부른 것이라 한다.

아홉 차례 이상의 용암 분출

우리는 주왕산에서 화산 폭발에 의한 화산재와 용암의 분출이 단 한 차례만 일어난 것이 아니라는 점에 주목해야 한다. 주왕산 일대에서 화산 폭발로 처음 분출한 용암은 대전사 부근에서 발견되는 약 60m 두께의 현무암(대전사현무암)이다. 이 대전사현무암 위를 덮고 있는 회류 응회암은 그 두께가 350m에 달하여 상당히 많은 양의 응회암이 연차적으로 분출했음을 알 수 있다.

주왕산 일대의 지질을 연구해온 안동대학교 지구환경과학과 황상구 교수(화산학)에 따르면, 주왕산 계곡부에서 왕거암으로 올라가는 길에는 대전사현무암, 주왕산응회암, 너구동층, 무포산응회암 등 4개의 암층이 나타난다고 한다. 그 가운데 주왕산응회암에서 9개 이상의 흐름켜가 나타난다고 하니 적어도 아홉 차례 이상 용암이 반복적으로 분출했을 것이다. 황 교수는 주왕산응회암에 포함된 암편(岩片)의 입경을 조사한 결과, 그 분출구는 주왕골 내원동 북동쪽에 위치한 명동재(875m)와 먹구등(846.2m)에서 동쪽으로 수 떨어진 곳에 있을 것이라고 추측한다.

이렇게 서로 다른 시기에 다른 성분으로 퇴적된 화산재와 용암이 굳은 주왕산응회암은 켜마다 내부와 표면의 결정 속도가 달라 침식의 정도도 각기 다르다. 특히 층과 층이 만나는 경계는 풍화에 약해 침식이 먼저 진행되기 때문에 평탄한 면이 쉽게 드러난다. 반면 켜 안에서는 주상절리면을 따라 수직 균열이 발생하여 응회암체들이 떨어져 나가고 계단식 지형이 만들어진다. 협곡을 이루는 주왕산 제1, 제2, 제3폭포는 바로 이렇게 생겨났다.

대전사 뒤편에 자리 잡은 약 70평의 기암 꼭대기는 침식과 삭박의 결과 두꺼운 토양층으로 피복되어 소나무와 관목이 자생하고 있다. 주왕산의 암봉이 뾰족하지 않고 둥그스름한 것은 그 자리가 응회암이 흐르던 표면이거나 분출 시기가 서로 다른 응회암 간의 경계이기 때문이다. 이는 분출한 응회암이 냉각되면서 굳을 때 어느 정도 완만한 구릉대의 평탄면을 유지했다는 것을 말해준다.

주왕산 제1폭포. 주왕산에 나타나는 여러 폭포들은 응회암에 발달한 주상절리면을 따라 차별침식이 진행되어 계단식 지형이 되었다.

차별침식으로 위치가 역전된 주왕산군

주왕산 일대는 주변에 높은 산도 없고 산악지대도 아닌 곳에 가파른 산봉우리들이 밀집되어 있어 생뚱맞은 느낌마저 주는 곳이다. 그러나 이 일대는 과거에는 오히려 주변보다 낮은 지대였다고 한다. 그렇다면 어떻게 지금의 지형을 이루게 된 것일까?

그것은 주왕산 일대의 암질과 주변 지역의 암질 사이에 발생한 차별침식의 영향 때문이다. 약 7,000만 년 전까지 사암과 화강암 계열이 주였던 주왕산 일대는 오랜 침식으로 저지대를 이루고 있었다. 그러다가 화산이 분출하면서 회류 응회암이 이 저지대를 메웠다. 이후 침식과 풍화가 진행되는 과정에서 응회암으로 이루어진 주왕산 화산암체가 주변의 높은 지대보다 덜 깎여나가 오히려 위로 솟아오르게 된 것이다.

이렇게 평지 위에 우뚝 솟은 주왕산은 찾아오는 이들에게 파격의 아름다움을 선사한다. 조선 후기의 문인 홍여방(洪汝方, ?~1438)은 "청송의 산세는 기복이 있어서 용이 날아오르는 것 같기도 하고, 범이 웅크린 것도 같으며, 냇물은 서리고 돌아 마치 가려 하다가 다시 오는 것 같다"고 했다. 자연과 시간이 그린 한 폭의 산수화를 보고 싶은 이들은 주왕산을 찾는다면 후회하지 않을 것이다.

주왕산 형성 과정

약 7,000만 년 전 경상계 퇴적층의 약한 틈을 뚫고 격렬한 화산 폭발과 함께 화산재와 용암이 분출했다.

화산이 분출할 때 쏟아져나온 쇄설물(응회암)이 저지대를 매곡하며 약 350m 두께의 층을 이루었다.

이후 오랜 지질 시대를 거치며 물과 바람에 의한 침식과 풍화로 화산 쇄설물이 깎여나갔다.

이 과정에서 단단한 암석의 일부가 남아 웅장한 암봉과 기암절벽으로 이루어진 지금의 주왕산이 생겨났다.

■ ■ ■ 플러스 이야기 상자 ■ ■ ■

제주 대포동 지삿개 육각형 주상절리 형성의 비밀

주상절리는 서귀포시 대포동을 비롯하여 포항(달전리주상절리[천연기념물 제415호]), 울릉도, 철원 한탄강 유역, 무등산 입석대 등 우리나라 화산 지대 곳곳에서 볼 수 있다.

제주도 서귀포시 중문동, 예전에는 지삿개라 불렸던 대포동 해안에 다가서면 겹겹이 쌓인 검붉은 육각형 모양의 돌기둥들이 약 1.75km의 해안선을 따라 펼쳐져 있다. 이것은 대포동 주상절리대로, 국내 최대 규모를 자랑한다.

주상절리는 화산 활동의 산물로 신생대 제3기 말에서 제4기 초 화산 활동이 있었던 제주도를 비롯하여 울릉도, 독도, 철원 한탄강 유역, 포항 등지에서 흔하게 찾아볼 수 있는 지형이다. 이렇게 신기한 모양을 한 돌기둥은 어떻게 생성된 것일까?

화산이 분출할 때 화구에서 흘러나온 용암이 급격히 냉각되면 수축 작용이 일어나 수직의 균열이 발생한다. 이때 균열은 용암의 두께, 온도, 냉각 속도, 냉각률 등에 따라 다양한 형태로 나타나는데, 보통 동일한 방향으로 힘의 분배가 이루어져 오각형 또는 육각형 모양이 된다.

이후 이 수직 방향의 틈과 절리면을 따라 수분이 침투하여 얼고 녹기를 반복하면서 바위의 틈이 점차 넓어진다. 이렇게 벌어진 틈과 틈 사이로 침식과 풍화가 계속 이루어져 바위 덩어리들이 하나 둘씩 떨어져 나가며 높이가 다른 돌기둥들이 생겨난 것이다.

중문 대포동의 주상절리대는 50만~40만 년 전 분출한 제주도의 조면현무암질 용암류가 냉각, 수축되면서 생겨난 것으로 추정된다. 특히 이 일대의 주상절리대는 절리의 생성 원인과 과정, 발달 모양과 해식 작용을 관찰할 수 있는 지형적, 지질학적 가치가 높아 2005년 1월 6일 천연기념물 제443호(제주중문 · 대포해안 주상절리대)로 지정되었다.

주상절리 형성 과정

| 지표면으로 흘러나온 용암이 급속도로 식으면서 수축 현상이 일어나 수직의 균열이 발생한다.

| 수직 방향의 틈새로 비나 눈이 들어가 얼고 녹기를 반복하면서 암석의 틈이 점차 벌어진다.

| 벌어진 암석의 틈새로 풍화와 침식이 진행되어 돌기둥과 같은 다각형의 주상절리대가 형성된다.

한반도 최대의 자연 늪지
창녕 우포늪

하늘에 천지가 있다면 땅에는 우포늪이 있다는 말이 있을 정도로 한국 최대 규모를 자랑하는 자연 늪지 우포늪.

메기가 하품만 해도 물이 넘치는 곳이 있다. 바로 경상남도 창녕(昌寧)을 두고 하는 말이다. 창녕은 낙동강 하류 변의 저지대에 있어 장마철이면 강물이 범람하기 일쑤이다. 매년 여름 이곳 농민들은 수해 걱정으로 밤잠을 이루지 못한다 하니 이런 과장된 표현이 나올 법도 하다.

창녕은 전국적으로 습지가 가장 많은 고장으로 국내 최대의 자연 늪지인 우포늪이 자리하고 있다. 창녕읍에서 서쪽으로 약 8km 떨어진 곳에 있는 우포늪은 창녕군 대합면, 이방면, 유어면, 대지면 일대에 걸쳐 있는데 둘레 7.5km, 전체 면적 8.54km²로 어마어마한 크기를 자랑한다. 장마철 홍수로 우포늪에 물이 가득 차면 그 면적이 서울 여의도의 면적과 맞먹어 이곳 사람들은 하늘에 천지가 있다면 땅에는 우포늪이 있다고 말한다.

그동안은 자연 늪지가 쓸모없는 땅으로 인식되었기 때문에 우포늪 또한 거의 주목을 받지 못했다. 그러나 1990년대 중반부터 습지의 생태적 가치가 부각되면서 지금은 많은 사람들이 이곳을 찾고 있다. 사시사철 다른 모습을 보여주는 우포늪은 어떻게 형성되어 오늘에 이르게 된 것일까?

토평천 변에 터를 잡은 물에 푹 젖은 땅

여름철이면 온갖 수생 식물과 초목으로 뒤덮인 우포늪에 물이 가득 들어찬다. 하지만 그 모습이 호수 같다고 하기에는 뭔가 좀 부족하다. 그렇다고 맨땅도 아니고 반은 물이요, 반은 뭍인 늪지이다. 그야말로 물에 푹 젖은 땅이라는 표현이 딱 들어맞을 것 같다.

이러한 지형을 지형학 용어로는 배후 습지(背後濕地, backswamp)라고 한다. 본래 낙동강 하류는 우리나라에서 습지가 가장 많이 분포하는 지역이다. 이 가운데 특히 낙동강 본류에 합류하는 황강 이남 지역의 창녕에서 밀양강 합류 지점 사이에는 우포늪을 비롯하여 습지가 많이 발달해 있다.

이 지역을 흐르는 낙동강의 하상(河床) 경사는 1만 분의 1 정도로 곳에 따라서는 침식 기준면인 해수면에 가까울 만큼 매우 완만하다. 이 때문에 장마철에 홍수가 나면 낙동강 물이 쉽게 범람하여

우포늪 일대를 하늘에서 보면 마치 소가 늪에 머리를 대고 물을 마시는 것 같다고 해서 '소벌', 즉 우포라 불렸다고 한다. 매년 봄 우포늪 가장자리에는 보라색 자운영 꽃이 만발하여 화사한 꽃밭을 이룬다(사진 속 사진).

주변 저지대로 밀려드는 것이다.

우포늪은 낙동강으로 흘러드는 지류 가운데 하나인 토평천에 생겨난 늪지이다. 창녕군 화왕산(756m)에서 발원한 토평천은 낙동강과 우포늪의 생태계를 연결하는 생명의 가교 역할을 한다.

우포늪은 평균 수심이 2m 이내이지만, 매년 장마철이면 토평천 일대의 물이 와서 고이고 또 낙동강 물이 토평천으로 역류하여 수위가 무려 5~6m나 높아진다. 그렇게 한동안은 끝이 보이지 않는 호수가 되지만, 얼마 후에는 다시 늪지로 변해 끝없이 변신하는 듯한 인상을 준다. 이는 다른 늪에서는 보기 어려운 독특한 현상이다.

소가 늪에 머리를 대고 물을 마시는 모양

우포늪은 하나의 늪을 일컫는 것이 아니라 우포늪을 비롯하여 목포, 사지포, 쪽지벌 등 4개의 늪을 함께 아우르는 지명이다. 우포늪을 중심으로 북쪽으로는 목포, 오른편으로는 사지포, 그리고 왼편으로는 쪽지벌이 있다.

이곳 사람들은 우포늪을 '소벌'이라고도 하는데, 이 이름은 이곳의 지세와 관계가 있다. '벌'은 배후 습지성 호소(湖沼)를 포함한 범람원 지형을 일컫는 말로 금호강 주변의 범람원인 달구벌을 예로 들 수 있다. 그리고 토평천 일대의 범람원 지형을 하늘에서 내려다보면 마치 소가 늪에 머리를 대고 물을 마시는 것처럼 보여 소가 물을 마시는 벌, 즉 '소벌'이 되었다고 한다. 그 후 일제 강점기에 소벌을 한자로 쓰다보니 뜻 그대로 우포(牛浦)가 된 것이다. 아울러 목포(木浦)는 '나무벌'로 여름철

물이 빠진 우포늪의 겨울 풍경. 멀리 뒤로 보이는 산이 창녕의 진산인 화왕산이다. 화왕산에서 발원한 토평천이 낙동강으로 흘러드는 곳에 우포늪이 자리하고 있다.

비가 많이 오면 주변의 나무들이 떠내려 오던 곳이라서, 사지포(砂旨浦)는 '모래벌'로 모래가 유독 많은 곳이어서, 쪽지벌은 옛날 이름 그대로 크기가 작아 붙여진 이름이다. 그러나《대동여지도》에는 우포(牛浦)가 누포(漏浦)로 표기되어 있는 것으로 보아 당시에는 소와는 관계없이 물이 넉넉하게 넘쳐나는 늪이라고만 인식되었던 듯하다.

《동국여지승람》〈창령현(昌寧縣)〉 편과《대동여지도》,《경상도읍지》〈창령현〉 지도 등에 나오는 물슬천(勿瑟川)은 지금의 토평천이며, 용장택(龍壯澤)은 대합면에 위치한 용호, 이지포(梨旨浦)는 현재 늪지가 없는 배말리이다. 이를 통해 500년 전에도 우포늪 일대에는 많은 늪지대가 있었음을 알 수 있다.

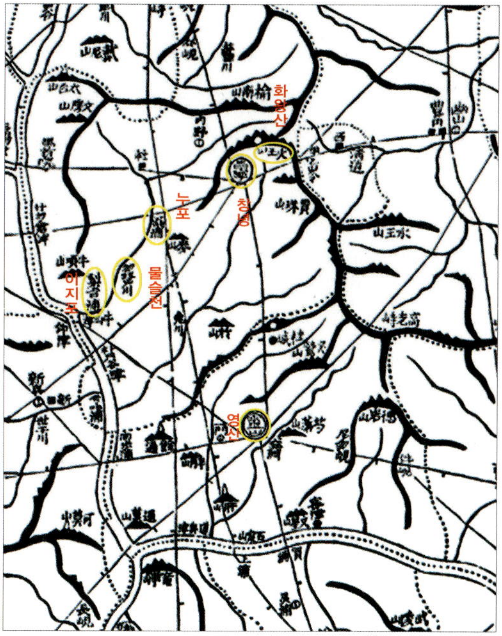

1860년대의《대동여지도》에는 낙동강 하류 부근의 지류 하천인 토평천이 물슬천으로, 우포가 누포로 표기되어 있다.

후빙기 해수면 상승으로 낙동강 바닥이 토사로 메워지면서 형성

이렇게 큰 우포늪은 언제, 어떻게 형성된 것일까? 우포 전망대로 올라가는 입구 조금 못 미친 곳에 있는 안내판에는 우포늪이 중생대 백악기에 형성된 늪이라고 적혀 있으나 이는 잘못된 내용이다.

창녕 지역의 지질은 중생대 경상계 퇴적암과 이에 관입한 화성암으로 구성되어 있다. 이 일대의 퇴적암 층에서 연흔과 공룡 발자국 화석이 발견되는 것으로 보아 이 지층은 백악기 말 호소에서 형성되었음을 알 수 있다. 그러나 우포늪 주변 지층에서 발견되는 이러한 화석만 가지고 우포늪이 중생대에 형성된 것이라고 단정해서는 안 된다. 우포늪은 다만 중생대 백악기 퇴적층을 기반암으로 했을 뿐 실제의 늪지는 오랜 세월이 흐른 뒤 그 위에 새롭게 쌓인 신생대 충적층에 형성되었다.

후빙기 해수면 상승으로 낙동강의 수위가 높아지자 토평천의 수위 또한 상승했다. 이렇게 토평천이 범람을 반복하면서 주변에 넓은 늪지대의 범람원을 형성하여 우포늪이 만들어졌다.

우포늪의 태동기는 지금으로부터 약 160만 년 전인 신생대 제4기 전기이다. 당시 낙동강은 점차 지류 하천들이 합류하여 거대한 강으로 커가고 있었고, 그 지류 가운데 하나인 토평천 또한 우포의 생성을 예고하면서 서서히 낙동강으로 유입되었다. 제4기에는 빙하의 영향으로 많은 지형 변화가 일어났는데, 낙동강과 토평천 일대 또한 빙하의 성쇠에 영향을 받으며 점차 변모해갔다. 빙하기에는 해수면이 현재보다 130~150m 정도 낮았기 때문에 유속이 빨라져 침식 작용이 활발했다. 따라서 토평천은 지금의 사행천(蛇行川) 유로와는 달리 보다 깊고 직선인 하천을 유지하며 낙동강으로 흘러들었다.

빙하기가 끝나고 기후가 따뜻해지자 해수면이 다시 상승했고, 이에 따라 낙동강 하구가 육지 쪽으로 후퇴했다. 수위가 높아지면서 유속이 느려지자 이번에는 퇴적 작용이 활발해졌다. 그 결과 현재의 우포늪 부근까지가 침수되었고, 토평천 또한 유속이 느려져 직류 하천에서 다시 그물 모양의 여러 갈래로 흐르는 망류(網流) 하천과 곡류 하천으로 바뀌었다.

창녕의 자존심, 영산만년교

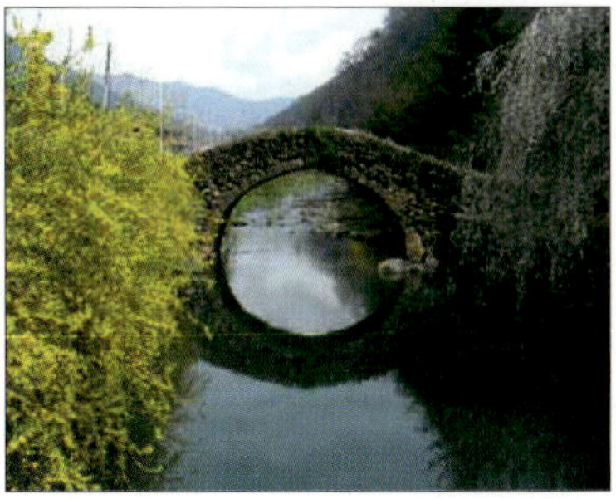

창녕 사람들의 자존심 영산만년교. 창녕에서는 만년교보다 원다리로 부른다. ©창녕군청

경상남도 창녕은 임진왜란 때 홍의장군 곽재우가 의병을 일으켜 왜적을 무찌른 곳이다. 또한 일제 강점기에는 영남 지방에서 가장 먼저 3.1 독립만세운동을 전개한 곳이고, 한국전쟁 때는 북한군을 물리친 곳이라 국내의 대표적인 호국성지로 손꼽히는 지역이다.

그런 영향으로 이곳에는 선열들의 얼을 기리고 호국정신을 본받기 위해 1982년 5월 31일 국내 최초의 호국공원인 영산호국공원이 조성되었다.

이 공원 앞을 흐르는 남천(南川) 위에는 단아한 무지개 모양의 홍예교(虹霓橋)가 있다. 이 다리는 1780년(정조 4년)에 축조된 영산만년교(보물 제564호)로 전라남도 여수 흥국사 홍교(보물 제563호), 벌교 홍교(보물 제304호)와 함께 남부 지방의 홍예교 축조 기법을 보여주는 귀중한 문화재이다.

축조 기법을 살펴보면, 하천 양쪽의 자연 암반을 바닥돌로 삼아 잘 다듬어진 화강암을 무지개 모양으로 층층이 쌓고, 그 위에 다시 둥글둥글한 자연석을 쌓아올린 다음 맨 위에 흙을 깔아 사람이 다닐 수 있도록 길을 놓았다. 자연석을 정교하게 다듬어 만든 높이 5m, 지름 11m의 만년교는 창녕 사람들의 자존심이라고 할 수 있다.

한때 홍수로 붕괴되었던 것을 1892년(고종 29년)에 영산현감 신관조가 개축했다고 한다. 창녕 사람들은 다리를 다시 세워준 원님의 공덕을 기려 이때부터 원다리라는 이름을 썼다고 하는데, 그래서 창녕에서는 지금도 이 다리가 만년교보다는 원다리로 통한다고 한다.

낙동강 본류가 급격히 상승하자 토평천의 유수가 낙동강으로 흘러들지 못하고, 오히려 낙동강의 물이 토평천으로 역류하여 토평천이 범람을 거듭하게 되었다. 그 영향으로 토평천 중류 일대에 넓은 호소 지대가 형성되어 우포늪의 기원이 되었다. 이 과정에서 토평천에 의해 상류에서 떠내려온 실트(silt) 등이 지속적으로 퇴적되었으며, 호소 주변부에 수초와 같은 식생이 자리 잡으면서 서서히 늪지대로 변하여 오늘의 모습이 된 것이다.

빙하의 마지막 전성기가 약 1만 8,000년 전이고, 빙하가 물러가고 바다가

우포늪 형성 과정

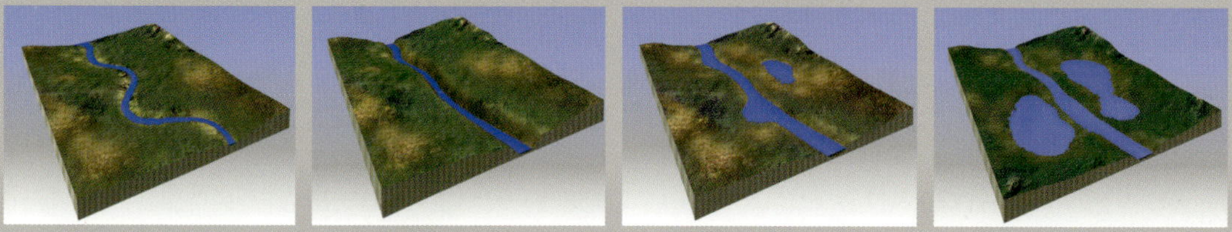

약 160만 년 전 낙동강의 지류 중 하나인 토평천이 우포늪의 잉태를 준비하며 서서히 사행하면서 낙동강으로 유입되었다.

빙하의 성장으로 해수면이 하강하자 낙동강의 유속이 빨라졌으며, 토평천 또한 침식력이 강해져 직선의 하도를 이루며 급속히 흘러갔다.

빙하기가 끝나자 해수면이 상승하여 토평천의 유속이 느려지고 퇴적 작용이 활발해졌다. 홍수 때는 낙동강 물이 역류하여 범람이 빈번했다.

제4기를 거치며 빙하의 성쇠에 따라 이러한 과정이 여러 차례 반복되자 토평천 중류 일대에 점토와 실트가 퇴적되어 늪지가 형성되었다.

현재의 해수면을 유지하게 된 것이 약 6,000년 전이므로 지금의 우포늪이 형성된 것은 6,000년 전 이후로 볼 수 있다.

살아 있는 자연사 박물관

우포늪은 물과 뭍의 중간적 생태계를 가진 곳으로 습지 특유의 높은 생명력과 기능을 두루 갖추고 있다. 현재 우포늪 일대에는 모두 1,770여 종의 생명체가 살고 있는데, 이 가운데 수생 식물만 430여 종에 이른다. 이는 우리나라 전체 수생 식물의 50~60%에 해당되는 수치다. 이외에도 담수 조류가 460여 종, 곤충류가 580여 종, 척추 동물이 260여 종에 달하는 것으로 조사됐다.

우포늪은 먹이사슬이 잘 형성된 건강한 생태계를 유지하고 있다. 물방개, 장구애비, 물장군 등 55종의 수서 곤충과 뱀장어, 잉어, 붕어, 가물치 등 28종의 어류, 논우렁이, 물달팽이, 발조개 등 5종의 패각류 그리고 남생이, 자라, 줄장지뱀 등 7종의 파충류까지 다양하고 풍부한 담수 생물이 서식하고 있다. 우포늪에서 흔히 볼 수 있는 수생 식물로는 마름, 생이가래, 개구리밥, 자라풀, 가시연꽃, 물억새, 부들 등이 있다. 우포늪의 물빛이 의외로 맑은 것은 늪의 오염을 정화시키는 이런 수생 식물들 덕분이다.

우포늪은 새들의 천국이기도 하다. 박새, 직박구리, 황조롱이 등과 같은 텃새 이외에도 고니(천연기념물 제201호)를 비롯하여 논병아리, 쇠백로, 왜가리, 기러기 등의 철새들이 찾아와 겨울을 난다.

이렇게 다양한 생물이 서식하는 우포늪은 살아 있는 자연사 박물관이라 할 수 있다. 과학자들의 말대로 21세기는 생물종을 확보하기 위한 포성 없는 전쟁의 시대가 될 것이다. 한 국가가 지닌 생물종의 수는 그 국가의 부를 가늠하는 척도라 할 수 있기에 우포늪의 자연사적 가치는 더욱 높아질 것이다.

미국 경제학계의 보고에 의하면, 습지의 수질 정화 능력을 돈으로 환산할 경우 1ha당 약 40만 달러에 달한다고 한다. 현재 우포늪의 크기는 150ha정도이므로 우리 돈으로 환산하면 약 7,800억 원의 경제적 가치가 있다고 할 수 있다.

쓸모없는 땅에서 자원의 보물 창고로

그동안 습지는 쓸모없는 땅으로만 인식되어 마음껏 매립하고 개간하여 농경지나 공장 부지로 사용해도 된다고 여겼다. 우포늪 또한 여기에서 예외일 수 없었다.

우포늪은 원래 하나의 커다란 늪지였지만, 그 주변을 낙동강의 범람에서 보호하고, 배수 시설을 만들어 농지로 개발하기 위해 인공 제방을 쌓으면서 그 면적이 크게 줄어들었다. 이러한 인위적인 간섭으로 자연적인 수문(水文) 환경이 변하여 건기에는 일부 습지가 바닥을 드러낼 정도로 육화의 속도가 빨라지고 있다. 또한 우기에는 토평천으로 유입되는 물의 양이 증가할 뿐만 아니라 낙동강이 역류하여 습지와 그 주변이 침수되는 등 많은 문제가 야기되고 있다.

1990년대부터 습지가 갖는 생태적, 경제적 가치가 부각되면서 뒤늦게나마 우포늪을 보호하려는 움직임이 크게 일어났다. 현재 우포늪은 생태계보전지역(1997년)과 람사 협약에 의한 국제보호습지(1998년) 그리고 천연보

인간과 자연, 생명을 잇는 고리와 같은 역할을 하는 습지. 2001년 환경부가 측정한 우포늪의 환경 자산 가치는 연간 약 560억 원에 이른다고 한다. 따라서 개발과 농사를 통해 얻는 이익보다 천연의 습지에서 얻는 이득이 더 큰 셈이다.

호구역(천연기념물 제524호, 2011년)으로 지정되어 보호받고 있다. 습지는 지구 상에 있는 생물의 5분의 1이 생활 터전으로 삼고 있을 만큼 생태계에서 차지하는 비중이 매우 높은 곳이다. 대구대학교 사회교육학부 손명원 교수(지형학)는 무엇보다도 먼저 습지를 하나의 생태계로 인식하려는 친환경적인 사고가 필요하다고 말한다. 그 대안으로 지금이라도 자연습지를 개간한 농경지의 일부를 습지 생태계로 되돌려 생태 학습장이나 생태 관광지로 개발하는 역(逆)간척을 제시하고 있다.

■ ■ ■ 플러스 이야기 상자 ■ ■ ■

우포늪의 물 기운과 화왕산의 불 기운

정월 대보름 화왕산 고위평탄면에서 억새를 불태우는 모습. 창녕은 유달리 드센 물 기운 때문에 홍수 피해가 심했다. 이를 다스리기 위해 물과 상극을 이루는 불 기운이 왕성하다는 뜻에서 진산의 이름을 화왕산이라 했다.정월대보름을 맞아 달집살기, 억새 태우기 등을 하며 새해 소원을 비는 행사가 열렸지만 2009년 인명 사고가 발생함에 따라 이 행사는 폐지되었다.

대구에서 현풍을 지나 마산으로 이어지는 중부내륙고속도로를 타고 30분가량 달려가면 드넓은 평야지대 너머로 거대한 장벽처럼 마주치는 산이 있다. 바로 창녕의 진산(鎭山)인 화왕산이다. 해발고도 756m로 그다지 높지 않은 산이지만 낙동강 하류 지역의 넓은 평야지대에 솟아 있어 자못 큰 위용을 지녔다.

습지가 많은 창녕에서는 유달리 드센 물 기운을 다스리기 위해 물과 상극을 이루는 불 기운이 왕성하다는 뜻에서 진산의 이름을 화왕산(花旺山)이라 지었다. 그래서인지 화왕산에는 유난히 산불이 자주 일어나 키가 큰 나무들은 거의 사라지고 대신 진달래, 철쭉, 억새가 산 전체를 뒤덮다시피 하게 되었다.

진달래로 이름난 화왕산 정상 일대는 널따란 분지 지형을 이루는데, 그 가장자리를 따라 약 2km의 산성이 축조되어 있다. 이 산성은 1596년(선조 29년)에 홍의장군 곽재우가 왜적을 막기 위해 쌓은 것으로, 그 안의 분지에는 억새가 군락을 이루어 가을철이면 10리 억새밭의 장관이 펼쳐진다. 6만여 평에 이르는 억새밭은 잡목이 섞이지 않은 단일 억새 군락지로는 전국 최대 면적을 자랑한다. 창녕 사람들은 음력으로 윤달이 든 해의 정월 대보름날 정상에서 상원제를 지내고 이 억새밭에 불을 질러 평안을 기원한다.

정상부에 움푹 들어간 분지 모양의 지형과 분지 내부에 있는 3개의 못을 일부에서는 분화구라고 말한다. 화왕산의 주 암석은 창녕 지방의 기반암인 경상분지의 변성 퇴적암에 관입한 흑운모화강암이다. 이는 약 1억 1,000만 년 전인 중생대 백악기 초에 형성된 것이다. 정상부에 안산암류의 화산암이 일부 나타나고 있어 화왕산은 백악기 초 화강암이 관입하기 훨씬 이전의 분화 활동에 의해 형성된 것으로 보인다. 이후 화강암의 관입으로 암석의 차별침식이 일어나 화강암인 중앙이 주변보다 빠르게 침식, 풍화되어 분지형의 저지대를 이루게 되었을 것이다. 따라서 이곳의 지형은 분화구라기보다는 암석의 차별침식에 의한 분지로 보는 것이 옳을 듯하다.

돌이 강이 되어 흐르는 곳

만어산 종석너덜

하늘에 떠 있는 일만 마리 물고기 떼의 적멸, 폭우가 쏟아지던 날 물고기들이 내는 장엄한 풍경 소리를 들으며 만어사의 옛 스님은 열반에 들었을 것이다.

– 조용미의 〈魚飛山(어비산)〉 중에서

경상남도 밀양시 삼랑진읍에서 정북 방향으로 약 7km 지점에 해발고도 670.4m인 만어산이 자리 잡고 있다. 산 정상부 바로 밑으로는 1181년(고려 명종 11년) 동양보림대사가 창건했다는 만어사가 있으며, 사찰 경내에는 삼층석탑(보물 제466호)이 도량을 지키고 있다.

산 아랫마을 우곡리에서 좁고 험한 산길을 여러 차례 굽이돌아 오르면 만어사가 나타난다. 그런데 사찰 입구 아래쪽으로 사람만 한 크기에서 승

용차만 한 크기에 이르는 거대한 바위 덩어리들이 산비탈 아래로 흘러 내려가는 듯한 신기한 경치가 펼쳐진다. 산꼭대기 부근에 어떻게 이런 큰 바위 덩어리들이 넘쳐나게 된 것일까?

불심을 품은 만어석이 골짜기에 가득하고

전설에 의하면, 옛날 절 앞에 있는 옥지(玉池)에 사나운 용 한 마리가 살고 있었다고 한다. 이 용은 부처님의 제자가 되길 소원했는데 뜻을 이루지 못하자 그 분풀이로 백성들의 농사일을 망치는 등 해코지를 했다. 백성들은 때마침 이곳을 지나던 가야국 수로왕에게 이 일을 고하고 용을 퇴치해 달라고 간청했다. 왕이 부처님께 용을 제자로 받아들여 백성들이 편히 살 수 있도록 해달라고 청하자 부처님은 이를 흔쾌히 수락했다.

이 소문은 멀리 동해 용궁까지 전해져, 평소 부처님의 제자가 되기를 바라던 용왕의 아들이 물고기 수만 마리를 이끌고 찾아와 제자가 되기를 간청했다. 그 뜻을 받아들인 부처님이 이들을 위해 불법을 전수하던 어느 날, 천지격변이 일어나 물고기들이 모두 바위로 변했다. 전설 때문인지는 몰라도

산비탈을 따라 아래로 길게 늘어선 만어산 암괴류. 돌이 강을 이루었다고 하여 우리 말로는 '돌강'이라고 부른다.

산비탈을 가득 메운 암석들이 마치 물고기 떼가 수면을 향해 머리를 쳐들고 있는 듯한 모습이라 만어석(萬魚石)이라는 이름이 붙었다고 한다.

두드리면 소리가 나는 신비한 종석

해발고도 300~580m의 산록에 발달한 돌무더기인 만어석을 지형학 용어로는 암괴류(巖塊流, block stream)라고 하며, 우리말로는 돌이 강을 이루었다고 하여 돌강이라고 한다. 최대 폭 120m, 길이 약 1km인 만어산 암괴류는 규모와 형세도 압권이지만, 놀라운 것은 바위를 두드리면 종소리 또는 목탁소리가 난다는 것이다. 보통 3개 가운데 하나는 두드리면 소리를 내기 때문에 종석(鐘石)이라 부른다.

바위에서 소리가 나는 것을 부처님의 영험함 때문이라고 믿는 사람들이 많다. 그러나 이 현상은 바위 덩어리들이 밑바닥에 꽉 물려 고정된 것이 아니라 다른 바위들 사이에 가볍게 얹혀 있기 때문에 일어나는 것이다. 그리고 암석마다 다른 소리가 나는 것은 암석을 구성하는 철분, 알루미늄, 마그네슘 등 광물질 성분의 구성비가 각각 다르기 때문이다.

암괴류는 지하 깊은 곳에 있던 화강암이 오랫동안 절리면을 따라 침식, 풍화되어 형성된 것이다.

암괴류는 지중풍화의 산물

만어사 동쪽의 지표 위에 노출된 핵석. 수평 · 수직 균열선이 교차하는 곳에 침식과 풍화가 집중되어 벽돌 모양이던 화강암이 점차 둥근 형태의 핵석으로 변해간다.

만어산의 암괴류는 어떻게 형성된 것일까? 만어산 일대의 암괴류를 연구한 청주대학교 지리교육과 권순식 교수(지형학)에 따르면, 이 비밀을 풀기 위해서는 신생대 제3기와 제4기로 거슬러 올라가야 한다. 그것은 암괴류가 고(古)기후의 영향을 받아 형성되었기 때문이다.

만어산의 암괴류는 약 6,500만 년 전 신생대 초기에 지하에서 관입한 흑운모 화강섬록암이다. 이 화강암이 오랜 세월 땅속에서 기계적, 화학적 풍화를 받은 후 지표에 모습을 드러낸 것이다. 일반적으로 지반의 융기나 단층 운동과 같은 지각 변동이 일어나면 암석에는 수평 또는 수직의 절리가 발달한다. 깊은 땅속에 있던 화강암이 지표 가까이로 올라올 때도 마찬가지로 위에서 누르는 거대한 압력이 사라져 암석이 팽창하면서 규칙적인 절리가 발생한다. 특히 만어산 일대에서는 밀양과 언양 단층선의 영향으로 화강암에 절리가 탁월하게 발달하여 대규모의 암괴류가 만들어질 수 있었다.

지표를 흐르는 물이 절리를 따라 침투하면 기반암이 변질되어 풍화가 이루어진다. 이때 수평 · 수직 균열선이 교차하는 곳에는 지하수가 더 잘 침투하여 다른 곳보다 쉽게 풍화가 일어난다. 따라서 암체 내부보다 모서리 부분이 급속히 깎여나가 벽돌 모양이던 수많은 암석들이 둥근 형태의 핵석으로 변하고, 그 주위에는 풍화와 침식을 받아 변질된 부스러기 형태의 조립질 모래 새프롤라이트가 생겨난다. 이러한 과정을 지중풍화(地中風化) 또는 심층풍화(深層風化)라고 한다.

여기서 주목할 점은 핵석과 새프롤라이트가 현재와는 전혀 다른 기후 조건에서 지중풍화에 의해 생성되었다는 것이다. 부산대학교 지구환경시스템학부 윤선 명예교수(지질학)는 약 1,600만 년 전 포항과 울산 지역의 기후는 현재의 필리핀과 같은 아열대 또는 열대성 기후였다고 말한다. 따라서 이들 지역과 같은 위도에 위치한 밀양 만어산 지역의 기후 또한 당시에는 아열대성 기후였을 것이다. 아열대성 기후는 강수량이 많기 때문에 지하에 충분한 수분이 공급되어 지중풍화가 활발히 진행되었을 것이다. 그러므로 지금 우리 눈에 보이는 핵석들은 모두 과거의 기후에서 심층풍화되어 모양을 갖춘 이후에 노출되었을 것으로 보고 있다.

돌이 강을 이루는 곳, 대구 달성 비슬산

봄이면 참꽃으로, 가을이면 억새로 뒤덮이는 비슬산 곳곳에는 돌강이 넘쳐난다.

대구 달성 유가면에 가면 봄과 가을, 1년에 두 차례씩 매혹적인 색으로 사람들을 불러들이는 산을 만날 수 있다. 정상에 있는 바위의 모양이 마치 비파나 거문고를 타는 모습과 같아 비파(琵琶)의 '비(琵)'와 거문고의 '슬(瑟)'자를 따서 이름 지어진 비슬산이 바로 그 산이다.

봄이면 주봉인 대견봉(1,084m)에서 남쪽 1,000m 고지까지 약 3km의 능선을 따라 분홍빛 참꽃 군락이 화사하게 모습을 드러낸다. 그리고 가을이면 대견봉 정상 아래로 하얀 억새가 가을바람에 꽃물결을 이루며 춤춘다.

규모 면에서 창녕의 화왕산 진달래 군락과 밀양의 사자평 억새 군락만큼은 안 되지만, 비슬산 또한 일찍이 참꽃과 억새가 아름답기로 소문난 곳이다. 한편 비슬산에는 직경 1~2m의 돌무더기가 폭 80m, 두께 5m의 규모로 대견사지에서 자연휴양림 아래까지 약 2km의 계곡에 가득 차 있다.

비슬산의 암괴류 역시 밀양 삼량진의 만어석과 동일한 과정으로 만들어진 것으로, 학술적 가치가 높아 2003년 12월 13일 천연기념물 제435호(달성 비슬산 암괴류)로 지정되었다.

주빙하 기후 환경에서 형성

마지막 빙하기는 약 10만 년 전부터 시작되어 약 1만 8,000년 전 극에 달했는데, 이 시기는 중위도 온대 지방까지 빙하가 진출했던 한랭기였다. 당시 한반도는 백두산과 같은 고산지대를 제외하고는 주빙하(周氷河) 기후 환경에 있었는데, 현재 이 기후는 시베리아와 알래스카의 툰드라 지대에서 찾아볼 수 있다.

주빙하 기후 환경에서 기온이 영상으로 올라가면 지표 가까이에 얼어 있던 지층이 녹아 밀가루 반죽처럼 말랑말랑해진다. 이런 상태의 지층을 활동층이라고 한다. 기온이 올라가면 새프롤라이트와 핵석으로 이루어진 활동층이 풍화되지 않은 보다 깊은 곳의 기반암을 타고 이동할 조건이 형성되는데, 2° 정도의 경사만 있어도 중력 때문에 아래로 이동한다.

화강암이 풍화되어 핵석과 새프롤라이트로 이루어진 산지의 활동층은 사면을 따라 계곡 쪽으로 연간 수~수십㎝씩 서서히 이동한다. 그러다가 빙하기가 물러가고 따뜻한 후빙기가 되면 활동층이 사라져 암괴가 더 이상 움직이지 않는다. 그 후 계곡으로 흘러든 큰물에 활동층이 침식되어 모래와 진흙 같은 세립(細粒) 물질이 모두 씻겨나간다. 그 자리에는 무겁고 큰 돌만 남아 마치 돌이 강물처럼 흘러 내려가는 듯한 지형이 만들어지는 것이다.

돌강 형성 과정

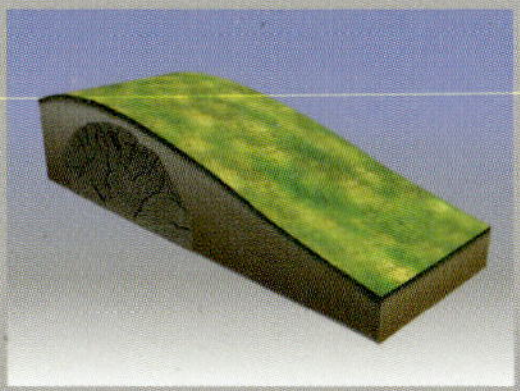

지하 깊은 곳에 있던 화강암이 지표로 올라오면서 압력이 사라져 팽창하게 되어 암석에 절리가 발달한다.

절리 사이로 수분이 침투하여 침식과 풍화가 진행되면 절리의 간격이 점점 확대되어 핵석과 그 사이로 중간 물질인 새프롤라이트가 형성된다.

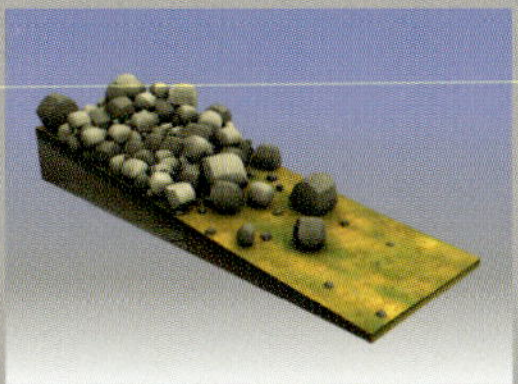

침식에 의해 지표로 노출된 바위 덩어리들이 기온이 상승하자 활동층의 사면을 따라 계곡 아래로 서서히 이동한다.

빙하기가 끝나고 활동층이 사라지자 바위 덩어리들이 그 자리에 멈춘다. 이후 빗물과 계곡류에 의해 중간 물질들이 모두 씻겨나가면 암괴들만 제자리에 남는다.

만어석을 실어가기 위해 뚫어놓은 구멍이 곳곳에서 발견되어 안타깝기만 하다.

돌이라고 함부로 두드리면 안 될 일

이곳 만어사의 암괴는 석질이 뛰어나 일제 강점기에 이미 일본으로 여러 차례 실려간 일이 있다. 그리고 정상으로 오르는 등산로 돌길에는 석재업자들이 종석을 실어갈 목적으로 쐐기를 박기 위해 뚫어놓은 구멍이 여러 개 보이는데, 다행히 최근에는 채석이 금지되었다고 한다. 만어사 주지인 시공스님은 최근 만어산의 암괴류가 세상에 알려지면서 많은 사람들이 찾아오고 있는데, 일부 몰지각한 관광객들이 돌을 두드리면 진짜로 소리가 나는지 확인하기 위해 돌을 마구 때려서 훼손이 심하다고 말한다. 가까운 나라 일본에서는 일찍이 암괴류가 나타나는 지대를 천연기념물로 지정해 보호하고 있다. 우리나라에서도 뒤늦게나마 만어산 암괴류의 자연사적, 학술적 가치를 인정해 2011년 1월 밀양 만어산 암괴류(천연기념물 제528호)로 지정했다. 이렇게 자연의 가치를 제대로 살필 줄 아는 지혜로운 대처가 자연과 사람을 잇는 끈이라는 사실을 결코 잊어서는 안 될 것이다.

플러스 이야기 상자

화강암 판상절리의 극치, 강화 석모도 보문사 눈썹바위

화강암의 판상절리가 빚어낸 조각 예술을 감상할 수 있는 최적지 눈썹바위(왼쪽)와 그 아래에 3개의 홍예문을 달고 내부에 불상을 모신 석굴사원(오른쪽).

인천 강화도 내가면 외포리에서 바다 건너로 보이는 석모도는 황홀한 낙조로 잘 알려진 곳이다. 섬 중앙부에 있는 낙가산 기슭에는 신라 635년(선덕여왕 4년)에 회정대사가 창건했다는 보문사가 자리 잡고 있다. 대웅전 뒤편으로 419개의 계단을 따라 10여 분 올라가면 눈썹 모양의 특이한 형상을 한 암벽에 불상이 조각되어 있는 것을 볼 수 있다.

이 바위는 두꺼운 암석 껍질이 지붕처럼 위를 덮고 있는 모습이 사람의 눈썹과 꼭 닮아 눈썹바위라는 이름을 얻었다. 눈썹바위 아래의 암벽에는 높이 10m의 마애석불좌상(지방 유명문화재 제29호)이 조각되어 있다.

처음 이곳을 찾는 사람들은 바위의 모양을 보고 그 형성 과정에 궁금증을 느끼기도 하는데, 그 답은 절리에 의한 풍화 작용에서 찾을 수 있다.

돔 모양의 화강암이 지하 깊은 곳에 묻혀 있다가 지표에 노출될 때 특히 수평 방향으로, 즉 판상으로 절리가 탁월하게 발달하면 판상절리면을 따라 침식과 풍화가 집중된다. 그렇게 되면 기반암에서 암괴가 양파 껍질처럼 떨어져 나오는 박리 현상이 나타난다. 이런 현상을 한눈에 볼 수 있는 곳이 바로 이 눈썹바위이다.

눈썹바위는 원래 처음에는 하나의 거대한 암체였던 낙가산의 서쪽 사면의 일부였다. 실제로 낙가산을 멀리서 보면 커다란 돔 모양의 단일 암체인 것을 확인할 수 있다. 그러던 것이 판상절리에 의해 기반암에서 암석의 일부가 떨어져 나가 지금의 특이한 바위 모양이 된 것이다.

보문사를 대표하는 석실 또한 초기에는 판상절리에 의해 커다란 눈썹바위를 이루어 동굴과 비슷했지만, 이후 머리에 이고 있던 눈썹바위 아래에 3개의 홍예문을 달고 내부에 23개의 나한상을 모셔 석굴사원으로 꾸민 것이다.

눈썹바위 형성 과정

지하 깊은 곳에서 지각의 약한 틈을 따라 마그마가 관입한 이후 서서히 냉각, 고화되어 화강암반을 형성한다.

이후 오랫동안 피복 물질이 제거되어 지상에 모습을 드러낸 화강암체에 판상절리가 탁월하게 발달한다.

절리면을 따라 침식과 풍화가 집중적으로 진행되어 암괴의 박리 현상이 일어나고, 그 결과 눈썹바위가 형성되었다.

대자연이 만든 천연 에어컨

천황산 얼음골 돌서렁

경상남도 밀양 천황산 북쪽에 자리 잡은 얼음골은 한여름에 얼음이 어는 이색 지대로 매년 여름 수많은 피서객들로 붐빈다.

한여름에는 얼음이 얼고 겨울이면 오히려 훈훈한 바람이 나오는 신기한 골짜기가 있다. 영남의 알프스라고 불리는 경상남도 밀양시 천황산 북쪽 산자락에 자리 잡은 얼음골이 바로 그곳이다.

얼음골은 조선 시대 명의(名醫) 류의태(柳義泰) 선생이 제자인 허준(許浚)에게 생체 해부의 기회를 주기 위해 자신의 생을 미련 없이 마감한 곳으로 알려져 있다. 이곳은 한여름에도 얼음을 볼 수 있어 이색적인 피서지로 각광받고 있는 곳이기도 하다. 한여름에 얼음이 어는 신기한 현상은 이 일대의 지형과 어떤 관련이 있는 것일까?

밀양 천황사 법당에는 석불좌상(보물 제1213호)이 모셔져 있다. 사자 11마리가 정교하게 새겨진 석불대좌가 통일신라시대의 불상 제작 기술의 우수성을 보여준다.

계절이 거꾸로 도는 곳

천황사를 왼편으로 끼고 돌아 계곡에 들어서면 바위틈에서 간간이 불어나오는 찬바람을 느낄 수 있다. 급경사 길로 150m를 더 오르면 정면으로 넓은 돌밭이 펼쳐지면서 얼음골을 가리키는 표지판이 나타난다. 해발고도 500m에 좌우 길이 30m, 상하 길이 70m의 크기로 널따랗게 펼쳐진 돌무더기의 맨 아래, 철책으로 둘러쳐진 사방 7m 안이 여름에 얼음이 어는 현상을 볼 수 있는 곳이다.

얼음골의 여름철 평균 기온은 0.2℃로 서울 23℃, 밀양 22℃와 비교하면 거의 겨울 날씨나 다름없다. 밀양의 다른 곳은 최고 30℃를 웃도는 날씨에도 얼음골의 철책 안에는 두께 3~4mm의 얼음이 얼어 있다. 희안하게도 날씨가 더울수록 얼음이 더 잘 언다고 한다.

얼음골 안의 기온은 추석을 전후로 서서히 올라가기 시작한다. 10월 중순에는 바깥 기온과 거의 비슷해지고, 날씨가 더 추워지면 훨씬 더 높아진다. 얼음이 얼고 녹는 시기는 기록에 따라 좀 다르지만, 주민들은 4월부터 얼기 시작해 7월 중순에 절정에 달했다가 8월에 들어서면서 녹기 시작한다고 말한다.

"얼음골에는 삼복 한더위에 얼음이 얼고 삼동 한겨울에 얼음이 녹아 물에 더운 김이 오른다"는 《밀양지(密陽誌)》의 기록으로 보아 밀양 얼음골의 신비함은 오래전부터 세상에 알려진 것 같다. 이처럼 여름과 겨울이 뒤바뀐

한여름에도 얼음이 얼어 계절이 거꾸로 도는 천황산 얼음골. 얼음골은 햇볕이 들지 않는 북향 사면의 깊은 계곡에 들어서 있다.

이곳은 현재 천연기념물 제224호(밀양 남명리의 얼음골)로 지정되어 보호받고 있다.

국지적인 함몰로 깊은 계곡을 이룬 얼음골

이러한 특이한 현상이 일어나는 이유는 무엇일까? 먼저 얼음골의 특수한 지형을 살펴볼 필요가 있다. 얼음골은 경사가 30° 이상인 높이 700m의 산사면과 높이 100m의 수직에 가까운 절벽으로 삼면이 둘러싸인 깊은 계곡이다. 그리고 아래쪽은 경사가 20° 내외인 완만한 사면으로 전체적으로 깊은 요(凹)자형 계곡을 이루고 있다.

1996년에 천황산 얼음골 계곡을 조사, 연구한 대구 가톨릭대학교 지리교육과 전영권 교수(지형학)는 이렇게 깊고 커다란 얼음골이 만들어질 수 있었던 것은 계곡을 흐르는 유수의 침식 작용 때문이기도 하지만, 그보다는 석영과 안산암의 관입 또는 분출에 의한 냉각과 수축 과정에서 현재의 얼음골 일대가 국지적으로 깊게 함몰했기 때문이라고 말한다. 얼음골은 계곡 자체가 워낙 크고 깊을 뿐만 아니라 북향 사면인 까닭에 일조량이 매우 적어 계곡 내부와 외부가 완전히 다른 특성을 띤다.

냉기 저장의 비밀은 돌서렁

그러나 얼음골이 북향 사면의 깊은 계곡이라는 사실만으로 한여름에 얼음이 어는 현상을 설명하기에는 부족함이 있다. 그렇다면 그 해답을 어디에서 찾아야 할까? 그 해답의 실마리는 얼음골이 위치한 계곡에 셀 수 없을 만큼 많이 널려 있는 돌에서 찾을 수 있다.

한여름에 얼음이 어는 빙혈(氷穴) 현상은 여기 말고도 경상북도 의성의 빙계계곡과 청송의 얼음골, 충청북도 제천의 금수산 얼음골 등 여러 곳에서 나타난다. 그리고 돌과 돌 사이에서 차가운 바람이 불어나오는 풍혈(風穴) 현상 또한 천황산 얼음골 주변과 의성 빙계계곡 주변, 전라북도 진안군 성수면 좌포리, 강원도 정선군 북평면 한골 등 여러 곳에서 나타난다. 이런 현상들이 나타나는 지역의 공통점은 그 일대의 산기슭 사면에 돌들이 겹겹이 쌓인 넓은 돌서렁 지대가 나타난다는 것이다.

이와 같은 돌밭 지형을 지형학 용어로는 애추, 우리말로는 돌서렁, 너덜 또는 너덜겅이라고 한다. 돌서렁은 보통 20cm~1.5m정도의 화산암이 쌓여 이루어진다. 천황산 얼음골의 돌밭 또한 50cm~2m 크기의 안산암과 유문암 조각들이 5~8m 두께로 얼기설기 쌓여 계곡을 가득 메우고 있다. 이러한 애추와 얼음이 어는 현상은 어떤 관련이 있는 것일까?

그동안 빙혈 현상을 설명하는 여러 가지 이론이 제시되었으나, 그 중에서 단열팽창설(adiabatic expansion theory)이 가장 설득력 있어 보인다. 단열팽창이란 낮은 온도에서 포화 상태에 이른 공기가 갑자기 높고 건조한 대기와 만날 때 급격한 팽창과 증발로 열을 빼앗겨 온도가 내려가는 현상을 말한다. 이는 에어컨의 찬바람이 따뜻한 대기로 나올 때 바람이 나오는 곳에 물방울이 맺히는 현상과 같다.

사면에 두껍게 쌓인 암설, 즉 돌밭이 바로 이러한 에어컨 역할을 한다. 돌밭이 바깥 공기의 열을 차단하는 단열 기능을 할 뿐만 아니라 암설들 사이의 틈이 공기의 유통을 원활하게 하여 기온을 낮추고 얼음이 얼게 하는 것이다.

빙혈 현상은 산기슭 사면에 돌들이 겹겹이 쌓인 돌서렁에서 나타난다. 그 아래 철책으로 둘러쳐진 곳에서 얼음이 언다.

생활 과학의 우수성이 돋보이는 석빙고

1738년(영조 14년)에 축조된 것으로 남한에서 가장 큰 규모인 경주 석빙고(위). 지붕의 환기 구멍과 반지하의 내부 공간에 배수로가 정교하게 놓여 있다(아래).

눈처럼 간 얼음에 팥을 수북이 얹은 팥빙수와 얼음을 동동 띄운 수박화채는 한여름 찌는 듯한 무더위를 식히는 데 그만이다. 요즘에는 냉장고 덕분에 한여름에도 얼음을 마음대로 얼려 먹을 수 있지만, 옛날에는 이런 일은 생각도 못했을 것이다. 그러나 놀랍게도 우리 선조들은 이미 신라 시대 때부터 한여름에도 얼음을 사용했다고 한다.

《삼국사기》〈신라본기〉 505년(지증왕 6년)에 지증왕이 "얼음을 보관토록 명했다"는 기록이 전하는데, 석빙고가 바로 그 보관 장소였다. 석빙고는 겨울에 모아두었던 얼음을 이듬해 봄, 여름, 가을까지 녹지 않게 효과적으로 보관하는 냉동 창고로, 경주 석빙고(보물 제66호)를 비롯하여 안동 석빙고(보물 제305호), 창녕 석빙고(보물 제310호), 영산 석빙고(사적 제169호) 등 여러 곳에서 찾아볼 수 있다. 신라 시대부터 만들어졌다고는 하지만 현존하는 석빙고는 모두 조선 시대에 축조된 것이다.

석빙고는 여름철 더위를 피하기 위해 땅을 파서 만들었기 때문에 절반은 지하에 있고 천장이 아치 모양이다. 그래서 겉에서 보면 고분 같기도 하다. 석빙고의 최대 관건은 더운 외기로부터 얼음을 어떻게 보호하느냐 하는 문제이다. 석빙고는 복사열을 효율적으로 산란시키고 여름철 냉기를 잘 보존할 수 있도록 문, 계단, 배수로, 단열재와 환기구멍에 이르기까지 과학적인 설계에 따라 제작되었다. 이는 세계적으로 유례가 없는 것으로 조상들의 지혜와 생활 과학의 우수성을 보여주는 우리 문화의 자랑거리이다.

삼복더위에 얼음이 더 잘 어는 곳

여름철에 얼음이 어는 과정을 자세히 살펴보면 다음과 같다. 여름철 기온이 높아져 돌밭 표면이 가열되면 그 부근의 공기가 상승하여 외부의 공기가 돌밭 내부로 유입되지 못한다. 그러나 돌밭 경사면 하부에서 내부의 차가운 기류가 경사면을 따라 유출되기 때문에 그 자리를 메우기 위해 고온습윤한 공기가 사면 상부의 빈틈 사이로 강제로 유입된다. 이때 얼음굴 내부는 외부와 단절되어 냉각 상태이기 때문에 외부에서 유입된 공기는 암설 사이의 좁은 공간을 통과하면서 압력이 증가하여 속도가 빨라진다.

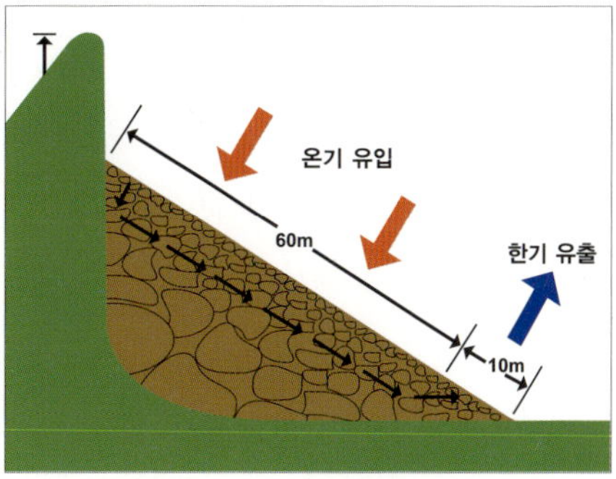

애추 지대 단면도. 보통 두께가 15~20m 정도 되는 돌밭은 외부의 공기를 차단하는 놀라운 단열 효과를 지닌다. 상부로 유입된 공기는 하부로 이동하면서 돌밭 내부의 냉원인 눈과 얼음에 의해 급속히 냉각된다.

가속화된 공기는 암설 아래쪽으로 내려오다가 부분적으로 동결되어 있을 지하 심층의 저온 수계(水界)를 거치는 동안 기화열로 인해 급속히 얼어버린다. 이렇게 순간적으로 얼어버린 공기는 밀도의 증가로 무거워져 얼음굴의 아래쪽으로 빠르게 이동하여 얼음굴 쪽으로 유출된다. 빠져나온 차가운 공기는 고온다습한 외기와 접촉하는 순간 상대 포화 습도량이 감소하여 외기 중의 수분이 이슬로 응결되는 결로(結露) 현상이 나타난다.

얼음굴 내부와 외부의 기온 차이가 심하면 심할수록 결로 현상이 커지기 때문에 얼음굴 입구에서는 수분이 증가하여 많은 양의 얼음이 언다. 그러므로 삼복 때는 돌밭 내부와 외부의 기온차가 최고조에 이르러 얼음이 가장 많이 언다.

전 교수는 돌밭 안쪽의 동굴과 같은 공간은 어떤 형태로든 지하수계와 연결되어 있으며, 돌밭에서 발생하는 단열냉각 현상이 저온 상태의 지하수를 더욱 냉각시켜 결빙 현상을 돕는다고 설명한다. 실제로 천황산 정상부인 사자평고원 일대에서 흘러 들어온 14°C 정도의 지표수는 애추의 상부를 통과해 내려오면서 해발고도 360m 지점에 이르면 8°C의 지표수로 변한다. 해발고도 700m에서 360m까지 340m를 흘러 내려오는 동안 지하수의 온도가 6°C나 떨어진 것이다.

얼음 온도계. 한여름철 돌틈에서 새나오는 냉기로 인해 온도계의 바늘이 4°C를 가리키고 있다.

사자평고원에서 얼음골로 흘러든 물은 애추를 통과해 내려오면서 급격히 냉각되어 차가운 물로 변한다.

1992년에 이곳을 연구했던 정창희 박사(전 서울대학교 대기학과 교수)는 얼음이 어는 바위틈의 여름철 기온이 얼음이 다 녹을 때까지 2~3℃의 낮은 온도로 일정하게 유지되는 것으로 보아 돌밭 속에 비열이 큰 냉원(冷原)이 존재할 것이라고 말한다. 그리고 그 냉원은 겨울 동안 돌밭의 바위틈으로 유입된 눈과 얼음일 것이라고 한다.

애추는 주빙하 기후의 풍화 산물

그렇다면 여름철에 빙혈 현상과 풍혈 현상을 일으키는 애추는 어떻게 형성된 것일까? 애추는 우리나라 산지 곳곳에서 가장 흔하게 볼 수 있는 지형으로 과거 기후의 영향으로 형성된 화석 지형이다. 다시 말해 애추는 현재의 기후 조건과는 전혀 상관이 없고 마지막 빙하가 활발히 진행되었던 10만~1만 년 전 사이의 기후 조건에서 형성된 것이다.

빙하기에는 한랭건조한 기후의 영향으로 암석의 기계적 풍화가 활발히 일어난다. 지표면에 노출된 바위의 절리나 틈새로 수분이 스며들어 동결과

애추 지대 형성 과정

암석으로 이루어진 거대한 산체가 대규모 절리에 의해 붕괴되어 절벽을 이룬다.

절벽에 발달한 절리 사이로 수분이 침투하여 동결과 융해가 반복되면서 암석들이 떨어져 나가 사면에 쌓인다.

암벽에서 떨어져 나온 암설들이 오랜 세월 겹겹이 쌓여 돌밭을 이루고 절벽은 침식과 풍화에 의해 점점 깎여나간다.

얼음골의 돌밭은 과거 주빙하 기후의 산물이다. 지금도 주변 암벽에서 떨어져 나온 새로운 암설들이 쌓여 크기가 확대되고 있다.

융해가 반복되고 햇볕에 의해 팽창과 수축이 반복되면, 그 틈새가 더욱 벌어져 암석들이 하나 둘씩 아래로 굴러 떨어진다. 이런 과정이 오랜 세월 반복되면 애추가 형성된다. 돌들은 대개 모난 모양이며, 큰 암설일수록 떨어질 때의 운동량이 크기 때문에 더 멀리 이동한다. 그래서 작은 암설은 사면 상부에, 큰 암석은 멀리 이동하여 사면 하부에 집적되는 분급(分級)이 나타난다.

해발고도 350~700m인 사면에 집중적으로 발달한 천황산 얼음골의 애추는 해발고도 700m 지점의 병풍바위와 그 주변 암벽에서 떨어져 나온 암설들이 두껍게 쌓여 만들어졌다. 이렇게 만들어진 돌밭지대가 대기의 단열팽창 효과를 일으켜 한여름에 얼음이 어는 기이한 현상을 만들어낸 것이다.

■ ■ ■ 플러스 이야기 상자 ■ ■ ■

영남의 알프스, 천황산 사자평고원

전국 최대 억새 군락지인 사자평고원 일대는 고위평탄면의 전형을 볼 수 있는 곳이다. 개발 붐으로 훼손될 위기에 처해 있어 안타깝기만 하다.

영남 알프스는 울산, 양산, 밀양 등 영남지역 5개의 시·군 약 255km²에 걸쳐 있는 가지산(1,240m), 운문산(1,195m), 재약산(1,108m), 천황산(1,189m), 고헌산(1,032m), 간월산(1,083m), 취서산(1,059m), 신불산(1,208m) 등 8개 산군이 유럽의 알프스처럼 아름답다는 의미에서 붙여진 이름이다.

이 가운데 영남 알프스의 백미는 전국 최대의 억새 군락지를 자랑하는 사자평고원이다. 해발고도 1,000m가 넘는 재약산 수미봉과 해발고도 약 800m의 천황산 사자봉 일대에 발달한 사자평고원은 넓이가 200여 만 평에 이르는데, 가을이면 그 광활한 땅이 황갈색 억새 바다를 이룬다. 이 장관을 보기 위하여 해마다 많은 관광객이 천황산을 찾고 있다.

천황산과 재약산으로 이어지는 능선을 기준으로 얼음골이 있는 북쪽과 금강폭포, 홍룡폭포가 있는 서쪽은 산세가 험하고 골이 깊은 반면, 사자평고원이 있는 남동쪽은 평탄한 고원을 이루고 있다. 어떻게 산 정상부에 이렇게 드넓은 평탄 지형이 만들어진 것일까?

사자평고원은 신생대 제3기 마이오세 때인 약 2,500만 년 전 한반도의 지각이 융기하는 과정에서 형성되었다. 한반도가 융기하기 이전에 오랜 침식으로 평탄해졌던 지형의 일부가 습곡과 단층의 영향을 적게 받으면서 그대로 융기하여 산 정상부가 된 것이다.

이러한 지형을 고위평탄면이라고 한다. 강원도 대관령 부근의 횡계고원이 가장 대표적이며, 소백산, 태백산, 오대산 등으로 이어지는 백두대간의 능선부에 발달한 평탄 지형 또한 모두 이에 속한다.

사자평고원 억새의 특징은 키가 작고 잎새도 가늘고 투박하다는 것이다. 그러나 이 억새가 군락을 이뤄 햇살과 바람에 흔들리는 모습은 그 어디에서도 느낄 수 없는 사자평고원만의 매력이다. 억새는 흔히 갈대와 혼동되곤 하는데, 자라는 장소가 어디인가를 보면 쉽게 구분할 수 있다. 즉 천황산과 같은 산이나 비탈에 자라는 것은 억새이고, 물가나 습지에 사는 것은 갈대이다. 또한 억새가 백발을 연상케 할 만큼 은빛을 띠는 데 반해 갈대는 갈색이나 고동색을 띤다. 그러므로 황혼과 잘 어울리는 사자평고원의 명물을 갈대로 잘못 아는 일은 없도록 하자.

고래가 뛰노는 바위

대곡리 반구대 암각화

울산 대곡리 반구대 암각화는 우리나라 최초의 암각화로 세계적으로도 걸작품으로 인정받고 있다.

지구에서 가장 큰 동물은 바다에 사는 고래이다. 거대한 몸집으로 공중에 시원스레 물을 뿜는 고래는 동 · 서양에서 모두 신령스러운 동물로 여겨졌다. 동시에 고래는 사람들에게 훌륭한 단백질 공급원이 되었고 고래기름, 힘줄, 뼈 등 어느 하나 버릴 것이 없어 최고의 사냥감이기도 했다.

우리나라에서도 일찍부터 고래잡이가 행해졌다. 울산 시내를 통과하여 울산만으로 흘러드는 태화강 상류로 올라가면 태화강의 지류인 대곡천을 만나는데, 그 상류에서 조금 떨어진 하천 오른쪽 연안의 암벽에는 고래를 비롯한 많은 동물들의 그림이 그려져 있다.

암벽에는 사람을 그린 그림 8점, 고래와 물고기, 사슴, 호랑이, 멧돼지, 곰, 토끼, 여우 등 동물 그림 120점, 고기잡이 광경을 그린 그림 5점, 무엇을 그렸는지 알 수 없는 그림 30점 등 200여 점의 그림이 여러 가지 조각 기법으로 새겨져 있다. 이를 통해 우리는 과거 이 일대를 무대로 생활했던 선사인(先史人)들의 흔적을 엿볼 수 있다. 대곡리 반구대 암각화는 우리나라 최초의 암각화로 1995년 국보 제285호(울산 대곡리 반구대 암각화)로 지정되어 보호받고 있다.

중생대 경상계 퇴적암에 그려진 암각화

뱀이 기어가듯 구불구불 흘러가는 대곡천의 물길이 굽이돌아 가는 길목의 동매산(260.5m)에서 오른쪽으로 뻗어내린 산줄기가 우뚝 멎은 자리에 기암절벽이 솟아 있다. 이곳은 거북이가 머리를 내밀고 넙죽 엎드린 모습을 하고 있어 반구대(盤龜臺)라 불린다. 여기서 대곡천 왼쪽으로 1km쯤 내려가면 길이 끝나는 지점에 무덤 하나가 나타난다. 이곳을 지나면 숲이 걷히고 대곡천 맞은편으로 높이 70~80m의 거대한 암벽과 반구대 바위 그림을 알리는 표지판이 있다.

일명 '건너각단'으로 불리는 암벽면에 고래를 비롯한 다양한 그림이 그려져 있다. 여러 종류의 고래를 그린 것으로 보아 우리나라 해역에 다양한 고래가 살았음을 알 수 있다. 사각형으로 표시한 부분은 고래가 새겨진 벽면이다. 암각화가 새겨진 벽면은 1965년 사연댐의 건설로 물에 잠기는 일이 반복됨에 따라 훼손이 빠르게 진행되고 있다. 이에 따라 최근 이를 보존하기 위해 암각면을 투명유리로 둘러싸는 방안이 제기되기도 했으나, 한편에서는 물 부족 문제를 들어 반대의 목소리도 거세다.

암각화가 새겨진 바위면은 반반하고 매끈거리며 곳곳에 줄무늬 모양이 있어 퇴적암이라는 것을 쉽게 알 수 있다. 한편 반구대의 상류에 위치한 천전리 각석암반에서는 중생대 백악기 말의 공룡 발자국 화석이 발견되었다. 이 두 가지 사실은 이 일대의 암석들이 약 1억 년 전 이곳이 호수였을 당시에 퇴적된 경상계 퇴적암이라는 것을 뜻한다.

반구대 상류에 위치한 천전리 각석 암반의 공룡 발자국 화석.

암각화는 너비 10m, 높이 3m의 중앙 바위면을 중심으로 좌우 20여m에 걸쳐 새겨져 있다. 고래를 비롯하여 사람, 사슴, 호랑이, 울타리, 작살, 그물, 배 등의 모습도 함께 그려져 있어 당시 한반도에서 고래잡이가 행해졌음을 짐작해볼 수 있다.

반구대 암각화는 1965년 울산 공업 단지에 공업용수를 공급하기 위해 사연댐을 건설하면서 물속에 잠겼다. 그래서 겨울에서 초봄에 이르는 11월에서 2월 정도에만 눈으로 직접 볼 수 있다. 아쉽게도 이때 가더라도 대곡천 때문에 가까이 다가갈 수는 없고 반대편에서만 둘러볼 수 있다.

고래를 그린 이유와 시기

선사인들이 암벽에 고래를 그린 이유는 무엇이었을까? 바위의 그림을 보

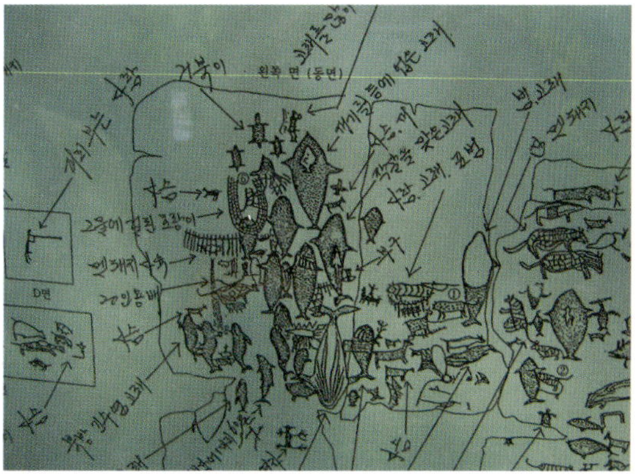

암각화에 고래류가 많은 것은 이곳에 살던 사람들이 고래잡이를 생업으로 삼았기 때문으로 보인다.

물에 잠겨 있던 대곡리 반구대 암각화는 사연댐의 수위가 낮아지면 모습을 드러낸다. 2005년 제57차 국제포경위원회(IWC) 울산 회의 때 이곳을 세계에 알릴 목적으로 일부러 댐의 물을 빼기도 했다.

면 고래나 거북이와 같은 해양 동물이 육상 동물보다 많은데, 그 중에서도 특히 고래가 많다. 참고래, 귀신고래, 향유고래, 범고래, 큰부리고래, 돌고래 등이 그려져 있어 당시 우리나라 해역에 다양한 고래가 서식하고 있었음을 보여준다. 고래가 많은 것은 아마도 암각화가 제작되던 시기에 이곳에 살던 사람들이 고래잡이를 생업으로 삼았기 때문일 것이다.

일반적으로 암각화는 어로 또는 사냥의 성공과 지난해 잡은 동물의 영혼에 대한 속죄 및 재생을 기원하는 의식을 치르며 각 짐승의 특성, 유효한 사냥 방법, 해부학적 지식, 고기의 질과 분배를 가르치기 위해 제작했을 것이라고 추측된다.

그러나 그림이 그려진 시기를 놓고는 고생물학, 고고학, 인류학, 미술사학 등의 분야에서 학자들 간에 의견이 분분하다. 가장 멀리는 구석기 시대, 가깝게는 청동기 후기에 이르기까지 추정하는 시기에 큰 차이가 있다. 그러나 암각화의 제작 기법과 도구의 제작 시기 등을 종합적으로 고려해보면 대략적으로 신석기 말기인 약 3,000년 전~청동기 초기인 기원전 약 300년 전으로 압축되고 있다.

굴화리까지가 바다였던 고(古)울산만

그런데 여기서 하나 의문점이 생긴다. 반구대 암각화가 새겨진 이곳은 바다가 있는 울산만에서 약 26km 떨어진 태화강 상류의 깊은 내륙에 있다. 선사인들은 걸어다니거나 기껏해야 작은 배로 이동했을 텐데, 이 거리는 잡은 고기를 운반해 오기에는 너무나 멀다. 다시 말해 고대인의 생활 범위로 볼 때 내륙에 사는 사람들이 울산만까지 드나들면서 고래잡이를 했을 가능성은 매우 희박하다.

황상일 교수와 윤순옥 교수는 이 문제를 울만산 일대의 해수면 변동 과정과 관련지어 설명한다. 그들에 따르면 암각화를 새길 당시에는 바다가 지금보다 내륙 안쪽까지 들어와 있었기 때문에, 선사인들은 반구대 주변에 거주하면서도 고래잡이를 할 수 있었다고 한다. 최후 빙기가 물러가면서 해수면이 상승하여 현재의 상태를 유지하게 된 것은 약 6,000년 전의 일이다. 다시 말해서 약 6,000년 전에는 태화강 상류 쪽 14km 부근인 울산시 범서면 굴화리 일대까지 바닷물이 들어왔다. 이 고(古)울산만에는 폭 300~500m의 내만(內灣)이 형성되어 고래가 먹이를 쫓아 들어오거나, 다른 포식성 고래에 쫓겨 들어왔을 것이다.

그렇다면 굴화리에 있던 바다가 어떻게 지금의 울산만으로 후퇴한 것일까? 황 교수와 윤 교수가 태화강의 하상 퇴적층을 시추하여 조사한 결과 태화강 하구에서 약 4km 상류 지점에 최고 30m 이상의 퇴적층이 형성되어 있었다. 그리고 해안에서 내륙으로 9km 부근의 퇴적층에서 발견된 조개껍데기의 절대 연령을 측정해보니 약 4,500년 전의 것으로 나타났다. 이로 보아 퇴적층은 태화강 상류 안쪽으로 더 길게 분포해 있을 것이다. 이는 고(古)울산만이던 당시에 최고 깊이가 30m 이상이었던 바다가 퇴적물에 메워져 얕아졌다는 사실을 말해준다.

최후 빙기가 극성기를 이루었던 약 1만 8,000년 전에는 바다가 현재의 해안선에서 130~150m 가량 후퇴해 있었다. 그러다가 빙기가 물러가면서 해수면이 상승하여 바다로 흘러드는 태화강의 유속이 감소했다. 그 결과 침식보다는 퇴적이 활발해지면서 태화강의 바닥과 주변 범람원에 퇴적물이 쌓이기 시작했다. 그리

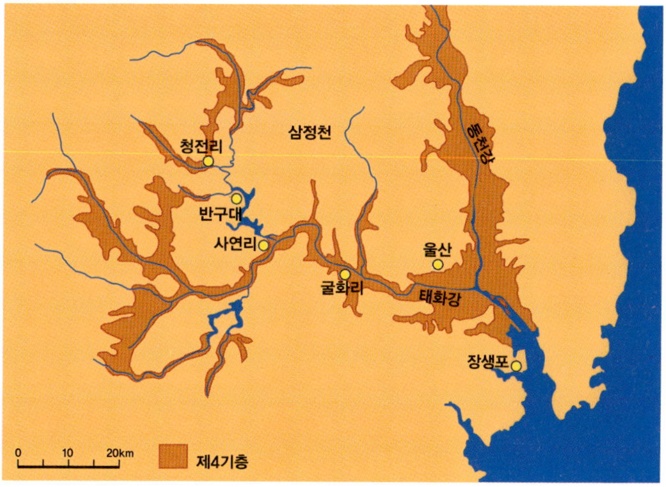

약 6,000년 전에는 굴화리 부근까지 바닷물이 들어와 있었다. 이때부터 고래잡이가 시작되었을 것으로 추정된다 (자료 : 황상일, 윤순옥).

천전리 암각화에는 해양 동물보다는 육상 동물이 많아 생활 방식의 변화를 엿볼 수 있다.

고 상류에서 공급된 토사가 태화강으로 계속 흘러들면서 태화강의 수심이 점차 낮아졌다. 배가 다니기 어려울 정도로 수위가 낮아지자 고래도 더 이상 몰려오지 않았고, 고래잡이도 더 이상 할 수 없었다.

황 교수와 윤 교수는 반구대 암각화를 그린 주인공들은 굴화리 부근까지 바다가 들어왔을 것으로 추정되는 약 6,000년 전부터 반구대를 생활 무대로 고래잡이를 했을 것이라고 말한다.

새로운 삶의 무대와 방식도 암각화로 남아

암각화에는 해양 동물 이외에 곰, 사슴, 멧돼지 등 육상 동물이 그려져 있어 당시 이곳에 살았던 선사인들이 고래잡이와 수렵 활동을 병행했다는 사실을 보여주고 있다. 그런데 벽면의 그림을 보면 왼쪽에서 오른쪽으로 가면서 육상 동물에 비하여 고래의 수가 줄어드는 것을 발견할 수 있다. 이것은 점차 바다가 멀어지면서 고래잡이를 할 수 없게 되자 사냥의 주 대상이 육상 동물로 변했다는 뜻이다.

대곡리 암각화에서 2km 상류에는 대곡리 반구대보다 앞서 발견된 울주 천전리 각석(국보 제147호)이 있다. 그런데 여기에는 대곡리 반구대 암각화와 달리 사슴과 같은 육상 동물이 주로 새겨져 있어 이 두 지역의 선사인들이 서로 다른 문화적 배경을 가졌음을 짐작케 한다. 물론 천전리 암각화에도 고래가 그려져 있으니 그들도 한때 고래잡이를 위해 고(古)울산만 부근까지 오르내린 적이 있었을 것이다. 또한 고래잡이를 할 수 없게 된 대곡리의 선사인들이 천전리 쪽으로 옮겨가 수렵 위주로 생활 방식을 바꿨으리라는 추측도 가능하다.

■ ■ ■ 플러스 이야기 상자 ■ ■ ■

우리나라의 고래잡이 역사

우리나라에서 고래잡이로 가장 유명한 곳은 바로 울산 앞바다의 장생포이다. 국제포경위원회(IWC)의 회원국인 우리나라는 1986년 국제상업포경금지협약(ICRM) 발효 이후 고래잡이를 금지해왔다. 그러나 불과 30~40년 전만 해도 장생포는 고래잡이의 전진기지로서 명성을 날렸던 곳이다.

'고래 등 같은 기와집', '고래 싸움에 새우 등 터진다'와 같은 속담에서 알 수 있듯 고래는 우리 생활과 밀접한 관계를 맺어온 동물이다. 임산부가 출산 후에 미역을 먹는 풍습 또한 고래가 새끼를 낳은 후 미역을 뜯어먹는 데에서 유래했다는 이야기가 있다.

동해는 일찍이 경해(鯨海)라고 불렸을 만큼 고래가 많았다. 울산 대곡리 반구대 암각화가 말해주듯이 우리나라는 일찍부터 고래잡이를 시작했지만 본격적으로 행한 것은 해방 이후였다.

그 이유의 하나로 농업과 목축업의 발달과 같은 사회적, 경제적 변화를 들 수 있다. 고래잡이가 성행했을 것으로 생각되는 신석기 말은 원시 농경이 시작되던 시기였다. 그 이후로 농업 기술이 발달하면서 생명을 건 고래잡이보다는 안전한 방법인 농경과 목축으로 식량을 얻으려는 경향이 강해졌을 것이다.

조선 시대에 들어서면서 점차 어구가 개량되고 조선술과 항해술이 발전하는 등 포경업을 위한 제반 조건이 갖추어졌지만 고래잡이가 성행했다는 기록은 어디에서도 찾아볼 수 없다. 조선 후기 실학자 이규경(李圭景, 1786~?)이 저술한 《오주연문장전산고(五洲衍文長箋散稿)》 〈산부계곽변증설(產婦鷄藿辨證說)〉에 다음과 같은 기록이 보인다. "우리나라 연안에 죽은 고래가 간혹 떠밀려오면 고래기름을 아주 많이 얻을 수 있어 이익이 막대하다. 한 마리의 고래기름이 거의 1,000냥에 달하니 곧 바다의 보화이다. 그러나 관에서 백성들을 동원해 고래를 끌어올린 뒤 이익을 독점하고 백성에게는 폐가 심하니 어민들은 죽은 고래가 발견되면 도로 바다로 밀어내 다른 곳으로 떠내려가게 한다."

이 기록에 비추어볼 때, 애써서 고래를 잡아온다 해도 관의 가혹한 수탈로 돌아오는 몫이 거의 없었기 때문에 백성들이 선뜻 고래를 잡으려 하지 않았을 것이다. 이와 같은 사회적, 경제적 요인에 의해 우리나라의 고래잡이는 늦어질 수밖에 없었다.

일본 사람들은 고래고기를 무척 좋아한다. 그 중에서도 특히 고래회를 좋아하고, 심지어 고래 버거까지 만들어 먹는다고 한다. 그러다 보니 일본에서는 일찍부터 고래잡이가 성행했고, 지금은 세계에서 포경업이 가장 발달한 나라가 되었다. 일제 강점기에 일본은 동해에서 귀신고래, 참고래, 혹등고래 등을 보이는 대로 남획했는데, 해방이 되면서 일본 포경 회사에 근무했던 다수의 포경 선원들이 돌아와 우리나라에서 고래잡이를 본격적으로 시작했다.

우리나라는 1978년 12월 국제포경위원회(IWC)에 가입했고 현재 국제상업포경금지협약(ICRM)에 의거해 고래잡이를 전면 금지하고 있다. 그러나 전국에는 고래고기를 맛볼 수 있는 200여 개의 전문점이 있으며, 월 평균 10여 마리의 고래가 합법적으로 판매되고 있다. 이는 그물에 걸려 죽은 고래들을 합법적인 유통 과정을 거쳐 판매하는 것으로, 2004년 한 해 그물에 걸려 죽은 고래는 173마리였다고 한다.

다도해 앞에 펼쳐진 거대한 부채
사천 선상지

우리나라는 오랜 기간 침식을 받아온 노년기 지형에 속하여 부채꼴의 퇴적 지형인 선상지의 발달이 미약하다. 경상남도 사천은 선상지의 전형을 볼 수 있는 곳이다.

지상이 아닌 상공에서 보아야 그 모양새를 더욱 명쾌하게 볼 수 있는 지형이 있는데, 경상남도 김해의 낙동강 하구에 발달한 삼각주가 그렇다. 낙동강이 하구에 쌓아 만든 드넓은 평야지대를 평지에서 한눈에 살피기에는 역부족이기 때문이다. 이에 못지않은 곳이 하나 더 있다. 경상남도 사천 하늘로 눈을 돌려보자.

위성 사진을 보면 사천만 앞바다를 끼고 해안에 저지대를 이룬 부채꼴의 평탄지를 확인할 수 있다. 그것은 선상지(扇狀地)라고 불리는 지형으로 그 생김새가 마치 부채를 펼친 모양과 같아 붙여진 이름이다. 선상지는 우리나라에서 보기 드문 지형으로 지표 상에서는 그 모양을 알아보기가 쉽지 않다.

경상남도 진주시에서 사천시로 이어지는 3번 국도를 따라 남쪽으로 향하면 오른쪽으로는 사천만, 왼쪽으로는 사천시의 진산인 와룡산(798.6m) 줄기와 나란히 달리게 된다. 사천시에 도착하기 앞서 와불(臥佛)로 유명한 백천사 입구에 차를 세우고 주변을 바라보면, 와룡산에서 뻗어내린 산자락 사이로 완만한 경사의 평지가 바다 쪽으로 길게 이어진 모습이 눈에 들어온다. 산에서부터 비스듬하게 펼쳐진 평지에는 계단식 논들이 촘촘하게 들어서 있다. 이렇게 차를 멈추고 선 곳이 상공에서 내려다보이는 선상지 지형의 한가운데에 해당된다.

와룡산이 뱉어낸 부채꼴의 퇴적물

사천 일대에 발달한 선상지는 와룡산 줄기를 따라 북에서 남으로 해안에 인접한 전 지역에 나타난다. 특히 금문리~주문리~대포동~노룡동으로 이어지는 덕곡리 일대를 중심으로는 전형적인 모습을 볼 수 있다. 덕곡리의 선

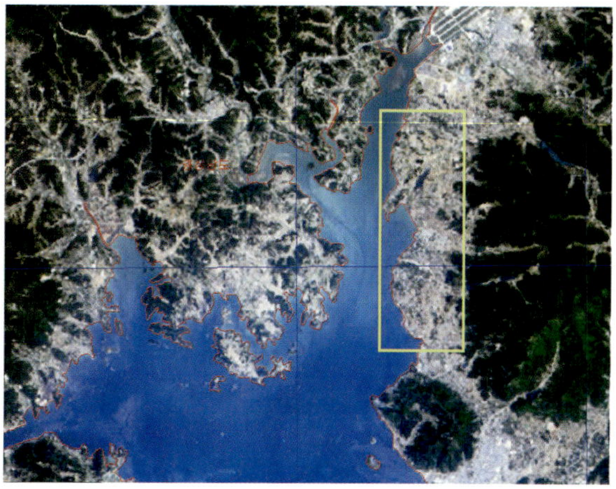

상공에서 바라본 사천 선상지 전경. 와룡산에서 흘러 내려와 쌓인 선상지를 가로질러 3번 국도가 통과하고 있다(왼쪽, ⓒ사천시청). 인공위성에서 바라본 사천 선상지 전경. 사천만 오른쪽 와룡산 말단부의 바다와 인접한 부채꼴 지형(노란색으로 표시한 사각형 지대)이 선상지이다(오른쪽, ⓒ환경부).

와룡산 정상에서 바라본 선상지(왼쪽). 계단식 논으로 이루어진 부분은 선상지의 중앙부에 해당되는데 적어도 두세 차례에 걸친 대홍수로 와룡산에서 다량의 퇴적물이 쓸려 내려와 형성되었다(오른쪽).

상지는 지표 경사가 1~2°로 거의 평탄지에 가까운 완만한 지형이다. 또한 선상지의 꼭대기 부분인 선정(扇頂)은 약 16m의 두터운 퇴적 지형을 이루고 있다.

산간 계곡의 급경사를 흐르던 하천이 갑자기 완만한 산기슭에 이르면 유속과 운반력이 급격히 감소해 이제까지 운반해온 모래와 자갈 등을 하천의 유출 지점을 정점으로 부채꼴로 퇴적시킨다. 이렇게 형성된 지형이 바로 선상지이다. 선상지가 만들어지려면 충분한 암설이 공급되어야 하고, 하천이 일시적으로 많은 퇴적물을 실어 나를 수 있어야 한다. 사천 일대에 전형적인 선상지가 발달했다는 것은 이곳이 선상지의 형성에 유리한 조건을 갖추고 있음을 의미한다.

먼저 덕곡리 선상지와 그 배후 산지인 와룡산의 상이한 지질 구조를 들 수 있다. 선상지가 발달한 곳의 기반암은 중생대 백악기 경상계 퇴적암이지만, 배후 산지인 와룡산은 이 퇴적암을 뚫고 올라온 화강암이 주를 이룬다. 화강암이 관입할 때 그 가장자리에 있던 퇴적암은 열과 압력에 의해 변성되어 보다 치밀하고 견고한 암질로 변하는데, 바로 이 부분이 경사가 완만해지는 경사 급변점이다. 와룡산 일대의 화강암이 산지의 앞쪽인 덕곡리 일대에 다량의 암설을 토해내어 부채꼴의 퇴적층을 형성한 것이다.

몸속 법당, 백천사 와불

와룡산 기슭에 있는 백천사는 몸속 법당인 와불로 유명하다. 와불이 안치된 약사와불전(왼쪽). 약사와불전 안에 소나무를 깎아 만든 후 도금한 와불이 모셔져 있다(오른쪽).

경상남도 사천의 진산으로, 하늘에서 보면 커다란 용 한 마리가 누워 있는 모습과도 같은 와룡산은 남해의 금산(681m) 못지않은 빼어난 절경을 자랑한다. 와룡산 백천골의 물길을 막아 만든 덕곡저수지 초입의 오른편 산자락에 자그마한 도량 백천사가 있다. 백천사는 여느 사찰과 달리 절의 중심이 대웅전이 아니라 약사와불전(藥師臥佛殿)인데 이곳에는 황금색으로 도금된 와불이 모셔져 있다.

2000년 7월 30일에 봉안(奉安)된 와불은 4.5m의 소나무를 깎아 만든 불상으로 길이 12m, 높이 3.75m, 두께 2~3m인 국내 최대의 목와불(木臥佛)이다. 부처님이 누워 있는 불상은 이곳 말고도 경기도 용인의 와우정사를 비롯하여 강원도 영월의 법융사, 전라남도 화순의 운주사, 부산 기장의 금산사 등이 있다.

와불의 등쪽에 만들어진 문을 열고 들어서면 약 20여 평의 법당이 있어 부처님 몸속에 감춰진 또 하나의 법당을 만날 수 있다.

하천의 힘이 선상지의 모태

선상지 형성을 좌우하는 가장 중요한 요인은 역시 다량의 암설을 실어 나를 수 있는 하천의 힘, 즉 유수(流水) 작용이라고 할 수 있다. 보통 선상지는 식생이 빈약하고 폭우성 강우가 자주 내리는 지역에서 잘 발달한다. 즉 주로 우기에 많은 퇴적물을 동반한 엄청난 양의 물이 일시적으로 유출되어야 형성되는 것이다.

덕곡리 선상지는 와룡산에서 발원하여 서쪽으로 흐르는 백천이 대홍수기에 일시적으로 많은 퇴적물을 산지 앞쪽으로 끌어내 만들어졌다. 그리고 선상지의 퇴적층 구조를 보았을 때 일시에 형성된 것이 아니라 두세 차례의 대홍수가 반복되면서 형성된 것이 분명하다.

한편 선상지가 원추형의 부채꼴인 이유는 홍수가 일어날 때 하천이 계곡 입구를 중심으로 방사상(放射狀)으로 유로를 자주 변경하거나 계곡 입구를 벗어나면서 망(網) 구조로 퍼져 선상지의 표면 전체를 덮어 흐르기 때문이다.

선상지 일대를 흐르는 하천은 보통 선정에서 지하로 스며들어 복류(伏流)하다가 아랫부분인 선단(扇端)에서 샘솟는다. 따라서 선상지의 중앙 부인 선앙(扇央)에서는 물이 부족해 토지가 주로 밭으로 이용된다. 초기 덕곡리의 선앙부에 자리한 주문리, 금문리 일대의 땅은 대부분 밭이거나 황무지였다. 그러나 현재는 수리 시설이 잘 갖추어져 논으로 개발, 이용되고 있다.

대홍수 때 떠 내려와 퇴적된 원마도가 양호한 자갈들이 선상지 위의 퇴적면 곳곳에서 발견된다. 이 돌들은 모두 배후 산지인 와룡산에서 공급된 화강암이다.

동결과 융해의 반복이 선상지 발달의 으뜸 조건

선상지는 빙하의 발달이 뚜렷했던 시대로 거슬러 올라가야 그 형성 메커니즘을 이해할 수 있다. 황상일 교수는 한반도의 선상지는 신생대 제4기 말에 반복적으로 나타난 한랭 빙기에 활발히 형성되었을 것이라고 말한다. 빙기에는 기온의 하강으로 식생이 빈약하여 지표에 피복 물질이 적다. 게다가 동결과 융해가 반복되어 암석의 기계적 풍화 작용이 활발히 진행되면 다량의 암설이 생성될 수 있기 때문에 급경사의 배후 산지 앞쪽에 선상지가 발달할 수 있는 조건이 갖추어진다.

또한 우리나라는 여름철에 약 60% 이상의 강수가 집중되고, 태풍과 집중호우를 동반한 폭우성 강우가 자주 내려 대

선상지 형성 과정

오랜 세월에 걸쳐 퇴적 물질이 차곡차곡 쌓여 만들어진 퇴적암이 이후 지반 융기에 의해 뭍 위로 모습을 드러낸다.

기반암인 퇴적암층에 관입한 화강암이 오랜 기간 침식과 풍화를 받아 지표에 모습을 드러낸다.

여러 차례의 대홍수로 배후 산지에서 흘러온 토사 물질이 계곡 입구에 부채꼴로 쌓여 선상지가 형성된다.

홍수가 일어날 수 있는 기후 조건을 갖추고 있다. 황 교수와 윤 교수는 여름철에 강수가 집중되는 계절풍기후의 특징이 빙하기에도 현재와 거의 비슷한 수준으로 유지되었을 것이라고 말한다. 따라서 형성된 다량의 암설이 폭우성 강우에 산사면 아래로 쓸려 내려와 선상지가 생성될 수 있었던 것이다.

사천의 와룡산 자락에 분포하는 선상지들은 모두 빙기에 이와 같은 과정을 두세 차례 거치면서 형성된 일종의 화석 지형이다. 황 교수는 이 선상지들의 형성 시기를 대략 30만~25만 년 전, 19만~13만 년 전, 8만~1만 년 전으로 추정하고 있다.

선상지 중앙부에 들어선 덕곡리 마을. 수리 시설이 보급되어 논으로 개간되었지만 과거에는 모두 밭이었다.

한반도에 흔치 않은 지형

한반도는 오랜 기간 침강과 융기가 반복되는 과정에서 기반암층이 심하게 풍화, 침식되어 전

관개 용수를 얻기 위해 백천의 물길을 막은 덕곡저수지에서 바라본 선상지 전경. 앞쪽의 바다가 사천만이다. 2006년 12월 사천만을 가로질러 아치형 사천대교가 놓여 사천시 서포면과 용현면을 오가기가 한결 좋아졌다.

반적으로 완만한 경사의 산록면을 이룬다. 이런 이유로 급경사지가 빈약하여 충적 선상지가 발달할 가능성이 매우 적다. 설사 퇴적물이 우세한 산록면이 형성되어 있더라도 규모가 극히 작을 뿐만 아니라 그 분포도 국지적일 수밖에 없다.

국내에 형태가 선상지와 유사한 지형은 도처에 분포하고 있다. 하지만 뚜렷한 선상지 지형을 이루고 있는 곳은 와룡산 일대를 비롯하여 지리산 남쪽의 화엄사 일대, 그리고 경주에서 울산으로 이어지는 불국사 단층선의 서사면 일대 등 몇 곳 되지 않는다.

선상지는 여타 지형들과 다르게 그동안 크게 주목받지 못했다. 황 교수와 윤 교수는 한반도의 지구조(地構造) 운동을 설명하는 데 선상지가 매우 중요한 단서를 제공한다고 말한다. 산지와 평야가 만나는 산기슭의 지형면이 형성되는 과정을 규명하기 위한 자료로서 그 학술적 가치가 매우 높다는 것이다.

또한 사천 선상지 위의 백산동과 덕곡리에서 지석묘(고인돌)와 농경을 목적으로 곳곳에 만들어놓은 저수지가 발견되었다. 즉 선상지는 우리 선조들이 오래전부터 삶을 영위해온 생활 터전이라는 점에서 그 문화적, 인류학적 가치 또한 매우 높다. 흔히 지형은 그냥 주어진 것, 원래 그런 것이라고 여기지만 이렇게 과거에 대한, 시간의 흐름에 대한 많은 정보를 담고 있다. 조금씩 관심을 갖는다면, 땅과 인간의 삶이 얼마나 밀접한 관계를 맺고 있는지 새롭게 알게 될 것이다.

사라진 도시 삼천포

1995년 사천군과 통합되는 과정에서 사천시로 이름을 바꾼 삼천포. 2003년 4월 남해군의 창선도와 사천을 연결하는 창선 · 삼천포대교가 건설되어 다행히 이름은 남을 수 있게 되었다.

이야기를 주고받다가 곁길로 빠지거나 순조롭게 잘 해나가던 일을 도중에 엉뚱하게 그르치는 경우, 흔히 '잘 나가다 삼천포로 빠졌다' 고 한다. 삼천포가 어떤 곳이기에 그런 말이 생겨났을까?

전국 행정 지도나 중 · 고 교과서, 지리부도를 뒤적여보아도 삼천포라는 곳은 찾을 수 없다. 1995년 전국 행정구역 개편에 따라 경상남도 삼천포시와 사천군이 하나로 통합되는 과정에서 통합시의 이름이 사천시로 결정되었기 때문이다. 그렇게 삼천포라는 지명은 다시 볼 수 없는 추억 속의 이름으로 사라졌다.

삼천포로 빠진다는 말은 진해에 해군 기지가 세워진 이후에 나왔다는 설이 있다. 많은 해군들이 서울에서 휴가를 보내고 귀대하는 길에 삼랑진에서 진해로 가는 기차로 갈아타지 못하고 삼천포로 가는 기차를 타는 바람에 귀대 시간을 어겨 혼이 나곤 했기에 나온 말이라는 것이다.

또 하나의 설은 다음과 같다. 부산을 출발하여 진주로 가는 기차에는 삼천포로 가는 손님과 진주로 가는 손님이 함께 타는데, 기차가 진주역보다 하나 앞인 계양역에서 삼천포 행 손님을 위해 차량을 분리했다고 한다. 이때 방송으로 삼천포 행 손님과 진주 행 손님에게 각각 탑승할 기차 번호를 알려주었는데, 진주로 가는 사람이 술에 취해 잠들거나 잠시 딴 생각을 하느라 잘못 알아들어 삼천포로 가는 일이 있어서 나온 말이라는 것이다.

한때 삼천포 사람들이 특정 지역에 대한 근거 없는 비하이니 사용하지 말 것을 요구하기도 했지만 삼천포는 이제 '삼천포로 빠졌다' 는 말을 통해서나 가끔씩 기억되는 곳이니 그 말이 사라진 것도 속상한 일이기는 마찬가지이다.

공룡의 천국
덕명리 상족해안

덕명리 제전마을 앞 해안 암반 위에 있는 공룡의 보행열. 덕명리 해안 일대에는 물이 빠지면 검게 번들거리는 널찍한 갯바위 위로 크고 작은 공룡 발자국이 지천으로 널려 있다.

몇 해 전부터 '한반도는 공룡의 낙원이었다', '한국은 공룡 화석의 보고' 등 공룡에 관한 기사가 자주 오르내리면서 한반도가 공룡 왕국이었다는 말이 나오기도 한다. 과연 한반도는 공룡의 대규모 서식지였을까?

경상남도 고성 덕명리와 전라남도 해남 우항리, 영남 내륙의 여러 지역과 충청북도 영동 지역, 화순 등 남해안 곳곳에서 무수히 많은 공룡 발자국이 발견되었다. 그 가운데서도 고성 덕명리 해안의 공룡 발자국 산지는 미국의 콜로라도, 아르헨티나의 파타고니아와 함께 세계 3대 화석 산지 가운데 하나이다. 이곳은 1982년 1월 양승영 박사(전 경북대학교 과학교육학부 교수〔고생물학〕)에 의해 최초로 발견되었는데, 그 규모가 덕명리 해안 등대에서 딱밭골까지 약 10km에 이를 정도로 크다. 이 수많은 공룡 발자국은 과연 어떻게 만들어진 것일까? 그리고 당시 공룡들은 어떤 환경에서 살았던 것일까?

대한해협과 일본 본토를 아울렀던 경상호수

한반도는 고생대 이래로 큰 지각 변동 없이 오랜 기간 침식을 받아 준평원에 가까운 평탄 지형을 유지해왔다. 그러나 중생대 쥐라기로 접어들면서 전국에 걸쳐 대보조산운동이 일어나 지각의 일부가 오르내리면서 지층이 휘어졌고 격렬한 화산과 지진 활동으로 지반이 크게 요동치는 불의 시대가 도래했다.

이어 백악기에 전국적으로 또 한 번의 대대적인 지각 변동이 일어나 곳곳에 수십~수백km 규모의 분지형 저지대가 형성되었다. 저지대인 분지로 물이 흘러들어 점차 커다란 호수가 만들어졌고, 호수 주변으로는 많은 못과 늪지대가 생겨났다.

경상남도 고성과 진주, 경상북도 의성을 비롯한 경상도 일대와 전라남도 해남과 함평, 능주, 전라북도 진안과 부안, 충청남도 공주, 충청북도 음성, 강원도 통리 등 중생대 백악기 퇴적층이 분포하는 지역은 모두 당시 분지였던 곳으로, 분지에 물이 고여 생겨난 호수에 퇴적물이 쌓여 형성되었다.

당시 경상도 일대의 저지대를 경상분지라 하며, 그 분지로 물이 들어와 생겨난 호수를 경상호수라 한다. 경상호수는 경상도 전역은 물론 대한해협과 일본 본토까지 아우르는 거대한 호수였던 것으로 알려져 있다. 공룡 발자국이 나타나는 고성 덕명리 해안은 경상호수에 쌓인 퇴적층인 경상 누층군의 일부이다. 경상 누층군의 두께가 10km 정도라 하니 얼마나 큰 규모의 호수에서 얼마나 오랜 시간 쌓였는지 가늠할 수조차 없을 정도이다.

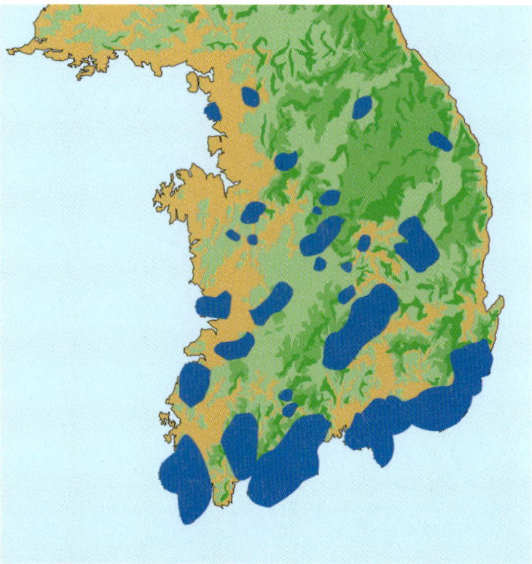

중생대 백악기 당시 한반도에 발달한 호수. 경상호수는 경상도 전역과 대한해협을 포함하여 일본 본토에까지 이르는 거대한 호수였다.

공룡 발자국 형성의 비밀

덕명리 해안 가운데서도 경상남도 청소년수련원 앞 몽돌해안의 촛대바위를 지나 선착장에 이르는 지역과 상족암 일대의 암반이 공룡 발자국을 살펴보기에 가장 적당한 곳이다. 물이 빠지면 물기에 젖어 검게 번들거리는 널찍한 갯바위 여기저기에 크고 작은 물웅덩이들이 나타난다. 가까이 가서 보면 그 모양새가 어떤 것은 둥글고, 어떤 것은 세 발가락 형태로 다양하며, 또 어떤 것은 보행열이 뚜렷하게 나타나 척추동물이 지나간 흔적임을 알 수 있다.

이렇게 해안가 퇴적암층의 표면에 오목하게 들어가 있는 것은 모두 다 공룡 발자국이다. 공룡 발자국은 어떻게 화석으로 만들어졌을까? 덕명리 해안은 중생대 백악기 당시 약 1m 깊이의 경상호수의 가장자리였다. 호수를 중심으로 주변에 많은 못과 늪지대가 형성되었으며, 호수로 흘러드는 크고 작은 하천이 넓은 들판을 이루는 범람원 지대가 발달했다.

우리나라에 처음으로 공룡이 출현한 것은 약 1억 2,000만 년 전인 중생대 백악기 전기로 알려져 있다. 당시의 공룡들 대부분은 호숫가를 서식지로 삼았을 것이다. 호숫가에는 초식공룡이 먹기에 적당한 나무고사리, 소철, 송백류의 연한 순과 늪지대의 풀, 호수 바닥의 연한 물풀과 같은 식물이 넘쳐나고, 마실 수 있는 풍부한 물이 있었기 때문이다.

호수 주변과 늪지대를 자유롭게 오가던 공룡들의 발자국이 남겨진 후, 오랜 기간 건기가 지속되어 발자국이 굳어졌다. 그리고 다시 우기가 도래하여 물에 떠내려온 진흙 등의 퇴적물이 발자국 위로 차곡차곡 쌓였다. 발자국이 남은 층층겹겹의 퇴적층은 이런 과정이 반복되면서 형성된 것이다.

이렇게 쌓인 퇴적층은 자체 하중으로 내려앉았고 지하 깊은 곳에서 고열과 고압에 의해 굳어졌다. 그 후 지반이 융기하여 지표면으로 밀려 올라온 뒤 오랜 세월 해수에 침식되어 지표에 모습을 드러낸 것이다. 이와 같이

▶ 암반 위로 공룡들이 오간 듯한 발자국이 선명하다(위). 고성 덕명리 해안의 상족암. 해안 절벽에 시루떡처럼 포개져 있는 한 겹 한 겹의 지층 속에는 수많은 공룡 발자국이 숨겨져 있다(아래).

덕명리 해안의 공룡 발자국은 상상을 초월할 만큼 오랜 지질 시대의 산물로 고생물학적, 지사학적 가치가 매우 높다.

핵겨울이 공룡을 멸종시켰다?

애리조나 주의 배링거 운석구(Barringer crater). 지름 10km의 거대 운석이 초속 20km로 지구에 떨어졌을 때의 에너지량은 수소 폭탄 170개를 한꺼번에 터뜨렸을 때의 에너지 약 1억 메가톤과 맞먹고, 최대 규모의 지진인 진도 8의 1,000배에 해당된다.

2억 4,000만 년 전 중생대에 출현하여 1억 6,000만 년 동안 땅, 하늘 그리고 바다의 지배자로 군림했던 공룡은 백악기 말에 갑자기 멸종되었다. 이는 1820년대 처음으로 공룡 화석이 발견된 이래 180여 년이 지난 지금도 여전히 풀리지 않는 난제이다.

공룡의 멸종과 관련하여 여러 설이 제기되고 있으나 가장 설득력 있는 것은 운석 충돌에 의한 핵겨울설이다. 그 내용은 이렇다. 지구 주위를 떠돌던 운석 가운데 하나가 지구에 떨어져 상상할 수 없는 큰 에너지를 내뿜으며 폭발했다. 이때 핵폭탄 1만 개를 한꺼번에 터뜨리는 것과 같은 메가톤급 충돌로 대량의 먼지가 대기에 흩어져 햇빛이 수년 간 차단되었다. 식물들은 광합성을 할 수 없어 말라죽었고, 지구는 온도가 급속히 떨어져 추운 겨울이 지속되었다. 이른바 핵겨울이 찾아온 것이다. 먹이 부족과 추위를 이기지 못한 초식 공룡들이 먼저 죽어갔으며, 이어 초식 공룡을 먹이로 하는 육식 공룡들이 그 뒤를 이어 멸종의 길을 걸었다. 학자들은 운석이 떨어진 곳은 해저에서 커다란 분화구가 발견된 멕시코의 유카탄 반도일 것이라고 말한다.

그러나 명쾌한 듯 보이는 이 핵겨울설에도 결정적인 약점이 있다. 공룡이 멸종된 백악기 말 지층과 신생대 제3기 지층 사이에서 보통의 지각보다 30배나 되는 이리듐(iridium)이 전 세계적으로 발견되고 있기 때문이다. 이리듐은 운석이 충돌한 곳이나 화산 지대에서 많이 발견되는 금속으로 주로 도가니나 만년필 촉으로 사용된다. 이런 이리듐이 전 세계 여러 지층에서 발견된다는 것은 운석이 어느 특정한 곳에서 충돌했다는 주장을 정면으로 반박하는 것이다.

핵겨울설을 주장하는 학자들은 이러한 한계점을 보완하기 위하여 운석 충돌이 거대한 화산 활동을 불러일으켰다는 가설을 새롭게 제시했다. 지구에 운석이 충돌하면 막대한 충격파 에너지로 지각판이 서로 갈라지거나 새롭게 붙고, 다른 한편으로 반사 충격파가 지구 반대편까지 전달돼 화산 폭발이 일어날 수 있다는 것이다. 이때 방대한 양의 이리듐이 지층에 잔류하게 되었다는 주장인데, 이 또한 아직 검증되지 않은 가설일 뿐이다.

공룡의 움직임을 상상해볼 수 있는 진동층

덕명리 해안에 분포하는 퇴적암은 중생대 백악기에 형성된 지층으로, 지질학자들은 이를 진동층(鎭東層)이라고 부른다. 진동층은 주로 세립질의 셰일로 구성되어 있으며, 암회색과 담회색을 띤다. 진동층의 두께는 약 150m이며, 이 가운데 200여 층에서 500여 개의 공룡 보행열이 발견되었다. 평균 0.7m 두께마다 공룡 발자국이 발견되고 있으니 진동층이 1년에 1mm씩 쌓였다면 1만 5,000년간, 2mm씩 쌓였다면 7,500년간 퇴적되었다는 계산이 나온다.

덕명리 해안의 공룡 발자국을 조사했던 경북대학교 과학교육학부 임성규 교수(고생물학)는 발자국이 모두 13종으로 나누어진다고 말한다. 이 가운데 9종이 2족 보행을, 나머지 4종이 4족 보행을 한 것으로 보고 있다. 그런데 이들 2족과 4족 보행열은 각기 다른 방향으로 움직인 것으로 나타났다. 4족형은 주로 남북 방향에서, 2족형은 주로 남서~북동 방향에서 발견되었다.

덕명리 해안에서 발견되는 연흔의 물결무늬 방향과 사층리의 퇴적 구조, 그리고 공룡 발자국의 방향으로 보았을 때 진동층 퇴적 당시의 호안선(湖岸線)은 대체로 북서~남동 방향이며, 육지는 호안선 남쪽인 현재의 바다 쪽에 있었던 것 같다. 이는 덩치가 컸던 4족 공룡은 호안선과 나란한 방향으로, 2족 공룡은 직각 방향으로 움직였다는 뜻이다.

공룡을 연구하는 학자들은 이를 다음과 같이 해석한다. 4족 공룡은 커다란 체구를 지닌 만큼 동작이 둔했을 것이고, 육식 공룡의 공격을 피하기 위해 주로 수중 생활을 했을 것이다. 그리고 위급한 상황이 닥치면 물속으로 신속히

진동층의 각 층마다 공룡 발자국이 나타난다. 사진 가운데 부분에서 보이는 지층 중간부의 휘어진 선은 공룡이 밟아 내려앉은 것이다.

공룡의 교란 흔적을 보여주는 공란층(dinoturbation). 무른 진흙층을 다양한 공룡들이 서로 뒤엉켜 밟아댄 흔적이 화석화된 것으로, 과거 덕명리 해안 일대가 공룡들의 무도장이었음을 보여준다.

피하기 위해 늘 호숫가에 머물러 호안선과 평행인 보행열이 많이 남은 것이다. 반면 비교적 빨리 달릴 수 있는 2족 공룡은 숲속에서 생활하다가 물을 마시고 싶을 때만 호숫가로 나왔기 때문에 호안선과 직각을 이루는 보행열이 남은 것이다.

공룡 발자국도 소중한 자연유산

덕명리 해안의 퇴적암은 1억 년이나 된 매우 오래된 지층이다. 시루떡을 쌓아놓은 것 같은 퇴적암이 한 겹 한 겹 벗겨져나가면서 1억 년 전에 살았던 공룡의 잔흔이 드러나고 있다. 억겁의 세월을 뛰어넘어 자연이 만들어낸 공룡 발자국 화석들은 시간이 빚은 보물이라고 할 수 있다.

정부에서도 덕명리 해안의 공룡 발자국 화석이 갖는 고생물학적, 지사학적 가치를 인정하여 1999년에 이 지역을 천연기념물 제411호(고성 덕명리의 공룡 및 새 발자국 화석 산출지)로 지정하여 보존, 관리하고 있다. 그러나 2002년에 이곳을 찾았을 때는 유감스럽게도 안내판이 설치된 것 이외에는 공룡 발자국 화석에 대한 보존 조치가 전무한 상태였다.

덕명리 해안에서 발견된 육식 공룡의 발자국 화석. 이곳에는 전 세계적으로도 보기 힘든 중생대에 살던 새의 발자국 화석이 대규모로 분포한다.

현재 공룡 발자국 화석의 대부분은 썰물 때면 물에 잠겨 파도에 의한 자연 침식이 계속 진행되고 있다. 그러나 양 박사는 발자국이 훼손되는 주요한 원인은 파도나 햇빛 등 자연적인 요소가 아니라 인간의 무분별한 행위라고 말한다. 많은 사람들이 공룡 발자국을 밟으며 걸어보거나 손으로 만지는 등 파괴를 일삼기 때문이다. 특히 이 지역에는 유원지뿐만 아니라 경상남도 청소년수련원이 들어서 있어 원형의 파괴 속도가 점차 빨라지고 있다.

세계적으로 유명한 전라남도 해남 우항리 공룡 화석지

전라남도 해남군 황산면 우항리 일대 또한 백악기에 거대한 호수였던 곳으로 많은 공룡들이 서식했다. 4족 보행을 한 용각류 초식 공룡의 발자국이 두 줄로 늘어선 모습이 인상적이다. 약 5km의 해안에 교과서와 같은 수평층리의 퇴적 구조를 보이는 우항리 퇴적층 안에는 수많은 화석이 잠들어 있다. 특히 세계 최초로 물갈퀴새 발자국 화석이 발견되었으며, 세계에서 유일하게 공룡, 익룡, 새 발자국이 함께 발견되는 곳이기도 하여 살아 있는 자연사 박물관이라 해도 손색이 없다.

해남 우항리 공룡 화석 유적지 박물관 실내에 조성된 거대 초식 공룡 발자국 화석과 익룡 발자국 화석(천연기념물 제394호).

경기도 화성시 시화호에서 발견된 공룡알 화석

중생대 백악기에 시화호, 대부도, 영흥도 일대는 대규모 호수였다. 시화호가 조성되기 전에는 섬이었던 곳에서 공룡알 화석 200여 개가 발견되어 이 일대가 공룡의 대규모 산란장이었음을 보여주었다. 우리나라의 공룡 화석은 주로 남해안 일대와 경상도 지역에서 발견되었으나, 시화호에서의 발견으로 공룡이 한반도 전역에 걸쳐 서식했음을 알 수 있게 되었다.

화성시 시화호에서 발견된 공룡알 화석은 단일 발견지로서는 세계에서 가장 많다(천연기념물 414호).

양 박사는 공룡 발자국 화석을 보존하기 위해 다음과 같은 방안을 내놓았다. 전시할 가치가 있는 발자국은 복제품을 만들어 박물관에 보관하거나 자연 경관을 해치지 않는 범위 내에서 울타리와 관찰로를 설치하여 사람들의 직접적인 접근을 차단하는 것이다.

이에 부응하여 2004년 고성군에서는 하이면 덕명리 해안에 국내 유일의

2004년에 건립된 고성공룡 박물관은 국내 유일의 공룡 테마 박물관이다. 이곳에는 공룡 전신 골격 복제품과 공룡 골격 화석 등 다양한 볼거리가 있다. ©고성공룡박물관

공룡 테마 박물관을 개관했다. 또한 공룡 발자국 화석 산지에 관찰로와 안내판을 설치하고 관리 요원을 배치하는 등 보존, 관리에 정성을 쏟고 있다. 그러나 무엇보다도 중요한 것은 공룡 발자국이 우리의 소중한 자연 유산이라는 인식과 그것을 보존하려는 우리 모두의 노력일 것이다.

■ ■ ■ 플러스 이야기 상자 ■ ■ ■

한반도는 쥐라기 공원이 아닌 백악기 공원

아직까지 우리나라의 중생대 쥐라기 지층에서는 공룡 화석이 발견되지 않았다. 그러나 백악기에 이 땅에 수많은 공룡들이 살았다는 것은 분명한 사실이다.

공룡을 주제로 한 영화 〈쥐라기 공원〉은 어려서부터 동경해오던 공룡들이 되살아나 눈앞에서 볼 날이 올 거라는 기대를 갖게 했다.

무서운 도마뱀이란 뜻의 파충류인 공룡(dinosaur)은 중생대가 시작될 무렵에 출현해 약 1억 6,500만 년 동안 땅, 하늘, 그리고 바다의 지배자로 군림하다가 신생대가 시작되던 약 6,500만 년 전 일시에 사라졌다.

우리나라에서도 공룡의 알, 발자국, 뼈와 같은 다양한 화석들이 전국적으로 산출되고 있어 한반도가 중생대에 공룡의 낙원이었음을 보여주고 있다. 한반도가 중생대에 쥐라기 공원이었다는 기사를 자주 접하게 되는데, 현재까지 우리나라에서 발견되고 있는 공룡 화석의 지층과 연대를 살펴볼 때 이는 잘못된 내용이다.

중생대는 트라이아스기, 쥐라기, 백악기로 구분되며, 각 시기에 살았던 공룡의 종류 또한 달랐다. 우리나라의 공룡 화석은 모두 백악기 지층에서만 발견되고 있을 뿐, 쥐라기 지층에서는 발견되지 않는다. 따라서 중생대 쥐라기에 우리나라가 공룡의 낙원이었다고 말하는 것은 과학적으로 입증되지 않은 낭설일 뿐이다.

우리나라의 중생대 쥐라기 지층 어딘가에 당시 살았던 공룡의 화석이 묻혀 있을 수도 있다. 그러나 그것이 발견되기 전까지는 중생대의 한반도는 쥐라기 공원이 아니라 백악기 공원이라 해야 할 것이다.

끝으로, 공룡의 천국이라는 말이 어색하지 않을 만큼 무수한 공룡 발자국이 발견되는 우리나라에서 공룡의 완전한 골격 화석은 왜 발견되지 않는지 그 이유를 짚어보자. 일반적으로 발자국 화석이 잘 보존되는 환경에서는 골격이 쉽게 분해되고, 골격이 잘 보존되는 환경에서는 발자국이 보존되기 어렵다. 구체적으로 골격 화석은 홍수나 지진 등 지각 변동이 컸던 지역에서 주로 발견되는데 우리나라는 안정된 지형인 경상층군이 많이 분포하고 있어 골격 화석보다는 발자국 화석이 많은 것이다. 실제로 세계적으로도 골격 화석과 발자국 화석이 함께 발견되는 예는 거의 없다.

한국의 나일 델타
낙동강 삼각주

다대포 구릉에서 바라본 낙동강 삼각주의 해넘이 전경. 한국의 나일 델타로 불리는 낙동강 삼각주는 우리나라에서 지형 변화가 가장 심한 곳이다.

낙동강 하구의 삼각주(三角洲)는 자고 일어나면 지형이 바뀔 만큼 변화가 심한 곳이다. 낙동강이 운반해온 토사가 남해의 조수(潮水)에 의해 이동하고 쌓이고 흩어지기를 반복하기 때문이다. 그래서 이곳에서는 지형이 살아 꿈틀거리는 것을 확인할 수 있다.

한국의 나일 델타(Δ)라고 할 수 있는 낙동강 삼각주는 동양 제일의 철새 도래지로 잘 알려져 있다. 또한 일찍이 가야 문화가 융성했던 곳으로 황금 옥토인 풍요의 땅이기도 하다. 겨울철 이곳을 하늘에서 내려다보면 채소와 화훼를 재배하기 위한 대규모 비닐하우스가 끝없이 펼쳐져 있어 마치 은빛 바다를 보는 듯하다. 드넓은 김해평야의 일부로 오늘날 인간 생활의 주요 터전이 되고 있는 낙동강 삼각주는 어떻게 형성되었을까?

낙동강 하구의 인공위성 영상. 낙동강이 바다와 만나는 곳에 형성된 거대한 삼각주가 뚜렷이 보인다. 삼각주의 말단부에 바다 쪽을 향해 새롭게 생겨나는 모래톱이 보인다. ⓒ환경부

삼각주의 형성에는 하천의 흐름과 조차가 관건

강물은 강바닥과 옆면을 깎기도 하지만 깎인 물질을 실어날라 쌓아놓기도 한다. 낙동강 삼각주는 강원도 태백시 상함백산에서 발원하는 낙동강이 총 525.15km를 흐르면서 운반해온 토사를 바다와 만나는 강 하구에 쌓아 놓은 것이다.

낙동강 삼각주는 낙동강이 1만 년 이상 쌓아 만든 것으로 평균 60m 이상의 두꺼운 퇴적층으로 이루어져 있다. 크고 작은 몇 개의 섬들이 서로 어울

금정산에서 바라본 낙동강 삼각주. 낙동강의 물줄기가 서쪽으로 갈라지는 서낙동강 입구에 대동수문이 보인다.

부산에 살면서도 7년 만에 이곳 다대포를 찾았다는 김동권 선생님(동인고등학교)은 다대포해수욕장 앞쪽에 새롭게 형성된 백사장을 보고 무척 놀라워 했다. 검게 보이는 부분은 하구둑 건설 이후 형성된 것이다(사진 속 사진).

려 있는 이곳은 남북 길이 약 25km, 동서 길이 약 15km이며, 낙동강의 유로 방향을 따라 남북 방향으로 길게 뻗어 있다. 그리고 남쪽의 하구 일대에는 낙동강의 유수와 앞바다의 연안류에 의해 형성된 수많은 사주가 해안선과 평행하게 발달해 있다.

삼각주의 형성에는 하천의 흐름과 조차(潮差)가 중요한 역할을 한다. 조차가 너무 크면 강이 운반해온 물질이 대부분 바닷물에 멀리 쓸려나가 삼각주가 발달하지 못한다. 그래서 황해안에서는 한강, 대동강 등 큰 하천이 흙과 모래를 많이 날라오지만 삼각주보다는 간석지의 발달이 뚜렷하다. 또한 동해안은 조차는 작으나 파도의 작용이 활발하고 수심이 깊기 때문에 삼각주의 발달이 미미하다. 반면 남해안의 낙동강은 조차가 1m밖에 되지 않고, 낙동강에 실려오는 퇴적물의 양도 많은 데다가 가덕도와 다대포 반도가 하구 부근의 해안을 에워싸 파도를 막아주기 때문에 삼각주가 탁월하게 발달하는 것이다.

낙동강이 방출하는 퇴적량은 연간 약 1,000만t에 달하는데 대부분 여름철 우기에 집중되기 때문에 삼각주 역시 이 시기에 집중적으로 발달한다. 바다로 방출된 부유(浮游) 상태의 퇴적물은 대한해협으로 흘러나가고, 무게가 있는 퇴적물은 지금의 사주군 부근에 쌓인다.

삼각주는 고운 모래, 실트, 점토로 이루어져 있고, 모래톱과 갯벌의 발달과 함께 점차 성장한다. 모래톱이 바다 쪽으로 커져가는 것은 강물에 실려온 물질들을 파도가 쓸어가 버리지 않고 육지 쪽으로 밀어붙이기 때문이다. 일단 모래톱이 생기면 파도가 미치지 않는 후면으로 모래, 실트, 점토 등이 계속 쌓여 빠른 속도로 지대가 높아진다.

그리하여 썰물 때 바닷물이 빠지면 모래톱과 육지가 서로 이어지고, 이런 과정이 반복되면서 모래톱과 갯벌이 점차 넓어져 삼각주로 확장된다.

가장 외곽에 발달한 모래톱인 도요등. 현재 모래톱은 점점 바다 쪽으로 크기를 키워가며 이동하고 있다.

이렇게 해서 을숙도, 명호도, 신호도, 장자도를 중심으로 남쪽에 넓은 갯벌이 발달했고, 최근에는 그 앞으로 새등, 나무싯등, 도요등, 다대등을 비롯한 새로운 모래톱이 자라고 있다.

낙동강 삼각주의 옛 모습과 형성 과정

낙동강 삼각주는 언제부터, 어떤 과정으로 형성된 것일까? 낙동강 삼각주를 오랜 기간 연구해온 고(故) 오건환 교수(전 부산대학교 지리교육과 교수[지형학])가 1992년에 발표한 논문을 참고하여 살펴보면 이 물음의 해답을 쉽게 얻을 수 있다.

1. 제4기 최후 빙기가 최고도에 달했던 1만 8,000년 전까지 낙동강은 대마도 부근까지 연장된 긴 하천이었다. 해수면은 현재의 해수면보다 약 100m 후퇴해 있었던 것으로 보인다. 즉 현재의 낙동강 하구 지역은 오랫동안 심층풍화를 받아온 내륙 분지로 육상 환경이었다.

2. 약 1만 년 전 빙하가 물러나고 후빙기에 해수면이 상승하면서 대마도

부근까지 연장되었던 낙동강 하구가 한반도의 육지 쪽으로 후퇴했다. 해수면은 현재의 해수면보다 약 60m 후퇴해 있었던 것으로 보인다. 이때까지만 해도 낙동강 삼각주 지역의 구조곡은 아직 바닷물에 잠기지 않았다.

3. 4,000년 전에 해수면이 상승하면서 현재와 비슷한 해수면을 유지하게 되자 낙동강 하류의 구조곡에 바닷물이 침입하여 내륙 분지가 거대한 만으로 바뀌었다. 이때 낙동강 하구는 양산천이 합류하는 지금의 물금 부근이었다. 해수면은 현재의 해수면보다 약 3m 아래에 있었던 것으로 보인다.

4. 1,700년 전까지 해수면이 지속적으로 상승하다가 이후 점차 낙동강 하구의 지반이 융기하면서 바다가 물러나기 시작했다. 이 때문에 물금 부근의 하구에 서서히 육지에서 공급된 토사가 퇴적되면서 삼각주가 형성되기 시작했다.

5. 이후 해수면이 안정되자 낙동강 하구 앞쪽에서 활발한 퇴적 작용이 일어나 크고 작은 모래톱인 사주가 발달했다. 이들 사주가 합쳐지면서 하나의 섬을 이루어 삼각주의 원형이 갖춰졌다. 대저도가 이에 해당되며 이는 지금으로부터 1,000년 전으로 추정된다.

6. 퇴적 작용이 더 활발해지면서 대저도 앞쪽에 새로운 사주들이 출현했다. 이들 사주가 다시 합쳐져 대저도와 다른 큰 모래섬인 하중도가 출현했

삼각주 형성 과정

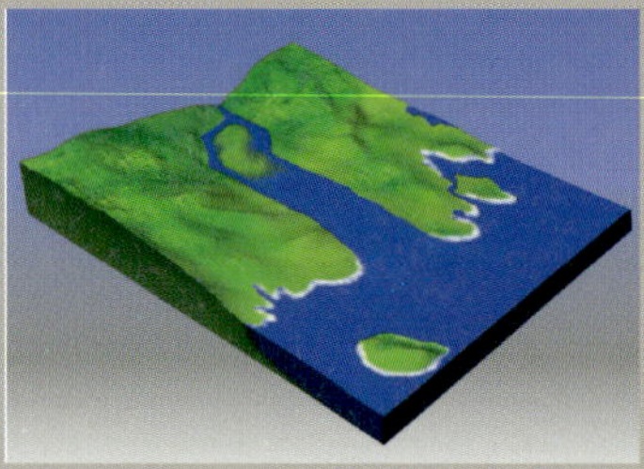

하천의 하구에서 공급된 점토질의 토사가 바다로 유입된다.

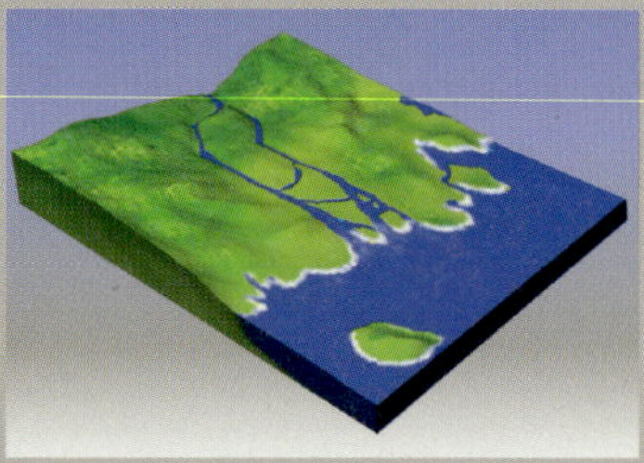

유입된 토사가 하구 주변에서 바다 쪽으로 멀리 이동하지 못하고 해안선을 따라 퇴적된다.

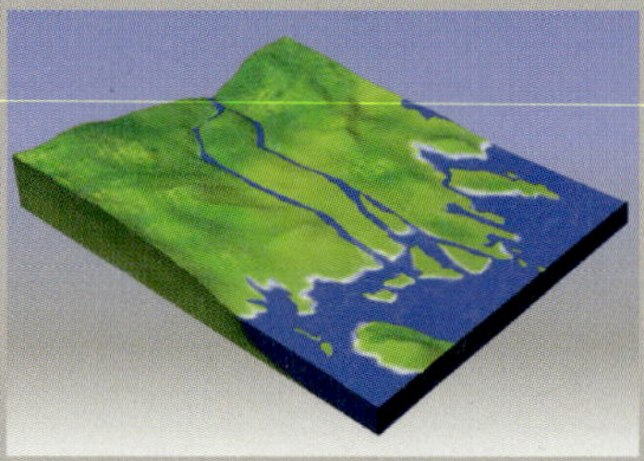

조수와 해류에 의해 제거되는 양보다 하천에서 공급된 토사가 많아 연안에 삼각주 형태의 퇴적 지형이 만들어진다.

는데, 대사도와 맥도가 이에 해당된다. 그 결과, 낙동강 삼각주 북부에 상부 삼각주가 형성되었다. 이는 지금으로부터 600년 전으로 생각된다.

7. 이후 상부 삼각주 앞쪽에 계속적으로 퇴적 작용이 일어나 새로운 사주가 형성되고, 이것들이 다시 합쳐져 명호도를 비롯한 을숙도, 일웅도와 같은 하부 삼각주가 형성되었다. 이는 지금으로부터 150년 전으로 여겨진다. 낙동강이 계속 공급하는 토사에 의해 퇴적 작용이 활발히 일어나 상부 삼각주와 하부 삼각주가 거의 연결되었다. 이로써 지금의 삼각주와 비슷한 형태의 삼각주가 낙동강 하구에 형성되었다. 이는 100년 전으로 보인다.

이후 1900년대 들어서면서 명호도 앞쪽으로 크고 작은 모래톱인 사주가 출현하면서 대마등, 장자등, 새등, 백합등, 도요등, 다대등이 만들어져 현재와 같은 형태를 갖추었다.

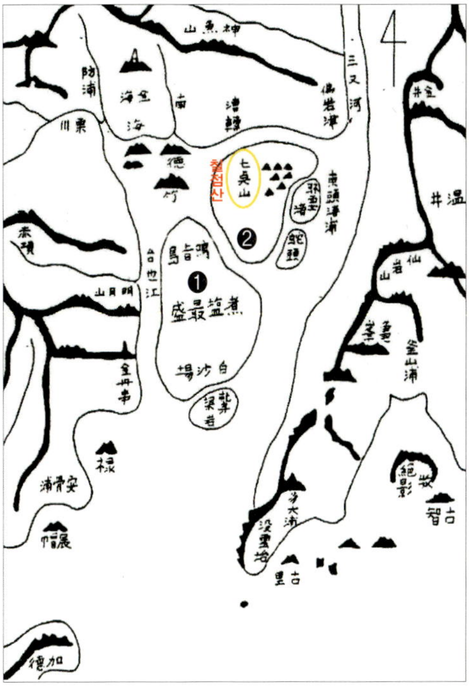

약 150년 전의 낙동강 삼각주 모습. 1861년에 제작된 《대동여지도》에는 명호도(①)와 그 상부 삼각주인 대저도(②)가 나와 있다.

낙동강 하구의 변화무쌍한 지형

낙동강 삼각주의 가장 큰 특징은 지형 변화가 심하다는 것이다. 이곳은 현재와 비슷한 해수면을 유지하게 된 약 4,000년 전부터 퇴적이 시작되어 이후 삼각주의 말단부에 새로 출현한 사주 지형을 중심으로 심한 지형 변화를 겪었다.

《대동여지도》에는 현재의 대저도와 명호도만 나와 있는 데 반해 1916년에 제작된 지형도에는 신호도, 진우도, 대마등, 장자도가 등장하여 1900년을 전후하여 사주 지형이 활발히 형성되기 시작했음을 알 수 있다. 1934년 대동수문이 건설되기 전까지 서낙동강 유로를 따라 진우도, 대마등, 장자도가 생겨났고, 낙동강 본류를 따라서는 일웅도와 을숙도가 생겨났다. 그러나 대동수문과 녹산수문이 건설된 이후 서낙동강이 거대한 저수지로 바뀌자 낙동강의 유출과 퇴적물의 공급은 동쪽의 본류를 통해 이루어지게 되었다.

낙동강 삼각주의 앞면을 구성하는 사주군(沙州群)은 낙동강이 남해로 유입되는 세 방향의 유로를 따라 신호도와 명호도, 을숙도 남단에서 외해 쪽으로 성장해왔다. 1955년에는 을숙도 남쪽에 새로운 사주인 백합등이 나타났다. 이어 1975년에는 백합등과 장자도가 남북 방향으로 성장했으며 신호도는 공단과 택지 조성을 위한 간척으로 육지와 연결되었다. 1986년에는 새등과 나무싯등이, 1996년에는 도요등과 다대등이 새로이 나타났다.

한편 낙동강 하구둑의 건설로 퇴적물의 공급이 줄어들고 파랑 작용이 활발해져 삼각주 말단의 성장이 둔화될 것으로 생각되었지만 지금도 다대포 해안으로 새로운 사주가 형성되고 있다. 현재 다대포 해안에는 바닷가와 평행한 방향으로 새로운 백사장이 바다 쪽으로 빠르게 성장하고 있는데, 이는 하구둑의 건설로 진우도와 대마등 부근의 유속이 약해져 상류에서 유입되는 부유 상태의 퇴적물이 이동해왔기 때문으로 보인다.

칠점산을 끼고 들어선 군부대 시설. 현재 삼각주 내에 있는 낮은 야산들은 삼각주가 형성되기 이전에는 모두 독립된 섬이었다(위). 낙동강 삼각주에서는 벼농사뿐만 아니라 비닐하우스를 이용한 작물 재배가 활발하게 이뤄지고 있다. 특히 김해 삼각주에서 대규모로 재배되는 대파가 유명하다(아래).

4,000년 전부터 사람이 살기 시작

드넓은 평야지대인 낙동강 삼각주는 낙동강이 운반, 퇴적한 비옥한 토양으로 일찍이 미곡 중심의 농업이 발달하여 많은 사람들이 모여 살았다. 그렇다면 이곳에 사람이 살기 시작한 것은 언제부터일까?

서낙동강을 기점으로 삼각주 지역과 마주하고 있는 김해의 녹산동과 가락동은 삼각주가 형성되기 이전에는 해안지대였던 것 같다. 이들 지역에서 범방패총(貝塚)과 죽림패총 유적이 발굴되어

선사인이 거주했다는 사실이 밝혀졌고, 가야시대의 유적인 분절패총, 가달 고분군, 송정고분 등도 발견되어 그 이후로도 사람들이 줄곧 살아왔음을 보여주었다.

삼각주 안에서도 선사 시대의 패총이 발견되고 있다. 강동동의 덕도산과 대저동의 칠점산은 삼각주가 발달하기 이전에는 모두 독립된 섬이었는데 이 산들의 기슭에서 청동기 시대의 북정패총과 상덕패총 등이 발견되었다. 이러한 패총으로 보아 삼각주가 없었던 선사 시대에는 정착해서 농사를 짓기보다는 조개나 물고기를 잡기 위해 일시적으로 머물렀을 것으로 추정된다. 이는 아마도 주거의 필수 조건인 민물의 공급이 어려웠기 때문일 것이다.

낙동강 삼각주와 인근 지역에서 발견되는 패총의 절대 연령을 측정한 결과 4,000년 전의 것으로 나타났다. 이로써 적어도 이때부터 인류가 삼각주를 무대로 생활하기 시작했다는 것을 알 수 있다.

삼각주가 어느 정도 형성된 이후에도 이곳에 사람이 살았다는 사실을 보여줄 만한 조선 시대 이전의 유물과 유적은 아직 발견되지 않았다. 지리적인 조건으로 보아 삼국 시대 이후 이곳에 사람이 살았어도 강동동의 북정과 칠점산 주변에만 모여 있었을 것이다.

낙동강 삼각주 지역에 주민이 본격적으로 거주하기 시작한 것은 조선 시

낙동강 유역에 사람이 살기 시작한 것은 4,000년 전이지만 본격적으로 거주하기 시작한 것은 조선시대에 이르러서였다.

대에 이르러서였다. 1477년(성종 8년) 경상도 관찰사가 올린 장계(狀啓)를 보면 "양산(梁山) 대저도에 주민 남녀 410명과 전답 200여 결"이라는 내용이 나오고, 1815년의 장계에는(순조 15년) "양산군 읍지의 홍수로 인한 민가와 전답의 피해"라는 내용이 보인다. 1732년(영조 8년) 《승정원 일기》에는 명지동 일대(명호도)에 제염업이 크게 발달했다는 기록이 있고, 《대동여지도》에서는 명지도에 바닷물을 끓여 소금을 만드는 일이 번창했음을 의미하는 "자염최성(煮鹽最盛)"이라는 말이 나온다.

이곳에 현재와 같이 많은 사람들이 농사를 지으며 살기 시작한 것은 일제가 농경지를 확보하기 위해 1916~1936년에 수문을 축조하고 제방을 쌓는 등 대규모 치수 사업을 하면서부터였다.

을숙도는 더이상 철새들의 낙원이 아니다

낙동강 하류 지역은 하상 경사가 낮다는 지형적 특징 때문에 만조일 때 바닷물이 대량으로 유입되어 많은 피해를 입어왔다. 이러한 문제를 해결하는 것은 물론 새로운 교통로를 확보하고 매립지를 통해 생활권을 확장하기 위하여 1987년 11월에 낙동강 하구둑이 건설되었다. 그러나 이는 또한 생태계 파괴의 시작이기도 했다.

낙동강 하구는 1960~1980년대까지만 해도 동양 최대의 철새 도래지이

낙동강 하구둑. 하구둑의 건설로 호수화된 강에는 상습적으로 부영양화 현상이 나타난다. 오폐수의 유입, 특히 페놀과 시안 등 각종 중금속이 강바닥에 쌓이면서 하구둑 상류와 하구 모두에 치명적인 영향을 끼치고 있다.

자 다양한 생물들의 서식지였다. 특히 민물과 바닷물이 만나 광활한 갯벌이 펼쳐지는 곳으로 새들의 먹이인 동식물이 풍부하여 해마다 수십만 마리의 철새가 찾아오는 철새들의 낙원(천연기념물 제179호 낙동강 하류 철새 도래지)이었다.

그러나 둑이 건설되면서 철새들은 을숙도 일대를 차츰 떠나기 시작했다. 을숙도의 절반가량이 물속에 가라앉아 갯벌이 사라지자 먹이사슬이 끊겼고 상류에서 계속 폐수가 유입되어 오염이 심해졌기 때문이다. 그동안 을숙도에는 150여 종의 다양한 철새들이 머물러 학생들의 자연 학습장으로 이용되었지만 지금은 찾아오는 철새의 종류와 수가 크게 줄어든 상태이다.

2003년 여름, 낙동강 삼각주의 제방이 붕괴되어 김해평야 일대가 막대한 홍수 피해를 입었다. 이 피해의 원인을 낙동강 하구둑으로 보는 이들이 많다. 하구둑의 건설로 상류에서 공급된 토사가 밖으로 쉽게 유출되지 못하고 강바닥에 쌓여 점차 하상이 높아졌고, 이로 인해 유수량이 많아져 제방에 가하는 압력이 높아지자 결국 제방이 붕괴되었다는 것이다. 인간의 편의를 위해 만든 인공물이 결국 인간에게 해를 가하는 부메랑이 되어 날아온 것이다.

낙동강 하구의 변화와 금관가야의 멸망

현재 낙동강 하구에 발달한 김해평야 일대는 과거 1~3세기에는 현재의 해수면보다 4~5m가량 높은 수심 2~3m의 바다였다(자료 : 윤선).

가야제국은 1세기경 낙동강 유역에서 성장했던 5~6개의 국가들로 이루어져 있었다. 그 가운데 금관가야는 김해를 중심으로 번영했던 국가였다. 금관가야가 번성한 것은 당시 선진국이었던 중국에서 문화를 수용하기에 유리한 위치에 있었고, 철의 생산으로 농업 생산성이 향상되어 눈부신 경제 발전을 이루었기 때문이다. 금관가야가 4세기 이후 급작스럽게 쇠퇴하다가 6세기에는 결국 신라에 합병되고 만 이유는 무엇일까?

윤선 명예교수는 그 이유를 낙동강 하구에서 일어난 지반의 융기라는 환경 변화로 설명한다. 이는 윤 명예교수가 수가리패총과 예안리고분을 발굴, 조사하는 과정에서 나온 주장이다. 현재 낙동강 하구역(河口域) 안쪽에 위치한 김해평야 일대는 과거 1~3세기에는 수심 2~3m로 해수면이 현재보다 4~5m가량 높았다고 한다. 그러다가 4세기에 들어서 해수면이 점차 낮아지면서 바다가 메워지기 시작했다는 것이다.

외국과의 철 교역으로 번성했던 금관가야에게 항구는 국가 유지에 절대적으로 필요한 것이었다. 그런데 점차 바다가 얕아지면서 늪과 습지대로 변하자 항구는 그 기능을 상실할 수밖에 없었다. 그 결과 외국과의 교역 단절로 국력이 쇠약해져 결국 멸망했던 것이다.

그렇다면 바다는 어떻게 메워졌고, 또 해수면은 왜 현재와 같이 후퇴하게 된 것일까?

이는 해수면이 하강하거나 지반이 융기했기 때문이다. 해수면은 빙하가 발달하면 하강하고, 빙하가 녹으면 상승한다. 그런데 3세기경에는 해수면의 하강을 이끌어낼 정도의 전 세계적인 빙하의 발달은 없었다. 그렇다면 고(古)김해만의 해수면 후퇴는 해수면 자체의 하강에 의한 것이 아니라 지반의 융기에 의한 것이라 해석할 수 있다.

금관가야의 멸망에 관해서는 실로 다양한 견해가 제시되고 있다. 중앙 집권 체제의 미발달이나 고구려의 남정, 신라의 팽창 등 주로 언급되는 것은 정치적, 사회적 차원의 문제들이다. 그러나 위에서 보았듯이 지형의 변화가 발전의 기반이었던 지리적 조건을 앗아갔다는 점 또한 고려되어야 한다. 환경의 변화는 서서히 진행되는 것이지만 그것이 축적되면 한 나라를 순식간에 무너뜨릴 만큼 엄청난 힘이 되기 때문이다. 실제로 이곳 낙동강 삼각주 일대는 양산, 언양 단층대가 통과하는 선상에 놓여 있어 지반 운동이 심한 지역에 속한다.

한반도 지반 융기의 증거
영도 태종대

영도는 부산 앞바다를 가로막고 있어 부산항의 방파제와 같은 역할을 하는 섬이다. 영도의 남동쪽 해안에는 수만 년 동안 거센 파도와 해풍에 깎여 만들어진 기암절벽이 절경을 이루고 있는데, 이곳이 바로 부산의 대표적 관광지 태종대(太宗臺)이다.

태종대는 신선이 살던 곳이라 하여 신선대(神仙臺)라고도 불렸다. 하지만 신라 태종무열왕이 삼국통일의 위업을 이룬 후 전국을 순회하던 중 이

태종대는 한반도의 지반이 융기했음을 말해주는 대표적인 증거 지형이다. 나아가 한반도 남동부의 해안 지형을 이해하는 지표가 되기도 한다.

곳의 울창한 수림과 수려한 해안 절경에 심취하여 활을 쏘며 즐겼던 곳이라는 뜻의 태종대라는 이름이 붙었다고 한다. 100m에 달하는 태종대의 깎아지른 듯한 기암절벽은 우리나라 암석 해안의 전형적인 경관을 보여준다. 그곳에 서면 태평양으로 시원스레 트인 바다를 만끽할 수 있으며, 쾌청한 날에는 멀리 대마도(對馬島)까지 볼 수 있다. 또한 태종대는 한반도가 계속해서 융기하고 있음을 보여주는 증거 지형이기도 하다.

수심의 변화로 포개진 색색의 지층

부산항으로 출항, 입항하는 모든 선박들의 길잡이 역할을 하는 영도등대에서 오른편을 바라보면 태종대의 절경이 한눈에 들어온다. 그 암벽을 자세히 들여다보면 전 암층에 걸쳐 검은색과 옅은 색의 지층이 교대로 차곡차곡 쌓여 있다. 이러한 지층은 물의 관여 없이는 만들어질 수 없는 퇴적암으로 태종대 일대가 과거에는 호수나 강 또는 바다였음을 알 수 있게 한다.

태종대의 암층은 중생대 백악기 말 이곳이 호수였을 때 호수 바닥에 퇴적물이 쌓여 형성된 것이다. 따라서 태종대 형성의 비밀을 풀기 위해서는 한반도가 공룡들의 세상이었던 중생대 백악기 말로 거슬러 올라가야 한다.

태종대와 오륙도가 자리한 부산만 일대는 중생대 백악기 말 호수였던 곳이다.

신선대 마당바위 위로 바위 하나가 우뚝 서 있다. 왜구에 끌려간 남편을 애타게 기다리던 여인이 돌로 변했다는 망부석으로 촛대바위라고도 한다.

지금으로부터 9,000만~8,000만 년 전 부산 앞바다 일대는 대마도와 일본 서안에 이르기까지 크고 작은 여러 개의 호수가 발달한 육지였다. 당시 호수로 밀려온 퇴적물들은 오랜 지질 시대를 거치며 두껍게 쌓여 지금의 퇴적층이 되었다. 이어 지반이 융기하면서 지표에 드러난 후, 파도와 해풍에 깎여나가 직벽인 단면을 드러냈다.

퇴적층에는 수심이 얕은 곳에서 퇴적된 옅은 색의 사암과 짙은 색의 역암, 깊은 곳에서 퇴적된 흑색 셰일층이 교대로 쌓여 있다. 이는 호수의 수심이 계속 변해 각기 다른 환경에서 오랫동안 퇴적되었다는 것을 뜻한다. 부산만 앞으로 보이는 오륙도 역시 태종대와 동일한 지층으로 연결되어 있는 것으로 보아 동시대에 형성된 지층으로 생각된다.

지반 융기의 흔적 신선바위

해발고도 50m 부근에 위치한 영도등대에서 오른쪽을 내려다보면 태종대의 암벽으로 두 세 사람이 오갈 만한 크기의 좁은 턱이 횡으로 이어져 있는 것을 볼 수 있다. 이 턱을 통로 삼아 많은 사람들이 오가는데, 그 턱의 끝자락으로 제법 널따랗게 펼쳐진 평탄한 암반이 나타난다. 이곳은 옛날 신선들이 내려와서 놀았다고 하여 신선대라고 부르는 마당바위로 태종대의 암석 가운데 가장 역동적인 해안 지형을 살펴볼 수 있다.

해발고도 50m 이상의 해식 절벽과 너비 30m의 마당바위는 해안에 계단 모양의 지형을 이루고 있다. 해식 절벽에는 여러 개의 해식동굴이 있고, 마당바위에는 왜구에 끌려간 남편을 애타게 기다리던 여인이 돌로 변했다 하여 망부석이라 불리는 7m 높이의 바위가 솟아 있다.

이 신선대 마당바위는 해안단구 지형으로, 해수면 근처에서 오랜 세월 파도 에너지에 의해 수평 침식을 받아 형성된 파식대(波蝕臺)가 지반이 융기하면서 현재의 수면에서 약 30m 위로 올라온 것이다. 태종대에는 지반의 융기를 보여주는 계단 모양의 단구가 많아 한반도가 간헐적으로 여러 차례 융기했음을 보여준다.

이렇게 태종대는 단순한 관광지가 아니라 부산만 주변 지형의 생성과 변화를 알려주는 지형적, 지질학적 가치를 지닌 곳이다. 이 계단 모양의 단구 지형은 언제, 어떻게 형성된 것일까?

부산의 또 다른 얼굴, 자갈치시장

부산의 숨결과 정취를 흠뻑 느낄 수 있는 자갈치시장은 부산시민의 생활상을 대변하는 삶의 현장으로 부산의 명물이다.

부산에 가면 사람들은 으레 자갈치시장에 들른다. 남포동 해안 위쪽에 자리한 자갈치시장은 한국전쟁 전후로 여인네 중심의 생선 노점 시장이 성장, 발전하여 우리나라 최대의 어시장이 되었다.

자갈치란 지명은 이곳 남포동 해안 일대에 주먹만 한 크기의 옥돌로 된 자갈이 많아 붙여졌다고 한다. 생선을 손질하는 자갈치시장 아줌마의 부지런한 손놀림과 투박하고도 구수한 경상도 사투리에서 자갈치시장의 생명력이 묻어난다.

정동진 해안단구와 비슷한 나이

태종대의 해안 절벽 곳곳으로 평평한 바위들, 즉 융기 파식대임을 보여주는 단구 지형이 여러 개 눈에 띈다. 태종대를 포함하여 부산만 일대를 조사, 연구해온 고 오건환 교수에 따르면 해안 절벽 곳곳에 분포한 평평한 바위, 즉 단구 지형이 13개에 달한다고 한다. 단구의 상대적인 해발고도는 50~300cm로 다양하다. 폭은 작은 것이 40cm이고 큰 것은 300cm를 넘는다. 이 가운데 뚜렷하게 파식대의 형태를 갖춘 단구는 해발고도 4~5m, 9~10m, 17~20m, 27~30m, 50~52m 등 모두 5곳에서 나타나고 있다. 이 중에서 사람들이 가장 많이 찾는 신선대 마당바위는 해발고도 28m의 파식대이다.

태종대의 융기 파식대가 해수면 위로 솟아오른 시기는 아직 정확하게 측정된 바 없다. 그러나 형성 시기가 이미 밝혀진 남동부 해안의 해성단구(海成段丘) 3곳, 즉 경상북도 경주의 감포단구(60~80m), 색천리 단구(30~50m), 산하리 단구(10~20m)와 비교해보면 그 형성 시기를 추정해볼 수 있다.

가장 오래되고 높은 등대 부근(50~52m)과 가장 넓은 신선바위

1906년에 세워져 100년의 역사를 가진 영도등대가 2004년 8월 새롭게 단장되어 부산 앞바다를 비추고 있다. 사진 속 사진은 옛 등대의 모습이다.

태종대 오른쪽의 몽돌해안 뒤로 멀리 부산의 상징 오륙도가 보인다(왼쪽). 주전자 섬에 형성된 파식대는 신선대와 비슷한 고도에서 융기한 단구 지형이다(오른쪽).

(20~30m)는 한반도가 지금보다 더 따뜻했던 최종 간빙기의 최성기인 약 12만 5,000년 전에 융기한 것이라고 한다. 그리고 가장 최근 것인 해발고도 4~5m와 9~10m의 두 파식대는 지금보다 추웠던 최후 빙기의 전성기인 1만 5,000년 전에 융기했다고 한다.

우리나라에서 가장 전형적인 해안단구 지형은 강릉의 정동진이다. 이곳의 해안단구 가운데 태종대의 신선대와 비슷한 고도인 저위 융기면(25m)이 형성된 시기 또한 약 12만 년 전으로 나타났다. 그러므로 약 12만 년 전에 우리나라의 동해안과 남해안은 서로 비슷한 해양 환경에 있었던 것으로 볼 수 있다.

빠르게 해체되고 있는 해식 절벽

태평양으로 시원스레 열려 있는 태종대의 해식 절벽은 해풍과 파도에 침식되어 빠르게 해체되고 있다. 특히 2002년 태풍 루사(Rusa)에 이어 2003년에 불어 닥친 태풍 매미가 해식 절벽을 이루고 있던 태종대의 암반과 암층을 심하게 파괴하여 이때 떨어져 나온 암편들이 곳곳에 나뒹굴고 있다.

태종대 앞으로 약 1.4km 떨어진 곳에는 '주전자 섬'으로 불리는 바위섬 하나가 있는데, 신선대와 마찬가지로 비슷한 고도에서 파식대가 나타나는 계단식 단구 형태를 띠고 있다.

주전자 섬은 태종대가 침식에 의해 계속 후퇴하는 과정에서 남은 해식이 암의 하나로, 신선대와 같은 시기에 융기한 것이다. 약 7m 폭의 해식동에 의해 2개로 분리된 신선대 마당바위 또한 해식에 의해 점점 그 폭이 확대되고 있다. 앞으로 침식이 계속된다면 신선바위 또한 언젠가는 주전자 섬처럼 바다에 홀로 떠 있는 외로운 섬이 될 것이다.

가장 하단부의 현성 파식대에서 왼편에 있는 작은 만입부에는 길이 약 100m, 너비 2~8m의 몽돌해안이 있다. 이 해안을 이루는 5~8cm 크기의 둥근 자갈들은 파도의 침식으로 기반암에서 떨어져 나간 셰일(이암) 계열의 암편들이 연안류를 따라 만 안쪽으로 운반, 유입되는 과정에서 파랑에 의해 닳아서 작아진 것이다.

국가지질공원으로 등재된 태종대

태종대는 한반도 땅덩어리가 융기했다는 증거 지형으로서의 지사학적 가치뿐 아니라 신선바위 부근에서 백악기인 약 7,000만~6,500만 년 전 공룡 발자국 화석이 다량 발견되어 고고학적 가치도 높다.

한편 영도등대 주변 절벽 지대에서는 화산활동에 의한 마그마의 영향으로 퇴적암이 열과 압력을 받아 치밀하고 견고한 암석으로 변한 지름 2~100cm의 둥근 혼펠스 15개가 발견되었다. 일반적으로 화산암 지대에서 발견되는 혼펠스가 태종대와 같은 퇴적암 지대에서 발견된 것은 매우 드문 사례다. 태종대는 2005년 11명승 제17호로 지정되었고, 지형 · 지질학적 가치가 뛰어나 제주도, 울릉도, 독도에 이어 2013년 국가지질공원으로 인증 받았다.

■ ■ ■ 플러스 이야기 상자 ■ ■ ■

금샘에서 유래한 부산의 진산, 금정산

부산의 진산인 금정산의 이름은 산 정상부에 금샘(사진 속 사진)이 있다는 데서 유래했다.

서울에 북한산이 있다면 부산에는 금정산이 있다. 금정산은 해발고도 801m로 여느 산에 비해 낮은 편이지만 능선에 기암괴석이 넘쳐난다. 금정산성과 범어사와 같은 유명 사찰이 자리 잡고 있으며, 산꼭대기에 서면 동해와 남해가 한눈에 들어와 가히 부산의 진산이라 할 수 있다.

금정산은 태백산맥이 동해와 나란히 달리다가 남해 앞에서 마지막으로 솟구친 암산으로 산지 곳곳에 바위가 그득한데, 그 바위들은 주로 중생대 백악기 말 관입한 불국사화강암이다.

금정산의 주봉인 고당봉으로 오르는 산허리쯤에 고당샘이 있고, 이 샘터에서 동쪽으로 약 100m 떨어진 금정암 정수리에는 둘레 3m, 깊이 15cm의 웅덩이가 있다. 사람들은 이를 금빛 나는 우물 샘이라 하여 금샘이라 부르는데, 금정산의 이름은 바로 여기서 나온 것이다.

금샘의 독특함과 신기함에 기대어 이 샘물이 아무리 가물어도 마르지 않는다고 말하는 사람들이 있는데, 이 샘물은 바위에서 솟아나는 것이 아니라 단지 바위에 파인 홈에 물이 고여 있을 뿐이다. 이 웅덩이 같은 바위 구멍은 어떻게 생겨난 것일까?

화강암에 절리가 발생하면 이 절리면을 따라 침식과 풍화가 일어난다. 이후 암석을 덮고 있는 피복 물질들이 침식, 풍화에 의해 모두 제거되고 나면 다양한 형태의 암괴가 지표에 모습을 드러낸다. 금정산의 능선에서 볼 수 있는 병풍바위, 고양이바위, 의자바위, 촛대바위, 용두암, 사자바위, 원효석대 등 다양한 암괴 지형은 모두 그렇게 만들어진 것들이다.

지하에서는 화강암반의 특정 부분에 침식이 집중되어 오목한 형태의 구멍이 생겨나고 이곳에 더욱 침식이 가해져 커다란 요(凹)자 모양의 암반 지형이 만들어진다. 금정산의 금샘은 화강암반이 지상에 모습을 드러낸 후 이 부분에 빗물이 고여 생겨났다.

충청북도 보은의 속리산 문장대 정상부와 전라남도 영암의 월출산 구정봉 정상에 있는 웅덩이는 모두 이런 과정을 거쳐 형성된 것이다. 이것은 나마라 불리는 풍화혈의 일종으로 우리말로는 가마솥같이 생겼다 하여 가마솥바위라고 한다.

조수의 차이가 만든 두 가지 얼굴
오륙도

지구에 미치는 달과 태양의 인력 때문에 하루에 두 차례씩, 정확하게 12시간 25분을 기준으로 만조(滿潮)와 간조(干潮)가 반복된다. 이 때문에 해안가에서는 암석의 일부 또는 전부가 밀물 때는 물에 잠기고 썰물 때는 물 위로 드러나 변화무상한 경관을 연출한다.

조석 간만의 차에 의해 해안가에 드러나는 기암 지형을 지형학 용어로는 시스택(sea stack), 또는 해식이암(海蝕離岩)이라고 한다. 시스택은 파도와

우아한 자태를 뽐내며 부산 앞바다에 떠 있는 오륙도는 태종대, 해운대와 함께 부산의 상징이다.

해풍에 오랫동안 침식을 받아 암석의 약한 부분은 침식되어 바다 속으로 사라지고 강한 부분만 남은 것이다. 이러한 지형은 우리나라의 해안 곳곳에 널리 발달해 있는데 특히 바다로 돌출한 암석 해안에 잘 나타난다. 백령도의 두무진, 울릉도의 코끼리바위, 홍도의 독립문바위, 제부도의 매바위, 서귀포의 외돌개, 동해의 추암 등이 대표적인 예이다.

또 하나의 예로 부산에는 밀물 때와 썰물 때 암석의 수가 달라보여 흥미를 끄는 시스택이 있다. 그것은 바로 부산의 상징이자 자랑거리인 오륙도(五六島)이다. 오륙도는 부산만의 북쪽 해안인 승두말에서 부산만을 향해 가지런히 뻗어 있는 5개의 시스택으로 이루어진 바위섬이다. 우삭도(32m), 수리섬(33m), 송곳섬(37m), 굴섬(68m), 등대섬(27m) 이렇게 옹기종기 모여 있는 5개의 섬이 밀물 때는 6개, 썰물 때는 5개로 보여 오륙도라는 이름이 붙었다.

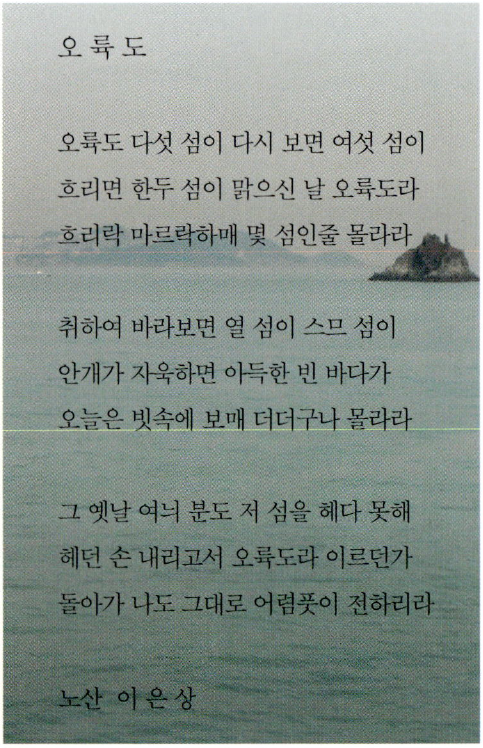
오 륙 도

오륙도 다섯 섬이 다시 보면 여섯 섬이
흐리면 한두 섬이 맑으신 날 오륙도라
흐리락 마르락하매 몇 섬인줄 몰라라

취하여 바라보면 열 섬이 스므 섬이
안개가 자욱하면 아득한 빈 바다가
오늘은 빗속에 보매 더더구나 몰라라

그 옛날 여늬 분도 저 섬을 헤다 못해
헤던 손 내리고서 오륙도라 이르던가
돌아가 나도 그대로 어렴풋이 전하리라

노산 이은상

밀물 때는 6개 썰물 때는 5개

오륙도라고 불리게 된 이유는 5개의 섬 가운데 육지에서 가장 가까운 우삭도의 지형적 특징과 조차 때문이다. 우삭도를 자세히 보면 섬 중간으로 나 있는 폭 1m, 높이 9m의 해식동에 의해 방패섬과 솔섬으로 분리되어 있다. 이들 섬은 물이 들면 해식대 위로 바닷물이 올라와 2개의 섬으로 완전히 분리되고, 물이 빠지면 해식동의 기저를 이루는 해식대가 해수면 위로 나타나 하나의 섬이 된다. 이렇게 때로는 5개의 섬으로, 때로는 6개의 섬으로 보이니 오륙도만큼 어울리는 이름도 없을 것이다.

그러나 1740년에 편찬된 《동래부지(東萊府誌)》 〈산천(山川)〉조에 나타난 다음의 기록을 보면 섬

이름에 대한 약간 다른 해석이 나온다. "절영도(絶影島, 지금의 영도) 동쪽에 있는 오륙도는 기이한 봉우리를 이루며 바다 가운데 나란히 섰는데 동쪽에서 보면 여섯 봉우리가 되고 서쪽에서 보면 다섯 봉우리가 되어 그리 이름했다."

이 기록으로 보아 예전에는 동과 서의 위치와 방향에 따라 한 섬이 보였다가 보이지 않았다가 하여 오륙도라고 불렀음을 알 수 있다. 어쨌든 1740년 이전부터 이미 오륙도라는 이름이 사용되고 있었던 것은 분명하다.

방패섬과 솔섬으로 이루어진 우삭도는 바닷물이 들면 2개의 섬으로 분리되고 물이 빠지면 하나로 연결된다. 오륙도를 이루고 있는 암석은 태종대의 해식 암벽에서 볼 수 있는 퇴적암으로 중생대 백악기에 형성된 것이다.

파도에 의한 침식이 오륙도 형성의 원리

오륙도가 위치한 부산만 북안 일대의 지질은 태종대의 해식 암벽에서 볼 수 있는 퇴적암과 거의 같은 시기인 약 1억 년 전을 전후한 중생대 백악기에 형성된 퇴적암이다. 역암층이 주를 이루며 그 사이에는 약 10cm 두께의 사암층이 끼어 있다. 이러한 퇴적암은 부산만 북안에 위치한 승두말과 오륙도에 걸쳐 동일하게 나타난다. 이는 오륙도가 해식 작용을 받아 현재의 해식이암으로 분리되기 이전에는 승두말과 이어진 하나의 반도로서 바다로 돌출한 헤드랜드(headland)였음을 뜻한다. 그렇다면 오륙도는 어떤 과정을 거쳐 지금의 시스택이 된 것일까?

초기의 오륙도는 육지와 붙어 있는 땅인 헤드랜드였다. 오랜 세월 해식에 의한 차별 침식으로 단단한 암석들만 남아 섬이 된 것이다.

시스택의 진수, 제부도 매바위

하루에 두 번씩 바닷물이 빠지면 육지와 연결되는 제부도 바닷길은 연중 관광객으로 붐빈다(왼쪽). 바닷물이 빠져나간 뒤에 나타나는 매바위를 통해 시스택의 전형을 볼 수 있다(오른쪽).

경기도 화성시 서신면 앞바다에는 약 8km 둘레의 해안선을 지닌 작은 섬 하나가 오롯이 떠 있다. 이 섬에서는 하루에 두 번씩 바다가 열리는 '모세의 기적'이 일어난다. 썰물 때면 바다 속에 있던 2.3km의 포장도로가 수면 위로 모습을 드러내어 육지와 오갈 수 있는 바닷길이 생긴다. 이 섬은 대부도 아래에 있는 제부도이다.

제부도는 이렇게 특이한 개해(開海) 현상을 구경하려는 관광객들로 사시사철 붐빈다. 1985년 주민들이 생계를 위해 직접 만든 좁은 찻길이 주민들의 소득을 높이는 데 효자노릇을 톡톡히 하고 있는 셈이다.

제부도에서 가장 눈길을 끄는 것은 섬 남쪽 끝에 있는 매바위로, 매와 오리가 바위에 알을 놓거나 둥지를 틀기 때문에 매바위라는 이름이 붙여졌다고 한다. 바닷물이 빠진 갯벌 위로 우람하게 솟은 바위도 장관이지만 그 뒤로 서서히 지는 석양이야말로 이 지역 경관의 백미이다. 갯벌 위에 외롭게 서 있는 매바위는 어떻게 형성된 것일까?

매바위 또한 오륙도와 마찬가지로 시스택의 하나이다. 현재의 해수면이 형성되기 전에 제부도는 육지와 연결된 산자락 말단부였다. 그러다가 6,000년 전에 바다에 잠긴 이후로 바닷물에 오랫동안 침식을 받아 약한 지질대에 있는 부분들은 깎여나가고 단단한 암체의 일부만 남아 지금의 매바위가 되었다.

오륙도의 섬들은 거의 수직에 가까운 80~85°의 해식 절벽을 이루는데, 그 절벽면에는 많은 절리가 발달해 있다. 이런 절리면에는 파도에 의한 침식이 집중되어 암석이 깎여나간다. 과거 승두말에서 바다로 돌출한 반도 전역에 해식이 진행되었다고 볼 수 있다. 먼저 암석에 난 수직의 절리면을 따라 침식이 강하게 진행되어 암석의 일부분이 떨어져 나가면서 해식동이 여러 개 생겨났다. 이후 이것이 더욱 확대되어 5개의 시스택으로 분리되었다.

이와 동시에 수평의 역암층 사이에 끼인 사암층이 침식에 약해 보다 쉽게 분리, 제거되면서 여러 개의 파식대가 형성되었다. 이렇게 오륙도는 절리면을 따라 작용한 수직적 파식과 암석의 경연(硬軟)에 따른 수평적 파식 작용이 함께 만들어낸 것이라 할 수 있다.

승두말과 오륙도가 하나의 반도로 연결되어 있던 시기는 해수면이 현재보다 6m가량 높았던 12만 년 전이라고 한다. 그러므로 오륙도는 12만 년이라는 긴 시간 동안 바다의 지속적인 침식을 받아 지금의 모습이 된 것이다.

해식애의 기저에는 규모는 작지만 파식에 의해 형성된 해식동이 여러 개 나타난다. 그 중 가장 뚜렷한 모양은 굴섬과 우삭도에 나타나는데, 우삭도의 해식동은 폭이 1m 정도이고 굴섬의 해식동은 폭이 5m에 달한다. 이 해식동 앞쪽으로 파식이 현재도 계속 이루어지고 있기 때문에 머지않아 오륙도는 8개 혹은 9개의 해식이암으로 변할 것이다.

오륙도는 지금도 계속 변하고 있다

오륙도는 역암층이 주를 이루는 퇴적암으로 그 사이에는 사암층이 끼어 있다. 모래는 자갈에 비하여 침식에 매우 약하기 때문에 사암층은 역암층보다 파도에 쉽게 씻겨나간다. 오륙도에는 이와 같은 지질 조건이 수평적으로 반영되어, 규모는 크지 않지만 여러 개의 파식대가 나타난다.

오륙도의 파식대는 모두 4개로 해발고도 27m, 17m, 9m, 0.5m 부근에 나타나는데 0.5m 파식대를 제외한 나머지 3단의 파식대에는 육상 식물이 자생하고 있다. 이 파식대들은 과거의 바다 환경에서 침식을 받은 후 융기한 것이다. 따라서 오륙도에는 현재와 같은 해식 지형이 형성되기 이전에 적어도 세 차례의 간헐적인 지반 상승이 있었던 것으로 보인다.

과거의 해수면에서 침식을 받아 평탄해진 파식대가 어느 시기에 융기했는지에 대해서는 아직까지 유효한 자료가 없어 단정 짓기 어렵다. 이와 관련하여 고 오건환 교수는 27m 파식대는 오륙도가 육지의 승두말과 연결되

오륙도와 영도 사이의 부산만에 설치된 방파제. 부산만을 막아주는 방파제는 주말이면 낚시꾼들로 북적거린다.

었을 당시의 해수면에서 파도의 침식을 받아 형성된 것으로, 그 시기를 최종 간빙기 최성기였던 약 12만 년 전으로 보았다. 그리고 9m 파식대는 최종 간빙기인 3만~2만 5,000년 전에 해수면이 일시 정체했던 시기에 형성된 것으로, 그 중간에 위치한 17m 파식대는 27m 파식대와 9m 파식대의 중간 시기인 약 5만~3만 5,000년 전에 형성된 것으로 보았다. 한편 최저위의 0.5m 파식대는 현재의 바다에 의해 형성된 현성(現成) 파식대로 육지와

오륙도의 형성 과정

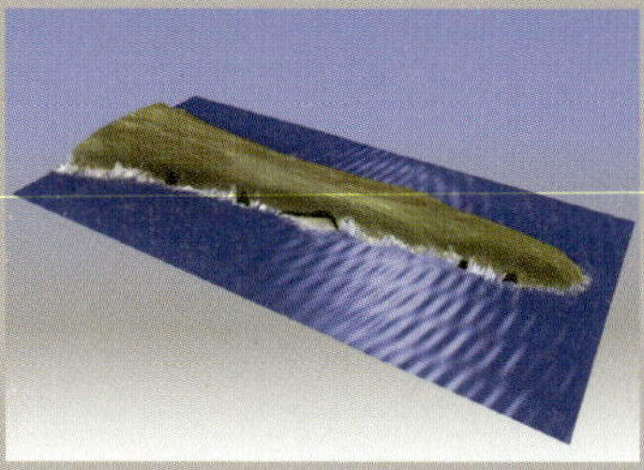

오륙도는 12만 년 전 최종 간빙기에는 육지인 승두말과 연결된 작은 반도였다. 이때 해수면이 안정되면서 수직적, 수평적 파식 작용이 일어나 소규모의 해식동과 파식대가 형성되었다.

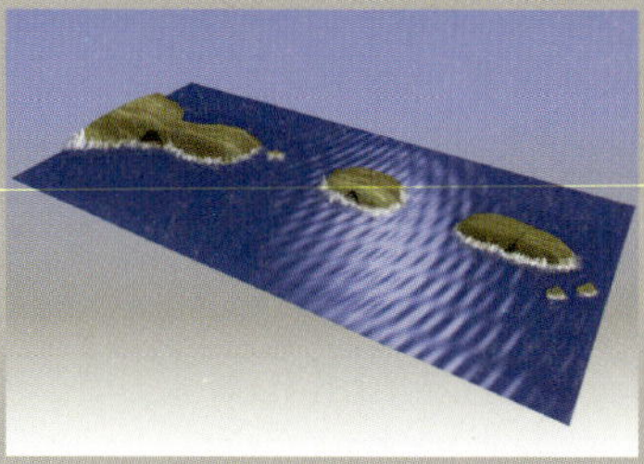

수직적 파식 작용의 결과, 해식동이 확대되어 승두말에서 남남동으로 뻗은 반도가 처음으로 몇 개의 해식이암으로 분리되면서 오륙도의 모체가 등장했다.

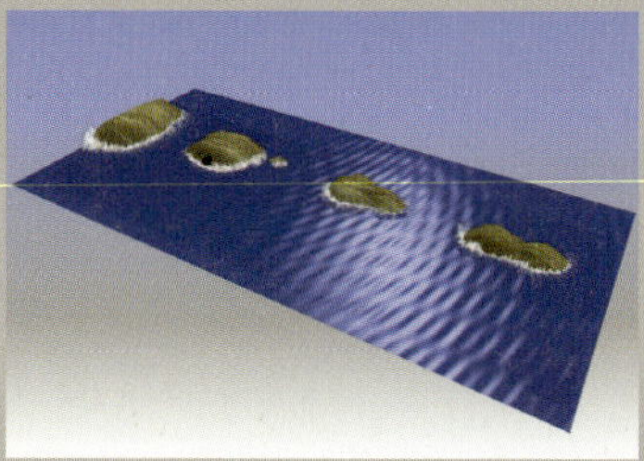

수직적 파식 작용이 더욱 진행되어 오륙도의 모체가 4개의 해식이암으로 분리되었다. 동시에 이들 시스택 주위에는 수평적 파식 작용의 결과로 비교적 넓은 파식대가 형성되었다.

부산의 새로운 명물로 떠오른 광안대교. 부산 수영구 남천동에서 해운대구까지 7.42km에 이르는 광안대교는 국내 최대의 해상복층 교량이다.

가장 가까운 우삭도에서 넓게 나타난다.

이를 통해 볼 때 지반 융기에 의한 단구성 파식대가 여러 개 나타나는 오륙도는 과거의 지반 융기 운동과 해수면 변화 등의 영향을 받은 화석 지형임과 동시에 현재도 계속적인 변화를 겪고 있는 현성 지형이기도 하다.

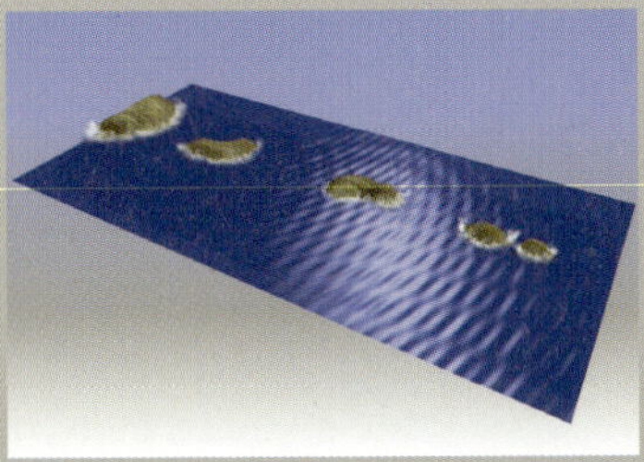

수직적, 수평적 파식 작용의 진전으로 오륙도는 현재의 지형과 거의 유사한 5개의 시스택으로 분리되었다. 동시에 규모와 형태가 다양한 해식애와 파식대가 형성되었다.

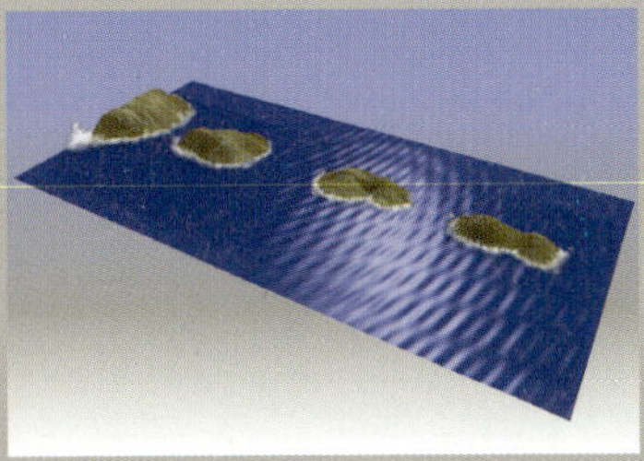

최종 간빙기와 해퇴의 일시적 정체기, 그리고 이들 두 시기 사이에 있었던 지반의 상승으로 시스택이 융기했다.

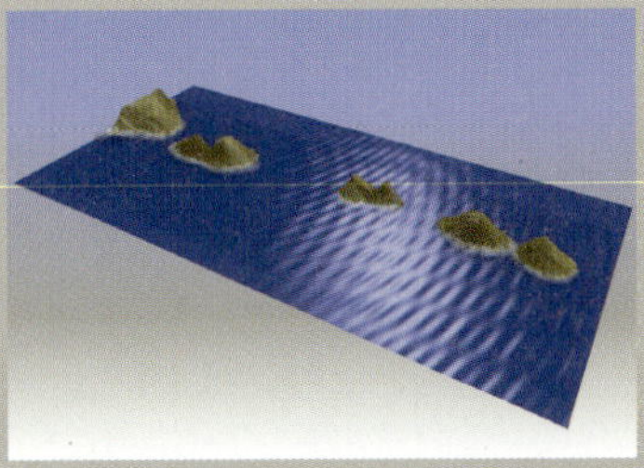

이와 같은 과정이 반복되면서 지금의 오륙도가 형성되었다.

가마솥 모양의 산에서 유래한 부산 지명

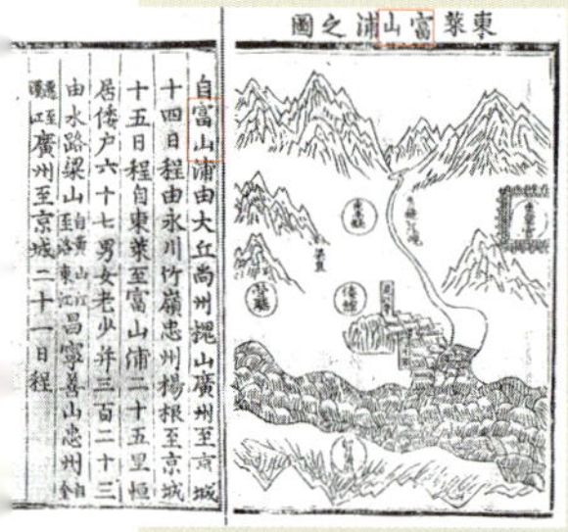

신숙주의 《해동제국기》에 나타난 당시 부산의 모습. 부산(富山)으로 기록되어 있다.

역사적으로 볼 때, 부산은 삼국시대 이전에는 가야 연맹체의 일부로서 거칠산국(居漆山國)이라는 부족 국가를 이루고 있었다. 부산시 한가운데 우뚝 솟은 지금의 황령산(荒嶺山)은 '거칠다(荒)'는 뜻을 한자에서 빌려와 사용한 이름으로, 과거 거칠산국의 중심지였던 곳이다. 이후 부산은 남하하는 신라에 병합되어 동래군(東萊郡)으로 바뀌었으며, 고려와 조선시대를 거쳐 오늘날까지 그 지명이 전해 내려오고 있다. 동래는 '동해의 봉래산(蓬萊山)'을 뜻하는 말이다.

부산이란 명칭이 처음 등장한 것은 《고려사》에 "1368년(공민왕 17년)에 강구사(講究使) 이하생(李夏生)을 대마도에 보낼 때 백미 1,000석을 부산포(富山浦)에서 반출했다"는 기록에서이다. 이로 보아 고려 시대부터 이미 부산이란 이름이 사용되고 있었음을 알 수 있다.

조선 시대 《세종실록지리지》와 1443년(세종 25년)에 신숙주가 일본을 다녀온 경험을 바탕으로 기록한 《해동제국기(海東諸國記)》에도 부산포란 이름이 나온다. 그런데 이 당시 사용되던 부산은 지금의 '가마 부(釜)' 자가 아닌 '부유할 부(富)' 자를 쓰고 있다.

조선 시대에는 일본과 합법적인 교역을 할 수 있도록 삼포(부산포, 염포〔울산〕, 제포〔진해〕)를 개방하고 일본인들이 거주할 수 있도록 왜관(倭館)을 설치했다. 그래서 부산은 많은 사람과 물자가 드나드는 국제 무역항으로 모든 것이 풍부해 부산(富山)이란 이름을 얻은 것으로 보인다.

지금의 부산(釜山)이란 이름이 언제부터 사용되었는지는 정확히 알 수 없다. 1481년(성종 12년)에 편찬된 《동국여지승람》 〈산천〉조에 보면 "부산(釜山)은 동평현(오늘날 당감동 부근)에 있으며 산 모양이 가마 꼴〔釜形〕과 같으므로 이같이 이름했는데 그 밑이 곧 부산포이다"라는 기록이 나타난다. 그리고 《동래부지》 〈산천〉조에도 "부산은 동평현에 있으며 산이 가마 꼴과 같으므로 이같이 이름했는데 밑에 부산, 개운포 양진(兩鎭)이 있고 옛날 항거왜호(恒居倭戶)가 있었다"는 기록이 나타난다. 또 《동래부읍지(東萊府邑誌)》(1832년)에도 같은 내용이 있다.

이 같은 사실로 미루어 보아 《동국여지승람》 편찬 이전까지는 부산(富山)으로 불려 오다가 이후 어느 시점부터 지금의 부산(釜山)으로 바뀐 것으로 보인다. 그렇다면 가마 꼴의 산은 어떤 산을 말하는 것일까?

1643년(인조 21년)에 통신사 종사관으로 일본에 다녀온 신유(申濡)의 《해사록(海槎錄)》에 실려 있는 〈등부산시(登釜山詩)〉에 보면 "산 모양이 도톰하여 가마와 같고 성문이 해수에 임하여"라는 구절이 나온다. 성문은 옛 부산진성(범천증산성)의 성문을 말하는 것으로, 당시 성곽은 오늘날 동구 좌천동 뒷산, 즉 금성중·고등학교 뒤의 증산(甑山, 130m)을 둘러싸고 있었다. 임진왜란 때 왜군과 싸우다 전사한 부산첨사 정발(鄭撥) 장군을 모신 지금의 정공단(鄭公壇) 자리가 성문터였다고 한다.

그리고 그 성문 바로 아래까지 바닷물이 들어와 있었는데, 성문 아래는 지금의 부산진역 안쪽 지역이라고 한다. 증산에서 동구 범일동 자성대의 낮은 산을 내려다보면 마치 가마솥처럼 보인다고 해서 '가마 부(釜)' 자를 써 부산이라 했다고 한다. 시루를 뜻하는 증산의 '증(甑)'은 가마솥을 뜻하는 부산의 '부(釜)' 자와 뜻이 통하는데, 둘 다 떡을 찌거나 밥을 짓는 그릇을 나타낸다. 실제로 시루와 가마는 같은 취기(炊器)로 금속성의 가마가 나오기 전에는 같은 용도로 쓰였다.

이런 사실들을 종합해볼 때, 가마 꼴의 산은 좌천동 뒤에 있는 증산이 분명하다. 아쉽게도 증산은 현재 주택지로 바뀌고 체육 공원이 들어서 산의 형태를 거의 알아보기 어려운 상태이다.

독도를 품에 안은 동해의 진주
울릉도

성인봉에서 바라본 알봉분지. 약 200만 년 전 동해를 가르며 솟아오른 울릉도에는 사시사철 독특한 경관이 펼쳐진다.

동해 한가운데 하늘과 바다가 맞닿는 곳에 동해의 진주로 불리는 보물섬이 있다. 국토의 막내 섬인 독도를 곁에 품고 있는 울릉도(鬱陵島)가 바로 그곳이다.

호박엿과 오징어로 유명한 울릉도는 동해를 헤치고 솟아오른 화산섬이다. 제주도 다음으로 사람들이 많이 찾는 섬인 이곳은 동서 길이 약 12km, 남북 길이 약 10km, 면적 약 73km²로 우리나라에서 일곱 째로 큰 섬이다.

울릉도는 오징어로 유명한 곳으로 가는 곳마다 오징어를 잡아 말리는 모습을 볼 수 있다(왼쪽). 육지와 울릉도를 연결하는 배가 드나드는 도동항(사진 속 사진)을 독도전망대에서 바라본 모습이다(오른쪽).

섬 중앙으로 우뚝 솟은 성인봉(983.6m)을 중심으로 섬 전체가 험준한 산악지형을 이룬다. 직벽에 가까운 해안을 따라 쪽빛 바다와 조화를 이루며 켜켜이 일어선 기암절벽과 크고 작은 바위섬들이 멋지게 어울려 있다. 그 절벽의 한 뼘도 안 되는 언저리를 타고 의연하게 생명을 틔운 솔송에서는 외경심마저 일어난다.

울릉도는 그야말로 바위들의 천국이다. 장작을 쌓아놓은 듯한 코끼리 모양의 공암(孔岩), 송곳처럼 뾰족하게 생긴 송곳바위, 세 선녀의 전설이 깃든 삼선암, 만물상, 사자바위, 투구암 등 수만 년 동안 해풍과 파도에 깎여 다양한 형상을 이룬 기암들이 넘쳐난다.

한편 울릉도는 독도(천연기념물 제336호)를 비롯하여 울릉국화, 섬백리향, 향나무 등 단일 면적으로는 가장 많은 8개의 천연기념물을 보유하고 있다. 또한 화산 연구의 보고(寶庫)로 울릉도만의 고유하고도 독특한 생태자원이 곳곳에 산재해 있어 생태학적 가치도 매우 높다.

제주도와는 사뭇 다른 모습

울릉도는 백두산, 제주도와 함께 대략 250만~1만 년 전 사이의 화산 활동에 의해 형성된 화산섬으로, 형성 시기는 제주도와 거의 비슷하지만 여러 가지 면에서 차이가 있다.

우선 제주도는 한라산을 정점으로 방패를 엎어놓은 듯한 순상화산인 반면, 울릉도는 섬 전체가 바다 위로 우뚝 솟은 돔 또는 종 모양의 종상화산이다. 이는 두 섬에서 분출한 마그마와 화산 분출 형태가 서로 달랐기 때문이다.

제주도를 형성한 마그마는 점성이 약하고 유동성이 강한 현무암질 마그마였다. 이 마그마가 지각의 약한 틈을 따라 죽이 끓어 넘치는 듯한 모양으로 분출해 멀리 해안까지 넓게 퍼지면서 방패 모양의 완만한 경사를 이루는 제주도를 형성했다.

반면 울릉도를 만든 마그마는 점성이 강하고 유동성은 약한 마그마였다. 이 마그마는 중심 화도(또는 화구)를 따라 여러 차례 폭발적으로 분출했으나 점성이 강해 제주도에서처럼 멀리 가지 못하고 화구 주변에 화산재, 화산 쇄설물들과 함께 지속적으로 쌓였다. 그 결과 종 모양의 급경사를 이룬 울릉도가 만들어졌다.

천부리에서 바라본 울릉도 북부 해안. 해안에 우뚝 솟은 송곳바위의 위용이 힘차 보인다. 하단부의 하얀 건물이 나리분지 지하에서 용출되는 샘물을 떨어뜨려 전기를 얻는 추산수력발전소이다.

울릉도는 제주도와 달리 물이 풍부해 울릉도의 5다(5多: 향나무, 바람, 미인, 물, 돌) 가운데 하나로 물을 꼽는다. 이는 제주도의 주된 암석인 현무암에는 기공(氣孔)과 절리가 많아 물이 쉽게 지하로 빠져나가는 반면, 울릉도에는 화산 쇄설암이 물을 스펀지처럼 잔뜩 머금고 있다가 서서히 내보내기 때문이다.

수차례의 화산 폭발로 생성된 화산섬

울릉도는 동해에 떠 있는 아주 작은 섬처럼 보인다. 만약 바닷물이 모두 빠져나간다면 울릉도는 과연 어떤 모습일까?

바닷물이 빠져나간 울릉도는 더 이상 작은 섬이 아니라 높이 3,000m가 넘는 거대한 원뿔 모양의 산체이다. 바다 위로 드러난 성인봉의 해발고도는 1,000m가 채 안 되지만, 바다 아래에 높이 약 2,200m의 화산체가 잠겨 있는 것이다. 또한 해수면 위로 드러난 지름은 10km 안팎이지만, 해저 화산체의 밑바닥 지름은 약 30km로 제주도와 비슷한 규모라고 추정되고 있다. 이렇게 바다 위로 모습을 내민 울릉도는 빙산의 일각일 뿐이다.

울릉도는 크게 지질 구조가 다른 2개의 화산체로 나누어 살펴볼 수 있다. 화산섬의 본체인 해저 화산체와 현재의 해수면과 거의 동일한 높이에서 형성된 알칼리 암류의 육상 화산체가 그것들이다.

신생대 제3기 중기 약 2,500만 년 전 준평원이던 육지부에 현무암이 여러 차례 분출하여 제주도와 비슷한 크기의 순상 화산체가 형성되었다. 해수면과 수심 1,500m 사이의 해저 화산체 사면에는 30여 개의 기생 화산이 산재해 있다고 한다. 화산체는 1,700만~1,500만 년 전 동해가 생겨나면서 바닷물이 밀려 들어오자 물에 잠겼고, 이후 그 산 정부가 오랜 세월 바다에 깎여 평탄한 파식대지(波蝕帶地)가 생겨났다.

울릉도의 해저 지형 입체도. 동해의 바닷물이 빠져나간 울릉도는 높이 3,000m가 넘는 거대한 원뿔 모양의 산체이다(자료 : 한국해양연구원).

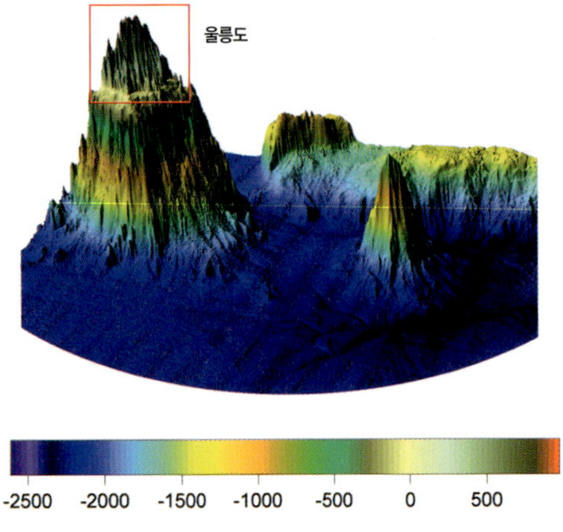

270만~1만 년 전 해저 화산체의 파식대 위로 여러 차례 화산 활동이 일어나면서 바다 위로 드러난 울릉도가 형성되었다. 우선 270만 년 전을 전후로 현무암질 집괴암(集塊岩)과 응회암이 분출하여 해수면 위 화산체의 기저부가 형성되었고 이것이 해안을 따라 넓게 분포했다. 그리고 근 100만 년에 이르는 휴식기를 거쳐 180만~1만 년 전에 지금의 울릉도 지형의 대부분을 형성한 본격적인 화산 폭발이 여러 차례 일어났다. 항목령 일대와 평리, 추산 등지에서 분출한 용암이 앞서 분출한 현무암질 집괴암 상부를 덮어 항목령에서는 그 층의 두께가 300m 이상이나 된다. 두루봉, 천부동, 향목동 등 섬 북쪽 해안을 따라서는 조면암류와 응회암류가 분출하여 두루봉에서는 두께 100~200m의 층이 나타난다.

주상절리가 장관을 이루는 공암. 울릉도 해안에는 오랫동안 해풍과 파도에 침식된 다양한 모습의 암석들이 나타난다.

이후 비교적 조용한 가운데 나리분지를 중심 화구로 하여 분출한 다량의 조면암류가 섬 전체를 넓게 덮어 울릉도의 골격이 만들어졌다. 송곳바위 앞바다의 공암은 이때 분출한 용암으로 형성된 것이다. 약 1만 년 전으로 접어들면서 울릉도의 화산 활동이 매우 폭발적으로 변해 조면암질 부석과 화산재, 화산 쇄설물이 다량 분출했다. 이후 화구가 함몰되면서 칼데라인 지금의 나리분지가 생겨났고, 그 위로 또다시 용암이 분출하여 분석구인 알봉이 형성되었다. 알봉의 형성을 마지막으로 울릉도의 화산 활동은 휴지기에 들어갔다.

분화구 함몰로 형성된 칼데라, 나리분지

울릉도의 북쪽 천부리에서 가파른 고갯길을 따라 한참을 오르다 보면 갑자기 시야가 확 트이는 곳이 나타난다. 이곳은 바로 울릉도 유일의 평탄 대지로 직경 약 3km, 면적 약 1.5km²의 나리분지이다. 해안에서 31~51°의 급사면을 이루어 요새를 방불케 하는 울릉도에 어떻게 이런 드넓은 평탄 대지가 생겨날 수 있었을까?

울릉도의 화산 활동이 끝나가던 약 1만 년 전, 엄청난 양의 화산 쇄설물과 화산재를 내뿜는 대폭발이 여러 차례 있었다. 이때 막대한 양의 분출물을 쏟아낸 중심 화구의 내부에 지하 공간이 생겼고, 이후 자체 하중에 의해 화구가 함몰하여 깊은 분화구가 만들어졌다. 그 분화구 자체가 바로 나리

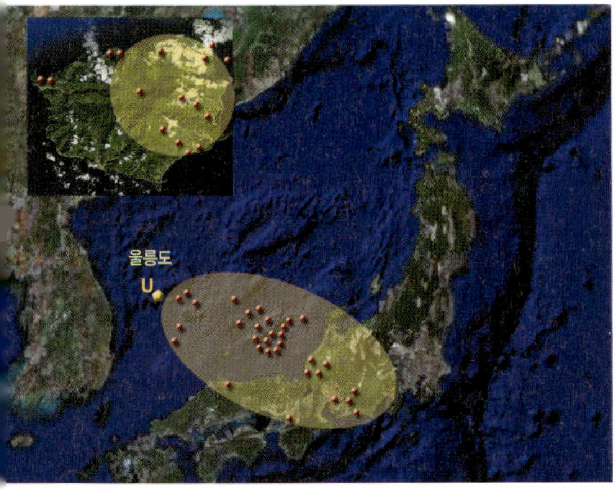

울릉도 화산재가 발견된 장소. 약 1만 년 전 울릉도의 화산 활동으로 분출한 화산재는 약 600km 떨어진 일본에서도 발견된다.

분지이다. 즉 나리분지는 분화구가 함몰하여 만들어진 칼데라 지형에 속한다. 그리고 초기에 정착한 사람들이 이곳을 경작지로 개간하면서 그 평탄한 지형이 더욱 확연히 드러나게 되었다.

그런데 북동쪽으로 약 5km 떨어진 석포동 일대에서 켜가 다른 7매의 화산회층이 발견되고 있어 나리분지의 칼데라는 적어도 7회 이상의 대규모 분화로 형성된 것으로 보인다. 이때 분출한 화산재 가운데 약 9,300년 전에 분출한 화산회(火山灰)는 그 양이 엄청나게 많아 편서풍을 타고 동쪽으로 600km나 떨어진 일본의 긴키(近畿)와 도카이(東海) 지방까지 날아가 2~10cm의 두께로 쌓였는데, 총부피가 10km³에 달한다고 한다.

나리분지는 침식을 많이 받지 않아 함몰된 화구의 칼데라 원형이 잘 유지되어 있는 편이다. 현재 동남부와 서남부는 500m 안팎의 급경사 절벽으로 이루어져 있고, 천부리와 추산리 등 북쪽 해안은 높이 200m 이하의 비교적 낮은 산지로 둘러싸여 있다.

알봉은 울릉도 화산 활동의 최종 산물

약 6,300년 전에 나리분지 위로 또다시 용암이 분출하여 새로운 화산 지형이 생겨났다. 나리분지의 북서부에 솟아오른 화구구(火口丘)인 알봉(538m)이 바로 그것이다. 그래서 흔히 울릉도를 이중 화산이라고 부른다. 마치 자궁 안에 있는 태아처럼 생긴 알봉은 울릉도 화산 활동의 최종 산물로 국내에서는 보기 드문 이중 화산의 형태를 띠고 있어 학술적 가치가 매우 높다.

울릉도 화산 활동의 최종 산물인 알봉은 나리분지의 화구원을 고도차가 250m나 나는 2개의 지형면으로 나누고 있다. 북동쪽의 낮은 평탄지가 바로 나리분지로 현재 13가구가 사는 나리마을이 들어서 있으며, 남서쪽의 보다 높은 평탄지는 알봉분지로 지금은 사람이 살지 않는 알봉마을이 있다.

알봉분지 또한 나리분지처럼 중심 화구의 함몰로 생겨난 칼데라 지형으로 알고 있는 사람들이 있는데, 이는 잘못된 것이다. 알봉은 제주도의 한라산 기슭에 발달한 오름과 같은 분석구로 칼데라 지형과는 아무런 관련이 없다.

나리분지에서 알봉분지로 이어지는 길가에는 초가을에 만개하는 울릉국화와 늦은 봄 꽃향기가 백리를 간다고 하는 섬백리향이 자라고 있다. 이 두 가지 꽃은 모두 울릉도에서만 자생한다. 또한 알봉분지를 지나면 곧바로 육지에서는 볼 수 없는 너도밤나무, 섬피나무, 섬단풍나무 등과 같은 활엽수들이 빽빽한 원시림을 이루고 있는 모습을 볼 수 있다.

나리분지를 복류하는 하천수와 용출소의 신비

성인봉은 울릉읍과 북면, 서면을 나누는 경계의 정점으로 바다로 흘러가는 모든 하천의 분수령이다. 성인봉을 비롯하여 나리분지를 둘러싼 외륜산의 안쪽 사면으로 흘러드는 빗물은 모두 나리분지로 유입된다. 눈이 많기로 이름난 울릉도의 연 평균 강수량은 1,500mm에 달하고 연중 강수량도 고르다.

이런 조건이라면 분지 내에 제법 모양새 있는 하천이 발달했을 법도 한

나리분지와 알봉분지 형성 과정

울릉도 중앙 화구를 중심으로 여러 차례 막대한 양의 용암이 분출하여 화구 주변에 거대한 화산체가 형성되었다.

약 1만 년 전 대폭발과 함께 지하 내부에 빈 공간이 생기자 화구가 크게 함몰하여 칼데라인 나리분지가 형성되었다.

이후 약 6,300년 전 나리분지 북서부에서 또다시 분화 활동으로 화산재와 화산 쇄설물이 쌓여 알봉이 형성되었다.

데 실제로는 그렇지 않다. 나리분지에는 성인봉 오른편의 천두산(961.2m)에서 발원하여 분지의 동쪽 산자락을 타고 흐르는 도랑물 정도의 실개천이 있을 뿐이다. 이는 나리분지의 암질이 공극률(孔隙率)이 높은 조면암질 현무암으로 이루어져 모여든 물이 모두 땅속으로 스며들기 때문이다. 길이 1.6km의 이 이름 없는 하천은 흐르는 방향대로라면 북쪽의 천부천으로 흘러가야겠지만 나리동과 천부동, 큰홍문동 사이의 고개가 그 흐름을 막고 있다.

땅속으로 스며든 물은 다 어디로 간 것일까? 그 물은 나리분지에서 추산으로 내려가는 길목인 해발고도 270m에 있는 용출소(湧出沼)에서 찾을 수 있다. 땅속으로 스며든 물은 분지의 밑바닥을 물을 잔뜩 머금은 스펀지와 같이 만들고, 낮은 곳에 있는 용출소로 모여들어 샘을 이룬다. 강수량에 따라 다르지만 샘의 바위틈에서는 초당 약 220ℓ의 물이 치솟아 나오는데, 육중한 돌도 솟구쳐 오를 만큼 그 압력이 엄청나다고 한다.

물이 많다고는 해도 자고로 섬에서는 물이 귀한 법. 울릉도에서는 이 물을 발전에 이용해 울릉도 전력 소비량의 22%를 소화해낸다. 국내 유일의 용천수 발전소인 추산수력발전소가 울릉도 전력 공급의 중심으로서 이 일을 해내고 있다. 먼저 용출소의 물을 도수관을 통해 104m 낙차로 떨어뜨려 제2수력발전소에서 발전(시설용량 200kW)하고, 이곳에서 방류된 물을 또 다시 모았다가 143m 낙차로 떨어뜨려 제1수력발전소에서 발전(시설용량 1,200kW)한다. 이 발전 시설은 이국적인 나리분지가 낳은 또 하나의 명물이다.

울릉도에는 산이 없다?

어느 정도로 높게 솟아야 산이라고 할 수 있는지에 대한 명확한 기준은 없지만, 보통 해발고도 300m 이상을 산이라고 하고, 그 이하를 구릉이라고 한다. 산은 대개 주봉을 중심으로 산세가 여럿으로 분리되어 능선을 이루고 그 사이로 계곡이 내려앉은 피라미드형이다. 그래서 큰 산은 일반적으로 몇 개의 높은 봉우리들로 이루어져 있다.

흔히 울릉도에는 산이 없다고 하는데, 실제로 울릉도에는 봉우리만 있을 뿐이다. 성인봉을 성인산이라 하지 않는 이유는 그것이 독립된 산체라기보다는 나리분지를 둘러싸고 있는 외륜산(外輪山), 즉 칼데라 외벽 가운데 가장 높은 봉우리일 뿐이기 때문이다.

1882년 울릉도 검찰사 이규원(李圭遠, 1833～?)이 그린 것으로 생각되는 《울릉도 내도(內圖)》에는 동쪽에 4개, 서쪽에 8개의 봉우리가 그려져 있다. 동쪽에는 신선봉, 장군봉, 활인봉, 도덕봉, 서쪽에는 추봉, 항봉, 형봉, 승봉, 태봉, 기린봉, 옥녀봉, 화봉 등이 있다. 태봉은 미륵산, 기린봉은 형제봉, 도덕봉은 천두산을 가리키며, 추봉은 송곳산을 말한다. 말잔등 옆의 천두산은 섬사람들이 듣도 보도 못한 것이라고 한다.

그러나 나리분지의 남쪽에 위치한 성인봉을 시작으로 형제봉(910m)～미륵산(900.8m)～송곳산(605.6m)～신선봉(482.4m)～장군봉(813.2m)～나리령(798m)～천두산(961.2m)～말잔등(967.8m)으로 이어지는 봉우리들을 16개의 봉우리가 연속된 백두산과 마찬가지로 하나의 독립된 산체로 본다면 새로운 산 이름이 붙어야 할 것이다.

울릉도에서 가장 높은 성인봉은 1,000m가 채 안 되지만 얕잡아 보고 올라갔다가는 큰 코 다친다. 등반이 거의 해수면 근처에서부터 시작하는 데다가 줄곧 가파른 고갯길로 이어지기 때문이다.

사실 울릉도에도 산이 있다. 울릉도라는 섬 자체가 바다에 떠 있는 하나의 산이기 때문이다. 해안에서 등만 돌리면 이미 깊은 산중에 들어서게 되고, 울창한 산줄기를 뜻하는 '울릉(鬱陵)'이라는 한자가 말해주듯 어딜 가나 산줄기가 칡넝쿨처럼 얽히고설켜 있다. 울릉도에 세워졌던 우산국(于山國)의 '우산(于山)' 또한 울릉도가 섬이면서 동시에 산임을 뜻하는 말이다.

우리나라에서 눈이 가장 많이 내리는 곳

울릉도는 바다의 영향으로 해양성기후를 띠기 때문에 한겨울에도 기온이 영하로 내려가지 않을 만큼 온난하다. 연중 강수량의 40%가 겨울에 눈으로 내리는데, 눈이 많이 올 때에는 3m 이상 내려 온 섬이 눈에 파묻히기도 한다. 겨울철 눈으로 하얗게 뒤덮인 울릉도는 육지의 어느 명산 못지않은 설경을 연출한다. 특히 나리분지는 울릉도 가운데서도 눈이 가장 많기로 소문난 곳이다.

울릉도에 이처럼 눈이 많이 내리는 것은 다음과 같은 이유 때문이다. 북서풍의 찬 공기가 동해를 건너면서 따뜻한 해수면과의 온도 차이로 수증기를 잔뜩 머금고 동진하는데, 그 수증기가 울릉도 산간 지역에 부딪혀 강제 상승했다가 단열냉각되어 눈으로 내리는 것이다. 그래서 울릉도에서는 시베리아 고기압의 세력이 강하면 강할수록 더 많은 눈이 내린다.

그러나 울릉도 주민들은 1980년대로 접어들면서 겨울철 눈의 양이 현저히 줄었다고 말한다. 울릉도의 겨울철 강설량을 조사한 건국대학교 지리학과 이승호 교수(기후학)에 따르면, 울릉도의 연 평균 적설량을 30년으로 나누어 평균을 내면 1951~1980년의 327.1cm에서 1971~2000년의 234.1cm로 현격히 줄었다고 한다. 이 교수는 그 원인을 시베리아 고기압의 세력이 전보다 눈에 띄게 약해졌다는 사실에서 찾았으며, 이는 지구온난화 때문인 것으로 보고 있다.

지구온난화의 영향으로 현재 우리나라에는 전에 볼 수 없었던 아열대 어종들이 눈에 띄고, 한라산이나 지리산 등지의 고산 식물들이 하나 둘씩 자취를 감추고 있다. 즉 우리나라의 기후대가 점차 온대에서 아열대로 옮겨가고 있는 것이다. 앞으로 지구온난화가 계속된다면, 이 교수의 주장대로 시베리아 고기압이 지속적으로 약화되어 울릉도의 강설량 또한 점진적으로 감소할 것이다. 그러니 언젠가는 울릉도의 설경을 볼 수 없을지도 모르겠다.

이와 같은 독특한 기후 때문에 울릉도에서만 볼 수 있는 고유한 가옥이 생겨났다. 눈이 많은 겨울철에 처마 밑 공간을 활용하기 위해 처마 끝에 억새(茅)나 옥수수대를 엮어 둘러친 우데기가 그것이다. 우데기는 겨울철 찬 바람을 막아줄 뿐만 아니라 여름에는 햇빛을 막아줘 보온과 냉방 효과가 탁월하다.

나리분지는 울릉도에서도 가장 눈이 많은 곳이다. 눈 많은 기후에 적응하기 위해 우데기(사진 속 사진)라는 독특한 가옥이 생겨났다.

울릉도의 옛 삶을 고스란히 간직하고 있는 나리마을에서는 섬에 많이 나는 솔송과 너도밤나무로 집을 지었다. 또한 통나무를 '우물 정(井)' 자 모양으로 쌓아 만든 전통 가옥인 투막집과 통나무를 얇게 패서 만든 너와로 지붕을 올린 너와집도 함께 볼 수 있다.

한국판 갈라파고스, 울릉도

울릉도는 동해에서 솟아오른 이후, 오랫동안 육지와 격리된 상태였기 때문에 독특한 생태계를 지녀 한국판 갈라파고스로 불린다. 섬단풍나무, 섬말나리, 섬벚나무, 섬잣 등 식물명 앞에 붙는 '섬' 이라는 접두어가 이를 잘 보여준다.

현재 울릉도에는 약 650종의 식생이 자라고 있다. 그 중 울릉도의 상징인 통구미와 대풍감의 향나무자생지(천연기념물 제48호, 제49호), 대하동의 솔송나무, 섬잣나무, 너도밤나무 군락(천연기념물 제50호), 도동의 섬개야광나무와 섬댕강나무 군락(천연기념물 제51호), 나리동의 울릉국화와 섬백리향 군락(천연기념물 제52호), 성인봉의 원시림(천연기념물 제189호) 등은 보존 가치가 매우 높다. 그리고 섬잣나무, 솔송나무, 너도밤나무, 울릉양지꽃, 울릉강활, 섬자리고, 섬노루귀 등 30여 종은 울릉도에서만 볼 수 있는 특이 식물이다.

전북대학교 생물다양성연구소 김철환 박사(식물분류학)는 울릉도는 지사학적으로 한반도와 단 한번도 연결된 적이 없는 국내 유일의 대양섬(oceanic island)으로 식생 분포가 매우 다양하며, 생태계 교란 요소가 단순하여 관리가 용이하다고 말한다. 그래서 기후 변화에 따른 생물의 분포 변화와 같은 생태계 관찰의 최적 입지라며 그 생물지리학적 가치를 높이 평가했다.

하지만 동물의 경우는 괭이갈매기 외에는 거의 눈에 띄지 않고, 흑비둘기(천연기념물 제215호)가 사동의 후박나무 서식지(천연기념물 제237호)에 사는 것으로 알려졌을 뿐이다. 자료상으로는 60여 종의 동물이 있다고 하지만 그 흔한 개구리, 산토끼, 다람쥐도 보기 어렵고 너구리, 오소리 등은 아예 보이지 않는다. 이와 같이 포유류가 거의 없고, 파충류인 뱀도 살지 않는 것이 울릉도 생태계의 가장 큰 특징이다.

거의 비슷한 지질 시대에 형성된 제주도와 울릉도에 동물이 분포하는 양상이 완전히 다른 이유는 두 섬에 지사학적으로 큰 차이가 있기 때문이다. 신생대 제4기 이후 약 1만 5,000년 전 마지막 빙하기가 끝날 때까지 빙하의 성쇠로 해수면이 지금보다 100~150m 정도 오르락내리락하기를 반복했다. 이 때문에 제주도는 육지와 이어지기도 하고 끊어지기도 해서 많은 동물들이 건너갈 수 있었다. 그러나 수심 약 2,000m의 해저에서 솟아오른 울릉도는 섬이 만들어진 이래로 줄곧 바다 한가운데 떠 있는 고도(孤島)였기 때문에 육상 동물이 왕래한다는 것은 불가능했다.

울릉도에만 서식하는 독특한 식생인 섬기린초(왼쪽), 섬백리향(가운데), 울릉국화(오른쪽).

울릉도에는 왜 뱀이 살지 못하는 것일까?

울릉도 하면 빠지지 않고 이야기되는 것 가운데 하나가 뱀이 살 수 없다는 것이다. 그 이유에 대해서는 의견이 분분하지만, 다음과 같은 점을 생각해볼 수 있다.

먼저 미세한 화산재가 표피에 들러붙어 뱀이 살 수 없게 했을 것이다. 하지만 비슷한 시기에 형성된 제주도에는 뱀이 살고 있으니 딱 떨어지는 답은 아니다. 둘째, 강수량이 많고 습한 지대라 뱀이 서식할 환경이 되지 못했을 것이다. 셋째, 뱀과 연계된 먹이사슬이 탄탄하지 못했을 것이다. 넷째, 울릉도 향나무의 향이 너무 강하여 뱀의 서식을 방해했을 것이다. 아직까지 생태학자들도 속 시원한 답을 내놓고 있지 못하니 실로 울릉도의 미스터리라고 할 수 있다.

환경부에서는 2003년부터 울릉도를 독도와 함께 묶어 환(環)동해 관광 거점으로 조성하고 있다. 또한 전국 최고 밀도의 천연기념물 보호구역과 성인봉과 나리분지, 알봉분지 등의 자연유산을 항구적으로 보전하기 위해 해상 국립공원으로 지정할 것을 적극 추진하고 있다. 그러나 안타깝게도 재산권이 침해되고 생계가 위축될 것을 우려하는 지역 주민들의 강력한 반대에 부딪쳐 현재 난항을 겪고 있다.

울릉도와 독도는 지형 · 지질 및 생태학적으로 다양한 자연유산을 소유하고 있어 국가에서는 세계지질공원 등재를 추진 중에 있다. 그에 앞선 노력으로 2012년 12월 27일 울릉도와 독도를 포함한 인근 해상 1킬로미터에 이르는 구간(127.9제곱킬로미터, 육상 72.8제곱킬로미터, 해상 55.1제곱킬로미터)을 우리나라 최초의 국가지질공원으로 인증하였다. 국가지질공원은 2012년 7월 자연공원법을 개정해 세계지질공원 인증을 받기 위한 사전 절차로서 만든 제도인데, 이로서 울릉도와 독도의 수많은 자연유산은 법적인 보전 및 관리를 받게 되었다.

■ ■ ■ 플러스 이야기 상자 ■ ■ ■

화산섬 울릉도에서 발견된 화강암

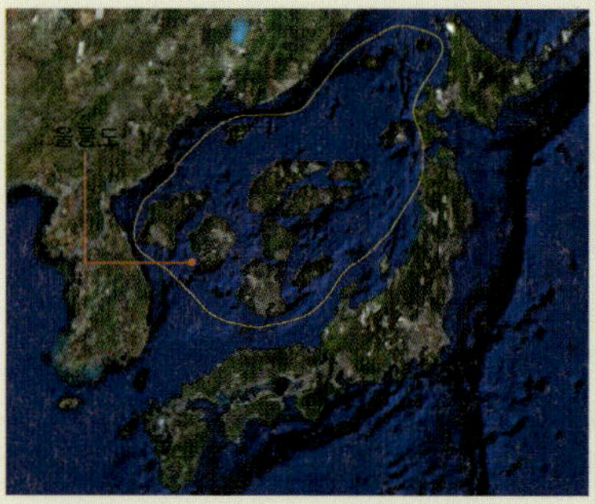

일본 열도가 유라시아 대륙에서 분리될 때 떨어져 나간 대륙조각들이 동해에 가라앉아 있다. 동해에서 산출되는 화강암이 이를 뒷받침해준다(왼쪽). 울릉도에서 발견된 62만 년 된 화강암은 동해의 해저 지각이 융기하고 있음을 보여주는 증거로 볼 수 있다(오른쪽, 시료 : 김규한, ⓒ임소형).

울릉도가 솟아오르고 있다고 한다. 동해의 해저 지반이 융기하여 언젠가는 일본과 연결될 수 있다는 뜻이다. 다소 황당하게 들릴지 모르나, 이화여자대학교 과학교육과 김규한 교수(구조지질학)가 울릉도 나리분지와 석포동 일대의 화산재 및 부석(浮石)층에서 발견한 화강암이 그러한 주장을 입증해주고 있다.

조면암과 현무암으로 이루어진 화산섬 울릉도에서 화강암이 발견된 것은 매우 이례적인 일이다. 김 교수에 따르면, 62만 년 된 이 화강암은 세계에서 가장 젊다고 한다. 이렇게 젊은 화강암이 나오는 것은 9,300~6,300년 전 울릉도의 화산 활동이 끝나갈 무렵 원래 땅속에 있던 화강암이 화산 폭발과 함께 지표로 튀어 올라왔기 때문이라고 한다.

이 젊은 화강암은 동해의 해저에 대륙 지각이 생성되고 있음을 시사한다. 대륙 지각은 해양 지각보다 가벼워 해양 지각에 의해 위로 밀려 올라오기 때문이다. 이는 울릉도의 화강암이 대륙 지각의 일부일 수 있다는 증거가 될 뿐만 아니라 울릉도를 포함한 동해의 해저 지각이 융기하고 있다는 증거도 될 수 있다.

그러나 화강암이 작은 조각 형태로 발견되고 있기 때문에 대륙 지각의 일부로 보기는 어렵다는 반론도 있다. 앞으로 울릉도뿐만 아니라 주변 해저 지각에서도 화강암이 대규모로 발견되어야 울릉도가 솟아오르고 있다는 이야기가 사실로 받아들여질 수 있을 것이다.

김 교수는 1996년에 현재 사암층을 이루는 저동포구 해안의 40~50m 고도에서 역암층을 발견했다. 그는 이 층이 제4기 초 약 200만 년 전 바다로 흘러드는 하천에 의해 쌓인 퇴적층이라며 울릉도가 50여m 융기했다고 주장했다.

또한 2004년 윤순옥 교수와 황상일 교수는 경상북도 울릉군 북면 석포리와 현포리 일대 해발고도 350m 지대에서 해안가에서나 볼 수 있는 둥근 몽돌을 무더기로 발견하고, 이곳이 해안단구 지형임을 밝혔다. 그들에 따르면 울릉도가 제4기에 들어 350m가량 융기했으며, 지금도 지속적으로 융기하고 있다고 한다.

물론 육지를 이루는 대륙부와 울릉도, 독도를 이루는 해양부의 지각이 서로 다르기 때문에 울릉도의 퇴적층을 대륙부의 해안단구와 동일한 지반 상승의 개념으로 받아들이기에는 한계가 있다며 이러한 주장을 반박하는 이들도 있다.

동해의 외로운 파수꾼
독도

"울릉도 동남쪽 뱃길 따라 2백리 / 외로운 섬 하나 새들의 고향 / 그 누가 아무리 자기네 땅이라고 우겨도 독도는 우리 땅 /……." 노래만 들어도 정겨움과 소중함이 절로 묻어나는 섬, 동해 최동단 망망대해에 홀로 외롭게 서 있는 국토의 막내 섬, 그곳은 바로 독도(獨島)이다. 울릉도와 함께 동해를 가르며 힘차게 솟아오른 독도는 자기 땅이라고 우기는 일본의 계속되는 망언으로 다른 어느 섬보다도 전 국민의 애착과 관심이 집중되고 있다.

국토의 동쪽 끝에 있는 독도는 동해의 깊은 해저에서 여러 차례 솟구친 용암이 오랫동안 굳어 생겨난 화산섬으로 제주도, 울릉도보다 먼저 생겨났다.

한민족의 핏줄이 흐르는 국토의 막내 섬 독도. 동도에는 대한민국 동쪽 땅끝을 알리는 표지석이 서 있다.

관념의 섬에서 실체의 섬으로

2005년 3월 16일, 일본의 지방정부 시네마 현(島根懸)은 2005년 2월 22일을 '다케시마(竹島)의 날'로 지정하는 조례를 가결시켰다. 그 조례는 1905년 2월 22일 독도를 다케시마라 칭하고 시네마 현으로 편입시킨 고시 제40호의 100주년을 기념하기 위한 것이었다. 이 사건은 우리 국민 모두의 분노와 항의를 불러일으켰다.

이를 계기로 독도는 더 이상 막연한 관념의 섬이 아니라, 실체의 섬이자 육질(肉質)의 섬으로 새롭게 각인되었다. 독도에 대한 열망과 사랑은 독도에 발을 디디기 위한 관광객들의 줄기찬 방문으로 이어지고 있다.

학자들은 독도가 해저 화산의 성장과 진화의 모든 과정을 살필 수 있는 화산섬의 보고로 자연사적 가치가 매우 높은 곳이라고 말한다. 그런데도 그동안은 일본과의 영유권 분쟁이라는 정치적 문제 때문에 세상에 당당하게 모습을 드러낼 수 없었다. 이제야말로 독도가 밟아온 지형적, 지질사적 뿌리로 거슬러 올라가 독도 형성의 비밀을 풀어볼 때이다.

제주도, 울릉도보다 먼저 생겨난 섬

울릉도에서 남동쪽으로 92km 떨어진 곳에 있는 독도는 동해의 깊은 해저에서 여러 차례 솟구친 용암이 오랫동안 굳으면서 생겨난 화산섬이다. 하지만 화산섬임을 쉽게 알아볼 수 있는 울릉도나 제주도와는 달리, 독도는 오랜 세월 바닷물과 해풍에 깎여나가 지금은 분화구와 같은 화산체의 모습을 찾아보기 어렵다.

독도는 북위 37° 14′ 26.8″, 동경 131° 52′ 10.4″에 위치하며, 울릉도에서

87.4km, 울진 죽변에서 216.8km 떨어져 있다. 또한 둘레 2.8km, 면적 73,297m², 높이 98.6m인 동도(東島)와 둘레 2.6km, 면적 88,639m², 높이 168.5m인 서도(西島) 그리고 89개의 크고 작은 부속 도서로 이루어져 있다. 동도와 서도는 폭 151m, 깊이 10m 미만, 길이 330m인 물길을 사이에 두고 서로 나뉘어 있고, 이 두 섬을 제외한 다른 섬들은 해수면 아래 존재한다.

독도는 460만~250만 년 전에 형성된 화산섬으로 그 형성 시기가 제주도와 울릉도보다 훨씬 앞선다. 나이로만 따지자면 가장 큰 제주도가 막내이고 독도가 맏형인 셈이다.

독도의 지질과 형성 과정을 연구해온 경상대학교 지구환경과학과 손영관 교수(화산학)는 해수면 위에 노출된 독도 상부는 460만~250만 년 전에 형성된 것이라고 한다. 해수면 아래에 있는 하부는 이보다 훨씬 이전에 형성된 것으로 보이나 아직 그 정확한 시기는 알 수 없다.

울릉도는 180만~1만 년 전의 화산 활동으로 형성되었으며, 제주도는 약 120만 년 전부터 시작된 화산 활동이 현세에 이르기까지 계속되었다고 한다. 그러니 생성 시기로 보면 가장 큰 섬인 제주도가 막내이고 독도가 맏형인 셈이다.

바닷물이 모두 빠져나가면 독도는 어떤 모습?

독도는 해수면 위로 드러나 보이는 높이 168m, 폭 200m인 자그마한 바위섬에 불과하다. 만약 동해의 바닷물이 모두 빠져나간다면 과연 어떤 모습일까? 그렇게 된다면 독도는 한라산보다 해발고도가 높은 약 2,270m 높이의 거대한 원추형 화산체일 것이다. 즉 해수면 위로 드러난 부분은 화산체 정상부 가운데 극히 일부일 뿐이다.

이런 사실은 2000년 한국해양연구원 박찬홍 박사(지구물리학) 팀이 독도

오랜 세월 국토의 동쪽 끝을 오롯이 지켜온 독도는 우리 민족의 자취와 숨결이 배어 있는 섬이다.
독도는 해저 화산의 성장과 진화의 모든 과정을 살필 수 있는 화산섬의 보고로 자연사적 가치가 매우 높다.
독도는 울릉도와 함께 2012년 12월 27일 국내 최초의 국가지질공원으로 등재되었다.

주변의 해저 지형을 조사한 결과를 입체 도면으로 만들면서 밝혀졌다. 조사 결과에 의하면, 독도 주변의 해저는 원추형 화산체인 3개의 거대한 해산(海山)이 고지대를 이루고 있는 형태라고 한다. 독도가 있는 곳이 제1해산(독도해산), 그 남동쪽으로 15km 떨어진 곳이 제2해산(탐해해산)이고, 거기서 다시 서쪽으로 40km 떨어진 곳에 제3해산(동해해산)이 있다. 3개의 해산 모두 중앙에 독립된 화도를 가지고 있으며, 그 형성 시기는 아직 정확하게 밝혀지지 않았다.

독도해산은 동해 깊은 해저에 약 2,100m 높이로 솟아 있고 밑바닥 지름이 25~30km, 정상부는 11~13km이다. 수심은 200m 미만이며, 면적이 약 78km²인 정상부는 2° 이하의 경사를 가진 완만한 평탄 지형이다. 손 교수에 의하면, 독도해산의 정상부 중앙에는 긴지름 약 2.5km, 짧은지름 약 1.5km인 칼데라(독도 칼데라)가 형성되어 있다고 한다. 지금의 독도는 이 칼데라의 중심 화도에서 수백m 남서쪽에 위치한 화구륜(crater rim)의 일부로, 고지대이기 때문에 바다에 잠기지 않았다고 한다. 따라서 현재의 독도를 제외한 칼데라의 나머지 부분은 바닷물에 붕괴되거나 파식되어 해저면에 존재할 것이다.

독도 주변의 해저 지형 입체도. 독도의 서쪽 해저 55km 내에 3개의 커다란 화산체가 동서 방향으로 길게 자리 잡고 있다. 맨 왼쪽 해수면 위로 솟아오른 것이 울릉도이며, 오른쪽으로 3개의 해산 가운데 맨 왼쪽 독도해산의 꼭대기 부분이 바로 지금의 독도이다(자료 : 한국해양연구원).

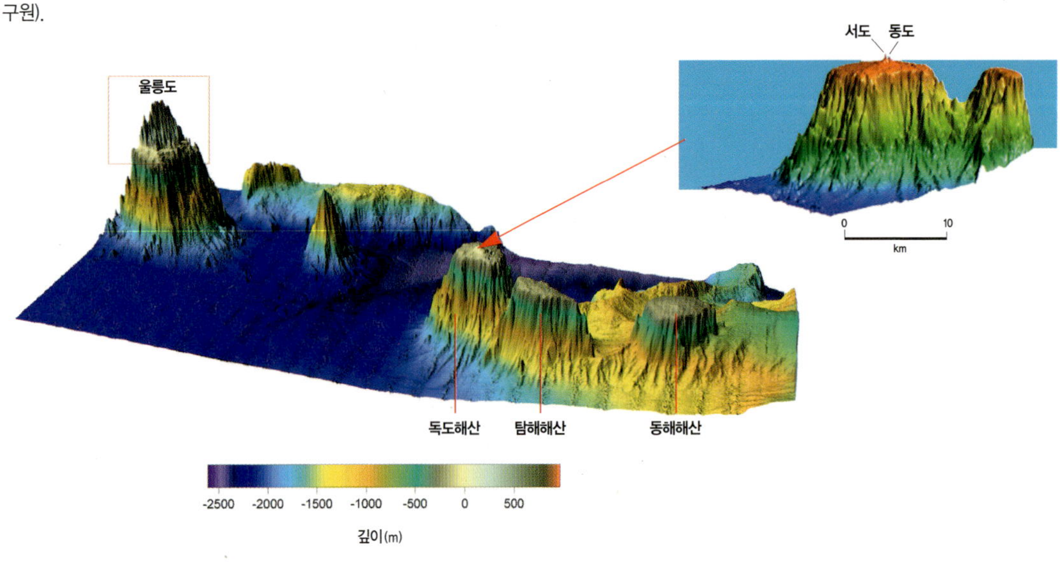

독도 지킴이, 안용복과 홍순칠

부산 수영사적공원 안에 있는 안용복 추모비(왼쪽)와 독도를 사수했던 독도의용수비대(오른쪽).

독도가 오늘날 우리 땅으로 남을 수 있었던 데에는 독도와 생을 같이한 두 사람의 값진 희생이 있었다. 어부 안용복과 독도의용수비대장 홍순칠이 바로 그들이다.

어족 자원이 풍부한 울릉도와 독도 부근의 해역은 일찍이 일본 고기잡이 배들이 자주 출몰하여 불법 어획을 하곤 했다. 이를 더 이상 두고 볼 수 없었던 안용복과 몇 명의 어부는 두 번이나 일본으로 건너가, 막부의 쇼군에게 독도는 조선 땅이니 그 부근에서 일본인들의 고기잡이를 금하라는 내용이 담긴 서계(외교 문서)를 받아내는 외교적 쾌거를 이루었다. 일개 어부 출신의 민간인이지만 그가 보여준 기개를 높이 평가하여 세간에서는 안용복을 장군이라 칭하기도 한다. 그가 보여준 내 나라 내 땅에 대한 충정과 의기는 그러한 칭호를 받고도 남는다.

그러나 안용복의 이러한 활약과 희생은 제대로 평가받지 못했다. 허락 없이 국경을 넘나들며 일본과 국제 문제를 야기했다는 것이 그 이유였다. 결국 안용복은 조정으로 압송되어 사형까지 논의되었으나, 정상이 참작되어 귀양지에서 일생을 마친다.

1950~1953년에는 한국전쟁으로 정부의 행정, 군사력이 독도에까지 미칠 여력이 없었다. 이런 틈을 노려 일본은 여러 차례 독도를 불법으로 점령하고 어로 행위를 했다. 이에 격분한 울릉도 주민들은 자발적으로 수비대를 조직하여 대항했다. 유명한 독도의용수비대가 바로 그것으로, 그 중심에는 홍순칠 대장이 있었다. 33명의 수비대원들은 1953년 4월 독도에 들어온 일본인들을 몰아내고 동도 암벽에 '한국령(韓國領)'이라는 표지를 새겼다.

1956년 12월 국립 경찰에게 독도 방위 임무를 인계하기까지 3년 8개월 동안 이들이 겪었던 고초는 말로 다할 수가 없다. 이들은 국가의 아무런 지원도 받지 못했고 자신의 전답과 재물을 팔아 모은 돈으로 무기와 식량을 마련했다. 빗물을 받아먹고 해초를 뜯어먹는 고난 속에서도 오로지 독도를 사수해야 한다는 일념으로 일본의 집요한 침략 공세를 물리친 것이다. 이러한 희생과 공로에도 불구하고 이들은 현재 아무런 국가적인 예우를 받지 못하고 있다. 1996년 뒤늦게야 33명 전원이 국가유공자로 지정되었으나, 이는 허울일 뿐 실질적인 보상은 거의 없었다. 홍순칠 대장은 1986년에 작고했으며, 33명 대원 가운데 2006년 현재 12명만이 생존해 있다.

독도의 독특한 지형은 단층 작용의 영향

약 250만 년 전 독도의 화산 활동이 끝나갈 무렵 마지막으로 일어났던 화산 폭발로 엄청난 양의 용암이 뿜어져 나왔다. 그 결과 화구 내부에 커다란 지하 공간이 생기자 자체 하중으로 그 자리가 깊게 함몰되었다. 이때 화구를 둘러싸고 있는 칼데라의 외벽에 대규모의 지각 균열을 동반한 단층선들이 환상(環狀)으로 생겨났다. 독도를 구성하는 지층과 암석을 가르며 생겨난 이 단층들은 현재 독도의 독특한 지형을 형성하는 데 중요한 역할을 했다.

단층선을 따라 침식과 풍화가 집중적으로 진행되어 암석이 붕괴되기 시작했다. 현재 독도경비대 막사와 등대가 있는 동도, 그 주변에 발달한 천장굴, 독립문바위, 얼굴바위, 촛대바위, 서도의 상장군바위, 탕건봉, 북쪽의 물개바위 등의 해식 지형(해식아치[sea arch]와 시스택)은 모두 단층선에 가해진 차별침식으로 형성된 지형이다.

동도 산꼭대기에 있는 깊이 90여m의 원형 요지(凹地)를 일각에서는 독도의 분화구로 보고 있다. 하지만 손 교수는 이 또한 단층선이 교차하는 '십(十)' 자 지점에 침식이 집중되어 만들어진 수직 동굴일 뿐이라고 설명한다. 현재 수면 위에 노출된 동도와 서도 역시 원래는 한 덩어리의 섬이었는데, 두 섬 사이에 발달한 단층선과 절리에 오랜 세월 해풍과 바닷물에 의한 침식과 풍화가 일어나 둘로 나뉜 것이다.

거대한 용암 분출로 화구가 함몰되어 독도 칼데라가 형성되면서 지층에 수많은 단층선이 발달했다. 이후 단층선에 차별침식이 집중되어 탕건봉, 촛대바위, 독립문바위 등 다양한 형태의 해식 지형이 생겨났다.ⓒ독도수호대

응회암과 각력암(角礫岩)이 주를 이루는 독도는 아직 충분히 고화되지 않은 상태이다. 섬의 상부에 놓인 용암에는 주상절리뿐만 아니라 지층을 가로지르는 단층과 절리가 탁월하게 발달했다. 그래서 이곳을 따라 해식과 염풍화가 촉진되어 암석이 빠르게 붕괴되고 있다. 동해의 거친 해양 환경과 기상 조건은 머지않아 그 한가운데 떠 있는 독도를 바다 밑으로 집어넣을 것이다.

독도 형성 과정을 둘러싼 논란

독도의 지형에서 특이한 점은 3개의 해산 모두 수심 200~300m 부근의 정상부에 평탄 지형이 나타난다는 사실이다. 이런 지형은 어떻게 형성된 것이며, 그것은 독도의 형성과 어떤 관련이 있을까?

해저에 있는 정상부가 평탄한 지형인 해산을 지형학 용어로 평정해산(平頂海山, guyot)이라고 한다. 평정해산은 해수면 근처에서 바닷물에 의한 침식 또는 산호초의 성장으로 만들어진 후 해수면 아래로 침강하여 형성된 것이다. 따라서 침강 이전의 해수면을 보여준다고 할 수 있다.

동해분지는 약 2,500만 년 전 이후 지속적으로 확장하며 침강을 계속했다. 이에 따라 1,700만~1,500만 년 전 동해분지의 저지대로 바닷물이 밀려 들어오자 동해가 생겨났고, 이후 동해의 바닥에 오랜 기간에 걸쳐 두꺼운 퇴적층이 형성되었다. 약 1,000만 년 전까지 지반 운동은 계속되었지만, 해수면은 약 2,000m에 도달한 후 한때 휴지기에 들어갔다.

한국지질자원연구원 강무희 박사(지구물리학)는 당시 해산의 정상부가 해수면에 위치하여 해파에 오랜 기간 침식을 받아 넓은 파식대가 형성되었다며 그 시기를 대략 1,200만~900만 년 전으로 추정하고 있다. 또한 독도가 위치한 해산의 평탄한 정상부에서는 퇴적층을 찾아볼 수 없고, 북위 37° 이상에서는 산호초가 서식할 수 없기 때문에(산호초는 남 · 북위 30° 이하의 열대 지역에서만 성장한다) 바닷물에 깎여나가 평탄 지형이 되었다고도 볼 수 있다.

그러므로 이 해산들은 형성 당시에는 해수면 근처 또는 해수면 위로 솟아오른 지형이었으나, 오랜 세월 계속된 침식으로 정상부가 평탄해진 후

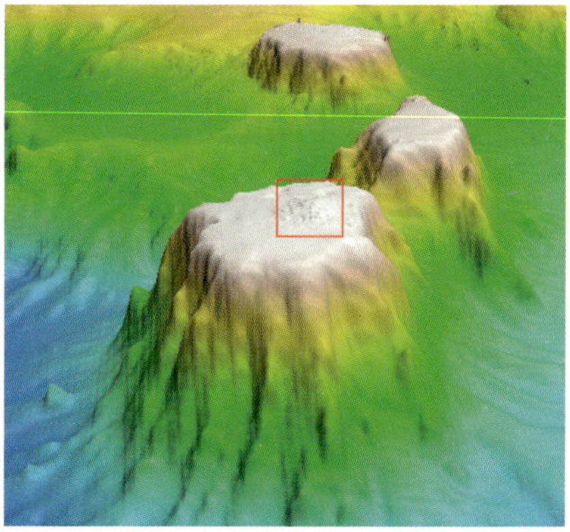

동도 정상부의 깊은 요지는 분화구가 아니라 침식에 의해 깎여나간 수직 동굴이다(왼쪽). 서쪽에서 바라본 독도의 해저 지형. 독도는 맨 앞쪽의 독도해산 정상부에 솟아오른 화산섬이다(오른쪽, 자료 : 성효현).

국토 최동단을 밝히는 독도등대 앞 바닥에 새겨진 태극기(왼쪽). 여러 층에 걸쳐 화산재층 사이에 화산탄이 끼어 있는 모습으로 보아 독도의 중심 화구에서 맹렬한 화산 폭발이 계속되었음을 알 수 있다(오른쪽, ⓒ독도수호대).

해저에 분지가 발달하면서 다시 침강이 일어나 형성된 것으로 볼 수 있다. 200~300m의 수심은 침강 이전 당시의 해수면을 의미하는 것이며, 현재 해산의 평탄한 정상부는 해산이 형성된 이후 200~300m 정도 침강한 결과로 볼 수 있다.

강 박사의 주장대로라면 독도와 주변 해산의 형성 시기는 파식을 받아 평정해산이 형성(1,200만~900만 년 전)되기 이전인 것으로 보인다. 그러나 다른 학자들은 평정해산이 형성된 것은 동해분지의 침강에 의한 결과라기보다는 제4기 이전부터 150m가량 오르내린 해수면 변동에 따른 침식 때문이라고 주장한다.

4만~1만 5,000년 전은 해수면이 현재보다 150m가량 낮았던 빙하기였다. 이때 독도해산의 정상부는 해류나 파랑에 침식을 받아 평탄해졌을 것이고, 빙하기를 겪으며 이러한 상황이 여러 차례 반복되어 오늘날의 모습이 되었을 것이다. 현재는 빙하기가 물러난 간빙기로 해수면이 상승하여 수심 약 200m의 평정해산을 유지하고 있다.

평정해산의 형성이 동해의 침강 때문인지 빙하의 성쇠에 따른 해수면 변동 때문인지에 대해서는 아직 뚜렷한 결론이 나지 않았다. 아직까지는 그 원인으로 두 가지 경우 모두를 염두에 두고 해석해야 할 듯하다.

사람이 살기 시작한 것은 언제부터?

독도에 언제부터 사람이 살기 시작했는지에 대해서는 정확한 기록이 남아 있지 않다. 그러나 자연 조건과 형세를 고려해보았을 때 오랫동안 사람이 살지 않았던 것만큼은 분명해 보인다.

울릉도가 역사서에 처음 등장한 것은 《삼국사기》〈열전〉〈이사부(異斯夫)〉조의 다음과 같은 기록에서이다. "512년(지증왕 13년) 6월 여름 우산국이 귀속되다. 우산국은 명주(강릉)의 정동 바다 한가운데 있는 섬으로 울릉도라고도 한다." 또한 《삼국사기》의 기록에 의하면, 우산도(于山島)는 독도를 지칭하는 것으로 우산국(울릉도)에 포함되어 있었음을 알 수 있다. 이렇게 기록만을 참고한다면 독도가 우리 역사에 등장한 것은 신라 시대 이후인 듯하다.

그러나 울릉도 서북부 지역에서 기원 후 300년 무렵의 갈색무늬토기(또는 승문토기)가 발견되고, 남서리와 현포리 일대에서 고분이 발견되는 것으로 보아 신라 시대 이전에도 이미 사람이 살고 있었으리라는 추측도 가능하다. 울릉도에서 발견되는 토기는 경상남도 해안에서 발견되는 김해토기와 같은 종류의 것들이다. 이외에도 신라토기들이 발견되는 것으로 보아 울릉도는 신라와 많은 교류를 했으며 신라에서 건너온 사람들이 정착하여

독도 수호라는 막중한 임무를 맡고 있는 독도 해양경찰대. ⓒ독도수호대

생활했다고 볼 수 있다.

독도는 울릉도와 모자(母子) 관계에 있는 섬으로, 독도의 역사는 울릉도의 역사와 관련지어 살펴야 한다. 지금도 맑은 날이면 울릉도에서 독도가 또렷이 보인다. 따라서 울릉도와 주변 해역에서 고기를 잡고 살았던 우산국 사람들은 독도를 생활권에 두고 있었을 것이다. 이렇게 볼 때 독도가 우리의 생활 터전이 된 시기는 울릉도에 사람이 살기 시작한 기원전 3세기 전후일 것이라고 추정해볼 수 있다.

독도를 세계지질공원으로

환경부는 2012년 12월 21일 지질공원위원회를 열어 울릉도 · 독도 명소 23곳과 제주도 명소 10곳을 국내 최초 국가지질공원으로 인정했다. 이에 앞서 제주도의 한라산천연보호구역, 거문오름용암동굴계, 성산일출봉 세 곳이 2007년 6월 27일 세계자연유산으로 등재되었으며, 2010년 10월 4일 한라산, 성산일출봉, 만장굴, 서귀포층, 천지연폭포, 대포동 해안 주상절리, 산방산, 용머리, 수월봉 등 지질명소 9곳이 세계지질공원으로 등재되었다.

2012년 7월 환경부는 자연공원법을 개정해 백령도, 울릉도, 독도 등이 세계지질공원으로 인증 받기 위한 디딤돌로 국가지질공원 제도(뛰어난 경관과 학술적 가치를 지닌 지질명소와 생태 · 역사 · 문화적 요소 등을 포함하여 보전은 물론 교육과 지질관광 등으로 지역경제에 도움을 주기 위한 프로그램)를 도입했다.

독도가 세계지질공원으로 등재되면 무엇보다 독도에 대한 실효적 지배권이 우리나라에 있다는 것이 국제적으로 널리 알려질 것이다. 따라서 독도의 세계지질공원 등재를 위해 국가적으로 힘과 지혜를 모아야 한다.

일본이 독도를 탐내는 진짜 이유

2004년 상업 생산에 들어간 울산 앞바다의 천연가스 생산기지. 일본이 독도를 자기네 땅이라고 우기는 진짜 이유는 현대 산업 문명의 피라고 할 수 있는 석유가 동해 밑에 매장되어 있을 가능성이 높기 때문이라는 주장이 제기되었다. ⓒ한국석유공사

동해 한가운데 떠 있는 독도는 어떻게 보면 일개 암초에 지나지 않는다. 연중 기상 상태가 매우 좋지 않을 뿐만 아니라 지형 또한 인간이 정착해 생활하기에 어려움이 많다. 이런 독도를 일본이 탐내는 진짜 이유는 무엇일까?

독도 일대는 청정 수역으로 한류와 난류가 교차하여 어족 자원이 풍부한 황금어장이다. 또한 1905년 러 · 일 전쟁 당시 일본이 러시아 극동 함대와의 동해해전에서 독도에 망루를 설치하여 승리를 거둔 사실에 비추어 볼 때, 태평양을 향한 군사적 요충지이기도 하다. 또한 유엔 해양법조약에 따라 영토에서 200해리까지를 영해로 선포할 수 있는 배타적 경제수역(EEZ)의 권리가 주어지면서 독도를 기점으로 영해를 선포할 경우 영해가 그만큼 넓어지기도 한다.

그러나 경상대학교 화학과 백우현 명예교수(화학)는 일본이 독도를 노리는 진짜 이유는 천연가스가 얼음처럼 고화된 하이드레이트(hydrate)가 동해 해저에 광범위하게 매장되어 있기 때문이라고 주장한다. 백 명예교수에 따르면 동해에는 '불타는 얼음'으로 불리는 하이드레이트가 6억t가량 매장되어 있다고 한다. 하이드레이트는 그 자체로도 훌륭한 에너지 자원이고, 석유가 매장되어 있음을 알려주는 지시 자원이다. 그러므로 일본이 독도를 자기네 땅이라고 우기는 것은 바로 독도 바다 속 깊숙이 숨겨져 있는 풍부한 하이드레이트를 차지하기 위해서라는 것이다.

실제로 국내 대륙붕과 인접한 중국과 일본의 석유 발견 지점을 살펴보면 동(東)중국해에서 북동 방향으로 울산 앞바다~독도 인근 해역~일본 서부 연안으로 유전 지대가 이어진다. 1998년 7월 울산 앞바다 해상에서 발견되어 2004년 11월 5일부터 상업 생산에 들어간 천연가스는 동해에서 원유가 산출될 가능성을 한층 높이고 있다. 그래서 원유 대량 소비 국가인 일본이 독도를 탐내는 진짜 이유가 석유라는 주장에 한층 무게가 실리고 있다.

한편 그동안 하이드레이트는 수심 1,000m 이상의 심해저에만 존재한다는 것이 정설이었으나, 2007년 서유택 박사(한국에너지기술연구원)와 이종원 교수(공주대학교)가 수심 200m의 얕은 해저에도 하이드레이트가 존재한다는 사실을 확인했다. 그 결과 미래의 청정 에너지이자 석유, 석탄 등 화석 연료를 모두 합한 양의 두 배 이상이 매장되어 있다는 하이드레이트의 개발 가능성이 더욱 커졌다. 우리나라는 2000년부터 5년간 동해 지역에 대한 기초 광역 탐사를 실시했고, 2007년부터 울릉도와 독도 부근의 동해 해역에서 하이드레이트 시추 작업을 추진할 계획이다.

부록

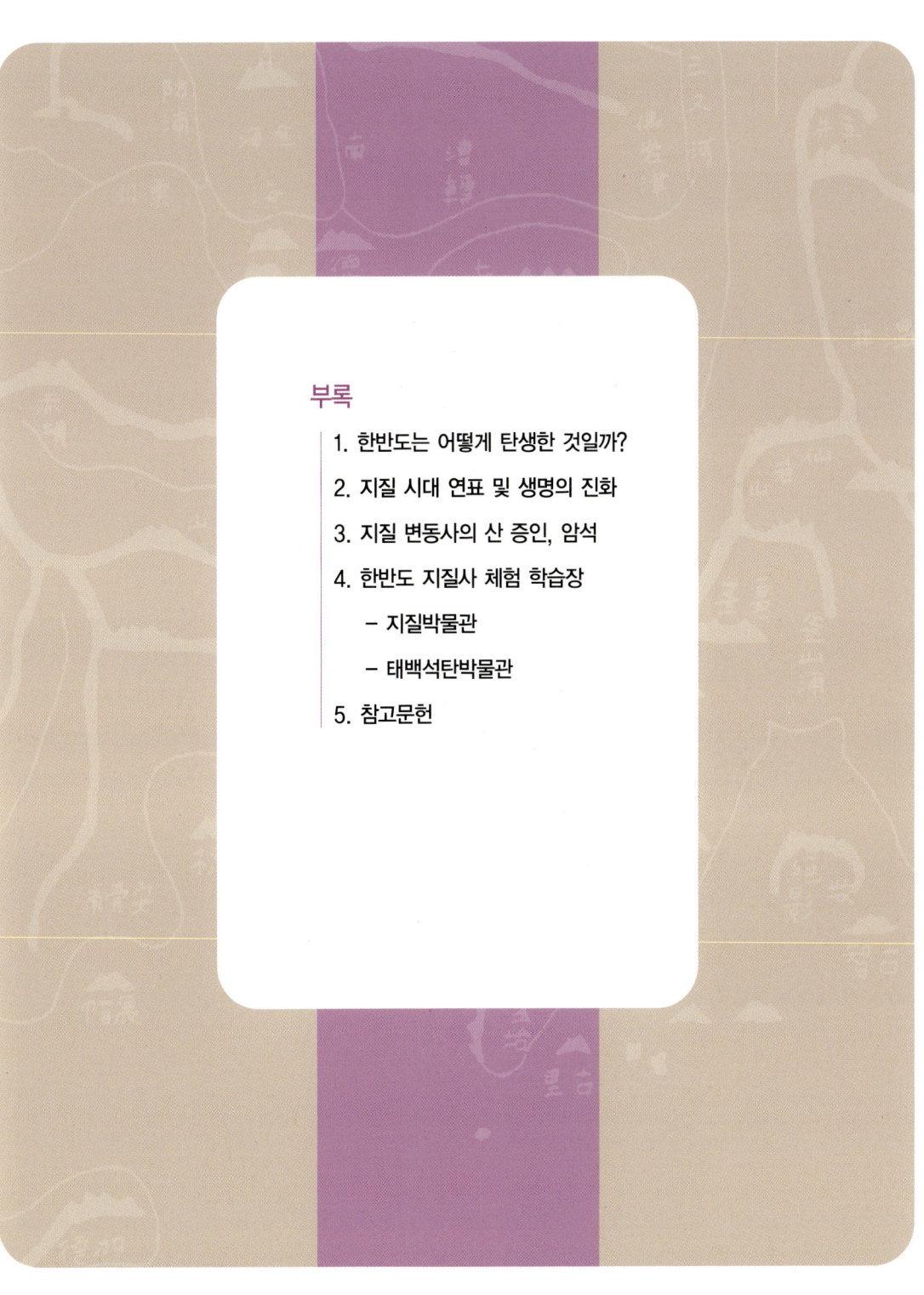

한반도는 어떻게 탄생한 것일까?

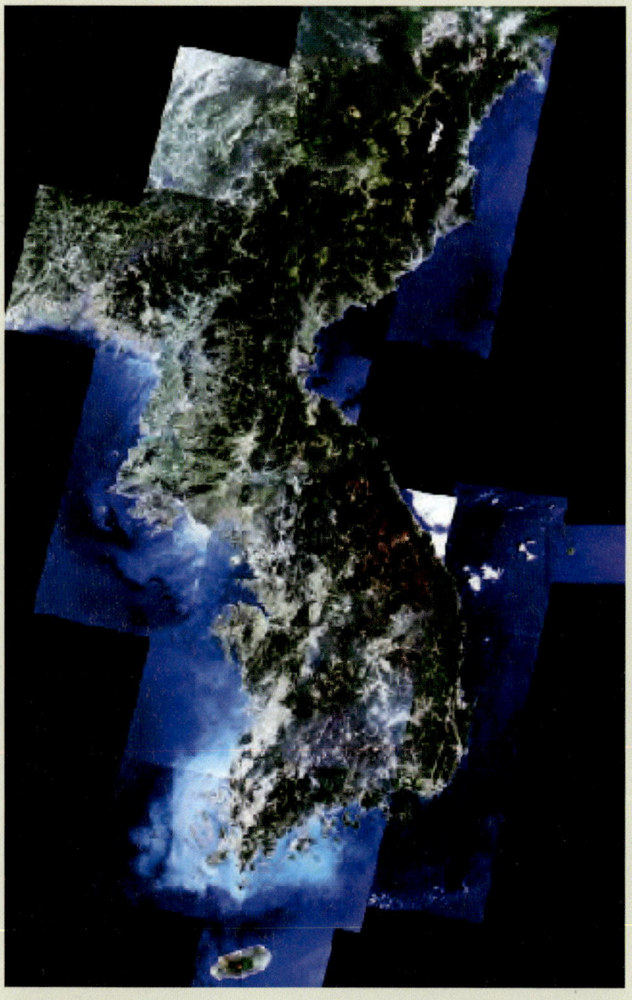

인공위성에서 바라본 한반도의 모습. 대륙을 향해 호령하는 호랑이 형상의 한반도 땅덩어리에는 30억 년의 지질사가 숨 쉬고 있다. ⓒ환경부

한반도 탄생의 비밀을 밝히기 위해서는 우선 지구의 역사에서 출발해야 한다. 그러나 장장 46억 년에 이르는 지구의 역사 속에서 한반도가 만들어진 과정을 찾아내기란 결코 쉬운 일이 아니다. 어떤 방법이 있을까? 우리 주변의 다양한 암석들에는 그 형성 과정이 고스란히 기록되어 있으니, 이를 실마리로 삼아 한반도의 지질을 찬찬히 살펴보면 한반도가 걸어온 길이 눈앞에 생생히 펼쳐질 것이다.

한반도에는 선캄브리아대부터 현재에 이르는 여러 지질 시대의 온갖 암석이 망라되어 있다. 이를 통해 한반도가 무척이나 복잡한 지질사를 거쳐왔다는 것을 알 수 있는데, 학자들이 한반도 땅덩어리 자체를 훌륭한 자연사 박물관이라 일컫는 이유도 바로 이 때문이다.

시 · 원생대: 한반도의 나이는 30억 년

한반도에서 발견된 암석 가운데 가장 오래된 것은 약 30억 년 전에 형성된 편마암으로, 이를 통해 우리는 한반도의 탄생 연대를 어림잡아볼 수 있다. 선캄브리아대 암석의 대부분을 차지하는 편마암은 지구가 탄생하고 바다가 만들어진 후 원시 바다에서 형성된 퇴적암이 변성되어 만들어졌다. 즉 원래 바다 속에 있던 퇴적암이 지하 깊은 곳에서 열과 압력을 받아 변성된 것으로 고생대 이전에는 한반도가 바다였다는 사실을 보여주는 암석이라고 할 수 있다.

선캄브리아대 편마암이 분포하는 지역은 평북 · 개마지괴, 경기지괴, 영남(소백산)지괴로 국토의 40% 정도를 차지한다. 그러므로 한반도 땅덩어리는 고생대 이전에 이미 대략적인 윤곽을 갖추었으리라 추정해볼 수 있다. 지리산, 소백산, 덕유산, 태백산 등지에 넓게 분포하는 편마암은 모두 약 20억 년 전 선캄브리아대에 형성된 것들이다.

선캄브리아대에는 전 세계적으로 조산 운동은 거의 일어나지 않았고, 주로 지표가 깎여나가는 침식 작용이 일어났다. 당시 원시 바다에 떠 있던 초대륙의 일부였던 한반도 역시 큰 지각 변동은 없었고, 지표의 침식으로 방패 모양의 평탄 지형을 이루고 있었다. 그러나 이후 선캄브리아대의 암석들이 고생대, 중생대, 신생대를 거치며 여러 차례의 지각 변동과 화성 활동으로 심하게 변성되어, 한반도의 지질 구조는 매우 복잡해졌다. 게다가 화석이 거의 발견되지 않아 지층의 선후 관계를 밝히기도 대단히 어려운 실정이다.

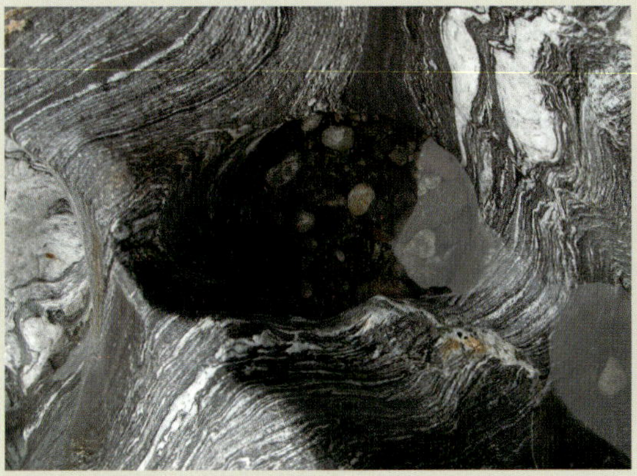

정원 조경석으로 사용되는 편마암. 편마암은 고생대보다 더 오래된 원생대의 암석으로 한반도 땅덩어리가 아주 오랜 역사를 지녔음을 말해준다(왼쪽). 강원도에서 생산되는 무연탄. 고생대에 바다가 물러나면서 육화된 한반도는 무성한 삼림을 이루었는데, 이는 석탄층의 기원이 되었다(오른쪽).

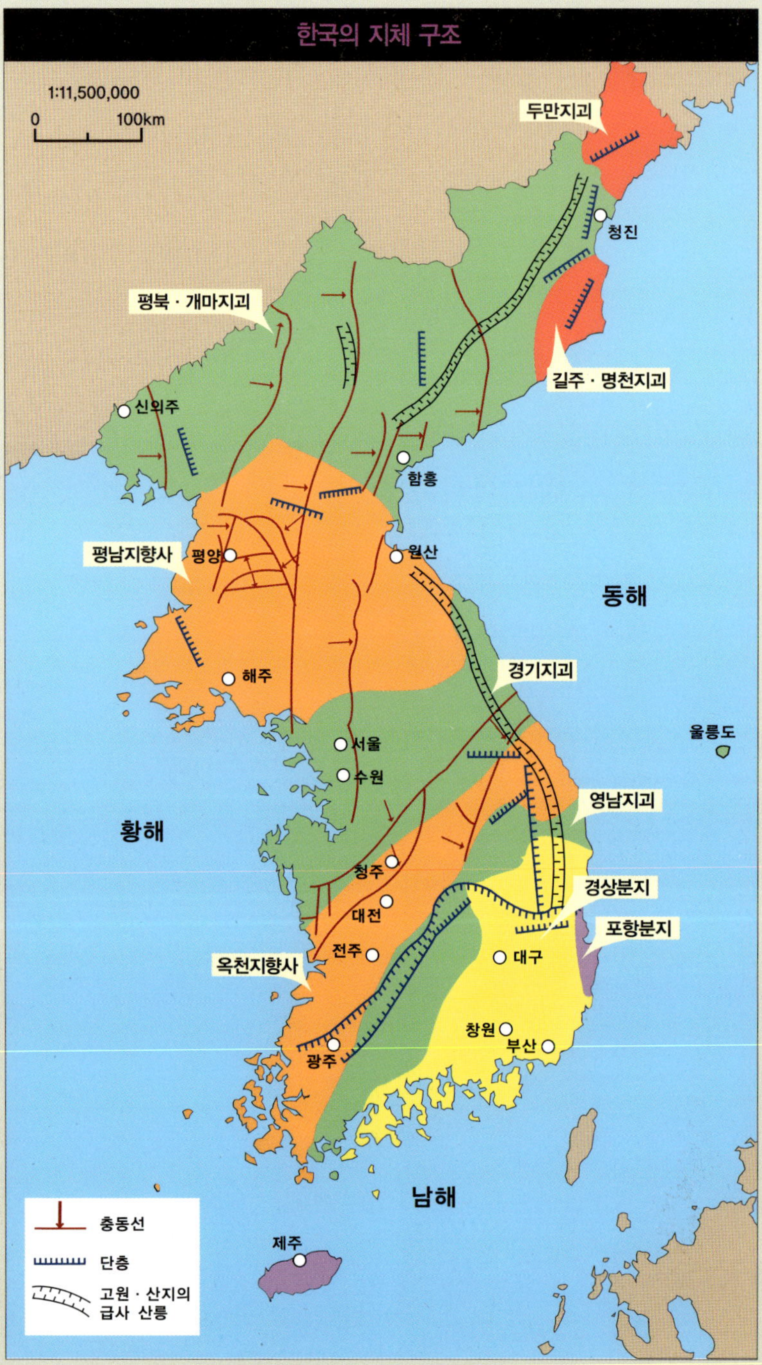
한국의 지체 구조
1:11,500,000
0
100km
두만지괴
청진
평북 · 개마지괴
길주 · 명천지괴
신의주
함흥
평남지향사
평양
원산
동해
해주
경기지괴
울릉도
서울
수원
영남지괴
황해
청주
경상분지
대전
포항분지
전주
대구
옥천지향사
창원
부산
광주
남해
제주
충동선
단층
고원 · 산지의
급사 산릉

한국의 지질

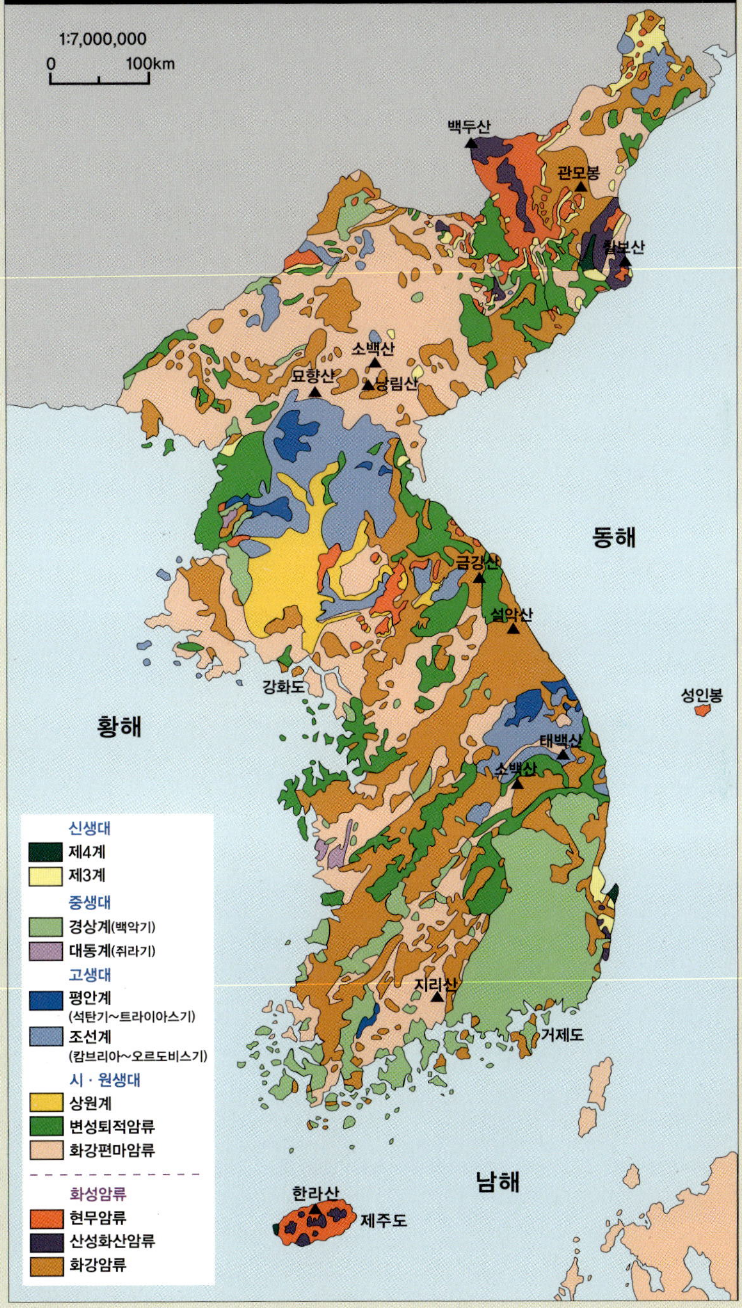
1:7,000,000
0
100km
백두산
관모봉
칠보산
소백산
묘향산
낭림산
동해
금강산
설악산
강화도
성인봉
황해
태백산
소백산
지리산
거제도
남해
한라산
제주도
신생대
제4계
제3계
중생대
경상계(백악기)
대동계(쥐라기)
고생대
평안계
(석탄기~트라이아스기)
조선계
(캄브리아~오르도비스기)
시 · 원생대
상원계
변성퇴적암류
화강편마암류
화성암류
현무암류
산성화산암류
화강암류

고생대: 석회암과 석탄의 생성

한반도는 탄생 이래 침강과 융기를 반복하는 조륙(造陸) 운동을 거치며 지속적으로 침식되었다. 약 5억 7,000만 년 전 고생대 초에 이르러 선캄브리아대 육괴들 사이의 저지대가 얕은 바다에 잠기면서 선캄브리아대 기반암 위로 퇴적층이 형성되었다. 이후 중생대 초까지 바다로 덮여 있는 동안 두꺼운 퇴적층이 쌓였는데, 평남지향사와 옥천지향사가 이에 속한다.

바다 환경이 지속되는 동안 삼엽충을 비롯한 완족류와 두족류 등의 초기 생명체가 번성했으며, 바다 밑으로 조류와 산호 등의 침전물이 쌓여 조선누층군이 형성되었다. 평안남도 남부와 강원도 남부 일대에 분포하는 석회암층은 바로 이때 만들어진 것이다. 고생대 초에 한반도는 지금의 위치가 아니라 적도 이남 10° 부근에 있다가 점차 북상하여 중생대 트라이아스기에 북위 25°에 도달했으며, 약 2억 년 전 쥐라기에 이르러 지금의 38° 부근에 도달했다.

약 2억 9,000만 년 전 페름기로 접어들면서 바다가 후퇴하여 바다 환경이 육지 환경으로 바뀌었다. 이때 거대한 늪지대가 형성되었는데, 석탄기에 번성했던 양치 식물과 석송류가 울창한 숲을 이루었다. 이후 두껍게 퇴적

지질 시대순으로 본 한반도 변화 과정

선캄브리아대의 한반도 가상도. 초대륙의 일부였던 한반도는 큰 지각 변동 없이 안정된 가운데 오랫동안 침식되어 완만한 평탄 지형이 형성되었다.

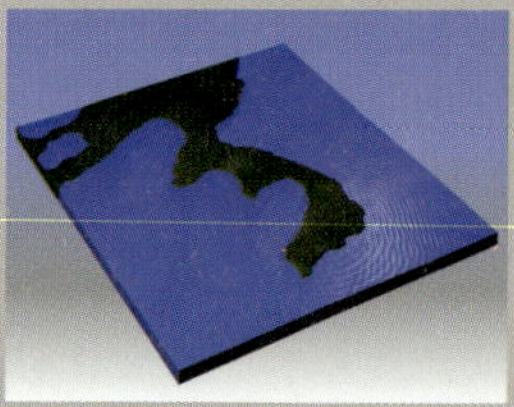

고생대의 한반도 가상도. 고생대에는 일부 지역이 바다에 잠기며 두꺼운 석회암 해성층을 형성했으며, 이후 바다가 후퇴하면서 그 위로 석탄층이 형성되었다.

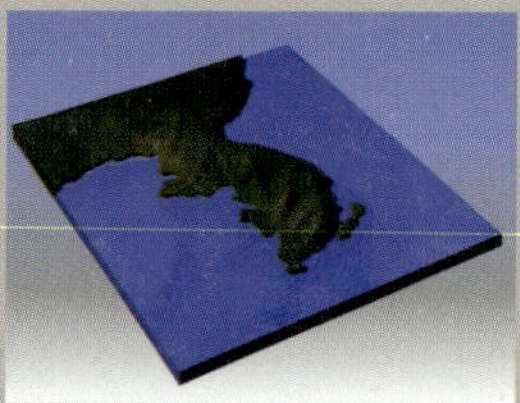

중생대의 한반도 가상도. 강력한 지각 변동으로 한반도 곳곳에 구조선이 생기면서 오늘날의 산맥 모양새가 형성되었다. 또한 경상 분지의 여러 곳에 거대한 호수가 만들어졌다.

신생대의 한반도 가상도. 장기간의 침식으로 산맥이 더욱 골격을 갖추었으며 경동성 요곡 운동에 의해 한반도의 동쪽에 등줄산맥이 형성되었다.

된 삼림대가 지하 깊은 곳으로 함몰되고, 이어 열과 압력에 의해 탄화하여 조선누층군 위로 평안누층군을 형성했다. 평안남도와 강원도 일대의 탄전 지대에 분포하는 석탄은 모두 이 시기에 만들어진 것이다.

중생대: 산맥의 모양새를 빚어낸 격렬한 지각 변동

특별한 지각 변동 없이 고생대까지 안정을 유지해오던 한반도 땅덩어리는 중생대에 이르러 엄청난 지각 변동의 소용돌이에 휩싸이게 된다. 여러 차례의 화산 활동을 동반한 습곡과 단층 작용의 영향으로 지각이 갈라지고, 지층이 내려앉거나 올라가거나 휘어지는 등 일대 격변을 겪었다. 약 2억 3,000만 년 전 중생대 초 트라이아스기에는 송림변동이라는 거대한 조산 운동이 북한 지역에 집중적으로 일어났다. 이로 인해 고생대 지층인 평남지향사가 들어 올려졌으며 지층이 심한 습곡을 받았다.

약 1억 4,000만 년 전 쥐라기 말로 접어들면서 한반도 지질 역사상 가장

경주 불국사(왼쪽)와 석가탑(오른쪽 위), 다보탑(오른쪽 아래). 신라 불교 문화의 정수를 엿볼 수 있는 불국사의 수많은 돌덩이들은 모두 중생대 백악기에 관입한 불국사화강암이다.

격렬했던 지각 변동인 대보조산운동이 한반도 전역에서 일어났다. 그 결과 기존의 한반도 지질 구조에 엄청난 변화가 일어났고, 지하 깊은 곳에서 대규모의 마그마가 관입하여 대보화강암이 형성되었다. 우리나라의 대표적 화강암 산지인 금강산, 설악산, 계룡산, 북한산, 관악산 등지에 가득한 암석들은 모두 이때 형성된 것이다. 송림변동과 대보조산운동의 영향으로 한반도에는 땅의 곳곳이 갈라지는 균열선, 즉 구조선이 생겨났고, 이 구조선을 따라 오랫동안 침식이 이루어져 오늘날의 산맥과 같은 모양새가 만들어졌다.

한반도에 공룡 시대가 전개되었던 약 9,000만 년 전 백악기 말로 접어들면서, 영남 지방을 중심으로 불국사운동이 일어나 화산 분출과 함께 단층, 습곡 작용으로 지층이 교란되었으며 불국사화강암이 관입했다. 월악산, 속리산, 월출산, 토함산, 금정산 등지의 화강암 덩어리들은 이때 만들어진 것이다. 또한 곳곳에 지반이 내려앉아 거대한 분지가 생겨났고, 이곳으로 물이 흘러들어 호수가 만들어졌다. 이후 오랫동안 호수 바닥에 퇴적물이 쌓여 두꺼운 경상계 퇴적층이 형성되었는데 고성 덕명리, 해남 우항리, 화성 시화호 등지에서 발견되는 공룡 발자국과 공룡 알 화석은 모두 이 퇴적층에 남은 것이다.

신생대: 한반도 등줄산맥의 형성

불국사운동을 겪은 후 한반도에는 큰 지각 변동 없이 오랫동안 침식이 일어났다. 그러나 약 2,300만 년 전 신생대 제3기 중기 마이오세에 이르러 한반도 땅덩어리는 다시 크게 요동쳤다. 일본이 한반도에서 떨어져나가면서 그 사이에 동해가 생겨났고, 동해의 해저 지각이 확장하면서 한반도 땅덩어리를 밀어붙여 한반도가 위로 솟아올랐다. 이때 융기축이 동쪽에 치우친 요곡 운동이 일어나 낭림산맥, 함경산맥, 태백산맥 등이 높게 솟아올랐고, 이러한 융기는 지금도 계속되고 있다.

한반도는 중생대에는 바다의 영향을 거의 받지 않았다. 하지만 신생대에 이르러 동해안 몇몇 곳이 바다에 잠기며 퇴적층이 형성되었다. 두만지괴, 길주 · 명천지괴, 포항분지 일대가 그 당시에 형성된 퇴적층으로, 석유와 천연가스의 매장 가능성이 높아 주목을 받고 있다. 신생대 제3기 말에서 제4기 초인 약 200만 년 전을 전후하여 전국 곳곳에서 일어난 화산 활동으로 백두산, 제주도, 울릉도, 독도가 생겨났고 개마고원, 철원~평강 지역, 신계~곡산 지역에 거대한 용암대지가 형성되었다.

중생대 이후 구조선을 따라 계속적으로 일어난 침식 작용으로 한반도의 산맥은 더욱 뚜렷한 골격을 갖춰갔다. 제4기로 접어들면서 한반도는 여러 차례 빙하에 의한 해수면의 승강 운동을 겪었는데, 그 결과 동해안에는 해안단구가 집중적으로 발달했으며, 황 · 남해안에 리아스식 해안이 형성되었다.

포항 금광동 제3기층 화석 산지와 울산 구남마을에서 발견된 조개 화석(사진 속 사진). 포항과 울산 일대는 신생대 제3기에 바다에 잠겼던 곳으로, 해안 절개지 어느 곳을 가더라도 화석을 쉽게 발견할 수 있다.

지 질 시 대 연 표 및 생 명 의 진 화

대		기	세	년대 (100만 년 전)	한반도 지층	한반도 지각 변동
현생누대	신생대	제4기	현세	0.01	제4기층	낙동강 삼각주, 갯벌 형성
			플라이스토세	1.8		화산 활동(백두산, 개마고원, 제주도, 울릉도, 독도, 철원 · 평강 용암대지 형성)
		제3기	플라이오세	5.3	제3기층	동해 형성 시작 경동성 요곡 운동 (한국 방향의 태백산맥, 낭림산맥 형성) 두만지괴, 길주 · 명천지괴
			마이오세	23		
			올리고세	36.5		
			에오세	53		
			팔레오세	65		
	중생대	백악기		135	경상누층군	불국사운동(불국사화강암 관입), 경상분지
		쥐라기		200	대동누층군	대보조산운동(대보화강암 관입, 중국 방향의 구조선 형성)
		트라이아스기		240	평안누층군	송림변동(라오둥 방향의 구조선 형성)
	고생대	페름기		290		석탄층 형성
		석탄기		350	대결층	조륙 운동(해퇴)으로 한반도 육지화
		데본기		400		
		실루아기		430	조선누층군	평남지향사, 옥천지향사 석회암층 형성
		오르도비스기		510		
		캄브리아기		570		
은생누대	원생대			2,500	선캄브리아대 지층군	평북 · 개마지괴, 경기지괴, 영남(소백산)지괴
	시생대			4,600		

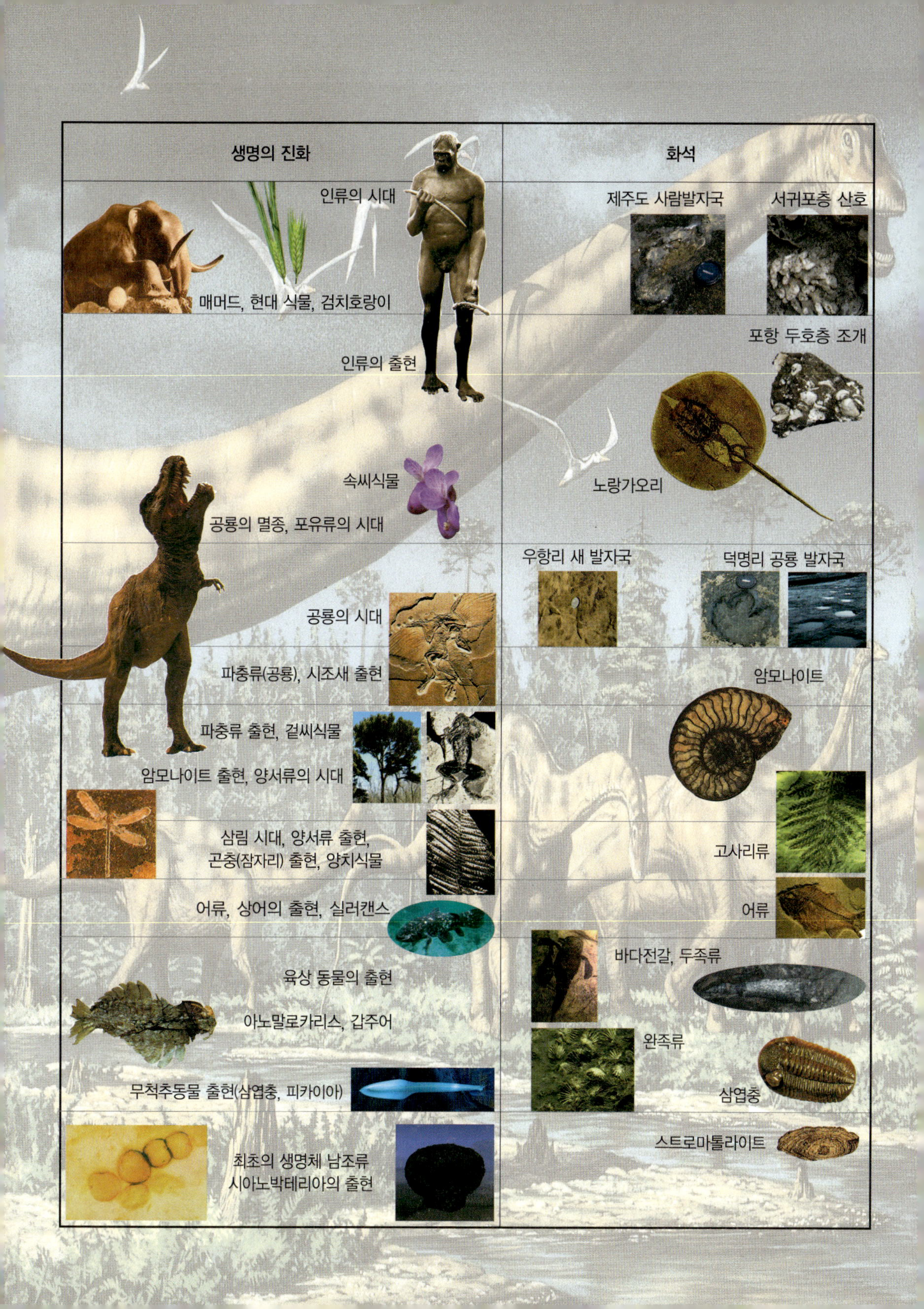
생명의 진화
화석
인류의 시대
매머드, 현대 식물, 검치호랑이
제주도 사람발자국
서귀포층 산호
인류의 출현
포항 두호층 조개
속씨식물
노랑가오리
공룡의 멸종, 포유류의 시대
우항리 새 발자국
덕명리 공룡 발자국
공룡의 시대
파충류(공룡), 시조새 출현
암모나이트
파충류 출현, 겉씨식물
암모나이트 출현, 양서류의 시대
삼림 시대, 양서류 출현,
곤충(잠자리) 출현, 양치식물
고사리류
어류, 상어의 출현, 실러캔스
어류
바다전갈, 두족류
육상 동물의 출현
아노말로카리스, 갑주어
완족류
무척추동물 출현(삼엽충, 피카이아)
삼엽충
스트로마톨라이트
최초의 생명체 남조류
시아노박테리아의 출현

지질 변동사의 산 증인, 암석

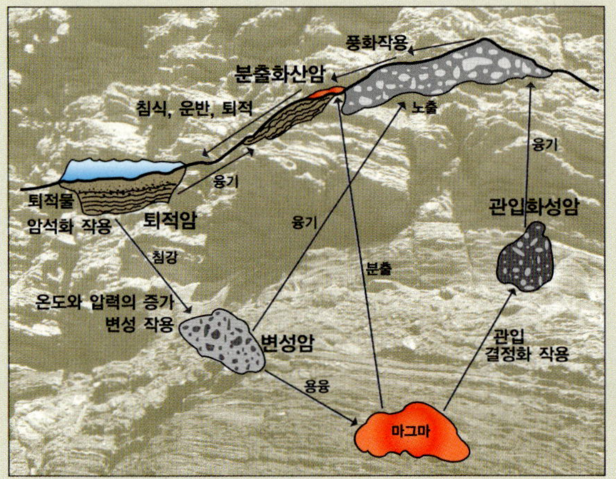

암석의 순환 과정. 암석은 생성된 이후 눈에 띄지 않을 정도로 천천히, 그러나 지속적으로 변화를 겪는다. 이런 변화의 과정은 암석에 고스란히 기록되어 지질사 연구의 출발점이 되어준다.

우리는 산과 들, 강과 계곡에서 갖가지 모양과 색깔의 암석을 만난다. 집 앞마당이나 마을 뒷동산, 공원에 있는 조경석만 보더라도 같은 모양이나 종류를 찾아보기 어렵다. 이 수많은 암석 중에는 다이아몬드(금강석)처럼 완벽한 구조 덕분에 영원히 변치 않는 경우도 있지만, 대개는 생성된 이후 변화와 소멸을 거듭하며 윤회의 삶을 산다. 예를 들어, 해변의 모래가 차곡차곡 쌓여 형성된 사암은 지하 깊은 곳에서 높은 압력과 열을 받아 규암으로 변성된다. 그 후 지반이 융기하여 지표에 노출되면 비, 바람, 얼음 등에 의해 침식, 풍화되어 다시 모래가 된다. 이후 모래는 하천이나 강을 따라 바다로 흘러 들어가 다시 해변에 쌓인다.

이와 같이 암석은 환경의 변화에 따라 형태가 달라지기 때문에 지구가 생겨난 이래 끊임없이 계속된 지질 변동의 역사를 고스란히 담고 있다. 그러므로 암석의 특성과 분포 지역을 제대로 알면, 그 지역의 과거 지질 환경과 지표 경관이 어떠했는지를 이해하는 데 큰 도움이 된다.

암석은 기원에 따라 크게 화성암(火成巖), 퇴적암(堆積巖), 변성암(變成巖)으로 나뉜다. 화성암은 마그마, 즉 지구 내부의 물질이 녹아 만들어진 유체가 압력과 온도 조건이 바뀌면서 굳은 암석으로, 고결(固結) 당시의 깊이와 압력에 따라 심성암(深成巖)과 화산암(火山巖)으로 구분된다.

심성암에는 마그마가 지각의 약한 곳을 뚫고 올라오다가 지하 깊은 곳에서 굳은 화강암, 섬록암, 반려암 등이 있다. 반면 지표 가까이서 굳거나 지표 위로 분출하여 형성된 유문암, 안산암, 조면암, 현무암 등은 화산암에 속한다. 화성암의 광물 구조는 마그마의 성분과 냉각 속도 등에 따라 차이가 나타난다. 보통 화산암은 세립질 광물로 이루어져 있지만, 심성암은 조립질 광물로 이루어져 있다.

퇴적암은 지표 위에 있던 암석이 공기나 물에 노출되어 침식과 풍화 작용으로 깎여나간 다음 물, 바람, 빙하에 의해 특정한 지역으로 옮겨져 쌓인 후 굳은 암석을 말한다. 이러한 풍화, 침식, 운반, 퇴적의 과정은 원을 그리며 끊임없이 반복된다. 이 가운데 진흙이 쌓여 만들어지는 이암과 모래가 쌓여 만들어지는 사암, 그리고 모래, 자갈, 진흙 등이 섞이고 쌓여 만들어지는 역암은 쇄설성 퇴적암에 속하고, 산호, 조개 껍데기 등의 화학적 침전물이 쌓여 만들어지는 석회암은 화학적 퇴적암에 속한다. 퇴적암에는 평행한 줄무늬인 층리가 나타나는데, 이것은 퇴적물이 오랜 세월 여러 겹으로 쌓인 결과로 쉽게 알아볼 수 있다. 또한 퇴적암에는 생물의 유해나 흔적이 화석으로 남아 있는 경우가 많은데, 이를 통해 퇴적 당시의 자연 환경을 추측할 수 있다.

중생대 백악기 해남 우항리 퇴적층에 발달한 층리(위)와 선캄브리아대 옥천변성대 제천 황강리층에 발달한 엽리(아래).

변성암은 지표 부근의 화성암이나 퇴적암이 지하 깊은 곳으로 이동한 다음, 높은 열과 압력을 받아 본래의 암석과 성질이나 조직이 전혀 다른 새로운 암석으로 변한 것을 말한다. 예를 들면, 규암은 사암이, 대리암은 석회암이 변성된 것이다. 변성암은 변성 요인에 따라 접촉 변성암과 광역 변성암으로 구분되며, 열과 압력의 정도에 따라서도 다양한 암석이 나타난다. 진흙이 쌓여 이루어진 이암의 경우, 온도와 압력이 높아짐에 따라 점판암→천매암→편암→편마암 순으로 변한다.

변성암은 화성암이나 퇴적암보다 한 번 더 지질 역사를 경험했기 때문에 상대적으로 복잡한 암석이라 할 수 있다. 높은 열과 엄청난 압력을 받으면 암석을 구성하는 광물의 일부가 녹아버리기도 하고 새로운 광물이 생겨나기도 하며, 본래 있던 광물들이 재배치되는 과정에서 방향성을 띠거나 일렬로 늘어서기도 한다. 변성암에 발달한 줄무늬를 편리 또는 엽리라고 하는데, 일반인들이 퇴적암에 발달한 층리와 변성암에 나타나는 엽리를 구분하는 것은 쉽지 않다.

화성암

흑운모 화강암

검은색의 운모가 주성분인 관입 화성암.

섬록암

사장석, 흑운모와 같은 짙은 색 광물로 이루어진 흑색 화성암.

섬장암

석영이 없는 화강암으로 알칼리장석이 주성분인 관입 화성암.

유문암질 응회암

석영질 암편이 대부분인 유문암이 다량 함유된 응회암.

반려암

현무암과 화학 조성이 거의 비슷한 사장석과 휘석이 주성분인 관입 심성암.

안산암

이산화규소를 60%가량 함유한 분출 화성암. 전 세계 대부분의 화산지대에서 산출되는 암석으로 비석, 판석 등의 장식재로 이용된다.

유문암

화강암과 화학 조성이 거의 비슷한 분출 화성암으로 전 지구와 전 지질 시대를 통해 산출되는 암석.

현무암

검은색을 띠는 철과 마그네슘이 풍부한 다공질의 분출 화성암. 단단하기 때문에 맷돌, 주춧돌, 축대, 돌하르방의 원료로 이용된다.

규장암

유문암이 재결정되어 형성된 산성 화성암으로, 풍화되면 고령토가 되어 도자기 재료로 사용된다.

화강암

지하 깊은 곳에서 마그마가 냉각, 고화되어 형성된 관입 화성암. 갈면 윤이 나기 때문에 축대, 비석, 건축 자재로 이용된다.

퇴적암

이암

점토 또는 실트와 같은 미립 물질이 쌓여 고화된 암석.

역암

둥근 자갈과 모래, 진흙 등이 함께 쌓여 고화된 암석.

사암

모래 크기의 입자들이 쌓여 고화된 암석. 묘석이나 기념비, 숫돌 재료로 이용된다.

석탄

거대한 유기 물질이 매몰되어 탄화된 가연성 암석. 발전용, 제철용, 가정용 탄으로 사용된다.

암염

바닷물의 증발 작용에 의해 천연에서 산출되는 염화나트륨. 공업염, 식염, 소다 원료로 이용된다.

장석 사암

화강암의 풍화 생성물 가운데 장석이 주성분인 암질이 쌓인 암석.

적색 셰일

1/16mm 크기 이하의 진흙 입자들이 쌓여 굳은 암석. 결을 따라 쉽게 벗겨지며 지각의 70%를 구성한다.

응회암

화산에서 뿜어져 나온 재나 모래가 물밑에 쌓여 굳은 암석. 내화력이 커 화로, 아궁이를 놓는 데 이용된다.

석회암

바다에서 생물에 의한 침전물이 쌓인 탄산칼슘으로 구성된 암석. 시멘트, 카바이트, 비료의 원료로 이용된다.

백운암

탄산칼슘과 마그네슘으로 구성된 백운석이 주성분인 석회암.

변성암

점판암

셰일이 변성을 받아 형성된 흑색의 변성암. 지붕용 슬레이트, 벼루, 숫돌, 한옥 기와, 구들장으로 이용된다.

구상화강편마암

화강암 형성 과정에서 특수한 환경 조건에 의해 형성된 공처럼 둥근 암석.

각섬암

지하 깊은 곳에서 휘석과 감람석이 변질되어 형성된 암석.

녹니석편암

마그네슘과 철이 물을 흡수하여 녹색으로 변성된 층상 규산염 광물.

천매암

이암과 셰일이 변성을 받은 점판암이 재구성되어 형성된 세립질 암석.

사문암

지하 깊은 곳의 감람암이 열과 압력을 받아 변질된 암녹색의 암석.

대리암

석회암이 열과 압력을 받아 재결정된 탄산염으로 구성된 암석. 미려한 색깔의 무늬를 가져 실내 장식재, 공예 조각에 이용된다.

규암

사암이 변성을 받아 형성된 단단한 석영질 암석. 부싯돌, 도로 포장용 자갈, 철도용 자갈로 이용된다.

편마암

이암과 셰일이 변성을 받아 유색과 무색의 광물이 분리되어 뚜렷한 띠를 두른 변성암. 문양이 아름다워 정원 조경석으로 이용된다.

흑연

순수한 탄소로 이루어진 광물로 석탄이 변성을 받아 형성된 암석. 윤활제, 브레이크, 연필심, 강철제 첨가물로 이용된다.

한반도 지질사 체험 학습장

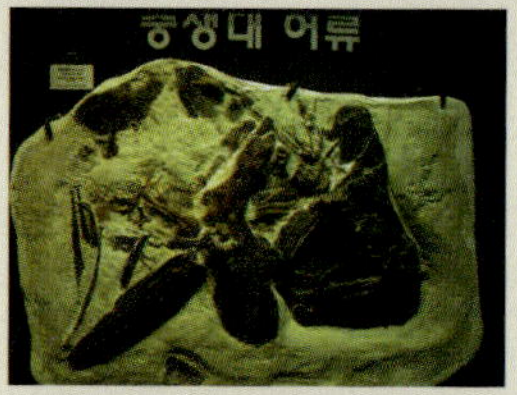

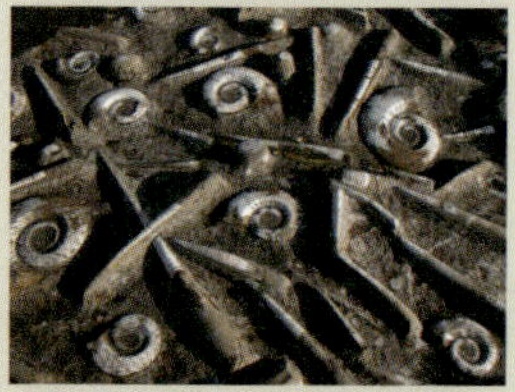

1. 지질박물관

충청남도 대전의 대덕과학연구단지 안에 있는 한국지질자원연구원에 가면 아주 특별한 박물관이 있다. 국내 최초로 지구의 역사와 자연사를 주제로 2001년 문을 연 지질박물관이 바로 그곳이다. 박물관은 중앙 전시홀과 3개의 주 전시실 및 야외 전시장으로 구성되어 있으며, 지구를 구성하는 광물과 암석, 그리고 지구 탄생 이후 지구에 살아왔던 생물의 흔적인 화석 등 총 3,750점의 지질 표본을 전시하고 있다. 흔히 볼 수 없는 귀중한 자료들 덕분에, 이곳을 방문하는 사람들은 지구의 역사와 한반도의 자연사를 보다 쉽게 이해할 수 있다.

박물관에 들어서면, 중생대의 무시무시한 포식 공룡 티라노사우르스의 거대한 뼈 모형과 지름 7m의 대형 지구본이 가장 먼저 탐방객을 맞는다. 1층의 제1전시관에서는 지구 및 생명 진화의 역사를 보여주는 다양한 화석을 살펴볼 수 있다. 2층의 제2전시관에는 지각을 구성하는 수많은 암석, 화려한 색깔과 결정을 지닌 광물 등이 전시되어 있다. 영상실에서는 생명, 공룡, 판구조론과 대륙이동설 등을 설명하는 지질 관련 영상을 감상할 수 있으며, 가상 지진 체험실에서는 지진 발생 상황을 직접 체험해보며 지구가 살아 있는 역동체임을 느껴볼 수 있다. 그리고 잔디밭에 조성된 야외 전시장에는 국내와 세계 여러 곳에서 발견된 특이한 암석과 화석이 전시되어 있어 산책하듯 여유롭게 둘러볼 수 있다.

상세 정보

- http://museum.kigam.re.kr/ • 전화 : (042) 868-3797(~8)
- 위치 : 대전광역시 유성구 가정동 30번지 한국지질자원연구원

2. 태백석탄박물관

태백산도립공원 안에 자리한 당골에는 석유가 널리 사용되기 전 중요한 에너지 자원이었던 석탄을 주제로 해서 세워진 태백석탄박물관이 있다. 이곳에는 석탄의 역사를 살펴볼 수 있는 여러 가지 자료들과 석탄 관련 시설 및 기기 등이 전시되어 있어 잊혀가는 석탄에 대한 기억을 되살릴 수 있으며, 우리나라 석탄 산업의 변천사를 한눈에 읽을 수 있다.

이곳에는 석탄 관련 자료 이외에도 총 8개의 실내 전시실과 야외 전시실에 다양한 암석과 광물, 화석, 향토 사료 등 약 7,450종의 소장품이 전시되어 있어, 지구의 역사와 한반도의 자연사를 공부하는 데 더없이 좋은 장소이다.

각기 다른 주제로 꾸며놓은 전시실 가운데는 지질의 구조와 역사를 이해할 수 있는 지질관, 석탄의 생성 및 발견의 역사를 소개한 석탄 생성 발견관, 석탄의 채굴과 가공, 이용 등을 소개한 석탄 채굴관, 광산 사고의 유형과 안전 장비 및 기기를 소개한 광산 안전관, 석탄 개발 정책의 변화와 광산 근로자의 활동상을 소개한 광산 정책관 등이 있어 우리나라 지질사는 물론 석탄에 대한 다각적인 이해를 돕고 있다. 그 밖에도 박물관 안에는 갱도 체험 엘리베이터를 타고 1,000m에 달하는 수직 갱도를 내려간다거나 붕락 사고의 위험을 실제로 느껴보는 가상체험 갱도관이 마련되어 있다.

상세 정보

- http://coalmuseum.or.kr/ • 전화 : (033) 552-7730, 550-2743
- 위치 : 강원도 태백시 소도동 166번지

참고문헌

1. 민족 혼의 으뜸 산 백두산

_김주환, 〈백두산의 지질과 지형〉, 《지리학 연구》, 제19집, 1992.

_김추윤, 《한국의 호수》, 대원사, 1992.

_김태호, 〈한국의 화산 지형〉, 《한국의 제4기 환경》, 서울대학교출판부, 2001.

_대한지질학회, 《한국의 지질》, 시그마프레스, 1999.

_유정아, 《한반도 30억 년의 비밀 3부 – 불의 시대》, 푸른숲, 1998.

_윤성효, 〈화산 폭발 임박, 백두산 지질 탐구〉, 《과학동아》, 1월호, 동아사이언스, 1995.

_이영준 외, 《백두고원》, 대원사, 2002.

_이형석, 《한국의 강》, 홍익재, 1997.

_정장호 외, 《한국의 자연과 인간》, 우리교육, 1997.

_조용중, 《백두산 – 중국 속의 한국》, 연합통신, 1991.

_홍영국, 〈백두산의 지질〉, 《지질학회지》, 제26권 제2호, 1990.

2. 백두산이 담아낸 겨레의 못 천지

_길봉섭 외, 〈백두산 수목 한계선 상부 지역의 식생 특성〉, 《한국생태학회지》, 제21권 제5호, 1997.

_김주환, 〈백두산의 지질과 지형〉, 《지리학 연구》, 제19집, 1992.

_김추윤, 《한국의 호수》, 대원사, 1992.

_김태호, 〈한국의 화산 지형〉, 《한국의 제4기 환경》, 서울대학교출판부, 2001.

_대한지질학회, 《한국의 지질》, 시그마프레스, 1999.

_유정아, 《한반도 30억 년의 비밀 3부 – 불의 시대》, 푸른숲, 1998.

_윤성효, 〈화산 폭발 임박, 백두산 지질 탐구〉, 《과학동아》, 1월호, 동아사이언스, 1995.

_윤성효 · 최종섭, 〈백두산 천지 칼데라 화산의 역사 분출 기록〉, 《한국지구과학회지》, 제17권 제5호, 1996.

_이영준 외, 《백두고원》, 대원사, 2002.

_이형석, 《한국의 강》, 홍익재, 1997.

_정장호 외, 《한국의 자연과 인간》, 우리교육, 1997.

_조용중, 《백두산 – 중국 속의 한국》, 연합통신, 1991.

_홍영국, 〈백두산의 지질〉, 《지질학회지》, 제26권 제2호, 1990.

3. 일만이천봉의 화강암 명승 금강산

_김창환, 〈멀티미디어 콘텐츠 개발을 위한 금강산 주요 명승지의 지형학적 해석〉, 《사진지리》, 제9호, 1999.

_김창환 외, 《금강산 명승고적에 나타난 전통 문화와 자연 환경》, 정보통신연구진흥원, 2000.

_대한지질학회, 《한국의 지질》, 시그마프레스, 1999.

_문승의 · 박종길, 〈지형 인자를 사용한 금강산 지역의 강수량 추정에 관한 연구〉, 《한국지구과학회지》, 제11권 제3호, 1990.

_손경석, 《북한의 명산》, 서문당, 1999.

_신정일, 〈백두대간에 자리 잡은 명산〉, 《山書》, 제16호, 한국산서회, 2005.

_우종수, 《금강산 가이드》, 수문출판사, 1992.

_월간조선 편집부, 《금강산은 부른다》, 조선일보사, 1998.

_이기석 외, 〈금강산과 장전항의 지리〉, 《지리교육논집》, 제41호, 1999.

4. 백두대간을 이루는 한반도의 등줄 태백산맥

_권혁재, 〈한국의 산맥〉, 《대한지리학회지》, 제35권 제3호, 2000.

_권혁재, 《남기고 싶은 우리의 지리 이야기》, 산악문화, 2004.

_기근도, 〈대관령 일대의 지형 · 토양 환경〉, 한국교원대학교 박사 논문, 1999.

_노웅희 · 박병석, 《교실 밖 지리 여행》, 사계절출판사, 1994.

_박민, 〈우리나라 산맥의 분류 체계 및 명칭의 변천〉, 고려대학교 석사 논문, 1996.

_박수진 · 손일, 〈한국 산맥론(I) : DEM을 이용한 산맥의 확인과 현행 산맥도의 문제점 및 대안의 모색〉, 《대한지리학회지》, 제40권 제1호, 2005.

_박수진 · 손일, 〈한국 산맥론(II) : 산줄기 지도의 제안〉, 《대한지리학회지》, 제40권 제2호, 2005.

_범선규, 〈'조선 8도'의 별칭과 지형의 관련성〉, 《대한지리학회지》, 제38권 제5호, 2003.

_오경섭, 〈지형학 관점에서 본 백두대간〉, 서울대학교 대학원 지리교육과 세미나 자료, 1997.

_이준우 · 권태호, 〈산악형 백두대간 지역의 현황과 관리 방안〉,

《한국환경생태학회지》, 제15권 제4호, 2002.

_정장호 외, 《한국의 자연과 인간》, 우리교육, 1997.

_조석필, 《태백산맥은 없다》, 사람과 산, 1997.

5. 침식분지의 원형 현리 해안분지

_강상준, 〈대암산 고층 습원의 이탄 구조와 화분 분석〉, 《대암산 자연 생태계 조사 보고서》, 환경청, 1988

_강상준, 〈안정 동위원소 대비에 의한 대암산 용늪의 환경 변천〉, 한국생물과학협회 학술발표대회, 1997.

_권영식 외, 〈해안분지의 지구과학적 분석〉, 《한국지구과학회지》, 제11권 제3호, 1990.

_김봉균, 〈펀치볼의 생성 원인〉, 《지질학회지》, 제3권, 1982.

_문승두, 〈제천분지 내의 지형 구분에 관한 연구〉, 《한국동굴학회지》, 제7권 제8호, 1982.

_박종관, 〈대암산 용늪 지하수의 pH, 전기 전도도, 수온분포 특성〉, 《대한지리학회지》, 제38권 제1호, 2003.

_원종관 외, 〈해안분지의 지질과 지형적 특성〉, 《강원대학교 개교 40주년 기념 도서》, 강원대학교, 1987.

_이장송, 〈휴전선 일대 고립 지역의 언어 양상에 관한 연구 – 강원도 양구군 해안면 일대를 중심으로〉, 《한국커뮤니케이션학》, 제3권, 1995.

_장재훈, 〈한국의 산간분지에 관한 연구〉, 《성신 연구 논문집》, 제25집, 1987.

_장재훈, 《한국의 화강암 침식 지형》, 성신여자대학교출판부, 2002.

_최영선, 《자연사 기행》, 한겨레신문사, 1995.

6. 천의 얼굴을 가진 남녘의 금강산 설악산

_고의장, 〈국립공원 설악산의 자연 경관에 관한 관광지리학적인 분석 – 내설악 및 외설악을 중심으로〉, 《태평양장학문화재단총서》, 제5집, 1987.

_김성범, 〈설악산 일대에 분포하는 화강암류에 대한 암석지화학적 연구〉, 강원대학교 박사 논문, 1995.

_민경원 · 김성범, 〈설악산 북부 지역에 분포하는 중생대 화강암류에 대한 암석 지구화학적 연구〉, 《암석학회지》, 제5권 제1호, 1996.

_박경, 〈설악산 국립공원에서 발견되는 암괴원에 관한 고찰〉, 《대한지리학회지》, 제35권 제5호, 2000.

_배우리, 《우리 땅이름의 뿌리를 찾아서 1》, 토담, 1994.

_손경석, 《설악산》, 대원사, 1999.

_오홍석, 《땅이름 나라 얼굴》, 고려원미디어, 1995.

_장현정, 〈설악산 국립공원의 정규 식생 지수와 지형 인자의 상관 분석〉, 서울대학교 석사 논문, 2001.

_최명윤, 〈설악산 지역에 분포하는 백악기 화강암류의 암석학적 연구〉, 강원대학교 석사 논문, 1994.

_한국자연보존협회, 《천연보호구역 설악산 학술 조사 보고서》, 강원도, 1984.

7. 내륙에 갇힌 바다호수 동해안 석호

_구모룡, 〈석호와 해양사〉, 《한국의 해양》, 해양수산부, 2002.

_김일회, 〈동해안의 기수호 동물상의 특징〉, 《동해안 호수 보존 심포지엄》, 강릉경제정의실천시민연합, 1996.

_김자애, 〈동해안 석호에서 군개 간척 습지의 식생 구조〉, 《한국생태학회지》, 제24권 제1호, 2001.

_김추윤, 《한국의 호수》, 대원사, 1992.

_박병권 · 김원형, 〈동해안 석호 퇴적 환경에 관한 연구〉, 《지질학회지》, 제17권 제4호, 1981.

_박용안 외, 〈우리나라 현세 해수면 변동〉, 《한국의 제4기 환경》, 서울대학교출판부, 2001.

_엄정훈, 〈동해안 석호의 수질 및 퇴적물 특성과 주변 지역에 관한 연구 – 매호를 중심으로〉, 서울대학교 석사 논문, 1999.

_염종권 · 유강민, 〈동해안 화진포 석호의 최근 400년간 퇴적 환경 변화〉, 《지질학회지》, 제38권 제1호, 2002.

_오건환 · 이현정, 〈강원도 해안의 지형 경관〉, 《환경부 자연 환경 조사 보고서》, 환경부, 1997.

_유흥식, 〈동해안 호수와 그 유역의 경관 변화 – 경포호와 영랑호를 중심으로〉, 《동해안 호수 보존 심포지엄》, 강릉경제정의실천시민연합, 1996.

_전상호, 〈동해안 자연호의 퇴적물 오염에 관한 연구〉, 《동해안 호수 보존 심포지엄》, 강릉경제정의실천시민연합, 1996.

8. 동양 최대의 목초지 횡계고원

_권순식, 〈화강암 풍화층의 결빙 구조〉, 《한국지리교육학회지》,

제37권 제3호, 2003.

_권순식, 〈화강암 풍화층의 특성과 결빙 포행〉, 《한국지역지리학회지》, 제9권 제4호, 2003.

_권혁훈, 〈대관령 일대의 지형 환경의 유형화〉, 한국교원대학교 석사 논문, 1999.

_기근도, 〈대관령 일대의 지형 · 토양 환경〉, 한국교원대학교 박사 논문, 1999.

_김일기 외, 〈한국 산지촌의 실태와 진흥 방안에 관한 연구 – 강원 남부 지역의 산지촌을 사례로 한 경관생태학적 접근〉, 《대한지리학회지》, 제34권 제1호, 1999.

_송언근, 〈한반도 중남부 지역의 감입곡류 지형 발달〉, 경북대학교 박사 논문, 1993.

_안중국, 《이 땅에 이런 데도 있었네》, 조선일보사, 2000.

_윤순옥 · 박혜영, 〈한반도 중부 지방 고위평탄면의 분포 특색과 지형 발달〉, 《지리학논총》, 제26권, 1998.

_이장렬, 〈대관령 동서 산지 사면의 고도에 따른 강수량 분포〉, 한국교원대학교 박사 논문, 1993.

_정호숙, 〈강원도 대관령 일대의 토지 이용 변화〉, 한국교원대학교 석사 논문, 2001.

9. 한반도 해안단구의 전형 정동진 해안단구

_권혁재, 《지형학》, 법문사, 2002.

_김주환, 《지형학》, 동국대학교출판부, 2002.

_대한지질학회, 《한국의 지질》, 시그마프레스, 1999.

_박동원 · 최성길, 〈한국 남동부 해안에 발달한 shore platform의 형태와 발달 과정〉, 《지리학논총》, 제13권, 1986.

_오건환, 〈한반도 동 · 서해안 중부에 분포하는 해성단구면의 대비〉, 《부산여자대학 논문집》, 제8집, 1980.

_오건환 · 최성길, 〈한국의 해안단구〉, 《한국의 제4기 환경》, 서울대학교출판부, 2002.

_윤순옥 · 황상일, 〈한국 남동해안 해안단구의 지형 형성 mechanism〉, 《대한지리학회지》, 제35권 제1호, 2000.

_윤순옥 · 황상일, 〈경주시 감포 지역 해안단구 지형 발달〉, 대한지리학회 춘계 학술 대회, 2004.

_윤순옥 외, 〈한반도 중부 동해안 정동진 대진 지역의 해안단구 지형 발달〉, 《대한지리학회지》, 제38권 제2호, 2003.

_정창식, 〈해안단구에 대한 연대 측정〉, 《지질학회지》, 제38권 제2호, 2002.

_최성길, 〈강릉~묵호 해안 최종 간빙기 해성면의 동정과 발달 과정〉, 《한국지형학회지》, 제2권 제1호, 1995.

_최성길, 〈웅천천 유역의 하성 단구로부터 추정되는 구정선 고도와 그 의의〉, 《한국지형학회지》, 제3권 제3호, 1996.

_최성길, 〈한국 남동부 해안 포항 주변 지역 후기 갱신세 해성단구의 대비와 편년〉, 《한국지형학회지》, 제3권 제1호, 1996.

_최영선, 《자연사 기행》, 한겨레신문사, 1995.

10. 지하수가 빚어낸 땅속의 환상 세계 삼척 환선굴

_박상현, 《동굴 자원의 보존과 가치 증대를 위한 한중일 국제 심포지엄》, 강원발전연구원, 2000.

_서무송, 〈백룡굴의 성인과 2차 생성물에 관한 동굴지형학적 고찰〉, 《한국동굴학회지》, 제3권 제3호, 1978.

_석동일, 《한국의 동굴》, 아카데미서적, 1987.

_석동일, 《동굴의 비밀》, 예림당, 2002.

_우경식, 《동굴》, 지성사, 2002.

_우경식 · 원종관, 〈삼척군 대이리 동굴군의 관음굴과 환선굴 내에 발달한 동굴 생성물의 초기 광물 성분과 탄산염 속성 작용에 관한 연구〉, 《지질학회지》, 제25권 제1호, 1989.

_유정아, 《한반도 30억 년의 비밀 1부 – 적도의 땅》, 푸른숲, 1998.

_최돈원 외, 〈강릉시 옥계굴 성인과 동굴 생성물의 특성〉, 《지질학회지》, 제39권 제1호, 2003.

_최영선, 《자연사 기행》, 한겨레신문사, 1995.

_한국일보 편집부, 《동굴》, 한국일보 타임라이프, 1993.

_홍시환, 〈우리나라 동굴의 유형과 특색에 관한 연구〉, 《한국동굴학회지》, 제1권 제1호, 1975.

_홍시환, 〈우리나라 동굴의 성인에 관한 연구〉, 《한국동굴학회지》, 제2권, 1977.

_홍시환, 〈종유굴의 형성 과정에 관한 지형학적 연구〉, 《한국동굴학회지》, 제4권 제4호, 1979.

_홍시환, 《한국의 동굴》, 대원사, 1997.

11. 한국의 그랜드캐니언 통리협곡

_고영구 외, 《잃어버린 30억 년을 찾아서》, 전남대학교출판부, 2003.

_김경희 · 정대교, 〈강원도 홍천 백악기 풍암분지 퇴적층의 퇴적상 해석〉, 《지질학회지》, 제35권 제4호, 1999.

_박수인 · 선승대, 〈강원도 삼척시 통리~신리 지역에 분포하는 석탄계 석회암의 퇴적 환경〉, 《한국 지구과학 교육 심포지엄 및 춘계 학술 발표회》, 2000.

_원종관 외, 〈강원도 태백 일대의 지구조 및 암석학적 연구 – 통리 지역 화산 활동〉, 《과학기술처 연구 논문집》, 한국과학재단, 1992.

_원종관 외, 〈통리분지에서의 백악기 화산 활동〉, 《지질학회지》, 제30권 제6호, 1994.

_이동우 외, 〈지하 석회층 구조를 이용한 도계 지역의 단층과 습곡 구조의 특징〉, 《환경생태학회지》, 제27권 제3호, 1994.

_이문원 외, 〈경기 육괴 내에서의 백악기 화산 활동과 암석학적 연구 – 감천, 음성 및 공주분지를 중심으로〉, 《지질학회지》, 제28권 제3호, 1992.

_이용한, 《이색마을 이색기행》, 실천문학사, 2002.

_최동수, 〈강원도 도계 일대의 지질 구조에 관한 연구〉, 서울대학교 석사 논문, 1986.

_최영선, 《자연사 기행》, 한겨레신문사, 1995.

12. 고생대 화석의 바다 태백 구문소

_고영구 외, 《잃어버린 30억 년을 찾아서》, 전남대학교출판부, 2003.

_박수인 · 박정웅, 《옥천습곡대 북동부 지역의 지질》, 지구과학교육연구회, 2000.

_서울대학교 기초과학연구원, 《태백 고생대 지질 자원 기초 학술 조사 보고서》, 태백시, 2002.

_유정아, 《한반도 30억 년의 비밀 1부 – 적도의 땅》, 푸른숲, 1998.

_이상헌 외, 《화석》, 경보화석박물관, 1997.

_전희영 · 이두만, 《우리 돌 이야기》, 한국지질자원연구원, 2004.

_최영선, 《자연사 기행》, 한겨레신문사, 1995.

_다테이와 이와오, 양승영 역, 《한반도 지질학의 초기 연구사 : 조선 · 일본 열도지대 지질구조론고》, 경북대학교출판부, 1996.

13. 하늘이 열리고 신이 깃드는 곳 태백산

_강필중 외, 〈Landsat – 1 영상에 의한 태백산 지역 지질 구조와 암석 분포 상태에 관한 연구(1)〉, 1997.

_김규한, 〈한국 태백산 지역에 분포하는 고생대 석회암의 탄소와 산소 동위원소에 관한 연구〉, 《광산지질학회지》, 제13권 제1호, 1980.

_김봉균 외, 〈한반도 지각의 진화에 관한 연구 – 태백산 동부 지역을 중심으로 I 편 : 삼척탄전 동부의 층서, 고생물 및 지질 구조〉, 《지질학회지》, 제22권 제1호, 1986.

_대구지방환경청, 《생태계 변화 관찰 보고서 – 청량산, 내연산, 소광리 금강소나무 군락지, 태백산, 대덕산/금대봉, 왕피천/남대천》, 2003.

_박계헌 외, 〈태백산 지역의 고기화강암 및 화강편마암류에 대한 납 동위원소 연구〉, 《지질학회지》 제29권 제4호, 1993.

_산악문화 편집부, 《강원 · 충청의 50 명산》, 산악문화, 2004.

_신성순, 《백두대간 100배 즐기기》, 중앙M&B, 2001.

_신정일, 〈백두대간에 자리 잡은 명산〉, 《山書》, 제16호, 한국산서회, 2005.

_안중국, 《이 땅에 이런 데도 있었네》, 조선일보사, 2000.

_유정열, 《우리 산 길잡이》, 성지문화사, 1998.

_이상만 · 김형식, 〈소위 율리층군 및 원남층군의 변성 암석학적 연구 – 태백산 일대를 중심으로〉, 《지질학회지》, 제20권 제3호, 1984.

_이재영 외, 〈태백산분지 내 백악기 화강암류의 화학 조성 및 관련 양상, 생태 환경〉, 《지질학회지》, 제29권 제3호, 1996.

14. 중부 내륙 육산의 맹주 소백산

_고의장, 〈국립공원 소백산 지역의 자연 경관에 대한 지형적인 분석〉, 《한국지구과학회지》, 제19권 제4호, 1998.

_권성택 외, 〈단양 천동리 지역 옥천대/영남육괴의 접촉 관계와 소위 화강암질 편마암의 pb~pb 연대〉, 《암석학회지》, 제4권 제2호, 1995.

_권용안 외, 〈풍기 지역 소백산편마암 복합체의 백립암상 변성 작용 – 북부 소백산육괴의 지각 진화와 환경 지질〉, 《암석학회지》, 제8권 제3호, 1999.

_배우리, 《우리 땅이름의 뿌리를 찾아서 1》, 토담, 1994.

_산악문화 편집부, 《영 · 호남 · 제주의 50 명산》, 산악문화, 2004.

_신성순, 《백두대간 100배 즐기기》, 중앙M&B, 2001

_유정열, 《우리 산 길잡이》, 성지문화사, 1998.

_정해식 · 장보안, 〈소백산 육괴 동북부 영주 화강암 내의

아문 미세균열 및 유체 포유물을 이용한 중생대 고응력장 연구〉, 《지질학회지》, 제40권 제2호, 2004.

_진명식 · 장보안, 〈소백산 육괴 동북부 영주 – 춘양 지역의 트라이아스기말 – 쥐라기초 화강암체의 열사 및 그 지구조적 의의〉, 《지질학회지》, 제35권 제3호, 1999.

15. 굽이굽이 뗏목꾼의 아라리가 흐르는 영월 동강

_김종욱, 〈영서 및 영동 하천의 하상 퇴적물 입경과 하도 경사에 관한 연구〉, 《대한지리학회지》, 제34권 제4호, 1999.

_박동원, 〈남한강에 있어서 하계망과 지질 구조선의 관계에 대한 연구〉, 《지리학논총》, 제12호, 1985.

_박휘, 〈생태 관광 도입을 통한 동강의 지속가능한 발전 계획〉, 서울대학교 석사 논문, 1999.

_서화진, 〈감입곡류천의 구하도 형성 과정에 관한 연구 – 방절리, 구학리, 동점동을 중심으로〉, 《지리교육논집》, 제20권, 1988.

_성춘자, 〈산지 하천 체계 내의 지형 발달과 지질 구조와의 관계〉, 동국대학교 박사 논문, 1996.

_송언근, 〈한반도 중남부 지역의 감입곡류 지형 발달〉, 경북대학교 박사 논문, 1993.

_송언근 · 조화룡, 〈한국에 있어서 감입곡류 하천의 분포 특성〉, 《한국제4기학회지》, 제3권 제1호, 1989.

_안중국, 《이 땅에 이런 데도 있었네》, 조선일보사, 2000.

_장재훈, 《한국의 화강암 침식 지형》, 성신여자대학교출판부, 2002.

_김용택 · 맹한승, 《동강에는 굽이마다 생명이 흐른다》, 다른세상, 1999.

_진용선, 《동강 아리랑》, 수문출판사, 1999.

_진용선, 《동강》, 대원사, 2000.

_최병권, 〈남한강 상류의 곡류하도 발달에 관한 연구〉, 동국대학교 박사 논문, 1994,

_환경부 · 국립환경연구원, 《동강 유역 생태계 조사 보고서》, 2002.

16. 망국의 한이 서린 중원의 명산 월악산

_고의장, 〈국립공원 월악산 지역의 자연 경관에 대한 지형학적인 분석적 연구〉, 《Tourism Research》, 제2호, 1996.

_김규한 · 신윤수, 〈충주 – 월악산 – 제천 화강암류의 암석화학적 연구〉, 《광산지질학회지》, 제23권 2권, 1990.

_김지수 · 권일룡, 〈월악산화강암체의 파쇄대 규명을 위한 전기 비저항 탐사〉, 《응용지질학회지》, 제7권 제2호, 1997.

_나기창, 《내 고장 의미 찾기 – 충청북도 편》, 한국이동통신 충북지사, 1995.

_박원규 · 서정옥, 〈파이토그램을 이용한 월악산 기후 요소, 토양 환경 및 수목 생장 장기간 모니터링〉, 《한국제4기학회지》, 제14권 제2호, 2000.

_산악문화 편집부, 《강원 · 충청의 50 명산》, 산악문화, 2004.

_연합통신 편집부, 《르포, 한국을 다시 본다》, 연합통신, 1998.

_유정열, 《우리 산 길잡이》, 성지문화사, 1998.

_이대성 · 강준남, 〈월악산화강암의 접촉 변성에 관하여〉, 《광산지질학회지》, 제11권 제4호, 1978.

17. 퇴계가 짝사랑한 낙동강 상류의 기암군 청량산

_김형식 · 박찬수, 〈상주 구상섬록암에 대한 암석 · 지화학적 연구〉, 《천연기념물 화석, 암석류 및 공룡 발자국 화석류 조사 보고서》, 대한지질학회, 1992.

_대구지방환경청, 《생태계 변화 관찰 보고서 – 청량산, 내연산, 소광리 금강소나무 군락지, 태백산, 대덕산/금대봉, 왕피천/남대천》, 2003.

_산악문화 편집부, 《영 · 호남 · 제주의 50 명산》, 산악문화, 2004.

_유정렬, 《우리 산 길잡이》, 성지문화사, 2002.

_이창섭, 〈낙동강 중 · 상류 지역 하천의 표류수 및 퇴적층의 중금속 및 수질 분석〉, 《대한화학회지》, 제44권 제6호, 2003.

_이호준 외, 〈청량산 삼림식생의 군락 분류 및 종간 연관 분석〉, 한국동물학회 학술 발표 대회, 1994.

_환경부 자연생태과, 《제2차 전국 자연 환경 조사 1997 제1차년도 – 안동, 영양의 자연 환경 : 일월산, 청량산, 미림산, 홍림산 아기산, 영등산 재사면 607고지》, 환경부, 1998.

18. 낙동강 물길이 휘돌아 흐르는 안동 하회마을

_고영구 외, 《잃어버린 30억 년을 찾아서》, 전남대학교출판부, 2003.

_서수용, 《안동 하회마을을 찾아서》, 민음사 1999.

_신상섭, 〈하회 · 양동마을에 작용된 환경 설계 원칙과 문화 경관상〉, 《한국환경과학회지》, 제12권 제4호, 2003.

_안중국, 《이 땅에 이런 데도 있었네》, 조선일보사, 2000.

_옥한석, 〈안동 지역에서의 풍수 경관〉, 《대한지리학회 춘계 학술 대회 요약집》, 2002.

_이기동, 〈안동단층의 지구물리학적 연구〉, 《지질학회지》, 제30권 제1호, 1994.

_임재해, 《안동 하회마을》, 대원사, 1992.

_최영선, 《자연사 기행》, 한겨레신문사, 1995.

_황상구 외, 〈안동저반의 암상과 다상 정치〉, 《지질학회지》, 제38권 제1호, 2002.

19. 주왕의 전설이 살아 숨 쉬는 주왕산

_고의장, 〈국립공원 주왕산의 자연 경관 분석〉, 《세종대 논문집》, 제13권, 1986.

_고정선 외, 〈경북 청송군 주왕산 지역의 대전사 현무암의 암석학적 특성〉, 《한국지구과학회지》, 제21권 제5호, 2000.

_김규봉, 《주왕산》, 대원사, 1998.

_배우리, 《우리 땅이름의 뿌리를 찾아서 1》, 토담, 1994.

_안중국, 《이 땅에 이런 데도 있었네》, 조선일보사, 2000.

_오창환 외, 〈청송 주왕산 북부 일대의 구과상 유문암에 대한 연구〉, 《암석학회지》, 제13권 제2호, 2004.

_유정아, 《한반도 30억 년의 비밀 3부 – 불의 시대》, 푸른숲, 1998.

_윤성효 외, 〈청송 주왕산 지역 대전사 현무암의 암석학적 연구〉, 《암석학회지》, 제9권 제2호, 2000.

_황상구, 〈청송 주왕산 일대의 화산 지질〉, 《대한지질학회 춘계 학술 답사 보고서》, 1998.

_황상구 · 김영석, 〈주왕산 일대의 화산 지질과 한반도 남동부 제4기 단층〉, 《제26회 지구과학교육연구회 지질 답사 보고서》, 지구과학교육연구회, 2004.

20. 한반도 최대의 자연 늪지 창녕 우포늪

_강병국, 《우포늪》, 지성사, 2003.

_구본학, 〈습지 유형 분류 및 도면화 방법에 관한 연구〉, 서울대학교 박사 논문, 2002.

_김수진, 〈낙동강 하류의 배후 습지성 호소의 발달 과정〉, 효성여자대학교 석사 논문, 1992.

_김주환, 《지형학》, 동국대학교출판부, 2002.

_김중욱 · 이윤중, 〈화왕산 및 영취산 일대 화강암류의 암석학적 연구〉, 《지질학회지》, 제20권 제1호, 1984.

_손명원 · 전영권, 〈낙동강 하류 연안 자연 습지의 자연지리적 특성〉, 《한국지역지리학회지》, 제9권 제1호, 2003.

_신윤호, 〈토평천 연안 충적 평야의 지형 발달〉, 경북대학교 석사 논문, 1983.

_안중국, 《이 땅에 이런 데도 있었네》, 조선일보사, 2000.

_유연태 외, 《대한민국 대표 여행지 52》, 넥서스BOOKS, 2004.

_정진순, 〈낙동강 하류의 습지 환경 변화 연구 – 창녕~밀양 구간을 중심으로〉, 한국교원대학교 석사 논문, 2004.

_환경부, 《창녕 우포늪 생태계 보전 지역 보전 · 관리 대책 수립》, 2002.

21. 돌이 강이 되어 흐르는 곳 만어산 종석너덜

_권순식, 〈화강암 거력 퇴적물에 관한 연구 – 경남 삼랑진 만어산 일대의 경우〉, 《지리학논총》, 제15호, 1988.

_권혁재, 《지형학》, 법문사, 2002.

_김주환, 《지형학》, 동국대학교출판부, 2002.

_안중국, 《이 땅에 이런 데도 있었네》, 조선일보사, 2000.

_윤선 · 장구곤, 《부산의 지사(地史)와 경관》, 부산라이프신문사, 1994.

_장재훈, 《한국의 화강암 침식 지형》, 성신여자대학교출판부, 2003.

_전영권, 〈암설 사면에 관한 연구 동향 및 이론적 배경 – 애추 · 암괴류 · 암괴원을 중심으로〉, 《지리학논구》, 제10 · 11 합본호, 1990.

_전영권, 〈태백산맥 남부 산지의 암설 사면 지형〉, 《대한지리학회지》, 제28권 제2호, 1993.

_전영권, 〈만어산의 block stream에 관한 연구〉, 《한국지형학회지》, 제2권 1호, 1995.

_전영권, 《이야기와 함께 하는 전영권의 대구 지리》, 신일, 2003.

_이케다 히로시, 권동희 역, 《화강암 지형의 세계》, 한울아카데미, 2002.

22. 대자연이 만든 천연 에어콘 천황산 얼음골 돌서렁

_권순식, 〈암석과 관련된 사면 지형의 발달〉, 《교육과학연구》, 제11집 제3호, 1998.

_권혁재, 《지형학》, 법문사, 2002.

_김주환, 《지형학》, 동국대학교출판부, 2002.

_안중국, 《이 땅에 이런 데도 있었네》, 조선일보사, 2000.

_전병일, 〈우리나라 얼음골의 여름철 결빙 현상에 관한 고찰〉, 《환경학 연구》, 창간호, 1999.

_전병일, 〈강원도 정선군 운치리 얼음골의 여름철 결빙 현상에 관한 고찰〉, 《한국환경과학회지》, 제11권 제9호, 2000.

_전영권, 〈암설 사면에 관한 연구 동향 및 이론적 배경 – 애추 · 암괴류 · 암괴원을 중심으로〉, 《지리학논구》, 제10 · 11 합본호, 1990.

_전영권, 〈태백산맥 남부 산지의 암설 사면 지형〉, 《대한지리학회지》, 제28권 제2호, 1993.

_전영권, 〈천황산 talus의 형성과 지형 발달〉, 《한국지역지리학회지》, 제2권 제2호, 1996.

_전영권, 〈한국의 하계 동결 현상 분포지에 관한 지형학적 연구〉, 《한국지역지리학회지》, 제7권 제1호, 2001.

_전영권, 《이야기와 함께 하는 전영권의 대구 지리》, 신일, 2003.

_정창희, 〈밀양 남명리 얼음골(천연기념물 제224호)의 조사 연구〉, 《천연기념물(화석, 암석류) 및 공룡 발자국 화석류 조사 보고서》, 대한지질학회, 1992.

_최영선, 《자연사 기행》, 한겨레신문사, 1995.

23. 고래가 뛰노는 바위 대곡리 반구대 암각화

_녹색연합, 〈고래의 바다를 꿈꾸며〉, 《해양과 문화》, 2005.

_박종해, 《우리 울산에서》, 뿌리, 1995.

_울산역사교사모임, 《다 같이 돌자 울산 한바퀴》, 도서출판 처용, 1999.

_임장혁, 〈대곡리 암벽 조각화의 민속학적 고찰〉, 《한국민속학》, 제24집, 1991.

_전호태, 《울산의 암각화 : 울산 대곡리 반구대 암각화론》, 울산대학교출판부, 2005.

_황상일 · 윤순옥, 〈반구대 암각화와 후빙기 울산만의 환경 변화〉, 《한국제4기학회지》, 제9권 제1호, 1995.

24. 다도해 앞에 펼쳐진 거대한 부채 사천 선상지

_김종욱, 〈사천 와룡산 서쪽 완사면 형상과 형성 과정에 관한 연구〉, 서울대학교 석사 논문, 1983.

_김주환, 《지형학》, 동국대학교출판부, 2002.

_박병권 외, 〈포항분지의 선상지 – 삼각주 퇴적층의 퇴적 기구 및 진화〉, 한국해양연구소, BSPE 00352~539~5, 1993.

_반용부, 〈낙동강 유역의 지질과 지형〉, 《낙동강 연구 논총》, 제1권, 1998.

_윤순옥, 〈덕곡 · 삼천포 일대의 선상지 지형 발달〉, 《지리학논총》, 제11권, 1984.

_윤순옥 외, 〈한국 선상지의 이론적 고찰과 분포 특성〉, 《대한지리학회지》, 제40권 제3호, 2005.

_이민희 · 장재훈, 〈한국의 산록에 발달한 선상지와 페디먼트〉, 《지리학연구》, 제9호, 1984.

_장재훈, 《한국의 화강암 침식 지형》, 성신여자대학교출판부, 2002.

_황상일 · 윤순옥, 〈한국 남동부 경주 및 울산시 불국사 단층선 지역의 선상지 분포와 지형 발달〉, 《대한지리학회지》, 제36권 제3호, 2001.

25. 공룡의 천국 덕명리 상족해안

_경기도 · 기전문화연구원 · 한국해양연구원, 《시화호 공룡알 화석 발견지 종합 학술 조사 보고서》, 기전문화연구원, 2002.

_김한곤, 《한국의 불가사의》, 새날, 1994.

_김항묵 · 서승조, 〈경북 의성 및 경남 고성 함안 등지의 공룡 발자국 화석에 관한 연구〉, 《천연기념물(화석, 암석류) 및 공룡 발자국 화석류 조사 보고서》, 대한지질학회, 1992.

_박정웅, 〈현장 탐구 학습 프로그램 활용을 위한 경기도 시화호 지역의 지질학적 특징〉, 《제23회 지구과학교육연구회 지질 답사 안내서》, 지구과학교육연구회, 2002.

_백인성 · 박정웅, 〈백악기 경상분지의 퇴적 환경과 화석 기록〉, 《제18회 지구과학교육연구회 지질 답사 안내서》, 지구과학교육연구회, 1999.

_백인성 외, 〈경상누층군에 발달된 공룡 화석층 : 화석화 과정 및 고환경〉, 《지질학회지》, 제34권 제3호, 1998.

_안중국, 《이 땅에 이런 데도 있었네》, 조선일보사, 2000.

_양승영 외, 《고성군 지역 공룡 화석지 기초 학술 조사 보고서》, 한국고생물학회, 2000.

_양승영, 〈상부 경상층군에서 발견된 백악기 공룡의 족흔 화석에 관하여〉,

《지질학회지》, 제18권 제1호, 1982.

_양승영, 《한국의 공룡 대탐험》, 명지사, 2000.

_유정아, 《한반도 30억 년의 비밀 2부 – 불의 시대》, 푸른숲, 1998.

_이상헌 외, 《화석》, 경보화석박물관, 1997.

_최영선, 《자연사 기행》, 한겨레신문사, 1995.

_허민 외, 〈전남 보성에서 발견된 공룡알 화석과 공룡알 둥지〉, 《지질학회지》, 제35권 제3호, 1999.

_허민 · 전승수, 《해남 우항리층의 공룡 화석과 퇴적상 춘계 학술 답사 보고서》, 대한지질학회, 1999.

26. 한국의 나일 델타 낙동강 삼각주

_강병수, 〈낙동강 삼각주 지역의 인구 이동 특성에 관한 연구〉, 한국교원대학교 석사 논문, 1995.

_김동원 · 이형호, 〈낙동강 하구 지역의 퇴적물 운반 및 퇴적에 대한 고찰〉, 《지질학회지》, 제16권 제3호, 1980.

_김성환, 〈낙동강 삼각주 말단 주변의 지형 변화〉, 서울대학교 석사 논문, 2000.

_박정웅, 〈경상남북도 일대의 지질과 지형〉, 《제11회 지구과학교과교육 연구회 지질 답사 안내서》, 지구과학교육연구회, 1996.

_오건환, 〈낙동강 삼각주의 형성 과정〉, 《부산 지리》, 제1호, 1992.

_오건환, 〈낙동강 삼각주 북부의 고환경〉, 《한국제4기학회》, 제8권 제1호, 1994.

_오건환, 〈낙동강 삼각주 말단의 지형 변화〉, 《한국제4기학회》, 제13권 제1호, 1999.

_오건환, 〈낙동강 삼각주 말단의 토양 특성〉, 《부산 지리》, 제8호, 1999.

_윤선 · 이연규, 〈김해 수가리패총의 연체동물 화석 군집에 관한 고찰〉, 《지질학회지》, 제28권 제4호, 1992.

_윤선 · 장두곤, 《부산의 지사(地史)와 경관》, 부산라이프신문사, 1994.

_전동규, 〈다대반도 해안 지형의 특성〉, 한국교원대학교 석사 논문, 2002.

_이동미, 《부산》, 김영사, 2004.

_최영선, 《자연사 기행》, 한겨레신문사, 1995.

27. 한반도 지반 융기의 증거 영도 태종대

_권동희, 〈금정산의 tor에 관한 연구〉, 《대한지리학회지》, 제32권, 1985.

_오건환 · 최성길, 〈한국의 해안단구〉, 《한국의 제4기 환경》, 서울대학교출판부, 2002.

_오건환, 〈부산만 일대의 해성단구와 제4기 지각 변동〉, 《부산대학교 자연과학대학 논문집》, 제36집, 1983.

_오건환, 〈지형 스케치로 본 부산의 해안 경관〉, 《부산 지리》, 제9호, 2000.

_오건환, 〈선사 시대 부산의 자연 환경 – 제4기에 형성된 해성단구와 매몰 지형의 퇴적상을 중심으로〉, 《항도부산》, 제17호, 2001.

_최영선, 《자연사 기행》, 한겨레신문사, 1995.

28. 조수의 차이가 만든 두 가지 얼굴 오륙도

_오건환, 〈구정선 고도 변화로부터 본 한반도의 제4기 지각 변동〉, 《부산대학교 사범대학 교육 논집》, 제10집, 1983.

_오건환, 〈부산만 일대의 해성단구와 제4기 지각 변동〉, 《부산대학교 자연과학대학 논문집》, 제36집, 1983.

_오건환, 〈오륙도의 형성 과정〉, 《홍순완 교수 회갑 기념 논문집》, 1985.

_오건환, 〈지형 스케치로 본 부산의 해안 경관〉, 《부산 지리》, 제9호, 2000.

_오건환, 〈선사 시대 부산의 자연 환경 – 제4기에 형성된 해성단구와 매몰 지형의 퇴적상을 중심으로〉, 《항도부산》, 제17호, 2001.

_오건환 · 최성길, 〈한국의 해안단구〉, 《한국의 제4기 환경》, 서울대학교출판부, 2002.

_오영서, 〈부산만의 암석 해안의 파식 지형〉, 부산대학교 석사 논문, 1989.

_이동미, 《부산》, 김영사, 2004.

29. 독도를 품에 안은 동해의 진주 울릉도

_고영구 외, 《잃어버린 30억 년을 찾아서》, 전남대학교출판부, 2003.

_권동희, 《지리 이야기》, 한울아카데미, 1998.

_김규중, 〈울릉도의 중력 및 자력 탐사 연구〉, 서울대학교 석사 논문, 1995.

_김규한, 〈울릉도 저동 지역의 제4기 저동층의 새로운 층서 설정〉, 《한국지구과학회지》, 제17권 제5호, 1996.

_김윤규 · 이대성, 〈울릉도 북부 알칼리 화산암류에 대한 암석학적 연구〉, 《광산지질학회지》, 제16권 제1호, 1983.

_김철환 · 이희천, 〈자연 환경 평가 - II. 국내 자연 공원과 울릉도의 식물군을 이용하여〉, 《한국환경생태학회지》, 제19권 제1호, 2001.

_김태호, 〈한국의 화산 지형〉, 《한국의 제4기 환경》, 서울대학교출판부, 2001.

_노웅희 · 박병석, 《교실 밖 지리 여행》, 사계절, 1994.

_박기성, 《울릉도》, 대원사, 2003.

_송용선 외, 〈울릉도 화산암의 주원소, 희토류 및 미량 원소 지구화학〉, 《암석학회지》, 제8권 제2호, 1999.

_원종관 · 이문원, 〈울릉도의 화산 활동과 암석학적 특성〉, 《지질학회지》, 제20권 제4호, 1984.

_원종관 · 이문원, 〈한반도에서의 제4기 알칼리 화산암의 암석학적 연구〉, 《지질학회지》, 제24권 제3호, 1998.

_유정아, 《한반도 30억 년의 비밀 2부 - 불의 시대》, 푸른숲, 1998.

_윤형대, 〈한국 울릉도 알칼리 마그마의 지구화학적 특성과 기원에 관한 연구〉, 서울대학교 박사 논문, 1986.

_이민성 · 전용원, 〈한반도 남부의 제4기 화산암류와 이들의 tectonic한 환경〉, 《지질학회지》, 제21권 제4호, 1985.

_이승호 · 최병철, 〈울릉도의 적설량 변화〉, 《한국기상학회지》, 제37권 제4호, 2001.

_이형석, 《한국의 강》, 홍익재, 1997.

_최영선, 《자연사 기행》, 한겨레신문사, 1995.

_환경미디어 편집부, 〈울릉도 국립공원화 되어야 하는가?〉, 《환경미디어》, 8월호, 2003.

30. 동해의 외로운 파수꾼 독도

_강무희 외, 〈동해 독도 주변 해산의 지구물리학적 특성〉, 《한국해양학회지》, 제7권 제4호, 2002.

_김규한, 〈독도 알칼리 화산암류의 K-Ar 연대와 Nd-Sr 조성〉, 《지질학회지》, 제36권 제3호, 2000.

_김윤규 외, 〈독도 화산암의 분별 결정 과정〉, 《지질학회지》, 제23권 제1호, 1987.

_김학준, 《독도는 우리 땅》, 한줄기, 1996.

_박동원 · 박승필, 〈울릉도와 독도의 지형〉, 《울릉도 및 독도 종합 학술 조사 보고서》, 1981.

_박인식, 《독도》, 대원사, 1996.

_박찬홍 외 , 〈독도의 성인과 지질 환경〉, 《독도 인근 해역의 환경과 자연적 가치》, 시그마프레스, 2003.

_손영관 · 박기화, 〈독도의 지질과 진화〉, 《지질학회지》, 제30권 제3호, 1994.

_손영관 · 한현철, 〈한반도 자연사 10대 사건 : 2,000m 높이 해산에 솟아난 독도〉, 《과학동아》, 4월호, 동아사이언스, 2004.

_유정아, 《한반도 30억 년의 비밀 - 2부 불의 시대》, 푸른숲, 1998.

_윤선, 〈한국 독도의 지질〉, 《섬 연구회 논문집》, 창간호, 1992.

_최영선, 《자연사 기행》, 한겨레신문사, 1995.

감사의 글

지난 몇 년간 쉴 틈 없이 전국 여러 곳을 돌아다니며 사진을 찍고, 여러 문헌들과 씨름하며 정리한 내용을 글로 옮겼다. 때로는 전문 지식을 지닌 학자의 눈이 되어야 하고, 때로는 사진작가나 기자의 눈이 되어야 한다는 게 내게는 벅차고 힘에 부치는 일이었다. 어렵사리 엮은 이 책은 많은 분들의 도움이 없었다면 세상에 나오지 못했을 것이다.

관련 자료와 문헌, 사진 등을 흔쾌히 넘겨주시고, 바쁜 와중에도 졸고를 살펴주시고 여러모로 도움의 말씀을 주신 선후배 선생님들께 진심으로 감사드린다. 특히 원고를 꼼꼼하게 읽고 나의 짧은 지식을 헤아려 많은 가르침을 주신 경상대학교 손영관 교수님과 강원대학교 우경식 교수님께 감사드린다. 그리고 힘들고 어려울 때 격려의 말씀을 아끼지 않으셨던 부산대학교의 고(故) 오건환 교수님, 답답할 때면 시원시원한 격려로 힘을 실어주시던 강원대학교 이문원 교수님, 대구가톨릭대학교 전영권 교수님과 서종철 교수님, 청주대학교 권순식 교수님, 이화여자대학교 이영민 교수님께도 감사의 말씀을 드린다. 아울러 귀중한 인공위성 영상을 제공해준 환경부 조경철 사무관, 답사 길에 말동무 길동무가 되어준 정의목, 김동현, 강병수, 김현국, 조동기 선생님의 은혜도 결코 잊을 수 없다. 이외에도 물심양면으로 많은 도움을 주신 여러분께 진심으로 머리 숙여 감사와 경의를 표한다.

아울러 어렵고 딱딱하게만 느껴지는 이 책의 출간에 선뜻 동의해주신 도서출판 푸른숲의 김혜경 대표님을 비롯하여 1년 가까이 편집과 사진 작업에 함께 애쓴 이진 씨, 바쁜 와중에도 짬을 내어 3차원 입체 영상을 그려준 노성규 후배님, 여러 차례에 걸친 조판 작업에 정성을 아끼지 않았던 남철우 씨, 그리고 서툴고 조악한 글을 부드럽고 생명력 있는 글로 다듬어준 권혁주 선생님의 노고에도 진심으로 감사드린다.

좋아서 한 일이기는 하지만 이 책과 씨름한 지난 몇 년은 마라톤처럼 힘들고 어려운 시간이었다. 그 힘든 여정을 견딜 수 있었던 것은 사랑하는 가족의 응원과 격려 덕분이다. 남편의 역마살에 휘둘려 이곳저곳 끌려 다녀야 했던 아내, 그리고 세 아이 소람, 인성, 혜성에게는 그저 미안한 마음뿐이다. 말없이 따라주고 배려해 준 아내에게 무한한 존경과 믿음을 표하고, 아빠에게 늘 힘찬 응원을 보내준 세 아이에게도 사랑하는 마음을 전한다. 마지막으로 지난해 입춘 양지에 고이 묻힌, 내 삶의 정신적 지주이자 큰 가르침이었던 존경하는 선친의 영전에 이 책을 바친다.

2007년 3월 1일
歸巢 이우평

▶ 그 외 도움을 주신 분들

강정임, 구근희, 권혁재(전 고려대학교), 김기일, 김기태(부평고등학교), 김련(동굴연구소), 김승진(조선일보), 김영권(논현고등학교), 김영수(분성여자고등학교), 김용제(한국지질자원연구원), 김재관, 김종욱(서울대학교), 김주환(동국대학교), 김홍수(부산금정산악회), 류광준(작전중학교), 류재명(서울대학교), 류재하(영천중학교), 박기화(한국지질자원연구원), 박병오(대광고등학교), 박정웅(숭문고등학교), 박종화(계양고등학교), 박찬홍(한국해양연구원), 박홍순(학익여자고등학교), 성효현(이화여자대학교), 손명원(대구대학교), 송언근(대구교육대학교), 신영규(국립환경과학원), 신창규(공주대학교), 심재설(한국해양연구원), 양승영(전 경북대학교), 양종우(진산고등학교), 오향곤(중평중학교), 원제면, 윤광성(국립환경과학원), 윤상훈(녹색연합), 윤선(전 부산대학교), 윤순옥(경희대학교), 이간용(공주교육대학교), 이신애(녹색연합), 이영엽(전북대학교), 이용일(서울대학교), 이호, 임순복(한국지질자원연구원), 장운학, 장재훈(전 성신여자대학교), 장진호(목포대학교), 전승수(전남대학교), 전준상, 정대교(강원대학교), 조동희(신인천산악회), 조화룡(경북대학교), 최경식(문일여자고등학교), 최덕근(서울대학교), 최상권, 최성길(공주대학교), 최은주(해안중학교), 최현일(전 한국지질자원연구원), 표종환(고려대학교), 황상구(안동대학교), 황상일(경북대학교), 황전효.

지리 교사 이우평의

한국 지형 산책 1

첫판 1쇄 펴낸날 2007년 3월 20일
11쇄 펴낸날 2019년 1월 31일

지은이 이우평
발행인 김혜경
편집인 김수진
편집기획 이은정 김교석 조한나 최미혜 김수연 유예림
디자인 박정민 민희라
경영지원국 안정숙
마케팅 문창운 정재연
회계 임옥희 양여진 김주연

펴 낸 곳 (주)도서출판 푸른숲
출판등록 2003년 12월 17일 제 406-2003-000032호
주 소 경기도 파주시 회동길 57-9, 우편번호 10881
전 화 031)955-1400(마케팅부), 031)955-1410(편집부)
팩 스 031)955-1406(마케팅부), 031)955-1424(편집부)
홈페이지 www.prunsoop.co.kr
페이스북 www.facebook.com/prunsoop **인스타그램** @prunsoop

ISBN 978-89-7184-709-1 04980
978-89-7184-708-4 (세트)

이 도서의 국립중앙도서관 출판시도서목록 (CIP)은 e-CIP 홈페이지(http://www.nl.go.kr/ecip)와 국가자료공동목록시스템(http://www.nl.go.kr/kolisnet)에서 이용하실 수 있습니다. (CIP2007000729)